신경향

최근 3개년 기출문제 무료 동영상강의 제공

전기(산업)기사 · 전기공사(산업)기사

전기기기

대산전기기술학원
NCS · 공사 · 공단 · 공무원

전기기사 핵심시리즈

3

QNA 365

전용 홈페이지를 통한 365일 학습관리

홈페이지를 통한 합격 솔루션

- 온라인 실전모의고사 실시
- 전기(산업)기사 필기 합격가이드
- 공학용계산법 동영상강좌 무료수강
- 쉽게 배우는 전기수학 3개월 동영상강좌 무료수강

① 33인의 전문위원이 엄선한 출제예상문제 수록
② 전기기사 및 산업기사 최신 기출문제 상세해설
③ 저자직강 동영상강좌 및 1:1 학습관리 시스템 운영
④ 국내 최초 유형별 모의고사 시스템 운영

한솔아카데미

책을 펼치며...

현대 사회에서 우리나라는 물론 세계적인 산업 발전에 전기 에너지의 이용은 나날이 증가하고 있습니다. 전기 분야 자격증에 관심을 가지고 있는 모든 수험생 분들을 위해 급변하는 출제경향과 기술 발전에 맞추어 전기(공사)기사 및 산업기사, 공무원, 각종 공채시험과 NCS적용 문제 해결을 위한 이론서를 발간하게 되었습니다. 40년 가까이 되는 전기 전문교육기관들의 담당 교수님들께서 직접 집필하였습니다. 본서는 개념 설명 및 핵심 분석을 통한 단기간에 자격증 취득이 가능할 뿐만 아니라 비전공자도 이해할 수 있습니다. 기초부터 활용능력까지 습득 할 수 있는 수험서입니다.

본 교재의 구성

1. 핵심논점 정리   2. 핵심논점 필수예제   3. 핵심 요약노트
4. 기출문제 분석표   5. 출제예상문제

본 교재의 특징

1. 비전공자도 알 수 있는 개념 설명

   전기기사 자격증은 최근의 취업난 속에서 더욱 더 필요한 자격증입니다. 비전공자, 유사 전공자들의 수험준비가 나날이 증가하고 있습니다. 본 수험서는 누구나 쉽게 이해할 수 있도록 기본개념을 충실히 하였습니다.

2. 문제의 해결 능력을 기르는 핵심정리

   기출문제 중 최다기출 문제 및 높은 수준의 기출문제 풀이를 통해 학습함으로써 문제 해결 능력 배양에 효과적인 학습서입니다. 실전형 문제를 통해 자격시험 및 NCS시험의 동시 대비가 가능합니다.

3. 신경향 실전형 개념 정리 기본서

   개념만으론 부족한 실전 용어 정리 및 활용으로 개념과 문제를 동시에 해결할 수 있습니다. 기본부터 실전 문제까지 모든 과정이 수록되어 있습니다. 매년 새로워지는 출제경향을 분석하여 수험준비에 필요한 시간단축에 효과적인 기본서입니다.

4. 365일 Q&A SYSTEM

   예제문제, 단원문제, 기출문제까지 명확한 해설을 통해 스스로 학습하는 경우 궁금증을 명확하고 빠르게 해결할 수 있습니다. 전기전공관련 질문사항의 경우 홈페이지를 통해 명확한 답변을 받으실 수 있습니다.

앞으로도 항상 여러분께 꼭 필요한 교재로 남을 것을 약속드리며 여러분의 충고와 조언을 받아 더욱 발전적인 모습으로 정진하는 수험서가 되도록 노력하겠습니다.

전기기사 수험연구회

전기기사, 전기산업기사 시험정보

❶ 수험원서접수

- 접수기간 내 인터넷을 통한 원서접수(www.q-net.or.kr) 원서접수 기간 이전에 미리 회원가입 후 사진 등록 필수
- 원서접수시간은 원서접수 첫날 09:00부터 마지막 날 18:00까지

❷ 기사 시험과목

구 분	전기기사	전기공사기사	전기 철도 기사
필 기	1. 전기자기학 2. 전력공학 3. 전기기기 4. 회로이론 및 제어공학 5. 전기설비기술기준	1. 전기응용 및 공사재료 2. 전력공학 3. 전기기기 4. 회로이론 및 제어공학 5. 전기설비기술기준	1. 전기자기학 2. 전기철도공학 3. 전력공학 4. 전기철도구조물공학
실 기	전기설비설계 및 관리	전기설비견적 및 관리	전기철도 실무

❸ 기사 응시자격

- 산업기사＋1년 이상 경력자
- 타분야 기사자격 취득자
- 전문대학 졸업＋2년 이상 경력자
- 교육훈련기관(산업기사 수준) 이수자 또는 이수예정자＋2년 이상 경력자
- 동일 직무분야 4년 이상 실무경력자
- 기능사＋3년 이상 경력자
- 4년제 관련학과 대학 졸업 및 졸업예정자
- 교육훈련기관(기사 수준) 이수자 또는 이수예정자

❹ 산업기사 시험과목

구 분	전기산업기사	전기공사산업기사
필 기	1. 전기자기학　　2. 전력공학 3. 전기기기　　　4. 회로이론 5. 전기설비기술기준	1. 전기응용　　　2. 전력공학 3. 전기기기　　　4. 회로이론 5. 전기설비기술기준
실 기	전기설비설계 및 관리	전기설비 견적 및 시공

❺ 산업기사 응시자격

- 기능사＋1년 이상 경력자
- 전문대 관련학과 졸업 또는 졸업예정자
- 동일 직무분야 2년 이상 실무경력자
- 타분야 산업기사 자격취득자
- 교육훈련기간(산업기사 수준) 이수자 또는 이수예정자

[전기기기 출제기준]

적용기간 : 2024.1.1. ~ 2026.12.31.

주요항목	세 부 항 목
1. 직류기	1. 직류발전기의 구조 및 원리 2. 전기자 권선법 3. 정류 4. 직류발전기의 종류, 특성 및 운전 5. 직류발전기의 병렬운전 6. 직류전동기의 구조 및 원리 7. 직류전동기의 종류와 특성 8. 직류전동기의 기동, 제동 및 속도제어 9. 직류기의 손실, 효율, 온도상승 및 정격 10. 직류기의 시험
2. 동기기	1. 동기발전기의 구조 및 원리 2. 전기자 권선법 3. 동기발전기의 특성 4. 단락현상 5. 여자장치와 전압조정 6. 동기발전기의 병렬운전 7. 동기전동기 특성 및 용도 8. 동기조상기 9. 동기기의 손실, 효율, 온도상승 및 정격 10. 특수 동기기
3. 전력변환기	1. 정류용 반도체 소자 2. 각 정류회로의 특성 3. 제어정류기
4. 변압기	1. 변압기의 구조 및 원리 2. 변압기의 등가회로 3. 전압강하 및 전압변동률 4. 변압기의 3상 결선 5. 상수의 변환 6. 변압기의 병렬운전 7. 변압기의 종류 및 그 특성 8. 변압기의 손실, 효율, 온도상승 및 정격 9. 변압기의 시험 및 보수 10. 계기용변성기 11. 특수변압기
5. 유도전동기	1. 유도전동기의 구조 및 원리 2. 유도전동기의 등가회로 및 특성 3. 유도전동기의 기동 및 제동 4. 유도전동기제어 5. 특수 농형유도전동기 6. 특수유도기 7. 단상유도전동기 8. 유도전동기의 시험 9. 원선도
6. 교류정류자기	1. 교류정류자기의 종류, 구조 및 원리 2. 단상직권 정류자 전동기 3. 단상반발 전동기 4. 단상분권 전동기 5. 3상 직권 정류자 전동기 6. 3상 분권 정류자 전동기 7. 정류자형 주파수 변환기
7. 제어용기기 및 보호기기	1. 제어기기의 종류 2. 제어기기의 구조 및 원리 3. 제어기기의 특성 및 시험 4. 보호기기의 종류 5. 보호기기의 구조 및 원리 6. 보호기기의 특성 및 시험 7. 제어장치 및 보호 장치

INTRODUCTION

이 책의 특징

01

핵심논점 정리

- 단원별 필수논점을 누구나 이해할 수 있도록 설명을 하였다.
- 전기기사시험과 전기산업기사 기출문제 빈도가 낮으므로 핵심논점 정리를 꼼꼼히 학습하여야 한다.

02

필수예제

- 해당논점의 Key Word를 제시하여 논점을 숙지할 수 있게 하였다.
- 최근 10개년 기출문제를 분석하여 최대빈도의 문제를 수록하였다.

03

핵심 NOTE

- 단원별 핵심논점마다 요약정리를 통해 개념정리에 도움을 주며 이해력향상을 위한 추가설명을 첨부하여 한 눈에 알 수 있게 하였다.

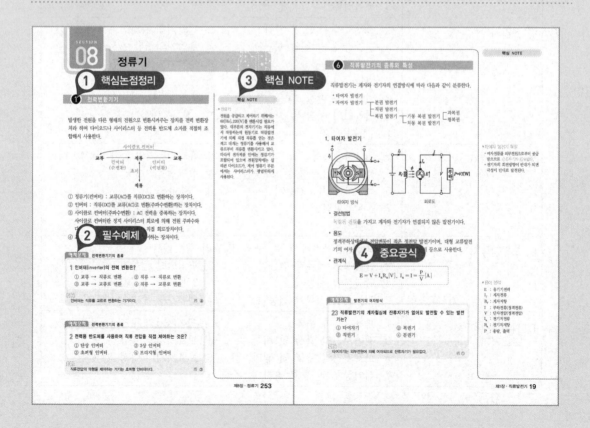

04 중요공식

• 단원별 필수 논점과 공식 중 출제빈도가 높은 중요공식은 중요박스를 삽입하여 꼭 암기할 수 있도록 하였다.

05 출제예상

• 최근 20개년 기출문제 경향을 바탕으로 상세해설과 함께 최대 출제빈도 문제들로 출제예상문제를 수록하였다.

06 과년도 기출문제

• 최근 5개년간 출제문제를 출제형식 그대로 수록하여 최종 출제경향파악 및 학습 완성도를 평가해 볼 수 있게 하였다.

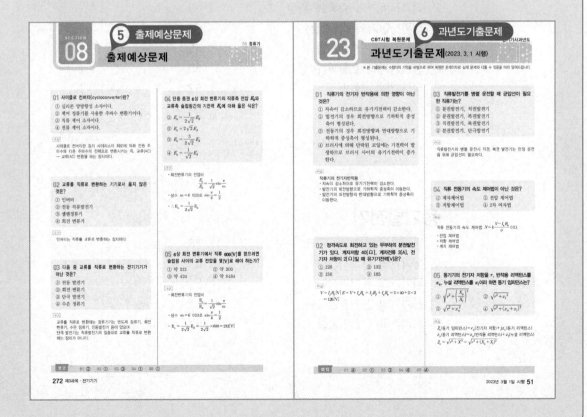

CONTENTS

3

동기전동기

4

변압기

5

CONTENTS

Electricity

꿈·은·이·루·어·진·다

직류발전기

Chapter 01

SECTION
01

직류발전기

1 직류발전기의 원리 및 구조

1. 직류기의 3요소

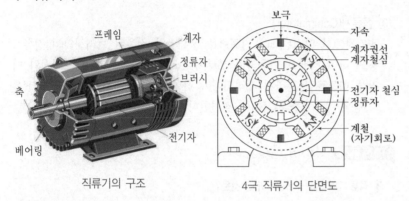

직류기의 구조   4극 직류기의 단면도

(1) 계자(field)

직류기의 계자는 전류를 흘리면 자속을 발생시키는 부분이다. 연강판(두께 0.8~1.6mm)을 성층한 계자철심에 권선을 감은 구조로서 이때 계자권선에 전류를 흘려주는 것을 여자(勵磁)라 한다. 직류기의 계자는 고정되어 있으며 전기자와 함께 자기회로를 형성한다.

(2) 전기자(amature)

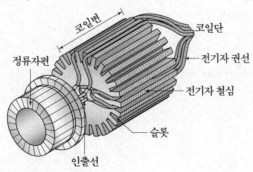

■ 직류기

직류발전기는 전기 분해, 축전지의 충전용, 교류기의 여자장치 등 특수한 곳에 이용된다.
직류전동기는 속도제어 특성이 우수하여 전동차, 엘리베이터, 공장자동화동력으로 널리 이용되고 있다.

■ 직류발전기 회로도

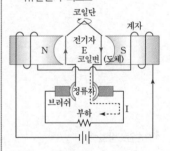

[직류발전기의 회로도]

■ 공극
계자와 전기자 사이의 공간(3~8[mm])으로 자기저항이 가장 크다.

전기자는 전기자철심과 권선으로 이루어진 부분으로 도체가 회전하여 자속을 끊어서 기전력을 발생하는 부분이다. 이때, 전기자가 회전함에 따라 전기자 철심 내부에서 자속의 방향이 변화하므로 히스테리시스손과 와류손에 의한 철손이 발생한다.

① 전기자철심 : 철손을 감소시키기 위해 규소강판을 성층한 철심을 사용한다.

② 전기자권선 : 전기자철심에 슬롯을 내서 코일을 감은 구조로서 소형에는 원형동선을 사용하고 대형에는 평각동선을 사용한다.

(3) 정류자(Commutator)

전기자에서 발전된 교류기전력을 정류자와 접촉된 브러시와의 정류작용을 하여 직류로 변환하는 부분이다. 운전 중에는 항상 브러시와 마찰을 하므로 튼튼하게 제작되어야 하며 정류자편 사이에는 마이카(운모)등의 부도체를 사용하여 절연한다.

예제문제 직류기의 구성요소

1 직류기의 3대 요소가 아닌 것은?

① 전기자   ② 계자
③ 공극   ④ 정류자

해설
직류기의 3요소
• 계자 • 전기자 • 정류자

답 ③

예제문제 전기자철심의 구조

2 다음 중 전기기계에 있어서 히스테리시스손을 감소시키기 위하여 어떻게 하는 것이 가장 좋은가?

① 성층철심 사용
② 규소강판 사용
③ 보극 설치
④ 보상권선 설치

해설
• 히스테리시스손은 규소강판을 사용하여 감소시킨다.
• 와류손은 0.35~0.5[mm]의 성층철심을 사용하여 감소시킨다.

답 ②

■ 직류기의 3요소
• 계자 • 전기자 • 정류자

■ 철손감소방법

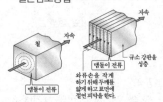

2. 브러시(Brush)

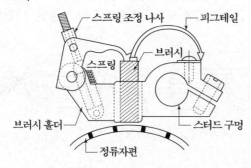

(1) 특징

브러시는 정류자에 접촉하여 정류작용을 하며 변환된 직류를 외부로
유출하는 장치이다. 브러시는 정류자면을 손상시키지 않도록 접촉저항
이 적당하고 내열성이 크며, 고유저항이 작고, 기계적으로 튼튼해야
한다.

(2) 종류

① 탄소 브러시 : 질이 치밀하고 단단하며 연마성이 있는 브러시로서
　접촉저항이 크고 전류용량이 작아 주로 소형 직류기에 사용한다.

② 전기 흑연 브러시 : 열처리한 탄소를 흑연화 하여 성형 소결한 것
　으로 정류능력이 높아 브러시로서 가장 우수하여 널리 사용한다.

③ 금속 흑연 브러시 : 미세한 구리 분말과 흑연 분말을 혼합한 브러시
　로서 접촉저항이 작고 전류용량이 커서 대전류용 기계에 사용한다.

예제문제 전기자철심의 구조

3 직류기에 탄소브러시를 사용하는 주된 이유는?

① 고유저항이 작기 때문에　　② 접촉저항이 작기 때문에
③ 접촉저항이 크기 때문에　　④ 고유저항이 크기 때문에

해설
직류기는 정류자와 브러시가 마찰하기 때문에 접촉저항이 큰 탄소브러시를 사용한다.
답 ③

---

② 전기자 권선법

1. 전기자 권선법의 종류

핵심 NOTE

■ 브러시

■ 브러시 홀더 압력
0.15~0.25[kg/cm²]

■ 브러시 이동기구 로커

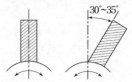

회전방향이 바뀌는 직류기는 수직,
한쪽 방향으로 회전하는 직류기는
30~35° 기울기 고정

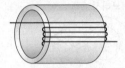
■ 권선 관련 용어

• 형권 코일(formed coil)
 다이아몬드 모양으로 적정 권수
 만큼 감아서 절연시킨 후 전기자
 슬롯에 설치될 수 있도록 미리 정
 형화된 코일

• 코일변(coil side)
 유도 기전력을 실제 발생시키는
 도선의 각 부분

• 코일 단(coil end)
 코일변 간을 연결시켜줄 뿐 기전
 력 발생과는 관련 없는 부분

• 권수(number of turns)
 코일이 감아지는 회수

• 슬롯/홈(slot)
 코일이 들어가 위치 할 수 있는
 파여진 홈

직류기에서 전기자 권선법은 기전력을 얻기 위한 방법으로 고상권, 폐로권, 2층권을 선택하여 사용되며 용도에 따라 중권, 파권으로 나뉜다.

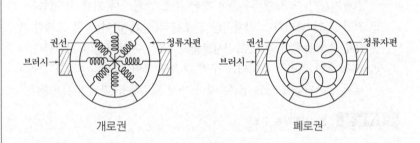

환상권   고상권

(1) 환상권
링 모양으로 된 철심내외에 도선을 감는 방법이다. 안쪽 도체는 기전력을 유기하지 못하므로 비경제적이며 고장시 수리가 불편하다.

(2) 고상권
철심에 슬롯을 만들어 표면에만 도체를 배치하는 방법이다. 도체가 환상권에 비하여 기전력을 유효하게 사용하며 형권코일(formed coil)을 사용할 수 있으므로 제작 및 수리에 용이하다.

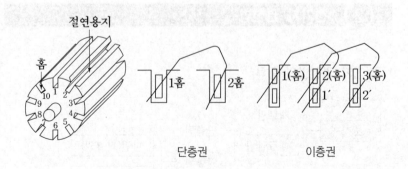

개로권   폐로권

(3) 개로권
개방된 권선이 각각 독립하여 철심에 감겨서 브러시 사이에 부하를 연결 했을 때만 폐회로가 되는 권선법이다.

(4) 폐로권
전기자 철심에 감겨진 코일들이 한 개의 폐회로가 구성됨으로서 브러시로부터의 전류가 끊기지 않고 흘러 정류가 양호해 지는 권선법이다.

(5) 단층권

코일사이의 간격은 대략적으로 자극간격 만큼 떨어져 있으며 1개의 슬롯 내에 1개의 코일변을 삽입하는 방법이다.

(6) 이층권

1개의 슬롯 내에 상·하 2층으로 코일변을 삽입하는 방법이다.

---

4 다음 권선법 중에서 직류기에 주로 사용되는 것은?

① 폐로권, 환상권, 이층권
② 폐로권, 고상권, 이층권
③ 개로권, 환상권, 단층권
④ 개로권, 고상권, 이층권

해설
직류기는 고상권, 폐로권, 이층권의 전기자 권선법을 사용한다.

답 ②

---

2. 중권 및 파권의 특징

(1) 중권

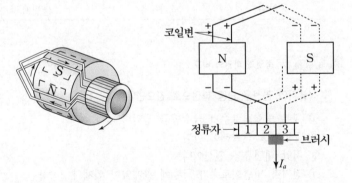

극수와 동일한 브러시 개수가 필요하며 브러시마다 회로가 독립되는 권선법이다. 자극 밑에 여러 개의 코일변이 같은 전압을 가지며 병렬로 놓이므로 저전압 대전류가 얻어진다.

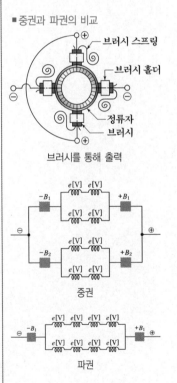

■ 중권과 파권의 비교

브러시를 통해 출력

중권

파권

■ 병렬회로 전류
중권 : I / 병렬회로수   파권 : I/2

(2) 파권

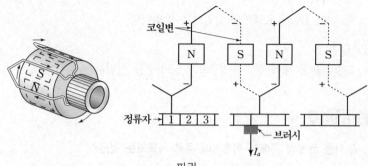

파권

극수에 상관없이 브러시가 (+)극은 (+)극 끼리, (−)극은 (−)극 끼리
연결되어 2개의 병렬회로를 만드는 권선법이다. 자극 밑의 코일변이
직렬연결되어 브러시 양단에는 고전압, 소전류가 얻어진다.

(3) 중권과 파권의 비교

	중권(병렬권)	파권(직렬권)
전기자 병렬회로수(a)	극수(p)	2
브러시 수(b)	극수(p)	2 또는 극수(p)
용도	저전압 대전류	고전압 소전류
균압환	4극 이상	불필요

예제문제 중권과 파권의 비교

5 직류기의 권선을 단중 파권으로 감으면?

① 내부 병렬회로수가 극수만큼 생긴다.
② 균압환을 연결해야 한다.
③ 저압 대전류용 권선이다.
④ 전기자 병렬회로수가 극수에 관계없이 언제나 2이다.

해설

비교항목	중권	파권
전기자 병렬회로 수(a)	극수(p)	2

답 ④

6 전기자 도체의 굵기, 권수, 극수가 모두 동일할 때, 단중 파권은 단중 중권에 비해 전류와 전압의 관계는?
① 소전류 저전압　　　　② 대전류 저전압
③ 소전류 고전압　　　　④ 대전류 고전압

해설

비교항목	중권	파권
용도	저전압, 대전류용	고전압, 소전류용

📖 ③

③ 직류기의 유기기전력

1. 직선도체의 유기기전력

평등자계가 존재하는 두 자극 사이에 도체를 쇄교시키면 플레밍의 오른손 법칙에 의한 방향으로 기전력이 발생한다. 이때 유기기전력의 크기는 다음과 같다.

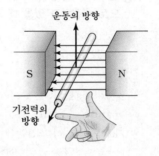

운동의 방향
S　　　N
기전력의 방향

$$e = B\ell v [\text{V}]$$

■참고
$B[\text{Wb/m}^2]$: 자속밀도
$\ell[\text{m}]$: 도체의 길이
$v[\text{m/s}]$: 회전자속도

(1) 평균 자속밀도 $B[\text{Wb/m}^2]$

고정자의 자극수를 p, 자극에서 발생하는 자속을 $\phi[\text{Wb}]$라 하면, 다음과 같다.

$$B = \frac{\text{전체자속}}{\text{전기자 표면적}} = \frac{\text{p}\phi}{\pi \text{D}\ell} [\text{Wb/m}^2]$$

■전기자의 표면적

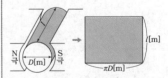

N극　$D[m]$　S극　$\pi D[m]$　$l[m]$

(2) 회전자의 회전속도 $v[\text{m/s}]$

지름이 $D[\text{m}]$인 회전자는 회전수 N일 때 회전속도가 다음과 같다.

$$v = \text{원의 둘레} \times \text{초당회전수} = \pi\text{D} \times \frac{\text{N}}{60} [\text{m/s}]$$

예제문제   직류기의 유기기전력

7 직경을 D[m], 길이 ℓ[m]가 되는 전기자에 권선을 감은 직류발전기가 있다. 자극의 수 p, 각각의 자속수가 ϕ[Wb]일 때 전기자 표면의 자속밀도[Wb/m²]는?

① $\dfrac{\pi Dp}{60}$ ② $\dfrac{p\phi}{\pi D\ell}$

③ $\dfrac{\pi D\ell}{p\phi}$ ④ $\dfrac{\pi D\ell}{p}$

해설

자속밀도 $B = \dfrac{전체자속}{전기자표면적} = \dfrac{p\phi}{\pi D\ell}[\text{Wb/m}^2]$

답 ②

예제문제   직류기의 유기기전력

8 전기자 지름 0.2[m]의 직류 발전기가 1.5[kW]의 출력에서 1800[rpm]으로 회전하고 있을 때 전기자 주변속도[m/sec]는?

① 18.84   ② 21.96

③ 32.74   ④ 42.85

해설

• 회전자 주변속도

$v = \pi D \times \dfrac{N}{60}[\text{m/s}]$

• 지름 D = 0.2[m], 회전수 N = 1800[rpm]

• ∴ $v = \pi \times 0.2 \times \dfrac{1800}{60} ≒ 18.84[\text{m/s}]$

답 ①

■ 발전기의 유도기전력

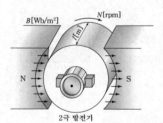

2극 발전기

2. 브러시 양단에 발생하는 유기기전력

직류발전기의 전기자 총 도체수를 Z, 브러시 간의 병렬회로수 a일 때 브러시 사이에 연결된 도체수는 Z/a가 되므로 발생하는 유기기전력은 다음과 같다.

$$E = B\ell v \times \dfrac{Z}{a} = \dfrac{pZ\phi N}{60a}[\text{V}]$$

• a : 병렬회로수
• p : 극수
• Z : 총도체수=전체 슬롯수×한 슬롯 내 코일변 수
• ϕ[Wb] : 자속수
• N[rpm] : 분당 회전수

직류기의 유기기전력

9 직류발전기의 극수가 10이고, 전기자 도체수가 500이며, 단중 파권
일 때 매극의 자속수가 0.01[Wb]이면 600[rpm]때의 기전력[V]은?

① 150   ② 200

③ 250   ④ 300

해설

• 유기기전력 $E = \dfrac{pZ\phi N}{60a}$ [V]

• 극수 $p = 10$, 전기자 도체수 $Z = 500$, 파권(병렬회로수) $a = 2$,
매극당 자속수 $\phi = 0.01$[Wb], 회전수 $N = 600$[rpm]

• $\therefore E = \dfrac{10 \times 500 \times 0.01 \times 600}{60 \times 2} = 250$[rpm]

답 ③

3. 기계정수

pZ/60a는 발전기가 제작될 때 정해지는 기계정수(K)이다. 따라서, 유
기기전력(E)는 자속수(ϕ)와 회전수(N)에 정비례한다.

$$E = K\phi N [V]$$

일반적으로 발전기의 회전수는 정속으로 운전되므로 자속은 여자전류에
의해 변화하여 전압을 조정할 수 있다.

■ 유기기전력과의 비례관계
• $E \propto \phi N$
자속과 회전수에 비례
• $\phi \propto \dfrac{1}{N}$
자속과 회전수는 반비례

유기기전력의 비례관계

10 포화하고 있지 않은 직류 발전기의 회전수가 $\dfrac{1}{2}$로 감소되었을 때
기전력을 전과 같은 값으로 하자면 여자를 속도변화 전에 비해 얼마로
해야 하는가?

① $\dfrac{1}{2}$배   ② 1배

③ 2배   ④ 4배

해설

• 기전력이 일정한 상태에서 여자(ϕ)와 회전수(N)은 반비례 관계

$$\phi \propto \dfrac{1}{N}$$

• $\therefore$ 여자전류를 2배로 증가시켜야 한다.
※ 여자전류에 의해 자속이 발생($I_f \fallingdotseq \phi$)

답 ③

❹ 전기자 반작용

1. 현상

전기자 전류에 의해 생기는 자속이 계자에서 발생되는 주 자속에 영향을 주어 주 자속이 일그러지며 감소하는 현상이다.

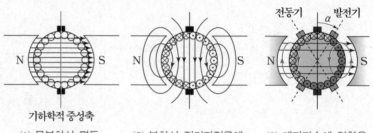

기하학적 중성축

(1) 무부하시 평등   (2) 부하시 전기자전류에 (3) 계자자속에 영향을
    자계상태   의한 자기장 발생   미침

2. 영향

(1) 교차 자화작용에 의한 편자에 의해 주 자속이 감소
  ① 발전기
    자속ϕ 감소 → 기전력E 감소 → 출력P 감소 → 단자전압V 감소
  ② 전동기
    자속ϕ 감소 → 토크T 감소 → 회전수N 증가

(2) 전기적 중성축의 이동
  ① 발전기 : 회전방향
  ② 전동기 : 회전 반대방향

(3) 정류자 편간 국부적인 섬락발생

■ 전기자 기자력(편자작용)
  중성축이 한쪽으로 기울어지는 현상

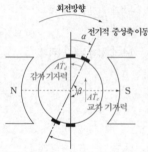

■ 감자기자력
$$AT_d = \frac{2\alpha}{\pi}\cdot\frac{ZI_a}{2ap} = K\frac{2\alpha}{\pi}[AT/극]$$

■ 교차기자력
$$AT_c = \frac{\beta}{\pi}\cdot\frac{ZI_a}{2ap} = K\frac{\beta}{\pi}[AT/극]$$

■ 전기각과 기계각관계
전기각(a_e)
$=$기계각(a)$\times\frac{p(극수)}{2}$

예제문제 전기자반작용의 영향

11 직류기에서 전기자반작용이란 전기자 권선에 흐르는 전류로 인하여 생긴 자속이 무엇에 영향을 주는 현상인가?
  ① 모든 부문에 영향을 주는 현상
  ② 계자극에 영향을 주는 현상
  ③ 감자 작용만을 하는 현상
  ④ 편자 작용만을 하는 현상

해설
전기자반작용의 정의
전기자 전류에 의해 생기는 자속이 계자에서 발생되는 주 자속에 영향을 주어 주 자속이 감소하는 현상이다.

답 ②

예제문제 전기자반작용에 의한 현상

12 전기자반작용이 직류발전기에 영향을 주는 것을 설명한 것이다. 다음 중 틀린 설명은?

① 전기자중성축을 이동시킨다.
② 자속을 감소시켜 부하시 전압강하의 원인이 된다.
③ 정류자편간 전압이 불균일하게 되어 섬락의 원인이 된다.
④ 전류의 파형은 찌그러지나 출력에는 변화가 없다.

해설
전기자 반작용 발생시 주 자속에 영향을 주므로 출력이 감소한다.

답 ④

3. 방지대책

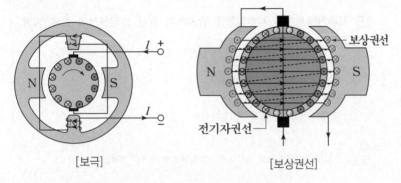

[보극]　　　　　　　　[보상권선]

(1) 브러시를 중성축 이동방향과 같게 이동한다.
(2) 보상권선설치
　계자극에 홈을 판 후 전기자권선과 직렬연결한 권선이다. 여기에 전기자전류와 반대방향의 전류를 흘려서 대부분의 전기자 반작용 기자력을 상쇄하는 가장 좋은 방지대책이다.
(3) 보극설치
　중성축에서 발생되는 전기자반작용을 상쇄시킨다.

■ 전기자 반작용 방지책
• 보상권선
전기자와 직렬연결하고 전기자전류와 반대방향의 전류를 인가한다.

• 보극
전기자와 직렬연결하고 1.3~1.4배의 기자력을 발생시킨다.

예제문제 전기자반작용 방지대책

13 직류발전기의 전기자반작용을 설명함에 있어서 그 영향을 없애는 데 가장 유효한 것은?

① 균압환　　　　　② 탄소 브러시
③ 보상권선　　　　④ 보극

해설
보상권선은 전기자반작용을 가장 크게 상쇄시키는 방지책이다.

답 ③

예제문제 전기자반작용 방지대책

14 보극이 없는 직류발전기는 부하의 증가에 따라서 브러시의 위치는?

① 그대로 둔다.
② 회전방향과 반대로 이동한다.
③ 회전방향으로 이동한다.
④ 극의 중간에 놓는다.

해설
보극이 없는 직류발전기는 전기자반작용이 발생하므로 중성축의 이동방향으로 브러시를
이동시킨다. 이때 발전기는 회전방향으로, 전동기는 회전반대방향으로 이동시킨다.

답 ③

예제문제 보상권선의 전류방향

15 직류기에서 전기자반작용을 방지하기 위한 보상권선의 전류 방향은?

① 계자전류 방향과 같다.
② 계자전류 방향과 반대이다.
③ 전기자전류 방향과 같다.
④ 전기자전류 방향과 반대이다.

해설
전기자 전류와 반대방향으로 인가해서 전기자전류에 의한 기자력을 상쇄시킨다.

답 ④

⑤ 직류기의 정류작용

1. 정류작용

전기자 권선에서 유기되는 교류 기전력을 직류로 변환하는 작용이며, 정류자편 수가 많아질수록 맥동이 감소하고 평활한 직류파형이 얻어진다.

2. 정류작용을 저해하는 원인

브러시와 접촉된 정류자 편이 이동하면서 전기자 코일의 전류의 방향이 바뀌게 되는데 코일이 유도성 소자이므로 전류의 급격한 변화를 막기 위해 리액턴스 전압이 유도된다.

$$리액턴스\ 전압\ e_L = L\frac{di}{dt}[V] = L\frac{I_c - (-I_c)}{T_c} = L\frac{2I_c}{T_c}$$

■정류시간

$$T_c = \frac{정류구간}{정류자\ 속도} = \frac{b-\delta}{v_c}$$

$b[m]$: 브러시 두께
$\delta[m]$: 절연물 두께(운모)

3. 리액턴스 전압의 영향

전기자 코일에 리액턴스 전압이 높게 되면 브러시에 단락된 정류자에 큰 불꽃이 발생하여 정류자 표면과 브러시를 손상시켜 정류를 방해한다.

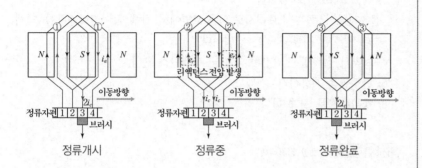

정류개시　　　　　정류중　　　　　정류완료

■ 정류과정

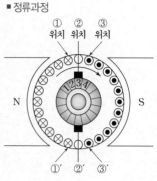

예제문제　양호한 정류

16 직류기에서 정류 코일의 자기 인덕턴스를 L 이라 할 때 정류 코일의 전류가 정류기간 T_c 사이에 I_c 에서 $-I_c$ 로 변한다면 정류 코일의 리액턴스 전압(평균값)은?

① $L\dfrac{2I_c}{T_c}$　　　　② $L\dfrac{I_c}{T_c}$

③ $L\dfrac{2T_c}{I_c}$　　　　④ $L\dfrac{T_c}{I_c}$

해설

리액턴스전압 : 코일의 인덕턴스(L)에 의해 발생되는 전압

$$e_L = -L\frac{di}{dt} = L\frac{I_c - (-I_c)}{T_c} = L\frac{2I_c}{T_c}$$

답 ①

■ 파형

4. 양호한 정류 대책

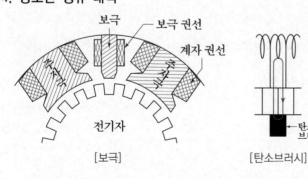

[보극]　　　　　　[탄소브러시]

(1) 리액턴스전압을 작게 한다.
(2) 보극을 설치한다.
   보극에서 나오는 자속으로 리액턴스전압의 반대방향의 전압을 유기시켜 양호한 정류를 얻는 방법이다.
(3) 탄소브러시를 사용한다.
   접촉저항이 큰 탄소브러시로 정류코일에서 발생하는 단락전류를 억제하여 양호한 정류를 얻는 방법이다.
(4) 브러시 접촉면 전압강하 〉 평균 리액턴스 전압
(5) 단절권을 사용한다.
(6) 정류주기를 길게 한다.

예제문제 양호한 정류대책

17 직류기에 있어서 불꽃 없는 정류를 얻는 데 가장 유효한 방법은?
   ① 탄소브러시와 보상권선
   ② 보극과 탄소브러시
   ③ 자기 포화와 브러시의 이동
   ④ 보극과 보상권선

해설
정류를 좋게 하는 방법으로 전압 및 저항정류를 이용한다.
• 전압정류 : 보극 설치
• 저항정류 : 탄소브러시 사용
답 ②

예제문제 양호한 정류대책

18 직류기 정류작용에서 전압정류의 역할을 하는 것은?
   ① 탄소브러시   ② 보상권선
   ③ 전기자 반작용   ④ 보극

해설
전압정류
보극의 자속을 이용하여 리액턴스 전압을 상쇄한다.
답 ④

예제문제 양호한 정류방법

19 직류기에서 양호한 정류를 얻는 조건이 아닌 것은?

① 정류 주기를 크게 한다.
② 전기자 코일의 인덕턴스를 작게 한다.
③ 평균 리액턴스 전압을 브러시 접촉면 전압 강하보다 크게 한다.
④ 브러시의 접촉 저항을 크게 한다.

해설

양호한 정류를 얻는 방법

$$\cdot \downarrow e = \downarrow L \frac{2I_c}{\uparrow T_c} \begin{cases} \text{리액턴스전압} \downarrow \\ \text{인덕턴스} \downarrow \\ \text{정류주기} \uparrow \end{cases}$$

· 회전속도를 감소시킨다.
· 브러시 접촉면 전압강하 〉 평균 리액턴스 전압
· 접촉저항을 크게 한다. → 탄소브러시 사용(저항정류)

답 ③

4. 정류자 편수와 편간 유기되는 전압

(1) 정류자편수

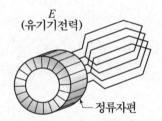

E
(유기기전력)

정류자편

$$K = \frac{\text{총도체수}}{2} = \frac{u(\text{한 슬롯내 코일변수}) \times s(\text{전체 슬롯수})}{2}$$

(2) 정류자 편간 평균전압

이웃하는 정류자편 사이의 전압은 그 사이에 접속된 코일만큼 유기되는 전압이 걸리게 된다.

$$e_a = \frac{\text{전체 유기기전력}}{\text{정류자 편수}} = \frac{E \times a(\text{병렬회로수})}{K}[V]$$

■브러시 출력 파형

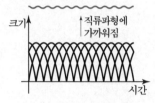

크기
직류파형에 가까워짐
시간

■정류자 편간 위상차

$$\theta = \frac{1주기}{\text{정류자 편수}} = \frac{2\pi}{K}$$

예제문제 직류기의 정류자 편수

20 자극수 4, 슬롯수 40, 슬롯 내부 코일 변수 4인 단중 중권 직류기의 정류자 편수는?

① 10　　　　　　　　　　② 20
③ 40　　　　　　　　　　④ 80

해설

정류자 편수 $K= \dfrac{총도체수}{2} = \dfrac{전\ 슬롯수 \times 한\ 슬롯내\ 코일변수}{2} = \dfrac{40 \times 4}{2} = 80$

답 ④

예제문제 정류자 편간 위상차

21 정현파형에서 회전자계 중에 있는 정류자가 있는 회전자를 놓으면 각 정류자편 사이에 연결되어 있는 회전자 권선에는 크기가 같고 위상이 다른 전압이 유기된다. 정류자 편수를 K라 하면 정류자편 사이의 위상차는?

① π/K　　　　　　　　② $2\pi/K$
③ K/π　　　　　　　　④ $K/2\pi$

해설

정류자편 사이의 위상차 : $\theta = \dfrac{한주기}{정류자편수} = \dfrac{2\pi}{K}$

답 ②

예제문제 정류자 편간 평균전압

22 직류발전기의 유기기전력이 230[V], 극수가 4, 정류자 편수가 162인 정류자 편간 평균전압은 약 몇 [V]인가? (단, 권선법은 중권이다.)

① 5.68　　　　　　　　　② 6.28
③ 9.42　　　　　　　　　④ 10.2

해설

정류자편간 평균전압 $e_a = \dfrac{전체회로의\ 기전력}{정류자\ 편수} = \dfrac{E \cdot a}{K} = \dfrac{230 \times 4}{162} = 5.68[V]$

답 ①

⑥ 직류발전기의 종류와 특성

직류발전기는 계자와 전기자의 연결방식에 따라 다음과 같이 분류한다.

- 타여자 발전기
- 자여자 발전기 ┬ 분권 발전기
               ├ 직권 발전기
               └ 복권 발전기 ┬ 가동 복권 발전기 ┬ 과복권
                            └ 차동 복권 발전기 └ 평복권

1. 타여자 발전기

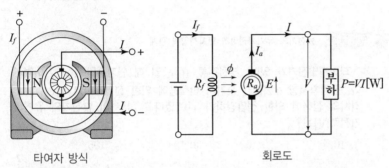

타여자 방식   회로도

- **결선방법**

  독립된 전원을 가지고 계자와 전기자가 연결되지 않은 발전기이다.

- **용도**

  정격부하상태에서 전압변동이 적은 정전압 발전기이며, 대형 교류발전기의 여자 전원, 직류 전동기 속도 제어용 전원 등으로 사용한다.

- **관계식**

$$E = V + I_a R_a [V], \ I_a = I = \frac{P}{V}[A]$$

예제문제 발전기의 여자방식

23 직류발전기의 계자철심에 잔류자기가 없어도 발전할 수 있는 발전기는?

① 타여자기   ② 복권기
③ 직권기   ④ 분권기

해설
타여자기는 외부전원에 의해 여자되므로 잔류자기가 필요없다.   답 ①

발전기의 유기기전력과 단자전압의 관계

24 단자전압 220[V], 부하전류 50[A]인 타여자발전기의 유도기전력[V]은? (단, 전기자저항 0.2[Ω], 계자전류 및 전기자반작용은 무시한다.)

① 210   ② 225   ③ 230   ④ 250

해설

- 타여자 발전기의 유도기전력

  $E = V + I_a R_a$

- 단자 전압 $V = 220[V]$, 전기자 저항 $R_a = 0.2[Ω]$

  타여자 발전기의 전기자 전류 $I_a = I = 50[A]$

- ∴ $E = 220 + 0.2 \times 50 = 230[V]$

답 ③

발전기의 유기기전력과 단자전압의 관계

25 타여자발전기가 있다. 부하전류 10[A]일 때 단자전압 100[V]이었다. 전기자저항 0.2[Ω], 전기자 반작용에 의한 전압강하가 2[V], 브러시의 접촉에 의한 전압강하가 1[V]였다고 하면 이 발전기의 유기기전력[V]은?

① 102   ② 103   ③ 104   ④ 105

해설

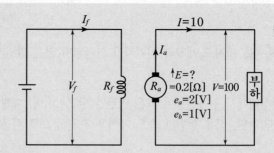

- 직류 타여자 발전기의 유기기전력(반작용, 브러시 전압강하 존재시)

  $E = V + I_a R_a + e_a + e_b [V]$

- 전기자전류 $I_a = I = 10[A]$

  단자전압 $V = 100[V]$

  전기자 저항 $R_a = 0.2[Ω]$

  전기자 반작용 전압강하 $e_a = 2[V]$

  브러시 접촉 전압강하 $e_b = 1[V]$

- ∴ $E = 100 + 10 \times 0.2 + 2 + 1 = 105[V]$

답 ④

2. 자여자 발전기

(1) 분권발전기

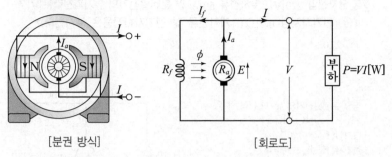

[분권 방식]　　　　　[회로도]

* 결선방법 : 계자와 전기자가 병렬로 접속되어 있는 발전기
* 용도 : 전기화학용, 전지의 충전용, 동기기의 여자용 전원
* 관계식

$$E = V + I_a R_a [V], \quad I_a = I + I_f = \frac{P}{V} + \frac{V}{R_f}[A]$$

핵심 NOTE

■ 자여자 발전기의 전압확립조건
* 여자전류를 얻기 위해 잔류자기가 필요하다.
* 잔류자기에 의한 자속과 계자 전류에 의한 자속 방향이 일치해야 한다. 만일, 운전 중 회전방향을 반대로 하면 잔류자기가 소멸되어 발전이 불가능하다.

■ 분권발전기의 특징
* 운전 중 단락이 되면 처음에는 큰 전류가 흐르나 계자측으로 가는 전류가 급격히 감소하기 때문에 종래에는 소전류가 흐른다.
* 운전 중 계자권선이 단선이 되면 개방회로가 되어 전류가 순환되지 않으므로 자속이 증가된 상태에서 고압을 유기하여 절연이 파괴되기 때문에 계자회로에 퓨즈를 설치하지 않는다.

예제문제 분권 발전기의 특징

26 직류 분권발전기를 서서히 단락상태로 하면 다음 중 어떠한 상태로 되는가?

① 과전류로 소손된다.　　　② 과전압이 된다.
③ 소전류가 흐른다.　　　　④ 운전이 정지된다.

해설
분권발전기의 부하전류가 어느 값 이상으로 증가하게 되면 단자전압이 감소하여 부하전류는 소전류가 흐른다.

답 ③

예제문제 발전기의 유기기전력과 단자전압의 관계

27 정격 속도로 회전하고 있는 무부하의 분권 발전기가 있다. 계자권선의 저항이 $50[\Omega]$, 계자전류 $2[A]$, 전기자저항 $1.5[\Omega]$일 때 유기 기전력$[V]$은?

① 97　　　　　　　② 100
③ 103　　　　　　④ 106

해설
분권 발전기의 유기기전력 $E = V + I_a R_a$ 에서
* 단자전압 $V = I_f \cdot R_f = 2 \times 50 = 100[V]$
* 무부하 상태이므로 $I_a = I_f = 2[A]$
* ∴ $E = 100 + 2 \times 1.5 = 103[V]$

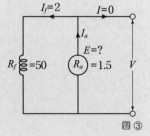

답 ③

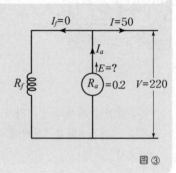

예제문제 발전기의 유기기전력과 단자전압의 관계

28 단자전압 220[V], 부하전류 50[A]인 분권발전기의 유기기전력은[V]?
(단, 전기자저항 0.2[Ω], 계자전류 및 전기자반작용은 무시한다.)

① 210   ② 225

③ 230   ④ 250

해설
• 직류 분권발전기의 유기기전력
$$E = V + I_a R_a [V]$$
• 단자전압 $V = 220[V]$
전기자저항 $R_a = 0.2[\Omega]$
전기자전류 $I_a = I + I_f = 50 + 0[A] = 50[A]$
(계자전류를 무시하므로)
• ∴ $E = 220 + 50 \times 0.2 = 230[V]$

답 ③

(2) 직권발전기

■ 직권발전기의 특징
무부하시 부하전류가 거의 흐르지 않
으므로($I_a = I_s = I = 0$) 발전이 불
가능하다.

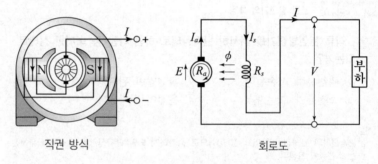

직권 방식   회로도

• 결선방법 : 계자와 전기자가 직렬로 접속되어 있는 발전기
• 용도 : 선로의 전압강하 보상용도의 승압기로 사용
• 전압 관계식

$$E = V + I_a(R_a + R_s)[V], \quad I_a = I_s = I = \frac{P}{V}[A]$$

■ 용어정리
R_s : 직권 계자저항
I_s : 직권 계자전류

예제문제 발전기의 유기기전력과 단자전압의 관계

29 무부하에서 자기 여자로 전압을 확립하지 못하는 직류 발전기는?

① 타여자 발전기   ② 직권 발전기

③ 분권 발전기   ④ 차동복권 발전기

해설
직권 발전기는 무부하시 폐회로가 되지 않아 여자되지 않으므로 발전이 되지 않는다.

답 ②

(3) 복권발전기

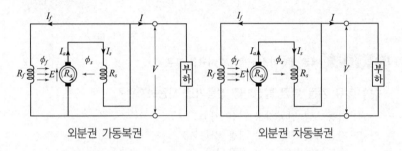

외분권 가동복권   외분권 차동복권

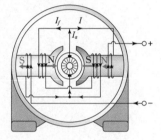

■ 차동복권 발전기의 권선

- 결선방법 : 계자와 전기자가 직·병렬로 접속되어 있는 발전기
- 용도 : 두 개의 계자권선 접속 방향에 따라 가동복권과 차동복권으로 나뉘며 승압 또는 강압용으로 사용한다.

  ① 가동복권발전기 : 직권계자 권선과 분권 계자권선의 자속이 더해진다.($\phi_f + \phi_s$)

  ② 차동복권발전기 : 직권계자 권선과 분권 계자권선의 자속이 상쇄된다. 이를 이용한 특성을 수하특성이라 하고 용접용 발전기 또는 누설변압기에 이용한다.($\phi_f - \phi_s$)

■ 수하특성
부하전류증가에 따라 직권계자권선의 자속이 분권의 자속을 억제하여 유기기전력을 낮춰 일정한 전류를 공급 하는 방식이다.

- 전압 관계식

$$E = V + I_a(R_a + R_s)[V]$$

전류 관계식

$$I_a = I + I_f = \frac{P}{V} + \frac{V}{R_f}[A]$$

■ 내분권 복권방식

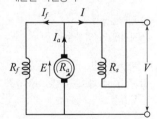

■ 복권발전기의 용도변환

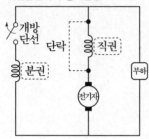

복권 발전기의 용도변환

30 가동복권 발전기의 내부 결선을 바꾸어 분권 발전기로 하려면?

① 직권 계자를 단락시킨다.
② 분권 계자를 단락시킨다.
③ 외분권 복권형으로 한다.
④ 분권 발전기로 할 수 없다.

해설

복권발전기를 직권 및 분권발전기로 사용하는 경우
• 직권발전기로 사용시 : 분권계자권선 개방(open)
• 분권발전기로 사용시 : 직권계자권선 단락(short)

답 ①

예제문제 복권 발전기를 전동기로 사용할 경우

31 직류 가동 복권 발전기를 전동기로 사용하자면?

① 가동복권 전동기로 사용 가능
② 차동복권 전동기로 사용 가능
③ 속도가 급상승해서 사용 불능
④ 직권 코일의 분리가 필요

해설

발전기와 전동기는 구조가 같지만 전류의 방향이 반대가 되며 직권 계자 코일에 흐르는
전류의 방향이 반대가 되므로 다음과 같이 용도가 바뀌게 된다.
• 가동복권 발전기 ↔ 차동 복권 전동기
• 차동복권 발전기 ↔ 가동 복권 전동기

답 ②

❼ 발전기의 특성곡선과 전압변동률

■ 전압확립조건
계자저항 < 임계저항

■ 단자전압 조정
R_f 증가→I_f 감소→ϕ 감소→E 감소
→V 감소

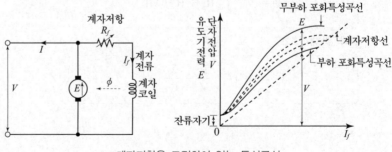

계자저항을 조절하여 얻는 특성곡선

1. 무부하 포화특성 곡선

정격속도의 무부하 상태에서 계자전류 I_f의 변화에 따른 유도기전력E의 변화곡선으로 발전기의 특성을 알 수 있는 곡선이다.

예제문제 무부하 포화곡선의 개념

32 직류 발전기의 단자 전압을 조정하려면 다음 어느 것을 조정하는가?

① 기동저항
② 계자저항
③ 방전저항
④ 전기자저항

해설
계자저항을 조정하여 계자전류를 변화시키면 유기기전력이 변화하며 단자전압도 변화하게 된다.

답 ②

예제문제 무부하 포화곡선의 개념

33 직류발전기의 무부하 포화 곡선과 관계되는 것은 어느것인가?

① 단자전압과 여자전류
② 단자전압과 부하전류
③ 유기기전력과 계자전류
④ 부하전류와 회전속도

해설
무부하 포화 특성곡선은 계자전류를 증가시켰을 때 얻는 유기기전력에 대한 곡선이다.

답 ③

2. 부하 포화특성 곡선

정격속도에서 부하를 걸었을 때 계자전류 I_f의 변화에 따른 단자전압V의 변화곡선이다.

예제문제 무부하 포화곡선의 개념

34 직류발전기의 부하 포화 곡선은 다음 어느 것의 관계인가?

① 단자전압과 부하전류
② 출력과 부하전력
③ 단자전압과 계자전류
④ 부하전류와 계자전류

해설
부하 포화 특성곡선은 계자전류를 증가시켰을 때 발생하는 전압강하를 고려한 단자전압의 관계를 나타낸다.

답 ③

핵심 NOTE

■ 발전기 특성곡선의 종류

구분	횡축	종축	조건
무부하 포화 특성 곡선	I_f	E $(=V_0)$	n =일정, I =0
부하 특성 곡선	I_f	V	n =일정, I =일정
외부 특성 곡선	I	V	n =일정, R_f =일정
내부 특성 곡선	I	E	n =일정, R_f =일정
계자 조정 곡선	I	I_f	n =일정, V =일정

3. 외부 특성곡선

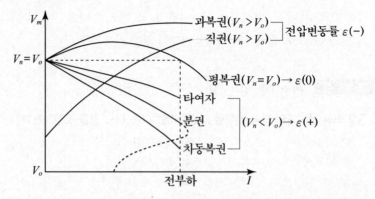

정격속도에서 부하를 걸었을 때 발전기의 종류에 따라 변화하는 부하 전류I와 단자전압V의 관계 곡선이다.

(1) 과복권, 직권 발전기 : 부하전류가 증가하면 직권계자전류가 증가하여 단자전압이 상승한다.

(2) 평복권 발전기 : 전부하시와 무부하시 단자전압이 같게 되는 발전기이다.

(3) 타여자, 분권, 차동복권 : 전부하시 부하전류가 증가하면 전기자의 전압강하도 증가하여 무부하시 보다 단자전압이 감소하는 발전기이다

예제문제　발전기별 외부특성곡선의 특징

35 직류 발전기 중 무부하 전압과 전부하 전압이 같도록 설계된 발전기는?

① 분권　　　　　　　② 직권
③ 차동복권　　　　　④ 평복권

해설

평복권은 가동복권의 일종으로서 전부하시 전압강하를 보상하여 전압을 일정하게 유지시키는 발전기이다.

답 ④

예제문제 발전기별 외부특성곡선의 특징

36 직류 발전기의 종류별 특성 설명 중 틀린 것은?

① 타여자발전기 : 전압강하가 적고 계자전압은 전기자 전압과 관계없이 설계된다.
② 분권발전기 : 타여자발전기와 같이 전압변동률이 적고, 다른 여자전원이 필요 없다.
③ 가동복권발전기 : 단자전압을 부하의 증감에 관계없이 거의 일정하게 유지할 수 있다.
④ 차동복권발전기 : 부하의 변화에 따라 전압이 변화하지 않는 특성이 있는 발전기이다.

해설
차동복권 발전기는 수하특성이 가장 좋은 직류 발전기로 부하의 증가에 따라 전압이 강하하여 일정한 전류를 만들어 주는 특성을 갖는다.

답 ④

4. 발전기의 전압변동률

발전기에 부하를 연결했을 때 단자에는 전압강하에 의해 변동이 생기게 되며 이를 전압변동률이라 한다.

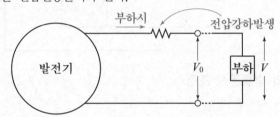

$$\varepsilon = \frac{무부하전압 - 정격전압}{정격전압} \times 100 = \frac{V_0 - V_n}{V_n} \times 100 \, [\%]$$

(1) 무부하시 단자전압 $V_0 = (1 + \varepsilon)V_n$ [V]
(2) 정격부하시 단자전압 $V_n = V_0/(1 + \varepsilon)$ [V]

예제문제 발전기의 전압변동률

37 정격 전압 200[V], 무부하 전압 220[V]인 발전기의 전압 변동률 [%]은?

① 5   ② 6
③ 9   ④ 10

해설
전압변동률 $\varepsilon = \dfrac{V_0 - V_n}{V_n} \times 100[\%] = \dfrac{220 - 200}{200} \times 100[\%] = 10[\%]$

답 ④

예제문제　발전기의 전압변동률

38 무부하에서 119[V]되는 분권 발전기의 전압 변동률이 6[%]이다. 정격 전 부하 전압[V]은?

① 11.22　　　　　　　　② 112.3
③ 12.5　　　　　　　　④ 125

해설
정격 전부하시 전압 $V_n = \dfrac{V_0}{(1+\varepsilon)} = \dfrac{119}{(1+0.06)} = 112.3[V]$

답 ②

⑧ 직류발전기의 병렬운전

■발전기의 병렬운전
1대의 발전기로 용량이 부족하거나 부하변동이 클 때 효율을 높이기 위하여 2대 이상을 병렬로 운전한다.

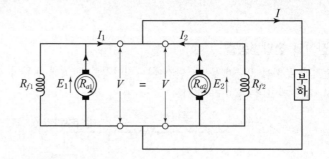

1. 발전기의 병렬운전 조건

(1) 극성이 일치할 것
(2) 단자전압이 같을 것
(3) 외부특성이 수하특성일 것
(4) 균압선을 설치하여 안정한 운전을 할 것

예제문제　직류발전기의 병렬운전조건

39 직류 발전기의 병렬 운전 조건 중 잘못된 것은?

① 단자전압이 같을 것　　② 외부특성이 같을 것
③ 극성을 같게 할 것　　　④ 유도기전력이 같을 것

해설
직류 발전기 병렬운전 조건
•극성이 일치할 것
•단자전압이 같을 것
•외부특성이 수하특성일 것
•직권, (과)복권의 경우 균압선을 설치하여 안정한 운전을 할 것

답 ④

예제문제 직류발전기의 병렬운전조건

40 직류 분권 발전기를 병렬운전을 하기 위해서는 발전기 용량P와 정격 전압V는?

① P는 임의, V는 같아야 한다.
② P와 V가 임의
③ P는 같고, V는 임의
④ P와, V가 모두 같아야 한다.

해설
두 발전기의 용량은 상관없지만 각 발전기의 단자전압은 반드시 같아야 한다.

답 ①

2. 발전기 병렬운전 시 부하의 분담

발전기 병렬운전시 A발전기와 B발전기의 단자전압은 같으므로 관계는 다음과 같다.

$$E_A - I_A R_A = E_B - I_B R_B$$

(1) 저항이 같을 때 : 유기기전력이 큰 쪽이 부하를 더 많이 분담한다.

(2) 유기기전력이 같을 때 : 전기자 저항에 반비례 하여 분담한다.

예제문제 병렬운전의 분담전류 계산

41 직류 발전기의 병렬 운전에서는 계자 전류를 변화시키면 부하 분담은?

① 계자전류를 감소시키면 부하분담이 적어진다.
② 계자전류를 증가시키면 부하분담이 적어진다.
③ 계자전류를 감소시키면 부하분담이 커진다.
④ 계자전류와는 무관하다.

해설
직류발전기의 병렬운전에 이어서 부하분담을 변화시
A발전기 : 계자전류 증가 ↑, 부하분담 증가 ↑
B발전기 : 계자전류 감소 ↓, 부하분담 감소 ↓

답 ①

3. 안정된 병렬운전방법

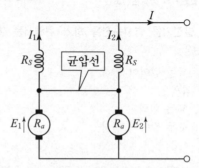

(1) 병렬운전이 불가능한 발전기 : 직권, (과)복권

　직권계자가 있으므로 외부특성이 한쪽 발전기의 부하전류가 증가하면
단자전압이 증가하여 병렬운전을 안정하게 할 수 없다.

(2) 해결책 : 균압선 설치

　한쪽 부하가 증가시 다른 쪽 직권 권선으로 분류되어 동시에 여자되
므로 안정된 병렬운전이 가능하다.

예제문제 병렬운전시 균압선의 역할

42 직류 복권 발전기를 병렬 운전할 때 반드시 필요한 것은?

① 과부하 계전기　　　　　② 균압선
③ 용량이 같을 것　　　　　④ 외부특성곡선이 일치할 것

해설
균압선을 사용하는 목적
직권계자권선이 있는 발전기를 안정한 병렬운전을 위하여 설치한다.
→ 균압선이 필요한 발전기 : 직권, (과)복권

답 ②

SECTION

01

출제예상문제

SECTION 01

출제예상문제

01 전기자철심을 성층할 때 철심의 두께는 약 몇 [mm]로 하는가?

① 0.1~0.25[mm]
② 0.35~0.5[mm]
③ 1~3[mm]
④ 3.5~4[mm]

해설

전기자철심의 두께를 0.35~0.5[mm]정도로 얇게 하여 성층하여 와류손을 줄인다.

02 전기자철심을 규소강판으로 성층하는 가장 적절한 이유는?

① 가격이 싸다.
② 철손을 작게 할 수 있다.
③ 가공하기 쉽다.
④ 기계손을 작게 할 수 있다.

해설

전기자철심에 규소를 함유하여 성층하면 철손(히스테리시스손, 와류손)을 감소시킬 수 있다.

03 전기기계의 철심을 성층하는 데 가장 적절한 이유는?

① 기계손을 적게 하기 위하여
② 와류손을 적게 하기 위하여
③ 히스테리시스손을 적게 하기 위하여
④ 표유 부하손을 적게 하기 위하여

해설

철손의종류	방지책	두께 및 함유량
히스테리시스손	규소강판	1 ~ 1.4[%]
와류손	성층철심	0.35 ~ 0.5[mm]

04 전기분해 등에 사용되는 저전압 대전류의 직류기에는 어떤 질의 브러시가 가장 적당한가?

① 탄소질
② 흑연질
③ 금속 흑연질
④ 금속

해설

• 탄소 브러시
  접촉저항이 크기 때문에 양호한 정류에 용이하며 저전류, 저속기 용도로 쓰인다.
• 금속 흑연질 브러시
  접촉저항이 작고 전류용량이 크기 때문에 대전류, 고속기 용도로 쓰인다.

05 브러시홀더(brush holder)는 브러시를 정류자 면의 적당한 위치에서 스프링에 의하여 항상 일정한 압력으로 정류자 면에 접촉하여야 한다. 가장 적당한 압력[kg/cm²]은?

① 1~2[kg/cm²]
② 0.5~1[kg/cm²]
③ 0.15~0.25[kg/cm²]
④ 0.01~0.15[kg/cm²]

해설

브러시홀더의 압력은 $0.15 \sim 0.25[kg/cm^2]$ 이다.

06 직류발전기의 전기자에 대한 설명 중 잘못된 것은?

① 전기자권선은 대전류인 경우 평각동선을 사용한다.
② 전기자권선은 소전류인 경우 연동환선을 사용한다.
③ 소형기에는 반폐 슬롯을 사용한다.
④ 중형 및 대형기에는 가지형 슬롯을 사용한다.

정답   01 ②   02 ②   03 ②   04 ③   05 ③   06 ④

해설

(1)

가지형 슬롯
(소형 직류기)

반폐 슬롯
(고속 직류기)

(2)

개방형 슬롯
(중형 직류기)

쐐기 고정형 개방 슬롯
(일반 직류기)

07 직류기의 권선을 단중 중권(中卷)으로 하였을 때, 해당되지 않는 것은?

① 전기자권선의 병렬회로수는 극수와 같다.
② 브러시수는 2개이다.
③ 전압이 낮고, 비교적 전류가 큰 기기에 적합하다.
④ 균압선 접속을 할 필요가 있다.

해설

비교항목	중권	파권
브러시 수(b)	극수	2 또는 p

08 직류기의 다중 중권 권선법에서 전기자 병렬 회로수 a와 극수 p사이에는 어떤 관계가 있는가? (단, 다중도는 m 이다.)

① a = 2
② a = 2m
③ a = p
④ a = mp

해설

다중도(m)일시 다중 중권, 파권의 병렬회로수

비교항목	중권(병렬권)	파권(직렬권)
병렬회로수(a)	p	2
다중도(m)	mp	2m

09 직류기 파권 권선의 이점은?

① 효율이 좋다
② 전압이 높아진다
③ 전압이 작아진다
④ 출력이 증가한다

해설

비교항목	중권(병렬권)	파권(직렬권)
용도	저전압, 대전류용	고전압, 소전류용

10 직류기의 권선법에 관한 설명으로 틀린 것은?

① 단중 파권으로 하면 단중 중권의 P/2배인 유기 전압이 발생한다.
② 중권으로 하면 균압환이 필요없다.
③ 단중 중권의 병렬 회로수는 극수와 같다.
④ 중권이나 파권의 권선법에는 모두 진권 및 여권을 할 수 있다.

해설

비교항목	중권(병렬권)	파권(직렬권)
균압환	필요	불필요

11 4극 전기자권선이 단중 중권인 직류발전기의 전기자전류가 20[A]이면 각 전기자권선의 병렬회로에 흐르는 전류[A]는?

① 10
② 8
③ 5
④ 2

해설

전기자권선이 중권(병렬권)일 경우 병렬회로수 a만큼 분배
(1) 전기자전류 $I_a = 20[A]$, 병렬회로수 a = p(극수) = 4
(2) 각 권선에 흐르는 전류 $\dfrac{I}{a} = \dfrac{20}{4} = 5[A]$

12 매극 유효자속 0.035[Wb], 전기자 총도체수 152인 4극 중권 발전기를 매분 1200회의 속도로 회전할 때의 기전력[V]를 구하면?

① 약 106   ② 약 86
③ 약 66   ④ 약 53

• 직류기의 유기기전력

$$E = \frac{pZ\phi N}{60a}[V]$$

• 자속 $\phi = 0.035[Wb]$, 총 도체수 $Z = 152$,
극수 $p = 4$극, 중권 $a = p = 4$,
회전수 $N = 1200[rpm]$

• $\therefore E = \dfrac{4 \times 152 \times 0.035 \times 1200}{60 \times 4} ≒ 106.4[V]$

---

13 전기자도체의 총 수 400, 10극 단중 파권으로 매극의 자속수가 0.02[Wb]인 직류발전기가1200[rpm]의 속도로 회전할 때, 그 유도기전력[V]은?

① 800   ② 750
③ 720   ④ 700

• 직류기의 유기기전력

$$E = \frac{pZ\phi N}{60a}[V]$$

• 총 도체수 $Z = 400$, 극수 $p = 10$극
파권 $a = p = 2$, 자속 $\phi = 0.02[Wb]$
회전수 $N = 1200[rpm]$

• $\therefore E = \dfrac{10 \times 400 \times 0.02 \times 1200}{60 \times 2} = 800[V]$

---

14 1극당 자속 0.01[Wb], 도체수 400, 회전수 600[rpm]인 6극 직류기의 유도기전력[V]은?(단, 직렬권이다)

① 160   ② 140
③ 120   ④ 100

---

15 직류 분권발전기의 극수 8, 전기자 총 도체수 600으로 매분 800회전할 때, 유기기전력이 110[V]라 한다. 전기자권선은 중권일 때, 매극의 자속수[Wb]는?

① 0.03104   ② 0.02375
③ 0.01014   ④ 0.01375

• 직류기의 유기기전력

$$E = \frac{pZ\phi N}{60a}[V] \rightarrow \phi = \frac{60aE}{pZN}[Wb]$$

• 극수 $p = 8$극, 총 도체수 $Z = 600$,
회전수 $N = 800[rpm]$, 기전력$E = 110[V]$
중권 $a = p = 8$

• $\therefore \phi = \dfrac{60aE}{pZN} = \dfrac{60 \times 8 \times 110}{8 \times 600 \times 800} = 0.01375[Wb]$

---

16 타여자발전기가 있다. 여자전류 2[A]로 매분 600회전할 때, 120[V]의 기전력을 유기한다. 여자 전류 2[A]는 그대로 두고 매분 500회전할 때의 유기기전력[V]은 얼마인가?

① 100   ② 110
③ 120   ④ 140

• 발전기의 유기기전력의 비례관계
$E = K\phi N$
에서, 여자전류$I_f ≒ \phi = 2[A]$인 상태의 변화 없이 회전수 N이 5/6배가 되었으므로 유기기전력도 5/6배가 된다.

• $\therefore E' = 120[V] \times \dfrac{5}{6} = 100[V]$

17 어떤 타여자발전기가 $800[\text{rpm}]$으로 회전할 때, $120[\text{V}]$ 기전력을 유도하는데 $4[\text{A}]$의 여자 전류를 필요로 한다고 한다. 이 발전기를 $640[\text{rpm}]$으로 회전하여 $140[\text{V}]$의 유도기전력을 얻으려면 몇$[\text{A}]$의 여자 전류가 필요한가?(단, 자기 회로의 포화현상은 무시한다)

① 6.7   ② 6.4
③ 6   ④ 5.8

해설
- 발전기의 유기기전력의 비례관계
  $E = K\phi N$
  (여기서 여자전류 $I_f \fallingdotseq \phi$ 이다.)
- 회전수가 바뀌기 전 조건으로 기계정수 K를 알 수 있다.
  $K = \dfrac{E}{\phi N} = \dfrac{120}{4 \times 800} = 0.0375$
- 회전수가 바뀐 후
  $E' = K\phi' N'$ 관계에서
  $\therefore$ 여자전류 $I_f'\,(\fallingdotseq \phi) = \dfrac{E'}{KN'} = \dfrac{140}{0.0375 \times 640} \fallingdotseq 5.8[\text{A}]$

18 극수가 24일 때, 전기각 $180°$에 해당되는 기계각은?

① $7.5°$ ② $15°$
③ $22.5°$ ④ $30°$

해설
- 기계각 $(\alpha) = $ 전기각 $(\alpha_e) \times \dfrac{2}{p(\text{극수})}$
- $\therefore \alpha_e \times \dfrac{2}{p} = 180° \times \dfrac{2}{24} = 15°$

19 전기자반작용이 보상되지 않는 것은?

① 계자 기자력 증대
② 보극권선 설치
③ 전기자 전류 감소
④ 보상권선 설치

해설
전기자 반작용을 방지하기 위해 보극과 보상권선을 설치하며, 이론상 전기자전류를 감소하면 전기자 자속도 줄어들기 때문에 반작용도 감소한다.
다만 계자기자력을 증가시키면 유기기전력이 증가되고 전기자전류도 증가하여 반작용이 커진다.

20 직류발전기의 전기자반작용을 줄이고 정류를 잘 되게 하기 위해서는?

① 리액턴스 전압을 크게 할 것
② 보극과 보상권선을 설치 할 것
③ 브러시를 이동시키고 주기를 크게 할 것
④ 보상권선을 설치하여 리액턴스전압을 크게 할 것

해설
전기자반작용 방지책 및 양호한 정류방법
- 보상권선
- 보극(리액턴스 전압 감소)

21 직류기의 전기자반작용에 관한 사항으로 틀린 것은?

① 보상권선은 계자극면의 자속분포를 수정할 수 있다.
② 전기자 반작용을 보상하는 효과는 보상 권선보다 보극이 유리하다.
③ 고속기나 부하변화가 큰 직류기에는 보상권선이 적당하다.
④ 보극은 바로 밑의 전기자권선에 의한 기자력을 상쇄한다.

해설
- 보상권선 : 계자극 표면에 설치하여 전기자 전류와 반대방향의 자속을 발생시켜 전기자 반작용을 크게 줄인다.
- 보극 : 중성축 부근의 반작용만을 줄인다.

22 보극에 필요한 기자력의 크기는?

① 전기자기자력과 같다.
② 회전방향과 반대로 이동
③ 전기자기자력의 $1.3{\sim}1.4$배 정도
④ 전기자기자력과 관계없다.

해설
보극 설치(전압정류) : 전기자기자력의 $1.3{\sim}1.4$배 정도

정답   17 ④   18 ②   19 ①   20 ②   21 ②   22 ③

23 직류 발전기에서 기하학적 중성축과 $\alpha\,[\mathrm{rad}]$만큼 브러시의 위치가 이동되었을 때 극당 감자 기자력은 몇$[\mathrm{AT}]$인가? (단, 극수 p, 전기자 전류I_a, 전기자 도체수 Z, 병렬 회로수 a이다.)

① $\dfrac{I_a Z}{2pa} \cdot \dfrac{\alpha}{180}$ 　　② $\dfrac{2pa}{I_a Z} \cdot \dfrac{\alpha}{180}$

③ $\dfrac{I_a Z}{2pa} \cdot \dfrac{2\alpha}{180}$ 　　④ $\dfrac{2pa}{I_a Z} \cdot \dfrac{2\alpha}{180}$

해설

전기자 기자력의 종류

감자기자력	교차기자력
$\mathrm{AT_d} = \mathrm{K}\dfrac{2\alpha}{\pi}[\mathrm{AT/극}]$	$\mathrm{AT_c} = \mathrm{K}\dfrac{\beta}{\pi}[\mathrm{AT/극}]$

24 직류기에서 전기자반작용에 의한 극의 짝수당의 감자기자력$[\mathrm{AT/pole\,pair}]$은 어떻게 표시되는가? (단, α는 브러시 이동각, Z는 전기자 도체수, I_a는 전기자 전류, A는 전기자 병렬회로수이다.)

① $\dfrac{\alpha}{180} \cdot Z \cdot \dfrac{I_a}{A}$ 　　② $\dfrac{90-\alpha}{180} \cdot Z \cdot \dfrac{I_a}{A}$

③ $\dfrac{180}{\alpha} \cdot Z \cdot \dfrac{I_a}{A}$ 　　④ $\dfrac{180}{90-\alpha} \cdot Z \cdot \dfrac{I_a}{A}$

해설

감자기자력 $\mathrm{AT_d} = \dfrac{2\alpha}{\pi} \cdot \dfrac{ZI_a}{2ap}[\mathrm{AT/극}]$에서 상수 2는 소거

25 전기자 총 도체수 152, 4극, 파권인 직류 발전기가 전기자 전류를 100$[\mathrm{A}]$로 할 때 매극당 감자기자력$[\mathrm{AT/극}]$은 얼마인가? (단, 브러시의 이동각은 10°이다.)

① 33.6 　　② 52.8

③ 105.6 　　④ 211.2

해설

• 감자기자력

$$\mathrm{AT_d} = \dfrac{2\alpha}{180} \cdot \dfrac{ZI_a}{2ap}[\mathrm{AT/극}]$$

• 도체수 Z = 152, 극수 p = 4, 파권 a = 2, 전기자 전류I_a = 100$[\mathrm{A}]$, 브러시 이동각 α = 10°

• 감자기자력

$$\therefore \mathrm{AT_d} = \dfrac{2\times 10}{180} \cdot \dfrac{152 \times 100}{2 \times 2 \times 4} \fallingdotseq 105.6[\mathrm{AT/극}]$$

26 직류기에 보극을 설치하는 목적이 아닌 것은?

① 정류자의 불꽃 방지
② 브러시의 이동 방지
③ 정류 기전력의 발생
④ 난조의 방지

해설

• 보극은 주자극 사이의 중성축에 설치되며 전기자 반작용을 줄이고 리액턴스 전압을 상쇄시켜 정류를 잘되게 한다.

• 난조는 동기기에서 발생하는 진동현상이다.

27 직류발전기에서 회전 속도가 빨라지면 정류가 힘든 이유는?

① 정류 주기가 길어진다.
② 리액턴스 전압이 커진다.
③ 브러시 접촉 저항이 커진다.
④ 정류 자속이 감소한다.

해설

• 리액턴스 전압

$$e_L \uparrow = \mathrm{L}\dfrac{2I_c}{T_c \downarrow}[\mathrm{V}]$$

회전속도가 빨라지면 정류주기 T_c가 감소하며 리액턴스 전압이 커진다.

• 방지책 : 보극과 탄소브러시를 사용한다.

정답　　23 ③　　24 ①　　25 ③　　26 ④　　27 ②

28 직류기의 정류불량이 되는 원인은 다음과 같다. 이 중 틀린 것은 어느 것인가?

① 리액턴스 전압이 과대하다.
② 보극 권선과 전기자 권선을 직렬로 연결한다.
③ 보극의 부적당
④ 브러시 위치 및 재질이 나쁘다.

해설
보극의 과도한 보상은 오히려 정류를 방해하기 때문에 전기자 권선과 직렬로 연결하며 이는 정류불량의 원인이 아니다.

29 직류 발전기에서 브러시 간에 유기되는 기전력의 파형의 맥동을 방지하는 대책이 될 수 없는 것은?

① 사구(skewed slot)를 채용할 것
② 갭의 길이를 균일하게 할 것
③ 슬롯 폭에 대하여 갭을 크게 할 것
④ 정류자 편수를 적게 할 것

해설
정류자 편수가 많을수록 브러시에 유기되는 파형이 많아지므로 직류에 가까워져 맥동이 방지된다.

30 불꽃 없는 정류를 하기 위해 평균 리액턴스 전압(A), 브러시 접촉면 전압 강하(B)사이에 필요한 조건은?

① $A > B$ ② $A < B$
③ $A = B$ ④ A, B에 관계없다

해설
탄소브러시를 사용하여 브러시 접촉저항을 증가시켜 브러시 접촉 저항강하를 평균 리액턴스 전압보다 크게 하면 리액턴스의 영향을 줄일 수 있다.

31 그림과 같은 정류곡선에서 양호한 정류를 얻을 수 있는 곡선은?

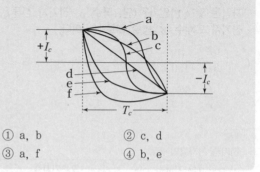

① a, b   ② c, d
③ a, f   ④ b, e

해설
• 양호한 정류곡선(c, d)
  c : 불꽃 없는 가장 이상적인 곡선이다.
  d : 보극에 의해 정현파 정류가 되며 양호한 정류 곡선이다.
• 부족정류곡선(a, b)
  정류말기에서 전류변화가 급격해져 정류가 불량해지며 브러시 후반부에 불꽃이 발생한다.
• 과정류곡선(e, f)
  정류초기에서 전류변화가 급격해져 정류가 불량해지며 브러시 전반부에 불꽃이 발생한다.

32 다음은 직류 발전기의 정류곡선이다. 이중에서 정류 말기에 정류의 상태가 좋지 않은 것은?

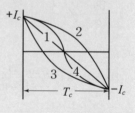

① 1
② 2
③ 3
④ 4

해설
• 불꽃 없는 양호한 정류곡선 1,4
• 정류초기 불꽃발생 3
• 정류말기 불꽃발생 2

33 6극 직류발전기의 정류자 편수가 132, 단자전압이 220[V], 직렬 도체수가 132개이고 중권이다. 정류자 편간전압[V]은?

① 10   ② 20
③ 30   ④ 40

해설
• 정류자편간 평균전압
$$e_a = \frac{\text{전체회로의 기전력}}{\text{정류자편수}} = \frac{E \times a}{K}[V]$$
• 브러시 사이의 기전력 $E = 220[V]$
  중권의 병렬회로수 $a = p = 6$
  정류자편수 $K = 132$
• $e_a = \frac{220 \times 6}{132} = 10[V]$

해설
• 무부하시 단자전압 = 유기기전력

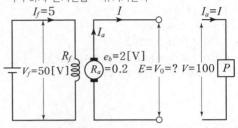

• 문제에서 주어지는 값은 조건이 없는 한
  (ex: 5[kW], 100[V], 50[A] 등)
  부하에서 사용하는 값을 기준으로 한다. 즉 출력, 단자
  전압, 부하전류 이다.
• 유기기전력 $E = V + I_a R_a + e_b$

  전기자전류 : $I_a = I = \frac{P}{V} = \frac{5 \times 10^3}{100} = 50[A]$

  $\therefore E = V + I_a R_a + e_b = 100 + 50 \times 0.2 + 2 = 112[V]$

34 정류자와 브러시간의 접촉저항 R_b와 전류 I와의 관계는?

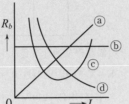

① ⓐ
② ⓑ
③ ⓒ
④ ⓓ

해설
브러시 접촉면 전압강하는 1[V] 정도로서 브러시간의 접촉
저항이 커짐에 따라 전류는 거의 반비례 한다.

35 계자권선이 전기자에 병렬로 연결된 직류기는?

① 분권기　　　　② 직권기
③ 복권기　　　　④ 타여자

해설
자여자 발전기의 종류
• 직권 : 계자권선이 전기자에 직렬연결
• 분권 : 계자권선이 전기자에 병렬연결
• 복권 : 계자권선이 전기자에 직·병렬연결

36 정격이 5[kW], 100[V], 50[A], 1800[rpm]인 타여자 직류 발전기가 있다. 무부하시의 단자전압은 얼마인가? (단, 계자전압은 50[V], 계자 전류 5[A], 전기자 저항은 0.2[Ω]이고 브러시의 전압 강하는 2[V]이다.)

① 100[V]　　　　② 112[V]
③ 115[V]　　　　④ 120[V]

37 전기자 저항이 0.3[Ω]이며, 단자전압이 210[V], 부하 전류가 95[A], 계자 전류가 5[A]인 직류 분권 발전기의 유기기전력[V]은?

① 180　　　　② 230
③ 240　　　　④ 250

해설
• 직류 분권 발전기의 유기기전력
  $E = V + I_a R_a [V]$
• 전기자 저항 $R_a = 0.3[\Omega]$
  단자 전압 $V = 210[V]$
  전기자 전류 $I_a = I + I_f = 95 + 5[A] = 100[A]$
• $E = 210 + 100 \times 0.3 = 240[V]$

38 정격 전압 100[V], 정격 전류 50[A]인 분권 발전기의 유기기전력은 몇 [V]인가? (단, 전기자 저항 0.2[Ω], 계자 전류 및 전기자 반작용은 무시한다.)

① 110　　　　② 120
③ 125　　　　④ 127.5

해설
- 직류 분권 발전기의 유기기전력
  $E = V + I_a R_a [V]$
- 정격 전압 $V = 100[V]$
  전기자 저항 $R_a = 0.2[\Omega]$
  전기자 전류 $I_a = I + I_f = 50 + 0[A] = 50[A]$
- $\therefore E = 100 + 50 \times 0.2 = 110[V]$

39 $100[kW]$, $230[V]$ 자여자식 분권 발전기에서 전기자 회로 저항이 $0.05[\Omega]$이고 계자 회로저항이 $57.5[\Omega]$이다. 이 발전기가 정격전압 전부하에서 운전할 때 유기전압을 계산하면?

① $232[V]$
② $242[V]$
③ $252[V]$
④ $262[V]$

해설
- 분권 발전기의 유기기전력
  $E = V + I_a R_a$
- 단자전압 $V = 230[V]$
  전기자 저항 $R_a = 0.05[\Omega]$

  전기자 전류 $I_a = I + I_f = \dfrac{P}{V} + \dfrac{V}{R_f}$
  $= \dfrac{100 \times 10^3}{230} + \dfrac{230}{57.5} = 438.78[A]$
- $\therefore E = 230 + 438.78 \times 0.05 \fallingdotseq 252[V]$

40 직류 분권 발전기의 무부하 포화 곡선이 $V = \dfrac{940 I_f}{33 + I_f}$ 이고, I_f는 계자전류$[A]$, V는 무부하 전압$[V]$으로 주어질 때 계자 회로의 저항이 $20[\Omega]$이면 몇$[V]$의 전압이 유기되는가?

① 140
② 160
③ 280
④ 300

해설
- 계자전류 $I_f = \dfrac{V}{R_f} = \dfrac{V}{20}$ 를 대입
- $V = \dfrac{940 \times \dfrac{V}{20}}{33 + \dfrac{V}{20}} \rightarrow (33 + \dfrac{V}{20})V = 940 \times \dfrac{V}{20}$
- 양변의 V를 소거하면 $33 + \dfrac{V}{20} = \dfrac{940}{20} = 47$
  $\therefore V = 280[V]$

41 유기기전력 $210[V]$, 단자전압 $200[V]$인 $5[kW]$ 분권 발전기의 계자저항이 $500[\Omega]$이면 그 전기자 저항$[\Omega]$은?

① 0.2
② 0.4
③ 0.6
④ 0.8

해설

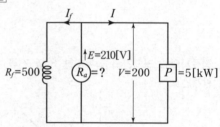

- 직류 분권 발전기의 유기기전력
  $E = V + I_a R_a [V]$에서 $R_a = \dfrac{E - V}{I_a}$
- 유기기전력 $E = 210[V]$, 단자전압 $V = 200[V]$
  전기자전류 $I_a = I + I_f = \dfrac{P}{V} + \dfrac{V}{R_f}$
  $= \dfrac{5 \times 10^3}{200} + \dfrac{200}{500} = 25.4[A]$
- $\therefore$ 전기자 저항 $R_a = \dfrac{210 - 200}{25.4} \fallingdotseq 0.4[\Omega]$

42 직류 분권 발전기를 역회전하면?

① 발전되지 않는다.
② 정회전 때와 마찬가지이다.
③ 과대 전압이 유기된다.
④ 섬락이 일어난다.

해설
자여자 발전기인 직류 분권 발전기는 역회전시 반대로 흐르는 전류가 잔류자기를 소멸시켜 발전이 되지 않는다.

43 직류 분권 발전기의 계자 회로의 개폐기를 운전 중 갑자기 열면?

① 속도가 감소한다.
② 과속도가 된다.
③ 계자 권선에 고압을 유발한다.
④ 정류자에 불꽃을 유발한다.

정답　39 ③　40 ③　41 ②　42 ①　43 ③

[해설]

직류 분권 발전기는 운전 중 계자권선이 단선이 되면 개방 회로가 전류가 순환되지 않으므로 자속이 증가된 상태에서 고압을 유지하여 절연이 파괴되기 때문에 퓨즈나 개폐기를 설치하지 않는다.

44 25[kW], 125[V], 1200[rpm]의 타여자 발전기가 있다. 전기자 저항(브러시 포함)은 0.04[Ω]이다. 정격 상태에서 운전하고 있을 때 속도를 200[rpm]으로 늦추었을 경우 부하전류[A]는 어떻게 변화하는가? (단, 전기자 반작용은 무시하고 전기자 회로 및 부하 저항은 변하지 않는다고 한다.)

① 33.3 ② 200
③ 1200 ④ 3125

[해설]
- 발전기의 유기기전력의 비례관계
$E = K\phi N$
에서 기전력 E와 회전수 N은 비례관계이다.
따라서 회전수가 1200[rpm]에서 200[rpm]으로 1/6배 감소하였으므로 전압도 1/6배 감소하며 부하 전류도 1/6배 감소한다.
- 회전수가 바뀌기 전
부하전류 $I = \dfrac{P}{V} = \dfrac{25 \times 10^3}{125} = 200[A]$
- 회전수가 바뀐 후
부하전류 $I' = 200 \times \dfrac{1}{6} = 33.3[A]$

45 전기자 저항이 0.04[Ω]인 직류 분권 발전기가 있다. 회전수가 1000[rpm]이고, 단자 전압이 200[V]일 때, 전기자 전류가 100[A]라 한다. 이것을 전동기로 사용하여 단자 전압 및 전기자 전류가 같을 때, 회전수[rpm]는 얼마인가?(단, 전기자 반작용은 무시한다.)

① 980 ② 1041
③ 961 ④ 1000

[해설]
- 발전기와 전동기는 전류의 방향이 반대
  - 발전기의 유기기전력
  $E' = V + I_a R_a = 200 + 100 \times 0.04 = 204[V]$
  - 전동기의 역기전력
  $E = V - I_a R_a = 200 - 100 \times 0.04 = 196[V]$
- 기전력 E는 회전수 N에 비례하므로
∴ 바뀐 회전수 $N' = \dfrac{196}{204} \times 1000[rpm] ≒ 961[rpm]$

46 직류 분권 발전기의 무부하 특성 시험을 할 때, 계자 저항기의 저항을 증감하여 무부하 전압을 증감시키면 어느 값에 도달하면 전압을 안정하게 유지할 수 없다. 그 이유는?

① 전압계 및 전류계의 고장
② 잔류 자기의 부족
③ 임계 저항값으로 되었기 때문에
④ 계자 저항기의 고장

[해설]
계자저항이 임계저항값 이상이 되면 잔류자기에 더해지는 자기를 만들기 위한 전류값이 적어져(저항값이 크므로) 자기의 증가가 이루어지지 않아 전압확립이 이루어지지 않는다.

47 1000[kW], 500[V]의 분권 발전기가 있다. 회전수 246[rpm]이며 슬롯수 192, 슬롯 내부 도체수 6, 자극수 12일 때 전부하시의 자속수[Wb]는 얼마인가? (단, 전기자 저항은 0.006[Ω]이고, 단중 중권이다.)

① 1.85 ② 0.11
③ 0.0185 ④ 0.001

[해설]
- 유기기전력 $E = \dfrac{pZ\phi N}{60a}$ 에서
→ 자속수 $\phi = \dfrac{60aE}{pZN}[Wb]$ 이다.
- 단자전압 V = 500[V], 회전수 N = 246[rpm],
총 도체수 Z = 슬롯수 × 슬롯 내부 도체수
= 192 × 6 = 1152
자극수 p = 12, 전기자 저항 R_a = 0.006[Ω],
중권 a = p = 12,
유기기전력
$E = V + I_a R_a = V + \dfrac{P}{V} \times R_a$
$= 500 + \dfrac{1000 \times 10^3}{500} \times 0.006 = 512[V]$
- $\therefore \phi = \dfrac{60 \times 12 \times 512}{12 \times 1152 \times 246} ≒ 0.11[Wb]$

※ $I_a = I + I_f = \dfrac{P}{V} + \dfrac{V}{R_f}$ 에서 계자저항은 원래 크므로 계자전류를 구할 수 없는 경우 무시한다.

정답 44 ① 45 ③ 46 ③ 47 ②

48 직류발전기의 외부특성곡선에서 나타내는 관계로 옳은 것은?

① 계자전류와 단자전압
② 계자전류와 부하전류
③ 부하전류와 유기기전력
④ 부하전류와 단자전압

해설

발전기의 특성곡선의 종류
· 무부하 포화 특성곡선
  유기기전력(E) – 계자전류(I_f) 관계
· 부하 포화 특성곡선
  단자전압(V) – 계자전류(I_f) 관계
· 외부 특성 곡선
  단자전압(V) – 부하전류(I) 관계

49 직류 분권발전기에 대하여 설명한 것 중 옳은 것은?

① 단자전압이 강하하면 계자전류가 증가한다.
② 타여자발전기의 경우보다 외부특성곡선이 상향으로 된다.
③ 분권 권선의 접속 방법에 관계없이 자기여자로 전압을 올릴 수가 있다.
④ 부하에 의한 전압의 변동이 타여자 발전기에 비하여 크다.

해설

· 단자전압 $V = I_f R_f$ 이므로 단자전압이 강하하면 계자전류가 감소한 것이다.

· 외부특성 곡선에서 타여자 발전기가 분권 발전기 보다 정전압 특성을 지니므로 상향곡선이다.

· 분권발전기는 자여자 발전기로서 권선의 방향을 기존의 반대로 하면 회전방향이 반대가 되어 잔류자기가 소멸하기 때문에 접속방법은 중요하다.

· 계자가 독립되어 여자를 일정하게 유지할 수 있는 타여자 발전기는 거의 정전압 특성을 지닌다.
  분권 발전기 또한 계자가 전기자에 병렬로 연결되어 있어서 일정한 전압을 유지할 수 있지만 타여자 발전기에 비해 전압변동이 약간 크다.

50 직류기에서 전압 변동률이 (+)값으로 표시되는 발전기는?

① 과복권 발전기
② 직권 발전기
③ 평복권 발전기
④ 분권 발전기

해설

· 전압변동률 $\varepsilon > 0$ (+) 인 발전기
  타여자, 분권, 차동복권(부족복권)
· 전압변동률 $\varepsilon = 0$ (0)인 발전기
  평복권
· 전압변동률 $\varepsilon < 0$ (−)인 발전기
  직권, 가동복권

51 200[kW], 200[V]인 직류 분권 발전기가 있다. 전기자 권선의 저항이 0.025[Ω]일 때, 전압 변동률은 몇[%]인가?

① 6.0   ② 12.5
③ 20.5   ④ 25.0

해설

· 전압변동률 공식
$$\varepsilon = \frac{V_0 - V}{V} \times 100 [\%]$$
· 무부하시 단자전압 $V_0 = E = V + I_a R_a$
  무부하시 전압은 전압강하가 발생하지 않으므로 전기자에 의한 전압강하를 구하면 다음과 같다.
$$e = I_a R_a = \frac{P}{V} \times R_a = \frac{200 \times 10^3}{200} \times 0.025 [\Omega] = 25 [V]$$
$$\rightarrow V_0 = 200 + 25 = 225 [V]$$
· $\therefore \varepsilon = \frac{225 [V] - 200 [V]}{200 [V]} \times 100 [\%] = 12.5 [V]$

52 2대의 직류발전기를 병렬운전할 때, 필요한 조건 중 틀린 것은?

① 전압의 크기가 같을 것
② 극성이 일치할 것
③ 주파수가 같을 것
④ 외부특성이 수하특성일 것

직류발전기 병렬운전 조건
- 극성이 일치할 것
- 단자전압이 같을 것
- 외부특성이 수하특성일 것
- 직권, (과)복권의 경우 균압선을 설치

53 직류발전기를 병렬운전 할 때 균압모선이 필요한 직류기는?

① 직권발전기, 분권발전기
② 직권발전기, 복권발전기
③ 복권발전기, 분권발전기
④ 분권발전기, 단극발전기

해설
- 균압모선의 목적 : 직류발전기의 안정된 병렬운전을 위하여
- 병렬운전시 균압모선이 필요한 발전기 : 직권발전기, (과)복권발전기

54 직류복권 발전기의 병렬운전에 있어 균압선을 붙이는 목적은 무엇인가?

① 운전을 안정하게 한다.
② 손실을 경감한다.
③ 전압의 이상상승을 방지한다.
④ 고조파의 발생을 방지한다.

해설
균압선의 설치목적 : 직권, 복권 발전기의 안정한 병렬운전

55 A, B 두 대의 직류 발전기를 병렬 운전하여 부하에 $100[A]$를 공급하고 있다. A발전기의 유기기전력과 내부저항은 $110[V]$와 $0.04[\Omega]$이고 B발전기의 유기기전력과 내부저항은 $112[V]$와 $0.06[\Omega]$이다. 이때 A발전기에 흐르는 전류$[A]$는?

① 4   ② 6
③ 40   ④ 60

해설
- 직류 발전기의 병렬운전 조건은 단자전압이 같아야 한다.
  $$V_A = V_B$$
- 이는 $E_A - I_A R_A = E_B - I_B R_B [V]$ 로 표현되며 문제에서 주어진 값들을 대입하면
  $110 - I_A \times 0.04 = 112 - I_B \times 0.06$ 이다.
- 부하전류
  $I = I_A + I_B = 100 \rightarrow I_A = 100 - I_B$로 치환되므로 이를 대입하면
  $110 - (100 - I_B) \times 0.04 = 112 - I_B \times 0.06$
- $\therefore 0.1 I_B = 6$, $I_B = 60[A]$, $I_A = 40[A]$

56 A종축에 단자 전압, 횡축에 정격 전류의 $[\%]$로 눈금을 적은 외부 특성 곡선이 겹쳐지는 두 대의 분권 발전기가 있다. 각각의 정격이 $100[kW]$와 $200[kW]$이고, 부하 전류가 $150[A]$일 때 각 발전기의 분담전류$[A]$는?

① $I_1 = 77$, $I_2 = 75$ ② $I_1 = 50$, $I_2 = 100$
③ $I_1 = 100$, $I_2 = 50$ ④ $I_1 = 70$, $I_2 = 80$

해설
각 발전기의 분담전류
용량이 주어진 : $P = VI$에서 $P \propto I$비례함으로
P가 1 : 2이면 I도 1 : 2가 된다.

memo

직류전동기

Chapter 02

① 직류전동기의 원리 및 토크

핵심 NOTE

1. 직류전동기의 원리

전동기는 전기적인 에너지를 기계적인 에너지로 변환하여 사용하는 기계로서 직류발전기와 구조는 같다. 계자의 자기장과 전기자권선에 전류가 흐르며 생기는 자기장에 의해 회전력(토크)를 발생하며 이때 회전방향은 플레밍의 왼손법칙을 따른다.

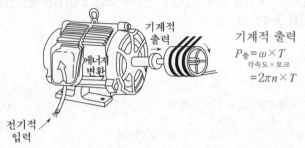

기계적 출력

$$P_출 = \omega \times T$$
각속도 × 토크
$$= 2\pi n \times T$$

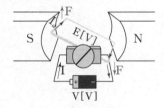

■ 전자력 발생

직류전동기는 단자에서 전기에너지가 입력되고 출력은 전기자에서 기계적 에너지로 발생된다.
- 전동기의 입력
  $P_입 = V \cdot I \, [W]$
- 전동기의 출력
  $P_출 = E \cdot I_a \, [W]$

2. 전동기의 역기전력

전동기가 정격속도로 회전시 회전자 도체는 자속을 끊으므로 기전력을 유기한다.
이때 기전력의 방향은 렌쯔의 법칙에 의해 전동기에 가한 단자전압과 반대이고 전기자전류(I_a)를 방해하는 방향으로 작용하므로 역기전력(E)이라 한다.

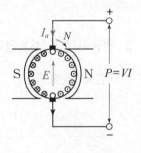

(1) 역기전력의 크기 $E = \dfrac{pZ\phi N}{60a}[V] = K\phi N \, [V]$

(2) 역기전력(E)과 단자전압(V)의 관계 $E = V - I_a R_a \, [V]$

위 식에 의해 역기전력은 부하가 증가하면 속도가 감소하면서 크기가 감소하게 된다. 이때 역기전력이 감소하였으므로 전기자전류가 증가하며 전기적 입력도 증가 한다고 볼 수 있다.

예제문제 | 직류전동기의 역기전력

1 100[V], 10[A], 전기자 저항 1[Ω], 회전수 1800[rpm]인 전동기의 역기전력[V]은?

① 120
② 110
③ 100
④ 90

해설
전동기의 역기전력 $E = V - I_a R_a = 100 - (10 \times 1) = 90[V]$

답 ④

예제문제 | 직류전동기의 동력

2 120[V] 전기자 전류 100[A], 전기자 저항 0.2[Ω]인 분권전동기의 발생 동력[kW]은?

① 10
② 9
③ 8
④ 7

해설
- 전기자에서 발생된 출력 = 기계동력
  $P = E \times I_a \times 10^{-3}[kW]$
- $V = 100[V]$, $I_a = 100[A]$, $R_a = 0.2[Ω]$ 이므로
  → 유기기전력 $E = V - I_a R_a = 120 - (100 \times 0.2) = 100[V]$
- ∴ 동력 $P = 100 \times 100 \times 10^{-3}[kW] = 10[kW]$

답 ①

3. 전동기의 토크(회전력)

(1) 전동기의 동력

$$P = \omega(각속도) \times T(토크)[W]$$

(2) 전동기의 토크

$$T = \frac{P[W]}{\omega[rad/sec]} = \frac{E \times I_a}{2\pi n} = \frac{60E \times I_a}{2\pi N} = \frac{60I_a(V - I_a R_a)}{2\pi N}[N \cdot m]$$

① 역기전력 $E = \frac{PZ\phi N}{60a}[V]$인 경우

$$T = \frac{60I_a}{2\pi N} \times \frac{pZ\phi N}{60a} = \frac{pZ\phi I_a}{2\pi a} = K\phi I_a[N \cdot m]$$

② 단위[kg·m] 인 경우

$$T = \frac{60P}{2\pi N} \times \frac{1}{9.8}[N \cdot m] = 0.975 \times \frac{P}{N}[kg \cdot m]$$

■ 토크의 정의
1[kg·m]의 토크란 엔진축에서 1m 떨어진 곳에 걸린 1kg의 힘

회전축
1m
중심축으로 부터 거리 r[m]
1kg
F

■ 참고
1[kgf] = 9.8[N]

(3) 토크의 비례관계

토크 $T = \dfrac{pZ\phi I_a}{2\pi a}$ 에서 $\dfrac{pZ}{2\pi a}$ 는 기계상수(K)이다.

따라서, 토크 T는 자속수 ϕ와 전기자전류 I_a에 비례한다.

$$T = k\phi I_a [N \cdot m]$$

예제문제 **직류전동기의 토크T(전기자 저항 R_a이 주어질 때)**

3 직류 분권 전동기가 있다. 단자 전압 215[V], 전기자 전류 100[A], 1500[rpm]으로 운전되고 있을 때 발생 토크[N·m]는? (단, 전기자 저항 $r_a = 0.1[\Omega]$이다.)

① 120.6

② 130.5

③ 191.1

④ 291.1

해설

· 토크 $T = \dfrac{60 I_a (V - I_a R_a)}{2\pi N}$

· 단자전압 $V = 215[V]$, 전기자 전류 $I_a = 100[A]$, 전기자 저항 $R_a = 0.1[\Omega]$, 회전수 $N = 1500[rpm]$

· ∴ 토크 $T = \dfrac{60 \times 100(215 - 100 \times 0.1)}{2\pi \times 1500} = 130.507[N \cdot m]$

답 ②

예제문제 **직류전동기의 토크**

4 직류 분권 전동기가 있다. 총 도체수 100, 단중 파권으로 자극수는 4, 자속수 3.14[wb], 부하를 가하여 전기자에 5[A]가 흐르고 있으면 이 전동기의 토크[N·m]는?

① 400

② 450

③ 500

④ 550

해설

· 토크 $T = \dfrac{pZ\phi I_a}{2\pi a}[N \cdot m]$

· 총 도체수 $Z = 100$, 자극수 $p = 4$, 자속수 $\phi = 3.14[Wb]$, 전기자 전류 $I_a = 5[A]$ 파권 이므로 병렬회로수 $a = 2$이다.

· ∴ 토크 $T = \dfrac{4 \times 100 \times 3.14 \times 5}{2\pi \times 2} \fallingdotseq 500[N \cdot m]$

답 ③

예제문제 직류전동기의 토크

5 출력 3[kW], 1500[rpm]인 전동기의 토크[kg·m]는?

① 1.5

② 2

③ 3

④ 15

해설

- 토크 $T = 0.975 \times \dfrac{P}{N}[\text{kg·m}]$
- 출력 $p = 3[\text{kW}]$, 회전수 $N = 1500[\text{rpm}]$
- $\therefore$ 토크 $T = 0.975 \times \dfrac{3000}{1500} \fallingdotseq 2[\text{kg·m}]$

답 ②

4. 직류전동기의 회전수(회전속도)

직류전동기의 속도는 역기전력 $E = K\phi n[\text{V}]$ 에서

회전수 $n = K' \dfrac{E}{\phi} = K' \dfrac{V - I_a R_a}{\phi}[\text{rps}]$ 로 나타낼 수 있다.

예제문제 전동기의 속도

6 직류 전동기의 공급 전압을 $V[\text{V}]$, 자속을 $\phi[\text{Wb}]$, 전기자 전류를 $I_a[\text{A}]$, 전기자 저항을 $R_a[\Omega]$, 속도를 $N[\text{rps}]$라 할 때, 속도식은? (단, K는 정수이다.)

① $N = K \dfrac{V + I_a R_a}{\phi}$

② $N = K \dfrac{V - I_a R_a}{\phi}$

③ $N = K \dfrac{\phi}{V + I_a R_a}$

④ $N = K \dfrac{\phi}{V - I_a R_a}$

해설

회전수를 나타내는 속도식이다. $N = K \dfrac{V - I_a R_a}{\phi}[\text{rps}]$

답 ②

예제문제 전동기의 속도

7 전기자 저항 0.3[Ω], 직권 계자 권선의 저항 0.7[Ω]의 직권 전동기에 110[V]를 가하였더니 부하 전류가 10[A]이었다. 이때 전동기의 속도[rpm]는? (단, 기계 정수는 2이다.)

① 1200

② 1500

③ 1800

④ 3600

해설

- (직권)회전수 $n = K' \dfrac{V - I_a(R_a + R_s)}{\phi}[\text{rps}]$에서 직권 전동기이므로 $I_a = I \fallingdotseq \phi$이다.
- $\therefore N = 2 \times \dfrac{110 - 10(0.3 + 0.7)}{10} \times 60 = 1200[\text{rpm}]$

※ 단위주의 $[\text{rps}] \times 60 = [\text{rpm}]$

답 ①

❷ 직류전동기의 종류와 특성

1. 타여자전동기

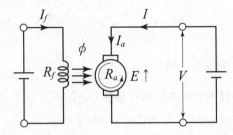

(1) 특징

여자전류를 조절할 수 있으므로 속도를 세밀하고 광범위하게 조정가 능하다. 외부여자전원에 의해 자속이 일정하게 공급되므로 정속도 특성 을 지니고 있으며 전원의 극성을 반대로 하면 회전방향이 반대가 된다.

(2) 용도

압연기, 엘리베이터 등

2. 분권전동기

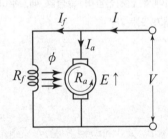

(1) 특징

계자와 전기자가 병렬연결되어 있으며 부하가 증가할 때 속도는 감소 하나 그 폭이 크지 않으므로 타여자와 같이 정속도 특성을 지닌다.

(2) 용도

공작기계, 컨베이어 등 등 정속도 운전이 필요한 곳에 사용한다.

(3) 주의사항

정격전압 상태에서 무여자 운전시(계자회로의 단선) 위험속도에 도달 하여 원심력에 의해 기계가 파손될 우려가 있다.

(4) 방지대책

계자권선에 단선의 우려가 있으므로 계자회로에 퓨즈나 개폐기를 설 치하지 않는다.

■ 분권전동기 속도특성곡선

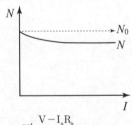

- $n = K' \cdot \dfrac{V - I_a R_a}{\phi}$

- 분권전동기는 공급전원과 전기자 가 병렬연결 되어 있기 때문에 무 부하시 전압이 일정하며 부하가 증가했을 때 전기자 특성상 저항 은 매우 작기 때문에 전기자에서 발생하는 전압강하도 작아서 속도 변동이 크지 않게 된다. 또한 무 여자($\phi \fallingdotseq 0$)상태가 될 경우 위험 속도($n = \infty$)에 도달하므로 주의 해야 한다.

■ 분권전동기의 전압관계식
- $E = V - I_a R_a [V]$
- $I_a = I - I_f [A]$

(5) 토크관계식

계자권선과 전기자 권선이 병렬연결이므로 각 회로에 걸리는 단자전압은 일정하다. 따라서 부하가 증가해도 자속ϕ는 일정하므로 토크는 부하전류에 비례하며 이에 따라 회전수에는 반비례 한다.

$$T = k\phi I_a \rightarrow T \propto I_a \propto \frac{1}{N}$$

예제문제 **분권전동기의 전류와 토크 관계**

8 다음은 분권전동기의 특징이다. 틀린 것은?

① 토크는 전기자전류의 제곱에 비례한다.
② 부하전류에 따른 속도변화가 거의 없다.
③ 전동기 운전중 계자회로에 퓨즈를 넣어서는 안된다.
④ 계자권선과 전기자권선이 병렬로 접속되어 있다.

해설
분권전동기의 토크는 전기자 전류와 비례한다 $(T \propto I_a)$

🔲 ①

예제문제 **분권전동기의 전류와 토크 관계**

9 직류 분권전동기에서 단자전압이 일정할 때, 부하토크가 $\frac{1}{2}$ 이 되면 부하전류는 몇 배가 되는가?

① 2배   ② $\frac{1}{2}$ 배

③ 4배   ④ $\frac{1}{4}$ 배

해설
분권전동기의 토크는 전기자전류와 비례하므로 토크가 1/2배가 되면 부하전류도 1/2배가 된다.

🔲 ②

예제문제 **분권 전동기의 이상현상**

10 무부하로 운전하고 있는 분권전동기의 계자회로가 갑자기 끊어졌을 때의 전동기의 속도는?

① 전동기가 갑자기 정지한다.
② 속도가 약간 낮아진다.
③ 속도가 약간 빨라진다.
④ 전동기가 갑자기 가속하여 고속이 된다.

해설
전동기의 회전수 $n = K' \dfrac{V - I_a R_a}{\phi} [\mathrm{rps}]$ 에서 계자회로가 끊어지면 $\phi \fallingdotseq 0$이 되어 $n = \infty$(위험속도)에 도달하게 된다.

🔲 ④

3. 직권전동기

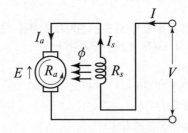

(1) 특징

계자와 전기자가 직렬연결되어 있으며 부하가 증가할 때 부하전류와 계자전류의 크기가 동일하므로 ($I_a = I_s = I = \phi$) 기동토크가 크고 이에 따라 속도변동도 크기 때문에 가변속도특성을 지닌다.

(2) 용도

전동차, 기중기, 크레인 등에 기동토크가 큰 곳에 사용한다.

(3) 주의사항

정격전압상태에서 무부하 운전시 위험속도에 도달하여 원심력에 의해 기계가 파손될 우려가 있다.

(4) 방지대책

- 벨트를 걸고 운전시 끊어지면 무부하 상태가 되므로 벨트운전을 금지한다.
- 톱니바퀴 식으로 부하를 직결연결한다.

(5) 토크관계식

계자권선과 전기자 권선이 직렬연결이므로 각 회로에 걸리는 전류는 일정하다. 따라서 부하가 증가하면 토크T는 부하전류I_a와 자속ϕ의 곱에 비례하므로 토크는 부하전류의 제곱에 비례하며 이에 따라 회전수는 제곱에 반비례 하게 된다.

$$ T = k\phi I_a \rightarrow T \propto I_a^2 \propto \frac{1}{N^2} $$

■ 직권전동기 속도와 토크 특성곡선

- $n = K \cdot \dfrac{V - I_a(R_a + R_s)}{\phi}$
- $I_a = I_s = I = \phi$

직권전동기는 부하가 증가할 때 자속도 증가되므로 속도변동이 크게 된다. 또한 무부하($I_a = 0$)시 위험속도($n = \infty$)에 도달하게 된다.

■ 직권전동기의 전압 및 전류
- $E = V - I_a(R_a + R_s)[V]$
- $I_a = I_s = I = \phi [A]$

예제문제 직권 전동기의 토크와 전류의 관계

11 직류 직권전동기의 발생 토크는 전기자 전류를 변화시킬 때, 어떻게 변하는가? (단, 자기 포화는 무시한다.)

① 전류에 비례한다.
② 전류의 제곱에 비례한다.
③ 전류에 반비례한다.
④ 전류의 제곱에 반비례한다.

해설
직류 직권 전동기는 계자와 전기자가 직렬연결된 전동기로서 전기자에 흐르는 전류가 계자자속에도 그대로 영향을 미치므로 $T = k\phi I_a$ 에서 $I_a \fallingdotseq \phi$ 가 되어 전류의 제곱에 비례한다. 답 ②

예제문제 직권 전동기의 특징

12 직류 직권 전동기가 전차용에 사용되는 이유는?

① 속도가 클 때 토크가 크다.
② 토크가 클 때 속도가 적다.
③ 기동토크가 크고 속도는 불변이다.
④ 토크는 일정하고 속도는 전류에 비례한다.

해설
직권 전동기는 $T \propto I^2 \propto \dfrac{1}{N^2}$ 이므로, 기동토크가 큰 곳에 사용한다.

답 ②

예제문제 직권 전동기의 주의사항

13 직류 직권 전동기에서 벨트(belt)를 걸고 운전하면 안 되는 이유는?

① 손실이 많아진다.
② 직결하지 않으면 속도 제어가 곤란하다.
③ 벨트가 벗겨지면 위험 속도에 도달한다.
④ 벨트가 마모하여 보수가 곤란하다.

해설
벨트는 끊어질 경우 무부하가 되어 위험속도에 도달하므로 기동토크가 큰 직권에서는 사용하지 않는다.

답 ③

4. 직류 자여자전동기의 회전방향

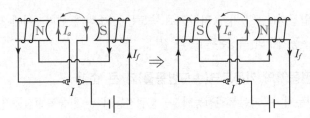

자여자 전동기의 극성이 바뀔 때 회전방향은 동일

계자권선과 전기자권선이 연결된 자여자방식의 전동기는 전원의 극성이 바뀌어도 여자전류와 전기자전류도 동시에 바뀌게 되어 회전방향은 변하지 않는다. 따라서 회전방향을 반대로 하기 위해서는 다음과 같다.
① 계자 권선의 극성을 바꾸거나
② 전기자의 전류 방향을 반대로 한다.

예제문제 **자여자 전동기의 특징**

14 직류 분권전동기의 공급 전압의 극성을 반대로 하면 회전 방향은?

① 변하지 않는다.   ② 반대로 된다.
③ 회전하지 않는다.   ④ 발전기로 된다.

해설
직권·분권전동기는 극성을 반대로 하면 계자전류와 전기자전류의 방향이 동시에 반대로 되므로 회전방향은 변하지 않는다. 반면, 타여자전동기는 극성이 바뀌면 계자극성만 바뀌므로 역회전 한다.

답 ①

❸ 전류전동기의 특성곡선

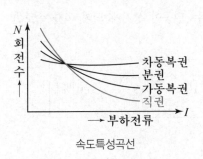

속도특성곡선

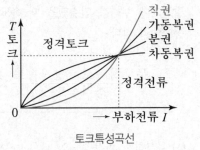

토크특성곡선

■ 전자력의 발생방향
① 자속과 전류의 방향이 동시에 바뀐 경우 힘의 방향은 동일

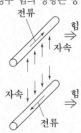

② 자속과 전류 중 어느 하나의 방향만 바뀌면 힘의 방향은 반대

단자전압이 일정한 경우 부하가 증가시 속도 $n = K' \dfrac{V - I_a R_a}{\phi} [\text{rps}]$ 에서 전압강하$(I_a R_a)$가 증가하므로 속도는 감소하게 된다. 이때 직류 자여자 전동기들의 특성은 다음과 같다.

1. 직류전동기의 기동토크(속도변동률)가 큰 순서

직권전동기 → 가동복권전동기 → 분권전동기 → 차동복권전동기

예제문제 직류전동기의 특성곡선

15 부하 변화에 대하여 속도 변동이 가장 작은 전동기는?

① 차동복권   ② 가동복권

③ 분권   ④ 직권

해설

차동복권전동기는 직권계자와 분권계자의 자속을 반대$(\phi_f - \phi_s)$로 발생하게 함으로서 부하의 크기에 관계없이 거의 정속도를 유지하는 전동기이다.

회전속도 $n = K' \dfrac{E}{\phi_f - \phi_s} [\text{rps}]$

답 ①

예제문제 직류전동기의 특성곡선

16 부하가 변하면 심하게 속도가 변하는 직류 전동기는?

① 직권전동기   ② 분권전동기

③ 차동 복권전동기   ④ 가동복권 전동기

해설

직권 전동기는 계자와 전기자가 직렬연결이며 $I_a = I_s ≒ \phi$ 관계를 가지므로 전류가 흐르면 토크는 제곱으로 강해지며 회전수는 제곱으로 감소한다.

답 ①

---

2. 속도변동률

발전기에 부하를 연결했을 때 속도는 변동이 생기게 되며 이를 속도변동률이라 한다.

$$\varepsilon = \frac{\text{무부하속도} - \text{정격속도}}{\text{정격속도}} \times 100 = \frac{N_0 - N_n}{N_n} \times 100 [\%]$$

(1) 무부하시 회전속도 $N_0 = (1 + \varepsilon)N$

(2) 정격부하시 회전속도 $N = N_0 / (1 + \varepsilon)$

예제문제 직류전동기의 속도변동률

17 직류 전동기의 속도가 1800[rpm]이다. 무부하에서 속도가 1854 [rpm]이라고 하면 속도변동률[%]은?

① 2   ② 2.6

③ 3   ④ 3.5

해설
속도변동률 $\varepsilon = \dfrac{N_0 - N}{N} \times 100[\%] = \dfrac{1854 - 1800}{1800} \times 100[\%] = 3[\%]$

답 ③

예제문제 직류전동기의 속도변동률

18 어느 분권전동기의 정격 회전수가 1500[rpm]이다. 속도 변동률이 5[%]이면 공급 전압과 계자저항의 값을 변화시키지 않고 이것을 무부하로 하였을 때의 회전수[rpm]는?

① 3257   ② 2360

③ 1575   ④ 1165

해설
무부하시 회전수 $N_0 = (1+\varepsilon)N = (1+0.05) \times 1500 = 1575[rpm]$

답 ③

④ 직류전동기의 운전법

1. 직류전동기의 기동법

전동기 기동시 정격전류의 수십 배에 이르는 기동전류가 저항이 작은 전기자로 흐르는 것을 제한하기 위해 기동저항기 및 계자저항기를 설치하여 기동하게 된다. 이때, 기동저항기를 최대로 하면 전기자로 흐르는 기동전류를 제한할 수 있으며, 이와 동시에 계자저항기를 최소(0)로 하면 계자전류($I_f ≒ \phi$)는 최대로 흘러 적절한 기동토크를 갖게 할 수 있다. 기동이 끝난 후에는 다시 저항을 가감하여 속도제어를 한다.

■ 기동저항기의 역할
기동전류를 억제하고, 속도 증가에 따라 저항을 천천히 감소시키는 가감 저항기이다.

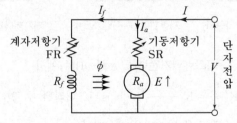

(1) 기동저항기(SR)

최대위치에 두어 기동전류를 줄인다.

(2) 계자저항기(FR)

최소(0)위치에 두어 계자전류를 크게 하여 기동토크를 보상한다.

예제문제 **직류전동기의 기동법**

19 직류 분권전동기의 기동시 계자저항의 위치는 어디인가?

① 최소 위치   ② 최대 위치

③ 중간 위치   ④ 열어 놓는다

해설

기동저항기로 기동전류를 제한하고 계자저항기는 기동토크를 증가시키기 위해 계자저항
은 최소에 둔다.

답 ①

예제문제 **직류전동기의 기동법**

20 직류 분권전동기의 기동시의 계자전류는?

① 큰 것이 좋다.

② 정격 출력 때와 같은 것이 좋다.

③ 작은 것이 좋다.

④ 0에 가까운 것이 좋다.

해설

기동시 계자저항을 최소로 하여 계자전류를 크게 하면 기동토크를 얻을 수 있다.

답 ①

---

2. 직류전동기의 속도제어법

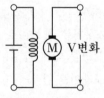
전압제어법(타여자)

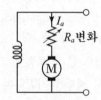
저항제어법(분권, 직권)

계자제어법(타여자, 분권)

직류전동기의 속도는 역기전력 $E = K\phi n\,[V]$ 에서

회전수 $n = K'\dfrac{E}{\phi} = K'\dfrac{V - I_a R_a}{\phi}\,[rps]$ 로 나타낼 수 있다. 따라서 직류

전동기는 다음과 같은 제어법을 사용한다.

(1) 전압제어법

전동기의 외부단자에서 공급전압을 조절하여 속도를 제어하기 때문에 효율이 좋고 광범위한 속도제어가 가능하다.

① 워드레오너드 제어방식

MGM제어방식으로서 정부하시 사용하며 광범위한 속도제어가 가능한 방식이다.

② 일그너 제어방식

MGM제어방식으로서 부하변동이 심할 경우 사용하며 플라이 휠을 설치하여 속도제어하는 방식이다.

③ 직·병렬 제어방식

직·병렬시 전압강하로 2단속도제어하며 직권전동기에만 사용하는 방식이다.

(2) 저항제어법

전기자 회로에 삽입한 기동저항으로 속도제어하는 방법이며 부하전류에 의한 전압강하를 이용한 방법이다. 손실이 크기 때문에 거의 사용하지 않는다.

(3) 계자제어법

계자저항을 조절하여 계자자속을 변화시켜 속도제어하는 방법이며 계자저항에 흐르는 전류가 적기 때문에 전력손실이 적고 간단하지만 속도제어범위가 좁다. 출력을 변화시키지 않고도 속도제어를 할 수 있기 때문에 정출력제어법이라 부른다.

예제문제 직류전동기의 속도제어법

21 다음 중에서 직류전동기의 속도제어법이 아닌 것은?
① 계자제어법　　　　② 전압제어법
③ 저항제어법　　　　④ 2차 여자법

해설
직류 전동기의 속도 제어법
・저항 제어법　・계자 제어법　・전압 제어법

답 ④

예제문제 직류전동기의 속도제어법

22 직류 전동기의 속도제어법 중 가장 광범위하고도 효율이 좋고 원활하게 속도제어가 되는 방식은?
① 전압제어법　　　　② 저항제어법
③ 계지제어법　　　　④ 지항제이법과 계자 제이법의 병용

해설
외부단자에서 전압을 조절하는 전압제어법이 가장 좋다.

답 ①

핵심 NOTE

■ 직·병렬제어방식

① 저속도 운전

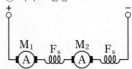

② 고속도 운전

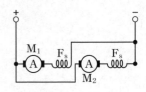

예제문제 | 직류전동기의 속도제어법

23 직류 전동기에서 정출력 가변속도의 용도에 적합한 속도제어법은?

① 일그너제어   ② 계자제어

③ 저항제어   ④ 전압제어

해설

출력 $P \propto T \cdot N$ 이고 $T = k\phi I_a$ 에서 토크 T는 자속 ϕ와 비례하고 회전수N에는 반비례 하므로 계자제어법은 정출력제어가 된다.

답 ②

3. 직류전동기의 제동법

운전중인 전동기를 제동하는 방식으로 기계적 제동이 아닌 전기적 제동 방식을 말하며 그 방법은 다음과 같다.

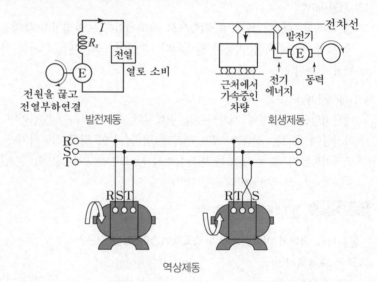

발전제동   회생제동

역상제동

(1) 발전제동

전동기 회전시 자속을 유지한 상태에서 입력전원을 끊고 저항(전열부하)를 연결하면 전동기가 발전기로 작동한다. 이 전력을 전열부하에서 열로 소비하며 제동하는 방식이다.

(2) 회생제동

전동기가 회전시 입력전원을 끊고 자속을 강하게 하면 역기전력이 전원 전압보다 높아져서 전류가 역류하게 된다. 이 전류를 가까운 부하의 전원으로 사용하는 방식이다. 주로 내리막길에서 전동차의 제동에 사용된다.

(3) 역상제동(플러깅)

전동기 회전시 계자 또는 전기자 전류의 방향을 전환시키거나 전원 3선 중 2선의 방향을 바꾸어 역방향의 토크를 발생시켜 급제동하는 방식이다.

예제문제　직류전동기의 제동법

24 전동기가 회전하고 있을 때 회전방향과 반대방향의 토크를 발생시켜 갑자기 정지시키는 제동법은?

① 역상제동　　　　② 회생제동
③ 발전제동　　　　④ 단상제동

해설
반대 방향의 토크를 발생하여 급정지하는 제동방식은 역상제동(플러깅)방식이다.

답 ①

⑤ 전기기기의 효율과 손실

1. 실측효율

실측효율이란 전기기기의 입력 및 출력을 직접 측정하여 계산된 효율이다.

$$실측효율\eta = \frac{출력[\mathrm{W}]}{입력[\mathrm{W}]}\times100[\%]$$

2. 규약효율

전기기기는 한쪽이 기계적인 동력이므로 정확한 측정이 곤란하다. 따라서 기계적인 동력을 입력 또는 출력과 손실의 관계로 변환하여 오차를 줄이는 방법을 사용한다.

(1) 발전기의 규약효율

$$\eta_G = \frac{출력[\mathrm{W}]}{출력[\mathrm{W}]+손실[\mathrm{W}]}\times100[\%]$$

(2) 전동기의 규약효율

$$\eta_M = \frac{입력[\mathrm{W}]-손실[\mathrm{W}]}{입력[\mathrm{W}]}\times100[\%]$$

■ 전동기의 입력과 출력관계

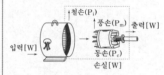

• 입력=출력+손실
• 출력=입력-손실

25 직류 전동기의 규약 효율은?

① $\eta = \dfrac{출력}{입력} \times 100\,[\%]$ ② $\eta = \dfrac{출력}{출력+손실} \times 100\,[\%]$

③ $\eta = \dfrac{입력-손실}{입력} \times 100\,[\%]$ ④ $\eta = \dfrac{입력}{출력+손실} \times 100\,[\%]$

해설
직류 전동기의 규약효율은 입력이 기계적인 성분이므로 입력과 손실에 대한 관계로서 구한다.

답 ③

예제문제 직류기의 효율

26 효율 80[%], 출력 10[kW]인 직류 발전기의 전손실[kW]은?

① 1.25   ② 1.5
③ 2.0   ④ 2.5

해설
• 효율 $= \dfrac{출력}{입력} \times 100\,[\%]$ 에서 입력$= \dfrac{출력}{효율} \times 100 = \dfrac{10[\mathrm{kW}]}{80} \times 100 = 12.5[\mathrm{kW}]$ 이다.
• ∴ 입력-출력=손실이므로 $12.5-10=2.5[\mathrm{kW}]$ 이다.

답 ④

■ 히스테리시스손(hysteresis loss)

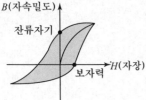

철심에 가해진 자계의 주기적인 변화에 의해 자속밀도가 변하게 되는데 이때 히스테리시스 루프 면적에 비례하는 양의 에너지를 잃게 된다.

■ 와전류손(eddy current loss)

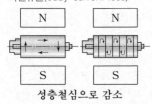

성층철심으로 감소

철심에 가해진 자계의 주기적인 변화로 유도 기전력을 발생하여 와전류가 발생하여 에너지손실이 된다.

3. 전기기기 손실의 종류

손실
- 무부하손(고정손)
  - 철손 P_i
    - 히스테리시스손 P_h
    - 와류손 P_e
  - 기계손 P_m :풍손, 마찰손, 베어링손
- 부하손(가변손)
  - 동손 P_c : 저항손, 전기자손, 계자손
  - 표유부하손

(1) 철손
자기 회로 중에서 자속이 시간에 따라 변화하면서 생기는 철심의 전력손실로 히스테리시스손과 와전류손이 있다.

(2) 기계손
전기자 회전에 따라 생기는 풍손과 베어링 부분 및 브러시의 접촉에 의한 마찰손이다.

(3) 동손
코일에 전류가 흘러서 도체 내에 발생하는 저항손실이다.

⑷ 표유부하손(stray load loss)

기계에서 발생하는 주요 손실 이외의 손실로서 누설자속에 의해 발생
한다.

예제문제   직류기의 손실

27 직류 전동기의 부하에 따라 손실이 변하는 것은?

① 마찰손　　　　　　　② 풍손
③ 철손　　　　　　　　④ 구리손

해설
부하의 크기에 따라 동선에 흐르는 부하전류의 크기가 다르게 되므로 동손(구리손)의 크
기도 변하게 된다.　　　　　　　　　　　　　　　　　　　　　　　답 ④

■ 동손
$P_c = I^2 \cdot R[W]$

예제문제   직류기의 손실

28 직류기의 다음 손실 중에서 기계손에 속하는 것은 어느 것인가?

① 풍손　　　　　　　　② 와류손
③ 브러시의 전기손　　　④ 표유 부하손

해설
바람에 의한 풍손은 기계손이다.
　　　　　　　　　　　　　　　　　　　　　　　　　　　　　　답 ①

예제문제   직류기의 최대효율 조건

29 직류기의 효율이 최대가 되는 경우는 다음 중 어느 것인가?

① 와전류손=히스테리시스손　　② 기계손=전기자 동손
③ 전부하 동손=철손　　　　　　④ 고정손=부하손

해설
직류기는 고정손(무부하손)과 부하손(가변손)이 같을 때 최대효율조건이 된다.
　　　　　　　　　　　　　　　　　　　　　　　　　　　　　　답 ④

■ 직류기의 최대효율 조건
가변손(부하손) = 고정손(무부하손)

⑥ 직류기의 시험법

1. 토크 측정 시험법

(1) 대형 직류기의 토크 측정 시험 : 전기 동력계법
(2) 중 · 소형 직류기의 토크 측정 시험 : 프로니 브레이크법
(3) 보조 발전기 사용법

2. 온도 상승 시험법

피 시험기에 전부하를 가하여 유온 및 권선 온도상승의 규정 한도를 검증하기 위한 시험법이다.

(1) 반환부하법

동일 정격의 2대를 연결 하여 한쪽은 발전기, 다른쪽을 전동기로 운전하며 손실에 상당하는 전력을 전원으로부터 공급하여 시험하는 방법이며 중용량 이상의 기계에서 사용한다.

(2) 실부하법

전구나 저항등을 부하로 하여 시험하는 방법이나 전력손실이 발생하기 때문에 소형에만 사용한다.

■ 반환부하법의 종류
• 카프법(Kapp)
• 브론델법(Blondel)
• 홉킨스법(Hopkinse)

예제문제 온도상승 시험법의 종류

30 직류기의 온도시험에는 실부하법과 반환부하법이 있다. 이 중에서 반환 부하법에 해당되지 않는 것은?

① 홉킨스법   ② 프로니 브레이크법
③ 블론델법   ④ 카프법

해설
프로니브레이크 법은 중 · 소형 직류기의 토크 측정법이다.

답 ②

예제문제 직류기의 토크 측정법의 종류

31 대형 직류 전동기의 토크를 측정하는 데 가장 적당한 방법은?

① 와전류 제동기
② 프로니 브레이크 법
③ 전기 동력계
④ 반환 부하법

해설
• 중 · 소형 직류 전동기 토크 측정 : 프로니 브레이크 법, 와전류 제동기
• 대형 직류 전동기 토크 측정 : 전기 동력계법
• 온도 상승 시험법 : 반환부하법

답 ③

3. 절연물의 최고허용온도

전기기기 구성재료에는 자기를 발생시키는 철과 도전성 재료인 구리 이외에 절연물이 있다. 절연은 일반적으로 고온이 되면 열화하므로 허용할 수 있는 온도에 따라 다음과 같이 7종으로 분류되어 있다.

종별	허용최고온도[℃]	절연재료	용도
Y	90	목면, 견, 지 목재, 아닐린 수지 등	저전압기기
A	105	Y종 재료의 것에 니스함침 또는 유중에 함침	보통기기 유입변압기
E	120	폴리우레탄 에폭시, 가교 폴리에스테르계 등의 수지	보통기기 대용량기기
B	130	마이카, 석면, 유리섬유 등을 접착제와 함께 구성된 것	고전압기기 건식변압기 몰드변압기 고압전동기
F	155	B종 재료를 알키드수지, 실리콘수지 등의 접착제와 함께 사용	고전압기기 건식변압기 몰드변압기
H	180	B종 재료를 실리콘 등 접착제로 구성	건식변압기 용접기
C	180초과	마이카, 도자기, 유리 등을 단독으로 사용한 것	특수기기

예제문제 종별에 따른 절연물의 최고허용온도

32 E종 절연물의 최고 허용 [℃] 온도는?

① 105　　② 120
③ 130　　④ 155

해설
E종 절연물의 최고 허용온도는 120℃이다.

답 ②

출제예상문제

01 100[V], 10[A], 전기자 저항 1[Ω], 회전수 1800[rpm]인 전동기의 역기전력[V]은?

① 120　　　　　② 110

③ 100　　　　　④ 90

해설
- 전동기의 역기전력
$E = V - I_a R_a$
단자전압 $V = 100[V]$, 전기자전류 $I_a = I = 10[A]$,
전기자저항 $R_a = 1[\Omega]$

- $E = 100 - 10 \times 1 = 90[V]$

02 분권전동기가 120[V]의 전원에 접속되어 운전되고 있다. 부하시에는 50[A]가 유입되고 무부하로 하면 4[A]가 유입된다. 분권 계자 회로의 저항은 40[Ω], 전기자 회로의 저항은 0.1[Ω]일 때 부하 운전시의 출력은 몇[kW]인가? (단 브러시의 전압 강하는 2[V]이다.)

① 약 5.2　　　② 약 6.4

③ 약 7.1　　　④ 약 8.7

해설
- 기계적 출력은 전기자에서 발생하므로
$P = E \times I_a$ 이다.
- 전기자 전류 $I_a = I - I_f = 50 - 4 = 46[A]$
역기전력 $E = V - I_a R_a - e_b$
$\qquad\qquad = 120 - 46 \times 0.1 - 2 = 113.4[V]$

- $P = 113.4 \times 46 = 5216.4[W] ≒ 5.2[kW]$

03 단자전압 100[V], 전기자전류 10[A], 전기자 회로의 저항 1[Ω], 정격속도 1800[rpm]으로 전부하에서 운전하고 있는 직류 분권전동기의 토크[N·m]는 약 얼마인가?

① 2.8　　　　　② 3.0

③ 4.0　　　　　④ 4.8

해설
- 토크 $T[N \cdot m]$ 계산공식(전기자저항R_a 존재시)
$T = \dfrac{60 I_a (V - I_a R_a)}{2\pi N}[N \cdot m]$
- 단자전압 $V = 100[V]$, 전기자 전류 $I_a = 10[A]$
전기자저항 $R_a = 1[\Omega]$, 회전속도 $N = 1800[rpm]$

- $T = \dfrac{60 \times 10 \times (100 - 10 \times 1)}{2\pi \times 1800} ≒ 4.8[N \cdot m]$

04 직류 분권전동기가 있다. 단자 전압이 215[V], 전기자 전류가 50[A], 전기자 전저항이 0.1[Ω], 회전속도 1500[rpm]일 때 발생 토크[kg·m]는?

① 6.82[kg · m]　　　② 6.68[kg · m]

③ 68.2[kg · m]　　　④ 66.8[kg · m]

해설
- 토크 $T[N \cdot m]$ 계산공식(전기자저항R_a 존재시)
$T = \dfrac{60 I_a (V - I_a R_a)}{2\pi N}[N \cdot m]$
- 단자전압 $V = 215[V]$, 전기자 전류 $I_a = 50[A]$
전기자저항 $R_a = 0.1[\Omega]$, 회전속도 $N = 1500[rpm]$
- $T = \dfrac{60 \times 50 \times (215 - 50 \times 0.1)}{2\pi \times 1500} ≒ 66.84[N \cdot m]$
단, 단위가[kg·m]이므로 $66.84 \div 9.8 = 6.82[kg \cdot m]$

05 직류 분권 전동기의 전체 도체수는 100, 단중 중권이며 자극수는 4, 자속수는 극당 0.628[Wb]이다. 부하를 걸어 전기자에 5[A]가 흐르고 있을 때의 토크[N · m]는?

① 약 12.5　　　② 약 25

③ 약 50　　　　④ 약 100

해설
- 토크 $T[N \cdot m]$ 계산공식(자속ϕ 존재시)
$T = \dfrac{pZ\phi I_a}{2\pi a}[N \cdot m]$
- 도체수 $Z = 100[W]$, 극수 $p = 4$, 중권 $a = p = 4$,
자속$\phi = 0.628[Wb]$, 전기자 전류 $I_a = 5[A]$

- $T = \dfrac{4 \times 100 \times 0.628 \times 5}{2\pi \times 4} ≒ 50[N \cdot m]$

정답　　01 ④　　02 ①　　03 ④　　04 ①　　05 ③

06 총 도체수 100, 단중 파권으로 자극수는 4, 자속수 3.14[Wb], 부하를 가하여 전기자에 5[A]가 흐르고 있는 직류 분권전동기의 토크[N·m]는?

① 400   ② 450

③ 500   ④ 55

해설

• 토크 T[N·m] 계산공식(자속ϕ 존재시)

$$T = \frac{pZ\phi I_a}{2\pi a}[\text{N}\cdot\text{m}]$$

• 도체수 Z = 100, 극수 p = 4, 파권 a = 2, 자속 ϕ = 3.14[Wb], 전기자 전류 I_a = 5[A]

• $T = \dfrac{4 \times 100 \times 3.14 \times 5}{2\pi \times 2} \fallingdotseq 500[\text{N}\cdot\text{m}]$

07 전기자 도체수 360, 1극당 자속수 0.06[wb]인 6극 중권 직류전동기가 있다. 전기자 전류 50[A]일 때, 발생 토크[kg·m]는?

① 17.5   ② 18.2

③ 18.6   ④ 19.2

해설

• 토크 T[N·m] 계산공식(자속ϕ 존재시)

$$T = \frac{pZ\phi I_a}{2\pi a}[\text{N}\cdot\text{m}]$$

• 도체수 Z = 360, 자속 ϕ = 0.06[wb] 극수 p = 6, 중권 a = p = 6, 전기자 전류 I_a = 50[A]

• $T = \dfrac{6 \times 360 \times 0.06 \times 50}{2\pi \times 6} \fallingdotseq 171.9[\text{N}\cdot\text{m}]$
단, 단위가 [kg·m] 이므로 171.9 ÷ 9.8 = 17.5[kg·m]

08 P[kW], N[rpm]인 전동기의 토크[kg·m]는?

① $0.975\dfrac{P}{N}$ ② $1.026\dfrac{P}{N}$

③ $975\dfrac{P}{N}$ ④ $1.026\dfrac{P}{N}$

해설

• 토크 T[kg·m]공식

$$T = 0.975 \times \frac{P[\text{W}]}{N[\text{rpm}]}$$

• 단, 이 문제에서 P[kW]로 주어졌으므로

$T = 975 \times \dfrac{P[\text{kW}]}{N[\text{rpm}]}$ 가 된다.

09 1[kg·m]의 회전력으로 매분 1000회전하는 직류 전동기의 출력[kW]은 다음의 어느 것에 가장 가까운가?

① 약 0.1   ② 약 1

③ 약 2   ④ 약 5

해설

• 토크 T[kg·m]공식

$T = 0.975 \times \dfrac{P[\text{W}]}{N[\text{rpm}]}$ 에서, 출력 $P = \dfrac{T \times N}{0.975}[\text{W}]$

• 토크 T = 1[kg·m], 회전수 N = 1000[rpm]

• $P = \dfrac{1 \times 1000}{0.975} = 1026[\text{W}] \fallingdotseq 1[\text{kW}]$

10 어떤 직류 전동기의 역기전력이 210[V], 매분 회전수가 1200[rpm]으로 토크 16.2[kg·m]를 발생하고 있을 때의 전류 I[A]는?

① 약 65   ② 약 75

③ 약 85   ④ 약 95

해설

• 토크 T[kg·m]공식

$T = 0.975 \times \dfrac{P}{N} = 0.975 \times \dfrac{E \cdot I_a}{N}$ 에서,

$I_a = \dfrac{T \times N}{E \times 0.975}$ 로 이항된다.

• 토크 T = 16.2[kg·m], 회전수 N = 1200[rpm], 역기전력 E = 210[V]

• $\therefore I_a = \dfrac{T \times N}{E \times 0.975} = \dfrac{16.2 \times 1200}{210 \times 0.975} \fallingdotseq 95[\text{A}]$

11 출력 10[HP], 600[rpm]인 전동기의 토크[torque]는 약 몇[kg·m]인가?

① 11.8   ② 118
③ 12.1   ④ 11

해설
· 토크 T[kg·m] 공식

$$T = 0.975 \times \frac{P}{N}$$

· 출력 P = 10[HP] = 7460[W]
  회전수 N = 600[rpm]

· $T = 0.975 \times \frac{7460}{600} ≒ 12.1[kg·m]$

12 직류 직권전동기에서 토크T와 회전수N의 관계는?

① $T \propto N$ ② $T \propto N^2$
③ $T \propto \frac{1}{N}$ ④ $T \propto \frac{1}{N^2}$

해설
직류 직권전동기의 토크는 회전수의 제곱에 반비례한다.

13 직류 직권 전동기의 회전수를 반으로 줄이면 토크는 약 몇 배인가?

① 1/4   ② 1/2
③ 4   ④ 2

해설
· 직류 직권전동기의 토크와 회전수 관계

$$T \propto \frac{1}{N^2}$$

· 따라서 회전수가 1/2배가 되면 토크는 제곱으로 증가하므로 4배가 된다.

14 다음 설명이 잘못된 것은?

① 전동차용 전동기는 저속에서 토크가 큰 직권 전동기를 쓴다.
② 승용 엘리베이터는 워드-레오나드 방식이 사용된다.
③ 기중기용으로 사용되는 전동기는 직류 분권 전동기이다.
④ 압연기는 정속도 가감 속도 가역 운전이 필요하다

해설
기중기, 전동차, 크레인 등 기동 토크가 큰 곳에 사용하는 전동기는 직류 직권 전동기이다.

15 기동횟수가 빈번하고 토크 변동이 심한 부하에 적당한 직류기는?

① 분권기   ② 직권기
③ 가동 복권기   ④ 차동 복권기

해설
직권 전동기는 부하에 따라 큰 토크를 발생하여야 하므로 속도변동이 크기 때문에 가변속도 전동기라 하며, 기동 회수가 빈번한 부하에 적당하다.

16 직류 분권전동기를 무부하로 운전 중 계자회로에 단선이 생겼다. 다음 중 옳은 것은?

① 즉시 정지한다.
② 과속도로 되어 위험하다.
③ 역전한다.
④ 무부하이므로 서서히 정지한다.

해설
분권전동기의 회전수 $n = K' \frac{V - I_a R_a}{\phi}[rps]$ 관계이므로 계자회로가 단선이 되면 자속 $\phi ≒ 0$이 되기에 회전수는 과속도로 되어 위험하다.

17 직권 전동기에서 위험속도가 되는 경우는?

① 저전압, 과여자
② 정격전압, 무부하
③ 정격전압, 과부하
④ 전기자에 저저항 접속

해설

- 직권 전동기에서 $I_a = I = I_f$ 늑 ϕ 이다.
- 회전수 $n = K' \dfrac{V - I_a(R_a + R_s)}{\phi}$ [rps]이며

정격전압상태에서 무부하시 $\phi = 0$이 되므로
회전수 $n = \infty$(위험속도)가 된다.

18 정격속도 1732[rpm]의 직류 직권 전동기의 부하 토크가 3/4로 되었을 때의 속도[rpm]은 대략 얼마로 되는가? (단, 자기포화는 무시한다.)

① 1155[rpm]   ② 1500[rpm]
③ 1750[rpm]   ④ 2000[rpm]

해설

- 직권전동기의 토크와 전류의 관계

$$T \propto \frac{1}{N^2}$$

- 비례식 관계는 다음과 같다.

$$T : \frac{1}{N^2} = T' : \frac{1}{N'^2} \rightarrow 1 : \frac{1}{1732^2} = \frac{3}{4} : \frac{1}{N'^2}$$

- $\dfrac{1}{N'^2} = \dfrac{1}{1732^2} \times \dfrac{3}{4} \rightarrow \therefore N' = \sqrt{\dfrac{4}{3} \times 1732^2} \fallingdotseq 2000$[rpm]

19 직류 직권 전동기를 정격전압에서 전부하 전류 100[A]로 운전할 때, 부하토크가 1/2로 감소하면 그 부하전류는 약 몇[A]로 되겠는가? (단, 자기 포화는 무시한다.)

① 60   ② 71
③ 80   ④ 91

해설

- 직권 전동기의 토크와 전류의 관계

$$T \propto I_a^2$$

- 비례식 관계는 다음과 같다.

$$T : I_a^2 = T' : I_a'^2 \rightarrow 1 : 100^2 = \frac{1}{2} : I_a'^2$$

- $I_a'^2 = \dfrac{1}{2} \times 100^2 \rightarrow I_a' = \sqrt{\dfrac{1}{2} \times 100^2} \fallingdotseq 71$[A]

20 그림과 같은 여러 직류 전동기의 속도 특성 곡선을 나타낸 것이다. ①~④ 까지 차례로 맞는 것은?

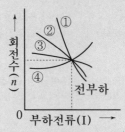

① 차동복권, 분권, 가동복권, 직권
② 분권, 직권, 가동복권, 차동복권
③ 가동복권, 차동복권, 직권, 분권
④ 직권, 가동복권, 분권, 차동복권

해설

직류 전동기중 부하가 증가 할 때 회전수가 급격히 감소하며 기동토크가 증가하는 전동기의 순서는 다음과 같다.
직권전동기 → 가동복권전동기 → 분권전동기 → 차동복권전동기

21 그림은 각종 직류전동기(직권, 분권, 가동복권, 차동복권)의 속도 특성을 표시한 것이다. 이 중 가동복권전동기의 속도 특성 곡선은?

① 1
② 2
③ 3
④ 4

해설

직권전동기 → 가동복권전동기 → 분권전동기 → 차동복권전동기

22 부하의 변화에 대하여 속도 변동이 가장 큰 직류전동기는?

① 분권전동기
② 차동복권전동기
③ 가동복권전동기
④ 직권전동기

해설

부하변화에 대해 속도 변동이 가장 큰 전동기는 직권전동기이며 이를 가변속도전동기라고도 한다.

23 직류전동기의 설명 중 바르게 설명한 것은?

① 전동차용 전동기는 차동 복권전동기이다.
② 직권전동기가 운전 중 무부하로 되면 위험속도가 된다.
③ 부하변동에 대하여 속도변동이 가장 큰 직류전동기는 분권전동기 이다.
④ 직류 직권전동기는 속도조정이 어렵다.

해설

부하 변동에 대해 가장 속도변동이 큰 직류전동기는 직권전동기이며 무부하 시 위험속도가 되므로 주의한다.

24 다음 그림은 속도 특성 곡선 및 토크(torque) 특성 곡선을 나타낸다. 어느 전동기 인가?

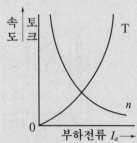

① 직류 분권전동기
② 직류 직권전동기
③ 직류 복권전동기
④ 유도전동기

해설

직류 직권전동기는 부하전류에 따른 토크와 회전수가 제곱의 관계를 나타내므로 그림에 나타난 기기의 특성을 지닌다.

25 직류 전동기 중 가장 정속도 특성을 지닌 전동기는?

① 분권
② 직권
③ 차동복권
④ 가동복권

해설

자여자 전동기 중 부하변화에 대해 가장 속도변동이 적은 전동기는 차동복권전동기이다.

26 직류분권전동기의 기동시에는 계자저항기의 저항값은 어떻게 하는가?

① 영(0)으로 한다.
② 최대로 한다.
③ 중위(中位)로 한다.
④ 끊어 놔둔다.

해설

전동기의 기동시 저항기의 위치
• 기동저항기→최대위치에 두어 기동전류를 줄인다.
• 계자저항기→최소(0)위치에 두어 계자전류를 크게 하여 기동 토크를 보상한다.

27 직류 분권전동기의 정격전압이 300[V], 전부하 전기자전류 50[A], 전기자저항 0.2[Ω]이다. 이 전동기의 기동전류를 전부하전류의 120[%]로 제한시키기 위한 기동저항값은 몇 [Ω]인가?

① 3.5
② 4.8
③ 5.0
④ 5.5

해설

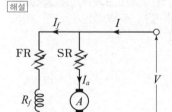

$$SR = \frac{V}{I_a \times 배수} - R_a = \frac{300}{50 \times 1.2} - 0.2 = 4.8[\Omega]$$

28 직류 분권전동기에서 운전 중 계자권선의 저항을 증가하면 회전속도의 값은?

① 감소한다
② 증가한다
③ 일정하다
④ 관계없다

해설

• 직류 분권전동기의 회전수

$$n = K' \frac{V - I_a R_a}{\phi} [\text{rps}]$$

• 계자권선의 저항이 증가하면 계자자속(ϕ)이 감소한다. 따라서 회전수(n)는 반비례 관계이므로 증가하게 된다.

29 직류전동기의 회전속도를 나타내는 것 중 틀린 것은?

① 공급전압이 감소하면 회전속도도 감소한다.
② 자속이 감소하면 회전속도는 증가한다.
③ 전기자 저항이 증가하면 회전속도는 감소한다.
④ 계자 전류가 증가하면 회전속도는 증가한다.

해설

• 직류 전동기의 회전수

$$n = K' \frac{V - I_a R_a}{\phi} [\text{rps}]$$

• 계자전류가 증가하면 계자자속이 증가하여 회전속도는 감소한다.

30 워드 레오나드 방식의 목적은?

① 정류개선　　② 계자자속 조정
③ 속도제어　　④ 병렬운전

해설

워드 레오나드 방식은 속도 제어법중 전압 제어법의 일종이다.

31 직류 분권전동기에서 부하의 변동이 심할 때, 광범위하게 또한 안정되게 속도를 제어하는 가장 적당한 방식은?

① 계자제어 방식
② 직렬 저항제어 방식
③ 워드레오너드 방식
④ 일그너 방식

해설

부하변동이 심할 때 플라이휠의 관성모멘트를 이용하여 안정하게 속도제어를 하는 방법은 일그너 방식이다.

32 워드레오너드 방식과 일그너 방식의 차이점은?

① 플라이휠을 이용하는 점이다.
② 전동발전기를 이용하는 점이다.
③ 직류전원을 이용하는 점이다.
④ 권선형 유도발전기를 이용하는 점이다.

해설

직류전동기의 전압제어법
• 워드레오너드 방식 : 부하변동이 심하지 않은 경우 제어하는 방식
• 일그너 방식 : 부하변동이 심할 경우 플라이휠을 이용하여 제어하는 방식

33 직류전동기의 속도제어방식 중 직 · 병렬 제어법을 사용할 수 있는 전동기는?

① 직류타여자전동기
② 직류분권전동기
③ 직류직권전동기
④ 직류복권전동기

해설

직류 직권전동기는 직렬 또는 병렬시 걸리는 단자전압으로 2단 제어하는 직 · 병렬 제어방식을 사용할 수 있다.

정답　　28 ②　　29 ④　　30 ③　　31 ④　　32 ①　　33 ③

34 직류전동기의 제동법 중 제동법이 아닌 것은?

① 회전자의 운동에너지를 전기에너지로 변환한다.
② 전기에너지를 저항에서 열에너지로 소비시켜 제동시킨다.
③ 복권전동기는 직권 계자권선의 접속을 반대로 한다
④ 전원의 극성을 바꾼다.

해설

직류 자여자 전동기는 전원의 극성이 바뀌어도 회전방향은 변하지 않는다.

35 직류 전동기의 규약 효율은 어떤 식으로 표시된 식에 의하여 구하여진 값인가?

① $\eta = \dfrac{출력}{입력} \times 100[\%]$

② $\eta = \dfrac{출력}{출력 + 손실} \times 100[\%]$

③ $\eta = \dfrac{입력 - 손실}{입력} \times 100[\%]$

④ $\eta = \dfrac{입력}{출력 + 손실} \times 100[\%]$

해설

• 발전기의 규약효율
$$\eta_G = \dfrac{출력[W]}{출력[W] + 손실[W]} \times 100[\%]$$

• 전동기의 규약효율
$$\eta_M = \dfrac{입력[W] - 손실[W]}{입력[W]} \times 100[\%]$$

36 다음에서 고정손은?

① 철손   ② 동손
③ 표유부하손   ④ 저항손

해설

• 고정손 : 부하의 크기에 관계없이 항상 발생하는 손실
• 고정손(무부하손)=철손

37 효율 80[%], 출력 10[kW]인 직류발전기의 고정손실이 1300[W]라 한다. 이때 발전기의 가변손실이 몇[W]인가?

① 1000   ② 1200
③ 1500   ④ 2500

해설

• 기기의 실측효율
$$효율 = \dfrac{출력}{입력} \times 100[\%]$$
효율 $\eta = 80[\%]$, 출력 $P_{out} = 10[kW]$
$$입력 = \dfrac{출력}{효율} \times 100[\%] = \dfrac{10[kW]}{80} \times 100[\%] = 12.5[kW]$$

• 입력−출력=전체손실
$12.5[kW] - 10[kW] = 2.5[kW]$

• 전체손실−가변손=고정손
$2.5[kW] - 1.3[kW] = 1.2[kW] = 1200[W]$

38 직류기의 손실 중에서 부하의 변화에 따라서 현저하게 변하는 손실은 다음 중 어느 것인가?

① 표유 부하손   ② 철손
③ 풍손   ④ 기계손

해설

부하에 따라 현저하게 변하는 손실은 부하손이며 이는 동손과 표유부하손으로 나뉜다.

39 일정 전압으로 운전하고 있는 직류 발전기의 손실이 $\alpha + \beta I^2$으로 표시될 때 효율이 최대가 되는 전류는? (단, α, β는 정수이다.)

① $\dfrac{\alpha}{\beta}$ ② $\dfrac{\beta}{\alpha}$

③ $\sqrt{\dfrac{\alpha}{\beta}}$ ④ $\sqrt{\dfrac{\beta}{\alpha}}$

해설

$\alpha + \beta I^2$에서 α는 전류(부하)와 관계없는 고정손이며 β는 전류의 제곱에 비례하는 가변손이다. 직류기의 최대 효율 조건은 고정손=가변손 이므로 $\alpha = \beta I^2$이며 이를 I에 대해 이항하면 $I = \sqrt{\dfrac{\alpha}{\beta}}$ 가 된다.

40 직류기의 반환부하법에 의한 온도 시험이 아닌 것은?

① 키크법　　② 블론델법
③ 홉킨슨법　　④ 카프법

해설

반환부하법의 종류
• 카프법(Kapp)
• 브론델법(Blondel)
• 홉킨스법(Hopkinse)

41 정격 출력 $3[\text{kW}]$, 전압 $100[\text{V}]$의 직류 분권 전동기를 전기 동력계로 시험하였더니 전기 동력계의 저울이 $3.5[\text{kg}]$을 가리켰다. 이 전동기의 출력 $\text{P}[\text{kW}]$와 토크 $\text{T}[\text{kg·m}]$는 몇 $[\text{kg·m}]$인가? (단, 동력계의 암의 길이는 $0.5[\text{m}]$, 전동기의 회전수는 $1500[\text{rpm}]$이다.)

① $\text{P} = 2.7[\text{kW}]$, $\text{T} = 1.75[\text{kg·m}]$
② $\text{P} = 1.75[\text{kW}]$, $\text{T} = 2.7[\text{kg·m}]$
③ $\text{P} = 5.4[\text{kW}]$, $\text{T} = 3.5[\text{kg·m}]$
④ $\text{P} = 3.5[\text{kW}]$, $\text{T} = 5.4[\text{kg·m}]$

해설

• 전기동력계
　대형 직류기의 출력, 토크 측정시 사용하는 방법

• 토크
　$\text{T} = $ 무게$[\text{kg}] \times$ 회전자의 반지름$[\text{m}]$
　　$= 3.5 \times 0.5 = 1.75[\text{kg·m}]$

• 출력
　토크 $\text{T} = 0.975\dfrac{\text{P}}{\text{N}}$ 에서 이항하면

　$\rightarrow \text{P} = \dfrac{\text{T} \times \text{N}}{0.975} = \dfrac{1.75 \times 1500}{0.975} \fallingdotseq 2692[\text{W}] \fallingdotseq 2.7[\text{kW}]$

memo

Engineer Electricity
Industrial Engineer Electricity

동기발전기

Chapter 03

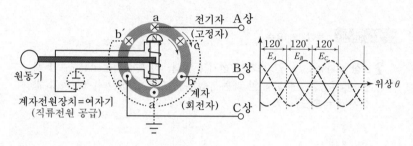

SECTION 03 동기발전기

① 동기기의 원리 및 구조

동기기의 구조   3상 기전력 파형

1. 동기기의 특성

동기기란, 정상상태에서 동기속도(N_s)로 회전하는 기계이다. 동기발전기의 경우 직류기와 같은 플레밍 오른손 법칙에 따라 기전력을 유기한다. 이때 동기기의 속도는 주파수와 비례하며 동기기의 극수에 따라 다음과 같은 관계식을 가진다.

$$N_s = \frac{120\,f}{p}[\text{rpm}]$$

따라서 상용 주파수를 발생시키는 동기발전기는 극수와 동기속도와 관계가 다음과 같다.

극수	60[Hz]	50[Hz]
p = 2극	3600[rpm]	3000[rpm]
p = 4극	1800[rpm]	1500[rpm]
p = 6극	1200[rpm]	1000[rpm]
p = 8극	900[rpm]	750[rpm]
p = 10극	720[rpm]	500[rpm]

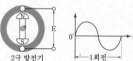

■ 동기발전기

동기기는 정상운전 상태에서 일정한 주파수와 자극 수로 결정되는 동기속도로 회전하는 교류기로서 동기 발전기와 동기 전동기로 구분된다.
동기 발전기는 상시전력의 대부분인 교류를 생산하는 교류발전기이며 발전소에서 수차 또는 터빈으로 운용되는 전력 설비이다.

■ 동기속도와 주파수의 관계

2극인 동기기가 1회전시 각 상의 주파수는 1[Hz]가 유기된다. 따라서, 발전기의 극수p에 따라 유기되는 주파수는 $f = p \cdot n_s / 2$의 관계가 되기 때문에 동기 발전기의 1분당 회전수는 $N_s = 120f/P[\text{rpm}]$ 이 된다.

■ 참고
동기기는 3상 Y결선이다.

예제문제 동기기의 동기속도

1 4극에서 60[Hz]의 주파수를 얻으려면 동기 발전기의 회전수를 얼마로 하여야 하는가?

① 1800[rpm]　　　　　　② 1600[rpm]

③ 1400[rpm]　　　　　　④ 1200[rpm]

해설

동기속도 $N_s = \dfrac{120f}{p} = \dfrac{120 \times 60}{4} = 1800[\text{rpm}]$

답 ①

예제문제 동기기의 극수

2 3상 20000[kVA]인 동기 발전기가 있다. 이 발전기는 60[c/s]인 때는 200[rpm], 50[c/s]인 때는 167[rpm]으로 회전한다. 이 동기 발전기의 극수는?

① 18극　　　　　　② 36극

③ 54극　　　　　　④ 72극

해설

• 주파수 $f = 60[\text{Hz}]$인 경우 $N_s = \dfrac{120f}{p}$ 에서 $p = \dfrac{120f}{N_s} = \dfrac{120 \times 60}{200} = 36$극

• 주파수 $f = 50[\text{Hz}]$인 경우 $N_s = \dfrac{120f}{p}$ 에서 $p = \dfrac{120f}{N_s} = \dfrac{120 \times 50}{167} = 36$극

답 ②

2. 여자기

동기발전기의 계자권선에 직류 저전압(DC 100~250V)의 여자전류를 공급하는 장치를 여자기라 한다. 여자기의 여자방식은 직류 여자방식, 정류기 여자방식, 브러시레스 여자방식 등이 있으며 이때 여자기의 용량은 발전기용량의 약 1[%]이다.

예제문제 동기기의 여자방식

3 다음 중 동기발전기의 여자방식이 아닌 것은?

① 직류 여자기방식　　　　② 브러시레스 여자방식

③ 정류기 여자방식　　　　④ 회전계자방식

해설

회전계자방식은 전기자를 고정으로 하고 계자를 회전시키는 발전기의 형태이다.

답 ④

3. 회전자 종류에 따른 기기의 분류

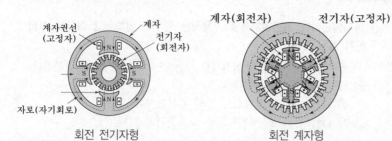

회전 전기자형   회전 계자형

분류	고정자	회전자	용도
회전전기자형	계자	전기자	직류발전기
회전계자형	전기자	계자	동기발전기
유도자형	계자, 전기자	유도자	고주파발전기

4. 동기기를 회전계자형으로 하는 이유

(1) 기계적인 측면

① 전기자보다 계자가 철의 분포가 많기 때문에 회전시 기계적으로 더 튼튼하다.

② 전기자는 권선을 많이 감아야 하므로 회전자 구조가 커지기 때문에 원동기측에서 볼 때 출력이 더 증대하게 된다.

(2) 전기적인 측면

① 전기자는 3상교류 고전압 대전류이고 계자는 직류 저전압, 소전류이므로 브러시를 통하여 인출하기가 유리하며 회전시 위험성이 적다.

② 고압이 걸리는 전기자를 절연하는 데는 고정자로 두는 것이 용이하다.

예제문제 회전계자형 기기

4 보통 회전계자형으로 하는 전기기계는?

① 직류발전기   ② 회전변류기
③ 동기발전기   ④ 유도발전기

해설
고정자가 전기자 이고, 회전자가 계자인 회전계자형 기기는 동기발전기이다.

답 ③

■ 유도자형발전기
계자극과 전기자를 함께 고정시키고 유도자가 회전하는 방식으로 수백~수만헤르츠의 고주파 발전기로 사용한다.

5 동기발전기에 회전계자형을 사용하는 경우가 많다. 그 이유에 적합하지 않은 것은?

① 전기자보다 계자극을 회전자로 하는 것이 기계적으로는 튼튼하다.
② 기전력의 파형을 개선한다.
③ 전기자권선은 고전압으로 결선이 복잡하다.
④ 계자회로는 직류 저전압으로 소요전력이 적다.

해설
기전력의 파형개선은 전기자 권선법으로 개선한다.

답 ②

5. 원동기에 의한 기기의 분류

고정자
계자코일
회전자

돌극형발전기

고정자
계자코일
회전자

비돌극형발전기

회전계자형인 동기발전기는 원동기에 따라 돌극형 또는 비돌극형 발전기로 구분할 수 있다. 돌극형발전기는 주로 수차발전기나 엔진발전기와 같은 중, 저속기에 사용되고 비돌극형발전기는 터빈발전기와 같은 고속기에 사용된다.

종류	용도	냉각방식	축	극수	속도	단락비
돌극기 (철극기, 우산형)	수차발전기	공기	짧고 굵다	많다 6극 이상	저속기	크다 0.9~1.2
비돌극기 (비철극기, 원통형)	터빈발전기	수소	길고 얇다	적다 2~4	고속기	작다 0.6~0.9

예제문제 회전자 형태에 따른 발전기의 특징

6 돌극형발전기의 특징으로 해당되지 않는 것은?

① 극수가 많다.
② 공극이 불균일하다.
③ 저속기이다.
④ 동기계이다.

해설

돌극형	비돌극형
극수가 많다	극수가 적다
공극이 불균일하다	공극이 균일하다
저속기(수차발전기)	고속기(터빈발전기)
철기계	동기계

답 ④

6. 동기기의 냉각방식

동기기의 냉각방식은 공랭식, 수냉식, 수소냉각방식이 있다. 터빈발전기는 고속도로 회전하기 때문에 냉각용 매체로 공기 대신에 수소를 사용한 것으로 다음과 같은 특징이 있다.

(1) 장점
　① 열전도율이 약 7배, 비열이 14배로 냉각효과가 크기 때문에 공랭식에 비해서 출력이 약 25[%] 증가한다.
　② 절연물의 산화가 없으므로 절연물의 수명이 길어진다.
　③ 수소 밀도가 공기의 약 7% 이므로 풍손이 1/10로 감소한다.
　④ 전폐형이기 때문에 불순물 침입이 없고 소음이 현저하게 감소한다.

(2) 단점
　① 공기와 혼합시 폭발할 우려가 있으며, 냉각수 소요가 많다.
　② 방폭구조로 해야하므로 설비비용이 비싸진다.

예제문제 수소냉각방식의 특징

7 터빈 발전기의 냉각을 수소냉각방식으로 하는 이유가 아닌 것은?

① 풍손이 공기 냉각시의 약 1/10로 줄어든다.
② 열전도율이 좋고 가스냉각기의 크기가 작아진다.
③ 절연물의 산화작용이 없으므로 절연열화가 작아서 수명이 길다.
④ 반폐형으로 하기 때문에 이물질의 침입이 없고 소음이 감소한다.

해설
터빈발전기는 수소 누출로 인한 폭발을 방지하기 위해 밀폐형으로 제작한다.

답 ④

■고조파 발생원인

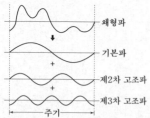

왜형파

기본파

제2차 고조파

제3차 고조파

주기

전기로, 전자기기, 용접기 등의 사용으로 인해 발생하며 계통에 영향을 주어 전원전압의 파형이 일그러진다.

■n차 고조파 분포권 계수

$$K_d = \frac{\sin\frac{n\pi}{2m}}{q\sin\frac{n\pi}{2mq}}$$

■용어정리
• m=상수
• q=매극 매상의 슬롯수

■매극매상의 슬롯수

$$q = \frac{총 슬롯수}{상수\times극수} = \frac{s}{m\times p}$$

---

② 동기기의 전기자권선법

동기기의 전기자 권선은 코일의 형상 및 권선이 전기자 철심에 분포한 상태에 따라 다음과 같이 분류한다.

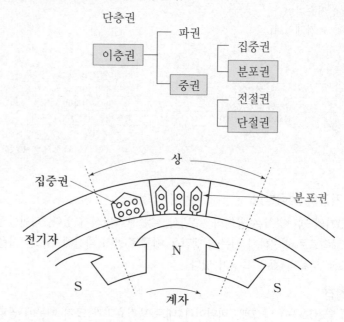

1. 집중권과 분포권의 비교

(1) 집중권
  매극 매상의 도체를 1개의 슬롯에 집중시켜서 권선하는 방법이다.

(2) 분포권
  매극 매상의 도체를 2개 이상의 슬롯에 분포시켜 권선하는 방법이다.
  ① 장점
  • 고조파를 감소시켜 기전력의 파형을 개선한다.
  • 누설 리액턴스가 감소한다.
  ② 단점
  • 집중권에 비해 기전력이 감소한다.

2. 분포권계수

분포권계수란, 분포권의 합성유도기전력이 집중권에 비해서 감소하는 비율을 나타내는 계수이다.

$$K_d = \frac{분포권의 합성기전력}{집중권의 합성기전력} = \frac{\sin\frac{\pi}{2m}}{q\sin\frac{\pi}{2mq}}$$

예제문제 전기자 권선법의 종류

8 동기기의 전기자 권선법이 아닌 것은?

① 분포권　　　　　② 전절권
③ 2층권　　　　　　④ 중권

해설
동기발전기의 전기자는 2층권 및 중권을 이용하며 기전력의 좋은 파형을 얻기 위해 단절권과 분포권을 채용한다. 또한, 전절권 및 집중권은 고조파가 포함되므로 현재는 사용하지 않는다.

답 ②

예제문제 분포권의 특징

9 동기 발전기에서 기전력의 파형을 좋게 하고 누설리액턴스를 감소시키기 위하여 채택한 권선법은?

① 집중권　　　　　② 분포권
③ 단절권　　　　　④ 전절권

해설
동기발전기의 전기자 권선법을 분포권으로 하면 고조파를 감소시켜 기전력의 파형을 좋게 하며 누설리액턴스를 감소시킬 수 있다.

답 ②

예제문제 분포권계수

10 상수 m, 매극 매상당 슬롯수 q인 동기 발전기에서 n차 고조파분에 대한 분포권 계수는?

① $(\sin\dfrac{\pi}{2m})/(q\sin\dfrac{n\pi}{2mq})$

② $(q\sin\dfrac{n\pi}{mq})/(\sin\dfrac{n\pi}{m})$

③ $(\sin\dfrac{n\pi}{m})/(q\sin\dfrac{n\pi}{mq})$

④ $(\sin\dfrac{n\pi}{2m})/(q\sin\dfrac{n\pi}{2mq})$

해설
분포권계수는 분포권의 합성유도기전력이 집중권에 비해서 감소하는 비율을 나타내는 계수로서

분포권계수 $K_d = \dfrac{분포권의\ 합성기전력}{집중권의\ 합성기전력} = \dfrac{\sin\dfrac{n\pi}{2m}}{q\sin\dfrac{n\pi}{2mq}}$

답 ④

3. 전절권과 단절권의 비교

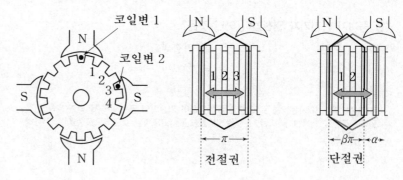

(1) 전절권
코일 간격을 극간격과 똑같이 하는 권선법 이다.

(2) 단절권
코일 간격을 극간격보다 짧게 하는 권선법 이다.

① 장점
• 고조파를 제거하여 기전력의 파형을 개선한다.
• 철량, 동량이 절약된다.
• 기계길이가 축소된다.

② 단점
• 전절권에 비해 기전력이 감소한다.

4. 단절권 계수

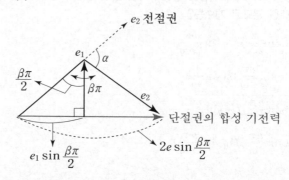

단절권 계수란 단절권의 합성유도기전력이 전절권에 비해서 감소하는
비율을 나타내는 계수이다.

$$K_p = \frac{\text{단절권의 합성기전력}}{\text{전절권의 합성기전력}} = \frac{2e\sin\dfrac{\beta\pi}{2}}{2e} = \sin\dfrac{\beta\pi}{2}$$

예제문제 단절권의 특징

11 동기 발전기 단절권의 특징이 아닌 것은?

① 고조파를 제거해서 기전력의 파형이 좋아진다.
② 코일단이 짧게 되므로 재료가 절약된다.
③ 전절권에 비해 합성 유기기전력이 증가한다.
④ 코일간격이 극간격보다 작다.

해설
단절권은 고조파를 제거하여 파형을 개선하지만 합성 유기기전력이 감소한다.

답 ③

예제문제 단절권계수

12 3상 동기 발전기에서 권선 피치와 자극 피치의 비를 $\frac{13}{15}$ 의 단절권으로 하였을 때 단절권계수는 얼마인가?

① $\sin\frac{13}{15}\pi$

② $\sin\frac{15}{26}\pi$

③ $\sin\frac{13}{30}\pi$

④ $\sin\frac{15}{13}\pi$

해설
단절권 계수 $K_p = \sin\frac{\beta\pi}{2}$ 에서 β(권선피치/자극피치) $= \frac{13}{15}$ 이므로

$\therefore \sin\frac{\frac{13}{15}}{2}\pi = \sin\frac{13}{30}\pi$ 이다.

답 ③

❸ 동기기의 유기기전력

1. 유기기전력의 크기

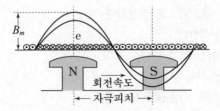

동기 발전기의 유도기전력의 실효값은 패러데이법칙에 의해 유도되어 1상의 유기기전력은 다음과 같이 나타내어진다.

$$E = 4 \times (파형률 1.11)f\phi w K_w = 4.44 f\phi w K_w [V]$$

■ 용어정리
f: 주파수
ϕ: 매 극당 자속
w: 1상당 권수
K_w: 권선계수($K_d \times K_p$)

■ 권선계수
유도기전력의 파형개선을 위해 전기자 권선법을 분포권, 단절권으로 하는데 이때 합성 유도기전력은 집중권과 전절권에 비해 다소 감소한다. 이 감소 비율을 분포권계수(K_d), 단절권계수(K_p)의 곱인 권선계수로 나타내며 일반적으로 0.8~0.9의 비율을 갖는다.
$$K_w = K_p \cdot K_d < 1$$

■ 동기기의 단자전압(선간,정격전압)
· Y결선(성형결선)
$$V = \sqrt{3}\,E = \sqrt{3} \times 4.44 f \phi w K_w$$
· △결선(환상결선)
$$V = E = 4.44 f \phi w K_w$$

■ 반폐슬롯 및 개방슬롯

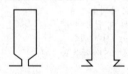

반폐슬롯   개방슬롯

슬롯의 입구가 슬롯의 폭보다 현저하게 좁은 형의 슬롯이며 직류기의 경우에는 고속도기에서 코일이 원심력 때문에 튀어나올 위험이 있는 경우에 사용한다. 교류기에서는 파형의 개선, 맥동의 저감, 여자전류의 저감 등의 목적으로 사용한다.

예제문제   동기발전기의 유기기전력

13 동기발전기에서 극수 4, 1극의 자속수 0.062[Wb], 1분간의 회전 속도를 1800[rpm], 코일의 권수를 100이라 하고, 이때 코일의 유기 기전력의 실효값[V]은?(단, 권선계수는 1.0이라 한다.)

① 526   ② 1488
③ 1652   ④ 2336

해설
· 동기 발전기의 유기기전력 $E = 4.44 f \phi w K_w$ [V]
· 극수 p = 4 , 매극당 자속수 $\phi = 0.062$ [Wb], 권수 w = 100, 권선계수 $k_w = 1$
  동기속도 $N_s = \dfrac{120f}{p}$ 에서, 주파수 $f = N_s \times \dfrac{p}{120} = 1800 \times \dfrac{4}{120} = 60$ [Hz]
· 동기 발전기의 유기기전력 $E = 4.44 \times 60 \times 0.062 \times 100 \times 1 = 1652$ [V]

답 ③

예제문제   동기발전기의 유기기전력

14 6극 60[Hz] Y결선 3상 동기 발전기의 극당 자속이 0.16[Wb], 회 전수 1200[rpm], 1상의 권수 186, 권선 계수 0.96이면 단자전압은?

① 13183[V]   ② 12254[V]
③ 26366[V]   ④ 27456[V]

해설
· 1상에 나타나는 유기기전력
  $E = 4.44 f \phi w K_w = 4.44 \times 60 \times 0.16 \times 186 \times 0.96 = 7610.94$ [V]
· Y결선이므로 $V = \sqrt{3}\,E = \sqrt{3} \times 7610.94 = 13183$ [V]

답 ①

2. 고조파 제거방법

(1) 매극 매상의 슬롯수를 크게 한다.
(2) 단절권 및 분포권으로 권선한다.
(3) Y결선을 채택한다.
(4) 공극의 길이를 크게 한다.
(5) 반폐슬롯을 사용한다.
(6) 전기자 철심을 스큐슬롯으로 한다.
(7) 전기자 반작용을 작게 한다.

15 동기 발전기의 기전력의 파형을 정현파로 하기 위해 채용되는 방법이 아닌 것은?

① 매극 매상의 슬롯수를 크게 한다.
② 단절권 및 분포권으로 한다.
③ 전기자 철심을 사(斜) 슬롯으로 한다.
④ 공극의 길이를 작게 한다.

해설
공극의 길이를 크게 하면 전기자 반작용이 작아져서 정현파로 하기위한 방법이 된다.

目 ④

❹ 동기기의 전기자반작용

동기기가 3상 부하에 전력을 공급할 때 전기자 전류에 의한 자속이 주자속에 영향을 주는 작용을 말한다. 부하에 흐르는 전류의 성분에 따라 전기자 반작용은 다음과 같이 발생한다.

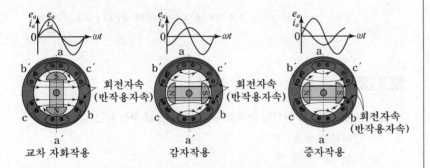

교차 자화작용　　　감자작용　　　증자작용

(1) 교차 자화작용(횡축반작용)
　전류와 전압이 동위상(R부하) 일 때 발생한다.
　영향 : 유도기전력이 일정하지 않게 된다.
(2) 감자작용(직축반작용)
　전류가 전압보다 90° 뒤진(L부하) 경우 발생한다.
　영향 : 수전단 전압이 강하된다.
(3) 증자작용(직축반작용)
　전류가 전압보다 90° 앞선(C부하) 경우 발생한다.
　영향 : 수전단 전압이 상승한다.

■ 전기자 반작용

기기 종류	R부하 (동상)	L부하 (지상)	C부하 (진상)
동기 발전기	교차 자화작용	감자작용	증자작용
동기 전동기	교차 자화작용	증자작용	감자작용

■ 참고
• 직축 : 계자극의 방향
• 횡축 : 계자극 간의 방향

동기기의 전기자 반작용

16 동기발전기에서 유기기전력과 전기자전류가 동상인 경우의 전기자 반작용은?

① 교차 자화작용
② 증자작용
③ 감자작용
④ 직축 반작용

해설
R부하일 경우 동상의 전류가 흐르며 이때 전기자 반작용은 교차 자화작용(횡축반작용)이다.

답 ①

예제문제 동기기의 전기자 반작용

17 동기발전기에서 앞선전류가 흐를 때 어느 것이 옳은가?

① 감자작용을 받는다.
② 증자작용을 받는다.
③ 속도가 상승한다.
④ 효율이 좋아진다.

해설
동기발전기에서 앞선전류(C부하)가 흐를 경우 증자(자화)작용이 발생하여 수전단 전압이 상승한다.

답 ②

예제문제 동기기의 전기자 반작용

18 동기전동기에서 위상에 관계없이 감자작용을 할 때는 어떤 경우인가?

① 진전류가 흐를 때
② 지전류가 흐를 때
③ 동상 전류가 흐를 때
④ 전류가 흐르면

해설
동기 전동기에서 감자 작용이 발생하는 것은 진상(앞선)전류가 흐를 때이다.

답 ①

❺ 동기기의 전압변동률

발전기의 여자와 속도를 일정하게 하고 정격출력에서 무부하로 하였을 때 전압변동의 비율을 말한다.

$$\varepsilon = \frac{V_0 - V_n}{V_n} \times 100[\%]$$

(1) 유도부하(L)의 경우 감자작용발생 : $\varepsilon(+)(V_0 > V_n)$
(2) 용량부하(C)의 경우 증자작용발생 : $\varepsilon(-)(V_0 < V_n)$

■ 용어정리
V_0 : 무부하시 단자전압
V_n : 정격 단자전압

예제문제 전압변동률

19 동기기의 전압 변동률이 용량 부하이면 어떻게 되는가? (단, V_0 : 무부하로 하였을 때의 전압, V : 정격 단자전압이다.)

① $-(V_0 < V)$　　　② $+(V_0 > V)$
③ $-(V_0 > V)$　　　④ $+(V_0 < V)$

해설
전압변동률이 용량부하(C)이면 증자작용 때문에 단자전압이 증가하게 된다. 따라서 전압변동률은 (−)값이 된다.　　📘 ①

❻ 동기발전기의 임피던스와 단락전류

1. 동기임피던스

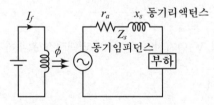

동기임피던스는 전기자저항과 동기리액턴스의 합이며, 이때 전기자저항은 동기기의 특성상 동기리액턴스보다 현저히 작으므로 실용상 동기 리액턴스로 표시한다.

■ 동기리액턴스
$x_s = x_a + x_\ell$
• x_a(전기자반작용 리액턴스)
앞선 또는 뒤진전류에 의해 발생하는 전기자반작용에 의한 리액턴스이다.
• x_ℓ(누설리액턴스)
전기자전류에 의해 만들어지는 자속이 주자속통로를 지나지 않는 누설자속에 의한 리액턴스이다.

$$Z_s = \sqrt{r_a^2 + x_s^2} = \sqrt{r_a^2 + (x_a + x_1)^2} \fallingdotseq x_s \text{(동기리액턴스)}$$

20 동기기에서 동기임피던스 값과 실용상 같은 것은? (단, 전기자 저항은 무시한다.)

① 전기자 누설리액턴스 　　② 동기리액턴스
③ 유도리액턴스 　　　　　　④ 등가리액턴스

해설
동기기의 전기자저항r_a는 매우 작으므로 이를 무시하면 동기임피던스는 실용상 동기리액턴스와 같다. ($Z_s ≒ X_s$)

답 ②

2. 터빈발전기의 출력

■ 수요변동에 의한 부하각의 변화

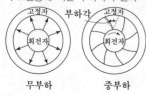

무부하　　　중부하

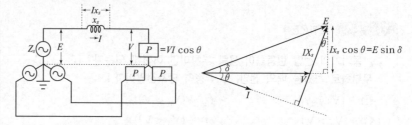

동기 발전의 동기 임피던스는 동기리액턴스로 표시할 수 있으며 발전기의 출력을 벡터도로 표현하게 되면 다음과 같은 식이 된다.

(1) 단상출력

$P_{1\phi} = VI\cos\theta$ 에서 위 벡터도에 따르면 $IX_s\cos\theta = E\sin\delta$이므로

$I\cos\theta = \dfrac{E\sin\delta}{X_s}$ 를 대입하면 다음과 같다.

$$P_{1\phi} = V \times \frac{E}{x_s}\sin\delta = \frac{EV}{x_s}\sin\delta\,[\text{W}]$$

■ 돌극형 발전기 출력

$P = \dfrac{VE}{x_s}\sin\delta$

$+ \dfrac{V^2(x_d - x_q)}{2x_d x_q}\sin 2\delta[\text{W}]$

E :유기기전력 V :단자전압 x_s :동기 리액턴스 δ :부하각

■ 동기기의 최대출력 부하각

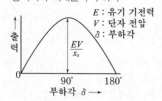

E : 유기 기전력
V : 단자 전압
δ : 부하각

• 비돌극형 $\delta = 90°$ 부근
• 돌극형 $\delta = 60°$ 부근

(2) 3상출력

$$P_{3\phi} = 3 \cdot \frac{EV}{x_s}\sin\delta\,[\text{W}]$$

예제문제 동기발전기의 출력 공식

21 비돌극형 동기 발전기의 단자전압을(1상)을 V, 유도기전력(1상)을 E, 동기리액턴스를 x_s, 부하각을 δ라고 하면 1상의 출력[W]은 얼마인가?

① $\dfrac{E^2 V}{x_s}\sin\delta$ ② $\dfrac{EV^2}{x_s}\sin\delta$

③ $\dfrac{EV}{x_s}\sin\delta$ ④ $\dfrac{EV}{x_s}\cos\delta$

해설
• 1상의 출력 $P_{1\phi} = \dfrac{EV}{x_s}\sin\delta\,[\text{W}]$ • 3상의 출력 $P_{3\phi} = 3\cdot\dfrac{EV}{x_s}\sin\delta\,[\text{W}]$

답 ③

예제문제 동기발전기의 최대출력 부하각

22 원통형 회전자를 가진 동기 발전기는 부하각 δ가 몇 도일 때 최대 출력을 낼 수 있는가?

① $0°$ ② $30°$

③ $60°$ ④ $90°$

해설
• 돌극형 발전기 최대 출력 부하각 $\delta = 60°$
• 비돌극형(원통형) 발전기 최대 출력 부하각 $\delta = 90°$

답 ④

3. 단락상태와 단락전류

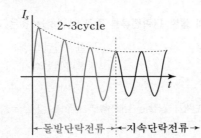

(누설리액턴스 x_l가 제한) (동기리액턴스 x_s가 제한)

3상 운전중인 발전기의 단자가 단락되면 돌발단락전류가 발생한다. 이때 동기기의 누설리액턴스도 증가하므로 단락전류의 크기가 점차 감소하며 단락전류가 흐른 뒤 발생하는 전기자 반작용에 의한 리액턴스가 더해져 크기가 일정해지는 영구지속 단락 전류가 된다.

(1) 돌발단락전류

$$I_s = \frac{E}{x_\ell}[\mathrm{A}]$$

(2) 영구 단락전류

$$I_s = \frac{E}{x_a + x_\ell} = \frac{E}{x_s}[\mathrm{A}]$$

예제문제 동기 발전기의 단락시 단락전류의 형태

23 발전기의 단자 부근에서 단락이 일어났다고 하면 단락전류는?

① 계속 증가한다.
② 처음은 큰 전류이나 점차로 감소한다.
③ 일정한 큰 전류가 흐른다.
④ 발전기가 즉시 정지한다.

해설
발전기의 단자가 갑자기 단락되면 초기에는 큰 전류가 흐르나 누설리액턴스로 인해 점차 감소하며 종래에는 전기자반작용 리액턴스로 인해 영구지속단락전류에 이른다.

答 ②

예제문제 단락전류를 제한하는 성분

24 동기 발전기의 돌발 단락전류를 주로 제한하는 것은?

① 동기리액턴스　　　　② 누설리액턴스
③ 권선저항　　　　　　④ 역상리액턴스

해설
발전기 단자부근에서 단락시 발생하는 단락전류를 제한하는 성분은 누설 리액턴스이다.

答 ②

4. 동기 임피던스와 %동기임피던스

(1) 동기임피던스 : 동기 임피던스는 단락전류에 의해 산출할 수 있다.

$$Z_s = \frac{E}{I_s} = \frac{V}{\sqrt{3}\,I_s}$$

예제문제 동기임피던스 계산

25 3상 동기발전기가 있다. 이 발전기의 여자전류 5[A]에 대한 1상의 유기기전력이 600[V]이고 그 3상 단락전류는 30[A]이다. 이 발전기의 동기임피던스[Ω]는 얼마인가?

① 2　　　　　　　　　　② 3
③ 20　　　　　　　　　④ 30

해설
• 유기기전력 $E = 600[V]$, 단락전류 $I_s = 30[A]$
• 동기임피던스 $Z_s = \dfrac{E}{I_s} = \dfrac{600}{30} = 20[A]$

답 ③

(2) %동기임피던스 강하율

정격전류 I_n에 대한 임피던스 강하와 기전력에 대한 비를 [%]로 나타낸 값을 말한다.

①
$$\%Z_s = \frac{I_n Z_s}{E} \times 100 = \frac{PZ_s}{V^2} \times 100 = \frac{I_n}{I_s} \times 100$$

②
$$\%Z_s = \frac{PZ_s}{10V^2} [\%]$$

예제문제 %동기임피던스 계산

26 8000[kVA], 6000[V]인 3상 교류 발전기의 %동기임피던스가 80[%]이다. 이 발전기의 동기 임피던스는 몇[Ω]인가?

① 3.6　　　　　　　　　② 3.2
③ 3.0　　　　　　　　　④ 2.4

해설
• 발전기의 퍼센트 동기임피던스

$\%Z_s = \dfrac{PZ_s}{10V^2}[\%]$ 에서 ([kVA], [kV] 단위 공식) → 동기임피던스 $Z_s = \dfrac{10V^2 \times \%Z_s}{P}$

• $P = 8000[kVA]$, $V = 6000[V]$, $\%Z_s = 80[\%]$

• $Z_s = \dfrac{10 \times 6^2 \times 80}{8000} = 3.6[\Omega]$

답 ①

■ 퍼센트임피던스

%Z는 변압기나 동기기의 내부임피던스를 [%]법으로 나타낸 값이다. 임피던스[Ω]처럼 전압에 대한 환산이 필요 없기 때문에 각 부분의 값을 그대로 집계 할 수 있어 기기의 명판에는 모두 %Z로 그 크기가 쓰여있다. %Z가 크면 전압변동률이 커지고 송전 안정도가 떨어진다.

❼ 동기발전기의 시험 및 특성곡선

1. 무부하 포화곡선

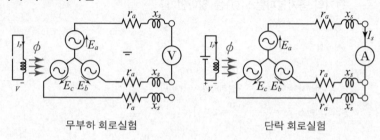

무부하 회로실험   단락 회로실험

동기 발전기의 부하를 분리한 상태에서 원동기를 동기속도로 회전시켜 발전기를 구동한 후 계자저항을 서서히 감소시켜 계자전류 I_f를 증가시키면서 전압계의 값을 측정한 곡선을 무부하포화곡선이라 한다.

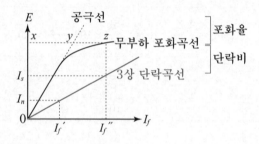

(1) 무부하포화곡선

　무부하상태에서 정격속도로 운전한 경우 계자전류와 단자전압과의 관계를 나타내는 곡선을 말한다. 전압이 낮은 동안 단자전압은 계자전류에 비례하지만 계자철심의 포화로 인해 증가비율이 급격히 감소한다.

(2) 공극선

　무부하포화곡선의 직선부를 연장한 직선으로 포화하지 않는 이상적인 상태 곡선이다.

■ 포화율

$\delta = \dfrac{yz}{xy}$

(3) 포화율

　무부하 포화곡선과 공극선이 정격전압을 유기하는 점에서 포화율을 산출하며 포화의 정도를 나타낸다.

예제문제 동기발전기의 포화율 산출방법

27 무부하 포화 곡선과 공극선을 써서 산출할 수 있는 것은?

① 동기 임피던스　　　　② 단락비
③ 전기자 반작용　　　　④ 포화율

해설
무부하 포화곡선과 공극선이 정격전압을 유기하는 점에서 포화율을 산출하며 이는 발전기의 포화의 정도를 나타낸다.

답 ④

예제문제 동기발전기의 포화율 계산

28 그림은 3상 동기발전기의 무부하 포화곡선이다. 이 발전기의 포화율은 얼마인가?

① 0.5
② 0.67
③ 0.8
④ 1.5

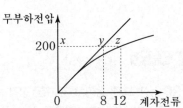

해설
포화율 $\delta = \dfrac{yz}{xy} = \dfrac{4}{8} = 0.5$

답 ①

---

2. 3상단락곡선(단락시험)

동기 발전기의 단자를 단락하고 정격 속도로 운전하여 계자전류를 천천히 증가시킨 경우 단락전류와 계자전류의 관계를 나타내는 곡선을 말한다.

(1) 3상 단락곡선이 직선이 되는 이유

철심이 포화되면 전기자 반작용에 의해 감자작용이 발생하여 철심의 자기포화가 되지 않아 단락전류는 직선으로 상승한다.

(2) 단락비

동기발전기의 용량을 나타내는데 중요한 정수이며 무부하 포화특성곡선과 단락곡선의 특성을 이용하여 산정하게 된다.

$$K_s = \frac{I_f{}'}{I_f{}''} = \frac{I_s}{I_n}$$

$$= \frac{\text{무부하시 정격전압을 유기하는데 필요한 계자전류}}{\text{3상 단락하고 정격전류와 같은 전류를 흘리는 데 필요한 계자전류}}$$

■ 단락비가 큰 기계(철기계)의 특성

• 돌극형 철기계이다(수차발전기)
• 철손이 커져서 효율이 떨어진다.
• 선로의 충전용량이 크다.
• 공극이 크고 극수가 많다.
• 단락비가 커서 동기 임피던스가 작고 전압 변동률이 작다.
• 안정도가 높다.
• 기계중량이 무겁고 가격이 비싸다.
• 계자 기자력이 크고 전기자 반작용이 작다.

■ 단락비의 범위

터빈발전기 0.6~1.0
수차발전기 0.9~1.2

예제문제 단락비가 큰 기기의 특징

29 동기 발전기의 단락비는 기계의 특성을 단적으로 잘 나타내는 수치로서, 동일 정격에 대하여 단락비가 큰 기계는 다음과 같은 특성을 가진다. 옳지 않은 것은?

① 과부하 내량이 크고, 안정도가 좋다.

② 동기임피던스가 작아져 전압변동률이 좋으며, 송전선 충전 용량이 크다.

③ 기계의 형태, 중량이 커지며, 철손, 기계손이 증가하고 가격도 비싸다.

④ 극수가 적은 고속기가 된다.

해설
단락비가 큰 기계는 극수가 많은 수차 발전기(저속기)이다.

답 ④

예제문제 단락비의 개념

30 3상 교류 동기 발전기를 정격 속도로 운전하고 무부하 정격 전압을 유기하는 계자 전류를 i_1, 3상 단락에 의하여 정격 전류 I를 흘리는 데 필요한 계자 전류를 i_2라 할 때 단락비는?

① $\dfrac{I}{i_1}$ 　　　　　　　　② $\dfrac{i_2}{i_1}$

③ $\dfrac{I}{i_2}$ 　　　　　　　　④ $\dfrac{i_1}{i_2}$

해설
$$단락비 = \frac{무부하시\ 정격전압을\ 유기하는데\ 필요한\ 계자전류}{3상\ 단락하고\ 정격전류와\ 같은\ 전류를\ 흘리는데\ 필요한\ 계자전류}$$

답 ④

(3) 단락비와 % 동기임피던스의 관계

단락비는 정격전류에 대한 단락시 흐르는 전류의 비율이며 % 동기임피던스와 역수관계이다.

$$K_s = \frac{1}{\% Z_s [\text{p.u}]} = \frac{100}{\% Z_s [\%]} = \frac{V^2}{P Z_s} = \frac{I_s}{I_n}$$

예제문제 발전기의 단락비 계산

31 정격 전압 6000[V], 용량 5000[kVA]의 Y결선 3상 동기 발전기가 있다. 여자 전류 200[A]에서의 무부하 단자전압 6000[V], 단락 전류 600[A]일 때, 이 발전기의 단락비는?

① 0.25 ② 1

③ 1.25 ④ 1.5

해설

• 발전기의 단락비 $K_s = \dfrac{I_s(\text{단락전류})}{I_n(\text{정격전류})}$

• 단락전류 $I_s = 600[A]$, 정격전류 $I_n = \dfrac{P}{\sqrt{3}\,V} = \dfrac{5000 \times 10^3}{\sqrt{3} \times 6000} = 481.12[A]$

• $\therefore K_s = \dfrac{I_s}{I_n} = \dfrac{600}{481.12} \fallingdotseq 1.25$

답 ③

예제문제 단락비와 퍼센트 동기임피던스의 관계

32 단락비 1.2인 발전기의 $\%Z_s$(퍼센트 동기임피던스) [%]는 약 얼마인가?

① 100 ② 83

③ 60 ④ 45

해설

• 단락비와 %동기임피던스는 역수관계 이다.

$K_s = \dfrac{1}{\%Z[\text{p.u}]}$ 관계이므로 $\%Z = \dfrac{1}{K_s} \times 100[\%]$ 이 성립된다.

• $\therefore \%Z_s = \dfrac{1}{1.2} \times 100[\%] \fallingdotseq 83[\%]$

답 ②

⑧ 동기발전기의 병렬운전 조건

1대의 동기발전기에 부하가 증가하면 발전기 1대를 더 추가하여 같은 모선에 접속시켜 병렬운전을 하며 다음의 운전조건이 필요하다.

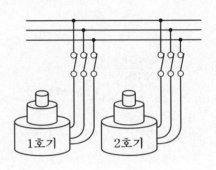

(1) 기전력의 크기가 같을 것

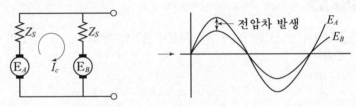

① 원인 : 병렬운전중인 동기발전기에서 각 발전기의 여자전류가 다르게 되면 기전력의 크기가 서로 다르게 된다.

② 결과 : 발전기 내부에는 무효순환전류가 발생하여 단자전압을 같게 만들지만 발전기의 온도상승을 초래한다. 또한 A발전기의 여자를 증대하면 무효순환전류의 증가로 인해 역률이 저하하며 B발전기는 반대 위상의 무효순환전류로 인해 역률이 향상된다.

③ 방지책 : 여자전류를 조정하여 발생전압의 크기를 같게 한다.

(2) 기전력의 위상이 같을 것

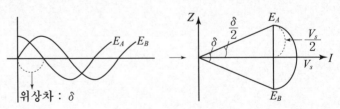

① 원인 : 동기발전기를 회전시키는 원동기의 출력이 변화하면 발생하는 전압의 위상이 변화한다.

■ 무효순환전류 발생

$$I_c = \frac{V_c}{2X_S}[A]$$

■ 동기화전류

$$I_c = \frac{E}{X_s} \sin \frac{\delta}{2}[A]$$

② 결과 : 동기화전류(유효순환전류)가 흐르며 위상이 앞선 발전기는 위상이 뒤진 발전기로 동기화력을 발생시켜 위상을 동일하게 한다.

③ 방지책: 원동기의 출력을 조절한다.

(3) 기전력의 주파수가 같을 것

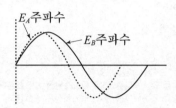

E_A주파수

E_B주파수

① 원인 : 발전기의 조속기가 예민하거나, 부하의 급변등

② 결과 : 기전력의 위상이 일치하지 않는 구간이 생기고 동기화 전류가 두 발전기 사이에 주기적으로 흐르게 되어 난조가 발생하게 된다.

③ 방지책 : 제동권선 설치

(4) 기전력의 파형이 같을 것

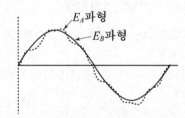

E_A파형

E_B파형

기전력의 파형이 다르면 순시값의 크기가 같지 않기 때문에 고조파 순환전류가 발생하여 과열의 원인이 된다.

(5) 상회전 방향이 같을 것

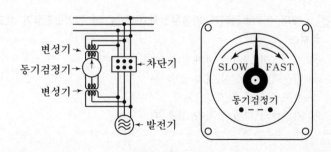

변성기
동기검정기
변성기
차단기
발전기
SLOW FAST
동기검정기

3상의 경우 동기검정 등을 이용하여 위상의 일치를 확인한 후 발전기를 모선에 접속한다. 일반적으로 발전소나 변전소에서는 지침형의 동기점정기를 설치하여 사용하고 있다.

■ 수수전력

병렬운전하는 동기발전기의 기전력의 차이가 생기면 동기화전류가 흐르면서 발전기 상호간에 전력을 주고 받게 되는데 이를 수수전력이라 한다.

$$P_s = \frac{E^2}{2X_s} \sin\delta [W]$$

■ 동기화력

동기기가 병렬 운전중 어느 한대가 어떤 원인으로 위상을 벗어나려 할 때 이것을 원래의 동기상태로 되돌리려는 힘을 말한다.

$$P_s = \frac{E^2}{2X_s} \cos\delta [W]$$

■ 동기 검정기

동기 발전기를 모선에 연결하기 전에 위상이 일치하는지 확인하기 위해 사용된다.

동기발전기의 병렬운전 조건

33 3상 동기발전기를 병렬운전시키는 경우 고려하지 않아도 되는 조건은?

① 발생전압이 같을 것
② 전압파형이 같을 것
③ 회전수가 같을 것
④ 상회전이 같을 것

해설
동기발전기의 병렬운전조건은 다음과 같다.
• 기전력의 크기가 같을 것 → 다를 경우 무효순환전류가 흐른다.
• 기전력의 위상이 같을 것 → 다를 경우 동기화전류가 흐른다.
• 기전력의 주파수가 같을 것 → 다를 경우 동기화 전류가 흐른다.
• 기전력의 파형이 같을 것 → 다를 경우 고주파 무효순환전류가 흐른다.
• 상회전 방향이 같을 것(3상의 경우)

답 ③

예제문제 동기발전기의 병렬운전시 이상현상

34 병렬운전을 하고 있는 두 대의 3상 동기발전기 사이에 무효순환전류가 흐르는 경우는?

① 여자전류의 변화
② 원동기의 출력변화
③ 부하의 증가
④ 부하의 감소

해설
동기발전기 병렬운전 조건
여자전류의 변화에 의해 기전력의 크기가 다른 경우 무효순환전류가 발생

답 ①

예제문제 동기발전기의 병렬운전시 이상현상

35 2대의 동기발전기가 병렬운전하고 있을 때 동기화전류가 흐르는 경우는?

① 기전력의 크기에 차가 있을 때
② 기전력의 위상에 차가 있을 때
③ 부하 분담에 차가 있을 때
④ 기전력의 파형에 차가 있을 때

해설
동기발전기 병렬운전 조건
원동기 출력의 변화에 의해 기전력의 위상이 다른 경우 유효순환전류가(동기화전류) 발생

답 ②

9 동기기의 난조현상

1. 난조현상

동기기의 운전 중 부하가 갑자기 변동하면 발전기는 동기화력에 의해 새로운 부하에 대응하는 속도가 되려 하지만 회전체의 관성에 의해 동기기의 축이 흔들리면서 진동하는 현상이다.

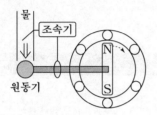 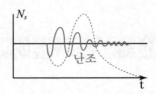

■ 원동기에 필요한 조건
 • 균일한 각속도를 가질 것
 • 적당한 속도 조정률을 가질 것
 • 조속기가 적당한 불감도를 가질 것

2. 난조의 원인

① 부하 급변할 때 발생한다.
② 전기자 저항이 너무 클 때 발생한다.
③ 원동기 조속기가 너무 예민할 때 발생한다.
④ 원동기 토크에 고조파가 포함된 경우 발생한다.

3. 난조 방지책

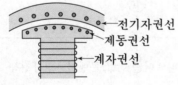

① 제동권선을 설치한다.
 계자극 면에 매설된 일종의 단락도체 권선으로서 기동토크 발생 및 난조방지 등 동기기의 이상 운전시 안정도를 향상시킨다.
② 관성모멘트를 크게 한다.
③ 조속기 감도를 무디게 한다.

■ 제동권선의 역할
 • 난조방지
 • 동기전동기의 기동토크 발생
 • 불평형 부하시 파형개선
 • 이상전압 방지

예제문제 ┃ 동기기의 난조방지

36 동기전동기의 난조방지에 가장 유효한 방법은?

 ① 자극수를 적게 한다.
 ② 회전자의 관성을 크게 한다.
 ③ 자극면에 제동권선을 설치한다.
 ④ 동기리액턴스를 작게 하고 동기화력을 크게 한다.

해설
 동기기는 동기속도로 회전하는 기기이므로 회전속도에 영향을 미치게 되면 난조가 발생한다. 이를 방지하기 위한 가장 유효한 방법은 제동권선을 설치한다.

답 ③

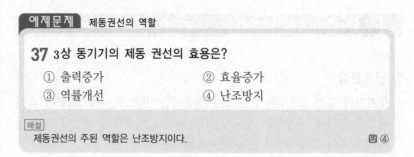

예제문제　제동권선의 역할

37 3상 동기기의 제동 권선의 효용은?

① 출력증가　　　　② 효율증가
③ 역률개선　　　　④ 난조방지

해설
제동권선의 주된 역할은 난조방지이다.　　　　답 ④

⑩ 발전기의 자기여자작용

1. 발생 원인

송전선로 등에 정전용량(C)로 인해 진상(앞선)전류가 흐르게 되면 부하의 단자전압이 발전기의 유기기전력보다 커지는 페란티 효과가 발생한다. 이때 발전기가 스스로 여자되어 전압이 상승하는 현상을 말한다.

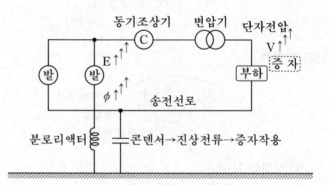

2. 방지대책

① 동기조상기를 병렬로 설치하여 부족여자로 운전한다.
② 분로리액터를 설치한다.
③ 발전기 및 변압기를 병렬운전 한다.
④ 충전전압을 낮은 전압으로 한다.

예제문제 동기발전기의 자기 여자 현상 방지책

38 동기 발전기의 자기 여자 현상의 방지법이 되지 않는 것은?

① 수전단에 리액턴스를 병렬로 접속한다.

② 수전단에 변압기를 병렬로 접속한다.

③ 발전기 여러 대를 모선에 병렬로 접속한다.

④ 발전기의 단락비를 적게 한다.

해설

자기여자작용

무부하, 경부하시 충전전류(C)로 인하여 단자전압이 상승하여 기기의 절연이 파괴되는 현상이다. 방지법은 다음과 같다.

① 동기조상기를 병렬로 설치한다.(지상전류 공급)

② 분로리액터를 설치한다.(무효전력 흡수)

③ 발전기 및 변압기를 병렬운전 한다.(단락비 증가)

④ 충전전압을 낮은 전압으로 한다.　　　　　　　　　답 ④

⑪ 동기기의 안정도

송전계통에서 사고가 일어났을 때 동기기는 가능한 한 운전을 계속하고 정전을 피해야 한다. 안정된 운전이 계속될 수 있는 정도를 안정도라 하며 정태안정도, 동태 안정도 및 과도 안정도가 있으며 안정도 증진법은 다음과 같다.

① 단락비를 크게 한다.(동기 임피던스를 작게 한다.)

② 정상임피던스는 작고, 영상, 역상임피던스를 크게 한다.

③ 회전자에 플라이휠을 설치하여 회전자 관성을 크게 한다.

④ 속응여자 방식을 채용한다.

⑤ 조속기 동작을 신속히 한다.

예제문제 동기발전기의 안정도 향상 대책

39 동기기의 안정도 향상에 유효하지 못한 것은?

① 관성 모멘트를 크게 할 것

② 단락비를 크게 할 것

③ 속응여자방식으로 할 것

④ 동기임피던스를 크게 할 것

해설 동기임피던스가 크게 되면 단락비가 작아지기 때문에 안정도 향상대책이 되지 않는다.

답 ④

출제예상문제

01 대형 수차발전기를 회전계자형 동기발전기로 하는 이유는?

① 효율이 좋다
② 절연이 용이하다
③ 냉각효과가 크다
④ 기전력의 파형개선

해설

회전계자형 기기의 특징
• 절연이 용이하고 기계적으로 튼튼하다.
• 계자권선의 전원이 직류전원으로 소요전력이 작다.
• 전기자 권선은 고압으로 결선이 복잡하다.

02 동기 발전기에서 전기자와 계자의 권선이 모두 고정되고 유도자가 회전하는 것은?

① 수차발전기
② 고주파발전기
③ 터빈발전기
④ 엔진발전기

해설

분류	고정자	회전자	용도
회전전기자형	계자	전기자	직류발전기
회전계자형	전기자	계자	동기발전기
유도자형	계자, 전기자	유도자	고주파발전기

03 극수 6, 회전수 1200[rpm]의 교류 발전기와 병행 운전하는 극수 8의 교류 발전기의 회전수는 몇[rpm]이라야 되는가?

① 800
② 900
③ 1050
④ 1100

해설

• 교류 발전기 병행운전 시 두 발전기의 주파수는 같다.
• 동기속도와 극수는 반비례 관계를 이용하면

$$N_s' = 1200[\mathrm{rpm}] \times \frac{6}{8} = 900[\mathrm{rpm}]$$

04 동기발전기에서 동기속도와 극수와의 관계를 표시한 것은 어느 것인가?(단, N_s:동기 속도, p: 극수)

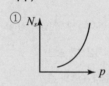 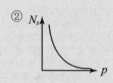
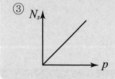 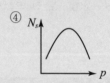

해설

• 동기속도공식

$$N_s = \frac{120f}{p}$$

• 동기발전기의 상용주파수 f는 일정하므로 동기속도와 극수는 반비례 관계이다.

05 3상 20000[kVA]인 동기발전기가 있다. 이 발전기는 60[Hz]일 때 200[rpm], 50[Hz]일 때 167[rpm]으로 회전한다. 이 동기발전기의 극수는?

① 18극
② 36극
③ 54극
④ 72극

해설

• 동기속도 $N_s = \frac{120f}{p}$ 에서, 극수 $p = \frac{120f}{N_s}$
• 발전기의 주파수와 회전수는 비례한다.
• $p = \frac{120f}{N_s} = \frac{120 \times 60}{200} = 36$극
• $p = \frac{120f}{N_s} = \frac{120 \times 50}{167} \fallingdotseq 36$극

정답　　01 ②　　02 ②　　03 ②　　04 ②　　05 ②

06 60[Hz], 12극 회전자 외경 2[m]의 동기발전기에 있어서 자극면의 주변 속도[m/s]는?

① 30   ② 40

③ 50   ④ 62

해설

• 동기 발전기의 회전자 주변속도

$v = \pi D \times \dfrac{N_s}{60}[m/s]$

• 외경(지름) $D = 2[m]$,

동기속도 $N_s = \dfrac{120f}{p} = \dfrac{120 \times 60}{12} = 600[rpm]$

• $v = \pi \times 2 \times \dfrac{600}{60} \fallingdotseq 62[m/s]$

07 60[Hz], 12극인 동기전동기 회전자의 주변속도[m/s]는?(단, 회전 계자의 극간격은 1[m]이다.)

① 120   ② 102

③ 98   ④ 72

해설

• 동기 발전기의 회전자 주변속도

$v = \pi D \times \dfrac{N_s}{60}[m/s]$

• 회전계자의 극간격이 1[m]이므로,
원의 둘레 $\pi D = 12[m]$

동기속도 $N_s = \dfrac{120f}{p} = \dfrac{120 \times 60}{12} = 600[rpm]$

• $v = 12 \times \dfrac{600}{60} = 120[m/s]$

08 일반적으로 20극 5000[kVA]인 수차발전기의 주여자 용량[kW]은?

① 50   ② 100

③ 200   ④ 1000

해설

동기 발전기의 주여자기의 용량은 발전기의 용량이나 극수에 따라 다르나 약 1[%]의 용량이다.

09 비돌극형 발전기의 특징에 해당되지 않는 것은?

① 극수가 적다.
② 공극이 균일하다.
③ 고속기이다.
④ 철기계이다.

해설

돌극형	비돌극형
극수가 많다	극수가 적다
공극이 불균일하다	공극이 균일하다
저속기(수차발전기)	고속기(터빈발전기)
철기계	동기계

10 동기기(돌극형)에서 직축리액턴스 x_d와 횡축리액턴스 x_q는 그 크기 사이에 어떤 관계가 성립하는가? (단, x_s는 동기리액턴스이다.)

① $x_q = x_d = x_s$ ② $x_q > x_d$

③ $x_d > x_q$ ④ $x_q = 2x_d$

해설

돌극형(철극기)발전기는 직축리액턴스가 횡축리액턴스보다 큰 구조이다. $x_d > x_q$

11 교류기에서 집중권이란 매극, 매상의 홈(slot)수가 몇 개인 것을 말하는가?

① $\dfrac{1}{2}$개   ② 1개

③ 2개   ④ 5개

해설

• 집중권 : 매극 매상당 홈(slot)수 1개
• 분포권 : 매극 매상당 홈(slot)수 2개 이상

12 동기 발전기의 권선을 분포권으로 하면?

① 파형이 좋아진다.
② 권선의 리액턴스가 커진다.
③ 집중권에 비하여 합성 유도기전력이 높아진다.
④ 난조를 방지한다.

해설

분포권은 집중권에 비해 합성 유도기전력은 낮아지지만 고조파를 감소시켜 파형을 좋게 한다.

13 교류발전기에서 권선을 절약할 뿐 아니라 특정 고조파분이 없는 권선은?

① 전절권   ② 집중권
③ 단절권   ④ 분포권

해설

단절권의 특징
• 고조파를 제거하여 기전력의 파형을 개선시킨다.
• 철량, 동량이 절약된다.
• 기계길이가 축소된다.
• 전절권에 비해 기전력이 감소한다.

14 동기기의 전기자 권선법 중 단절권, 분포권으로 하는 이유 중 가장 중요한 목적은?

① 높은 전압을 얻기 위해서
② 일정한 주파수를 얻기 위해서
③ 좋은 파형을 얻기 위해서
④ 효율을 좋게 하기 위해서

해설

단절권과 분포권은 고조파를 감소 및 제거하여 좋은 파형을 얻기 위함이다.

15 교류발전기의 고조파 발생을 방지하는 데 적합하지 않은 것은?

① 전기자슬롯을 스큐슬롯으로 한다.
② 전기자권선의 결선을 성형으로 한다.
③ 전기자반작용을 작게 한다.
④ 전기자권선을 전절권으로 감는다.

해설

전기자권선법 중 전절권이 아닌 단절권으로 사용하여야 고조파 발생을 방지할 수 있다.

16 코일피치와 극간격의 비를 β라 하면 동기기의 기본파 기전력에 대한 단절권계수는 다음의 어느 것인가?

① $\sin\beta\pi$ ② $\sin\dfrac{\beta\pi}{2}$
③ $\cos\beta\pi$ ④ $\cos\dfrac{\beta\pi}{2}$

해설

단절권은 전절권에 비해 합성기전력이 감소하는 비율을 나타내는 계수이다.

17 3상 동기 발전기의 매극, 매상의 슬롯수를 3이라 할 때 분포권 계수를 구하면?

① $6\sin\dfrac{\pi}{18}$ ② $3\sin\dfrac{\pi}{9}$
③ $\dfrac{1}{6\sin\dfrac{\pi}{18}}$ ④ $\dfrac{1}{3\sin\dfrac{\pi}{18}}$

해설

분포권계수

$$K_d = \frac{\sin\dfrac{\pi}{2m}}{q\sin\dfrac{\pi}{2mq}}$$

상수 m = 3,   매극 매상의 슬롯수 q = 3

$$\therefore K_d = \frac{\sin\dfrac{\pi}{2\times3}}{3\times\sin\dfrac{\pi}{2\times3\times3}} = \frac{\sin\dfrac{\pi}{6}}{3\sin\dfrac{\pi}{18}} = \frac{\dfrac{1}{2}}{3\sin\dfrac{\pi}{18}} = \frac{1}{6\sin\dfrac{\pi}{18}}$$

18 3상 4극의 24개의 슬롯을 갖는 권선의 분포 계수는?

① 0.966   ② 0.801
③ 0.866   ④ 0.912

정답   12 ①   13 ③   14 ③   15 ④   16 ②   17 ③   18 ①

해설

- 분포권계수

$$K_d = \frac{\sin\dfrac{\pi}{2m}}{q\sin\dfrac{\pi}{2mq}}$$

- 상수 m = 3,

매극 매상의 슬롯수 $q = \dfrac{\text{슬롯수}}{\text{극수}\times\text{상수}} = \dfrac{24}{4\times 3} = 2$

- $K_d = \dfrac{\sin\dfrac{\pi}{2\times 3}}{2\sin\dfrac{\pi}{2\times 3\times 2}} = \dfrac{\sin\dfrac{\pi}{6}}{2\sin\dfrac{\pi}{12}} = \dfrac{\sin 30°}{2\sin 15°}$

$= 0.9659$

※ 일반적으로 분포권계수는 0.955이상

---

19 3상 동기 발전기의 각 상의 유기 기전력 중에서 제 5고조파를 제거하려면 코일 간격/극 간격을 어떻게 하면 되는가?

① 0.8　　　　　　② 0.5

③ 0.7　　　　　　④ 0.6

해설

- 동기발전기를 단절권으로 감았을 때 제 5고조파가 제거 되었다면, 단절권 계수 $K_p = \sin\dfrac{5\beta\pi}{2} = 0$ 이어야 한다.
- $\beta = 0,\ 0.4,\ 0.8,\ 1.2$ 일 때 위 값을 만족하며 1보다 작고 가장 가까운 $\beta = 0.8$이 적당하다.

---

20 3상, 6극, 슬롯수 54의 동기 발전기가 있다. 어떤 전기자 코일의 두 변이 제 1슬롯과 제 8슬롯에 들어 있다면 단절권 계수는 얼마인가?

① 0.9397　　　　② 0.9567

③ 0.9337　　　　④ 0.9117

해설

- 단절권 계수

$$K_p = \sin\dfrac{\beta\pi}{2}$$

- $\beta = \dfrac{\text{코일간격}}{\text{극간격}}$ 이며

코일간격 = 8슬롯 − 1슬롯 = 7

극간격 = $\dfrac{\text{총슬롯수}}{\text{극수}} = \dfrac{54}{6} = 9$

- $K_p = \sin\dfrac{\dfrac{7}{9}\pi}{2} = 0.9397$

※ 삼각함수 뒤의 $\pi = 180°$

---

21 6극 성형접속인 3상 교류발전기가 있다. 1극의 자속이 0.16[Wb], 회전수 1000[rpm], 1상의 권수 186, 권선 계수 0.96이면 주파수[Hz]와 단자전압[V]은?

① 50, 6340　　　② 60, 6340

③ 50, 11000　　　④ 60, 11000

해설

- 동기발전기의 유기기전력
$E = 4.44f\phi w k_w [V]$

- 동기속도 $N_s = \dfrac{120f}{p}$ 에서,

→ 주파수 $f = \dfrac{p\times N_s}{120} = \dfrac{6\times 1000[rpm]}{120} = 50[Hz]$

$\phi = 0.16[Wb]$, 권수 $w = 186$, 권선계수 $K_w = 0.96$

- $E = 4.44\times 50\times 0.16\times 186\times 0.96[V] = 6342.45[V]$

여기서, Y결선의 단자전압(선간전압)$V = \sqrt{3}\,E$

- $V = \sqrt{3}\times 6342.45 ≒ 11000[V]$

---

22 3상 교류발전기에서 권선 계수 k_w, 주파수 f, 1극당 자속수 $\phi[Wb]$, 직렬로 접속된 1상의 코일 권수 W를 △ 결선으로 하였을 때의 선간전압[V]은?

① $\sqrt{3}\,k_w f w \phi$　　　② $4.44 k_w f w \phi$

③ $\sqrt{3}\times 4.44 k_w f w \phi$　　④ $\dfrac{4.44 k_w f w \phi}{\sqrt{3}}$

해설

- 동기 발전기의 유기기전력 $E = 4.44f\phi w K_w$ 이다.
- △결선 시 상전압과 선간전압은 같으므로
$V = 4.44f\phi w K_w$ 이다.

---

23 동기 발전기에서 전기자 전류를 I, 유기기전력과 전기자 전류와의 위상각을 θ라 하면 횡축반작용을 하는 성분은?

① $I\cot\theta$　　　　② $I\tan\theta$

③ $I\sin\theta$　　　　④ $I\cos\theta$

해설

횡축반작용(교차 자화작용)을 발생시키는 부하성분은 R부하이며 이때 전기자전류성분은 $I\cos\theta$이다.

정답　19 ①　20 ①　21 ③　22 ②　23 ④

24 3상 동기발전기에 무부하전압보다 90° 뒤진 전기자 전류가 흐를 때, 전기자 반작용은?

① 교차자화작용을 한다.
② 증자작용을 한다.
③ 감자작용을 한다.
④ 자기여자작용을 한다.

해설

동기 발전기에서 지상전류가 흐를 때 감자작용을 한다.

25 3상 동기발전기의 전기자반작용은 부하의 성질에 따라 다르다. 다음 성질 중 잘못 설명한 것은?

① $\cos\theta \fallingdotseq 1$일 때, 즉 전압, 전류가 동상일 때는 실제적으로 감자작용을 한다.
② $\cos\theta \fallingdotseq 0$일 때, 즉 전류가 전압보다 90° 뒤질 때는 감자작용을 한다.
③ $\cos\theta \fallingdotseq 0$일 때, 즉 전류가 전압보다 90° 앞설 때는 증자작용을 한다.
④ $\cos\theta \fallingdotseq \phi$일 때, 즉 전류가 전압보다 ϕ만큼 뒤질 때 증자작용을 한다.

해설

동기발전기는 전류가 진상일 때 증자작용을 한다.

26 동기발전기의 부하에 콘덴서를 달아서 앞서는 전류가 흐르고 있다. 다음 중 옳은 것은?

① 단자전압강하   ② 단자전압상승
③ 편자작용   ④ 속도상승

해설

동기발전기의 부하에 콘덴서(C)를 설치하면 진상전류가 흘러 증자작용으로 인해 단자전압이 상승한다.

27 3상 교류발전기의 기전력에 대하여 90° 늦은 전류가 흐를 때의 반작용 기자력은?

① 자극축보다 90° 늦은 감자작용
② 자극축과 일치하는 증자작용
③ 자극축과 일치하는 감자작용
④ 자극축보다 90° 빠른 증자작용

해설

교류발전기(동기발전기)에 지상전류가 흐를 경우 감자작용을 하며 이는 자극축과 일치하는 감자작용이 발생한다.

28 동기발전기에서 유기기전력과 전기자전류가 동상인 경우의 전기자반작용은?

① 교차자화작용
② 증자작용
③ 감자작용
④ 직축반작용

해설

R부하(동상)시 교차자화작용(횡축반작용)이 발생한다.

29 3상 동기발전기에 3상 전류(평형)가 흐를 때 전기자 반작용은 이 전류가 기전력에 대하여 A일 때 감자작용이 되고 B일 때 자화작용이 된다. A, B의 적당한 것은?

① A : 90° 뒤질 때, B : 90° 앞설 때
② A : 90° 앞설 때, B : 90° 뒤질 때
③ A : 90° 뒤질 때, B : 동상일 때
④ A : 동상일 때, B : 90° 앞설 때

해설

동기발전기의 전기자반작용
• 지상(뒤진)전류(L부하)가 흐를 때
  → 감자작용
• 진상(앞선)전류(C부하)가 흐를 때
  → 증자작용(자화작용)

정답   24 ③   25 ④   26 ②   27 ③   28 ①   29 ①

30 정격전압 3300[V]의 3상동기발전기가 있다. 역률 1.0에서의 전압변동률은 5[%]이다. 정격출력(역률 1.0)을 내면서 운전하고 있을 때 여자와 회전수를 그대로 두고 무부하로 하였을 때의 전압[V]를 구하면?

① 3075   ② 3300

③ 3465   ④ 3795

[해설]
- 전압변동률은

$$\varepsilon = \frac{V_0 - V_n}{V_n} \times 100[\%]$$ 에서

→ 무부하시 단자전압은 $V_0 = (1 + \varepsilon)V_n$

- $V_0 = (1 + 0.05) \times 3300 = 3465[V]$

31 동기기의 전압 변동률이 유도 부하이면 어떻게 되는가? (단, V_0 : 무부하로 하였을 때의 전압, V : 정격 단자 전압이다.)

① $-(V_0 < V)$ ② $+(V_0 > V)$

③ $-(V_0 > V)$ ④ $+(V_0 < V)$

[해설]
전압변동률이 유도부하(L)이면 감자작용 때문에 단자전압이 감소하게 된다.
- 전압변동률은

$$\varepsilon = \frac{V_0 - V_n}{V_n} \times 100[\%]$$ 이므로

- $(V_0 > V_n) \rightarrow \varepsilon(+)$값이 된다.

32 동기리액턴스 $x_s = 10[\Omega]$, 전기자저항 $r_a = 0.1[\Omega]$인 Y결선 3상 동기발전기가 있다. 1상의 단자전압은 $V = 4000[V]$이고 유기 기전력 $E = 6400[V]$이다. 부하각 $\delta = 30°$라고 하면 발전기의 3상 출력[kW]은 약 얼마인가?

① 1250   ② 2830

③ 3840   ④ 4650

[해설]
- 동기 발전기의 3상 출력

$$P = 3 \times \frac{EV}{x_s} \sin\delta[W]$$

- 유기기전력 $E = 6400[V]$, 단자전압 $V = 4000[V]$ 부하각 $\delta = 30°$, 동기리액턴스 $x_s = 10[\Omega]$

- $P = 3 \times \dfrac{6400 \times 4000}{10} \times \sin 30° \times 10^{-3} = 3840[kW]$

33 여자전류 및 단자전압이 일정한 비철극형 동기 발전기의 출력과 부하각 δ와의 관계를 나타낸 것은?(단, 전기자저항은 무시한다)

① δ에 비례   ② δ에 반비례

③ $\cos\delta$에 비례   ④ $\sin\delta$에 비례

[해설]
동기 발전기의 출력(1상)

$$P_1 = \frac{EV}{x_s} \sin\delta[W]$$에서 출력은 $\sin\delta$에 비례한다.

34 3상 66000[kVA], 22900[V] 터빈발전기의 정격전류[A]는?

① 2882   ② 962

③ 1664   ④ 431

[해설]
- 3상 출력 $P_{3\phi} = \sqrt{3}\,VI$ 에서 → $I = \dfrac{P}{\sqrt{3}\,V}$

- $P = 66000[kVA]$, $V = 22900[V]$ 이므로

- $I = \dfrac{P}{\sqrt{3}\,V} = \dfrac{66000 \times 10^3}{\sqrt{3} \times 22900} \fallingdotseq 1664[A]$

35 동기발전기가 운전 중 갑자기 3상 단락을 일으켰을 때, 그 순간단락전류를 제한하는 것은?

① 누설리액턴스   ② 전기자 반작용

③ 동기리액턴스   ④ 단락비

[해설]
동기발전기에서 순간 단락전류를 제한하는 성분은 누설리액턴스이다.

36 1상의 유기전압 $E[V]$, 1상의 누설리액턴스 $X[\Omega]$, 1상의 동기리액턴스 $X_s[\Omega]$인 동기발전기의 지속단락전류[A]는?

① $\dfrac{E}{X}$ ② $\dfrac{E}{X_s}$

③ $\dfrac{E}{X+X_s}$ ④ $\dfrac{E}{X-X_s}$

> [해설]
> • 순간 단락전류(돌발 단락)
> $$I_s = \frac{E}{x_\ell}[A]$$
> 제한하는 성분 : x_ℓ (누설리액턴스)
> • 영구 단락전류(지속 단락)
> $$I_s = \frac{E}{x_a+x_\ell} = \frac{E}{x_s}[A]$$
> 제한하는 성분 : x_s (동기리액턴스)

37 그림과 같은 동기발전기의 동기리액턴스는 3 $[\Omega]$이고 무부하시의 선간전압이 $220[V]$이다. 그림과 같이 3상단락되었을 때 단락 전류[A]는?

① 24
② 42.3
③ 73.3
④ 127

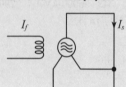

동기발전기의
3상 단락

> [해설]
> • 동기리액턴스 $x_s = 3[\Omega]$, 선간전압 $V = 220[V]$
> • 단락전류
> $$I_s = \frac{E}{x_s} = \frac{\dfrac{V}{\sqrt{3}}}{x_s} = \frac{V}{\sqrt{3}\,x_s} = \frac{220}{\sqrt{3}\times3} = 42.3[A]$$

38 발전기 권선의 층간 단락보호에 가장 적합한 계전기는?

① 과부하계전기   ② 온도계전기
③ 접지계전기   ④ 차동계전기

> [해설]
> • 과부하계전기 : 선로의 과부하 및 단락시 동작하는 계전기
> • 온도계전기 : 절연유 및 권선의 온도상승을 검출하는 계전기
> • 접지계전기 : 접지고장시 동작하는 계전기
> • 차동계전기 : 보호구간에 유입하는 전류와 유출하는 전류의 차에 의해 사고를 검지하여 동작하는 계전기, 발전기 및 변압기의 층간단락 등 내부고장 검출용에 사용한다.

39 3상 동기발전기의 여자전류 $10[A]$에 대한 단자전압이 $1000\sqrt{3}\,[V]$, 3상 단락전류는 $50[A]$이다. 이때의 동기임피던스$[\Omega]$는?

① 20   ② 15
③ 10   ④ 5

> [해설]
> • 동기임피던스
> $$Z_s = \frac{E}{I_s}[\Omega]$$
> • 단락전류 $I_s = 50[A]$, 동기기는 Y결선,
> $$기전력(상전압) \; E = \frac{V}{\sqrt{3}} = \frac{1000\sqrt{3}}{\sqrt{3}} = 1000[V]$$
> • $Z_s = \dfrac{1000}{50} = 20[\Omega]$

40 정격전압을 $E[V]$, 정격전류를 $I[A]$, 동기임피던스를 Z_s이라 할 때, 퍼센트 동기임피던스 $\%Z_s$는?(이때 $E[V]$는 선간전압이다.)

① $\dfrac{I\cdot Z_s}{\sqrt{3}\,E}\times100$ ② $\dfrac{I\cdot Z_s}{3E}\times100$

③ $\dfrac{\sqrt{3}\,I\cdot Z_s}{E}\times100$ ④ $\dfrac{I\cdot Z_s}{E}\times100$

> [해설]
> • 선간전압(정격전압)을 $E[V]$라 했으므로
> → $\dfrac{E}{\sqrt{3}}$ = 상전압(유기기전력) 이다.
> • $\%Z_s = \dfrac{I\cdot Z_s}{\dfrac{E}{\sqrt{3}}}\times100 = \dfrac{\sqrt{3}\,I\cdot Z_s}{E}$

41 동기기에 있어서 동기임피던스와 단락비와의 관계는?

① 동기임피던스$[\Omega] = \dfrac{1}{(\text{단락비})^2}$

② 단락비 $= \dfrac{\text{동기임피던스}[\Omega]}{\text{동기 각속도}}$

③ 단락비 $= \dfrac{1}{\text{동기임피던스}[\text{p·u}]}$

④ 동기임피던스$[\text{p·u}] = $ 단락비

해설

단락비는 단락시 흐르는 전류의 비율이므로 동기임피던스에 반비례한다.

42 어떤 수차용 교류발전기의 단락비가 1.2이다. 이 발전기의 퍼센트 동기임피던스는?

① 0.12　　　　② 0.25

③ 0.52　　　　④ 0.83

해설

• (퍼센트 동기임피던스) $\%Z_s = \dfrac{1}{K_s \,(\text{단락비})}$

• $\%Z_s = \dfrac{1}{1.2} = 0.83$

43 동기발전기의 퍼센트 동기임피던스가 83[%]일 때 단락비는 얼마인가?

① 1.0　　　　② 1.1

③ 1.2　　　　④ 1.3

해설

단락비와 %동기임피던스는 역수관계이다.

$$K_s = \dfrac{1}{\%Z[\text{p·u}]} = \dfrac{1}{0.83} = 1.2$$

44 정격용량 10000[kVA], 정격전압 6000[V], 극수 24, 주파수 60[Hz], 단락비 1.2 되는 3상 동기 발전기 1상의 동기임피던스$[\Omega]$는?

① 3.0　　　　② 3.6

③ 4.0　　　　④ 5.2

해설

• 단락비 $K_s = \dfrac{1}{\%Z_s\,[\text{p·u}]} = \dfrac{V^2}{P Z_s} \rightarrow Z_s = \dfrac{V^2}{P \cdot K_s}$

• 정격용량 $P = 10000[\text{kVA}]$, 정격전압 $6000[\text{V}]$, 단락비 $K_s = 1.2$이므로

• $\therefore Z_s = \dfrac{6000^2}{10000 \times 10^3 \times 1.2} = 3[\Omega]$

45 정격 출력 10000[kVA], 정격 전압이 6600[V], 동기 임피던스가 매상 3.6$[\Omega]$인 3상 동기 발전기의 단락비는?

① 1.3　　　　② 1.25

③ 1.21　　　　④ 1.15

해설

• 단락비 $K_s = \dfrac{1}{\%Z_s\,[\text{p·u}]} = \dfrac{V^2}{P Z_s}$

• 정격용량 $P = 10000[\text{kVA}]$, 정격전압 $6000[\text{V}]$, 동기임피던스 $Z_s = 3.6[\Omega]$이므로

• $\therefore K_s = \dfrac{6600^2}{10000 \times 10^3 \times 3.6} = 1.21$

46 동기 발전기의 단락비를 계산하는 데 필요한 시험의 종류는?

① 동기화시험, 3상 단락시험

② 부하 포화시험, 동기화시험

③ 무부하 포화시험, 3상 단락시험

④ 전기자 반작용시험, 3상 단락시험

해설

단락비 산출시 무부하포화시험, 3상단락시험이 필요하다.

47 동기 발전기의 단락시험, 무부하시험으로부터 구할 수 없는 것은?

① 철손
② 단락비
③ 전기자 반작용용
④ 동기 임피던스

해설

단락시험, 무부하시험으로 구할 수 있는 특성
• 단락시험 : 동손(임피던스 와트), 동기 임피던스(리액턴스)
• 무부하시험 : 철손, 여자전류(무부하전류), 여자 어드미턴스
• 단락시험, 무부하시험 : 단락비

48 동기기의 3상 단락곡선이 직선이 되는 이유는?

① 무부하 상태이므로
② 자기포화가 있으므로
③ 전기자 반작용으로
④ 누설리액턴스가 크므로

해설

동기발전기는 코일의 전자유도로 기전력을 발생하는 장치로서 이때 흐르는 전류는 L성분의 지상전류가 흐르게 된다. 따라서 동기 발전기는 지상성분의 전류로 인해 전기자 반작용(감자작용)이 발생하여 단락곡선이 포화가 되지않고 직선이 되게 된다.

49 교류 발전기의 동기임피던스는 철심이 포화하면?

① 감소한다.
② 증가한다.
③ 관계없다.
④ 증가, 감소가 불명

해설

동기임피던스 $\downarrow Z_s = \dfrac{E}{I_s \uparrow}$ 이며 철심이 포화하면 자속이 증가하지 않지만 단락전류는 지속적으로 흐르므로 동기임피던스는 감소한다.

50 단락비가 큰 동기기는?

① 안정도가 높다.
② 전압변동률이 크다.
③ 기계가 소형이다.
④ 전기자 반작용이 크다.

해설

단락비가 큰 기기의 특징
• 돌극형 철기계이다(수차발전기)
• 철손이 커져서 효율이 떨어진다.
• 선로의 충전용량이 크다.
• 공극이 크고 극수가 많다.
• 단락비가 커서 동기 임피던스가 작고 전압 변동률이 작다.
• 안정도가 높다.
• 기계중량이 무겁고 가격이 비싸다.
• 계자 기자력이 크고 전기자 반작용이 작다.

51 전압 변동률이 작은 동기 발전기는?

① 동기 리액턴스가 크다.
② 전기자 반작용이 크다.
③ 단락비가 크다.
④ 값이 싸진다.

해설

동기 리액턴스가 작은 발전기가 전압변동도 작으며 이는 수차 발전기이다. 수차발전기는 공극이 넓고 계자기자력이 커서 전기자 반작용이 작아지며 단락비가 큰 기계가 되어 값이 비싸진다.

52 단락비가 큰 동기발전기를 설명한 것 중 옳지 않은 것은?

① 전압변동률이 작다.
② 선로 충전용량이 크다.
③ 철을 적게 써서 동기계라 한다.
④ 부피가 크고 값이 비싸다.

해설

단락비가 큰 기기는 철기계(수차발전기)이다.

53 단락비가 큰 동기 발전기에 관한 다음 기술 중 옳지 않은 것은?

① 효율이 좋다.
② 전압변동률이 작다.
③ 자기여자작용이 적다.
④ 안정도가 증대한다.

해설
단락비가 큰 기기(철기계)는 철손이 크기 때문에 동기계보다 효율이 나쁘다.

54 단락비가 큰 동기기의 설명에서 옳지 않은 것은?

① 계자 자속이 비교적 크다.
② 전기자 기자력이 작다.
③ 공극이 크다.
④ 송전선의 충전 용량이 작다.

해설
단락비가 큰 기기(수차발전기)는 송전선의 충전용량이 크다.

55 동기발전기의 병렬운전에서 같지 않아도 되는 것은?

① 위상　　　　② 기전력의 크기
③ 주파수　　　④ 용량

해설
동기발전기의 병렬운전 조건은 다음과 같다.
• 기전력의 크기가 같을 것
• 기전력의 위상이 같을 것
• 기전력의 주파수가 같을 것
• 기전력의 파형이 같을 것
• 상회전 방향이 같을 것(3상의 경우)

56 동기발전기의 병렬운전 중 계자를 변환시키면 어떻게 되는가?

① 무효순환전류가 흐른다.
② 주파수 위상이 변한다.
③ 유효순환전류가 흐른다.
④ 속도 조정률이 변한다.

해설
동기발전기는 리액턴스(X_L)성분이 크기 때문에 무효(지상)순환전류를 흘린다.

57 동기발전기의 병렬 운전 중 위상차가 생기면?

① 무효횡류가 흐른다.
② 무효전력이 생긴다.
③ 유효횡류가 흐른다.
④ 출력이 요동하고 권선이 가열된다.

해설
동기 발전기의 병렬운전 시 위상차가 생기면 동기화전류(유효순환전류)가 흘러 위상이 앞선 발전기는 위상이 뒤진 발전기로 동기화력을 발생시켜 위상을 동일하게 한다.

58 정전압 계통에 접속된 동기발전기는 그 여자를 약하게 하면?

① 출력이 감소한다.
② 전압이 강하한다.
③ 앞선 무효 전류가 증가한다.
④ 뒤진 무효 전류가 증가한다.

해설
• 동기 발전기의 여자전류를 약하게 할 경우
  → 앞선(진상)무효전류가 흘러 역률이 높아진다.
• 동기 발전기의 여자전류를 강하게 할 경우
  → 뒤진(지상)전류가 흘러 역률이 낮아진다.

정답　　53 ①　　54 ④　　55 ④　　56 ①　　57 ③　　58 ③

59 병렬운전을 하고 있는 3상 동기발전기에 동기화전류가 흐르는 경우는 어느 때인가?

① 부하가 증가할 때
② 여자전류를 변화시킬 때
③ 부하가 감소할 때
④ 원동기의 출력이 변화할 때

해설

병렬운전조건
기전력의 위상이 같지 않게 되는 원인 : 원동기 출력의 변화
방지책 : 각 발전기의 원동기 출력을 조정

60 병렬운전하는 두 동기 발전기 사이에 그림과 같이 동기검정기가 접속되었을 때 상회전 방향이 일치되어 있다면?

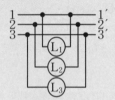

① L_1, L_2, L_3 모두 어둡다.
② L_1, L_2, L_3 모두 밝다.
③ L_1, L_2, L_3 순서대로 명멸한다.
④ L_1, L_2, L_3 모두 점등되지 않는다.

해설

상회전방향이 일치 된 경우 : 점등되지 않는다.
상회전방향이 일치하지 않는 경우 : 순서대로 명멸한다.

61 3000[V], 1500[kVA], 동기 임피던스 3[Ω]인 동일 정격의 두 동기 발전기를 병렬 운전하던 중 한 쪽 계자 전류가 증가해서 각 상 유도 기전력 사이에 300[V]의 전압차가 발생했다면 두 발전기 사이에 흐르는 무효횡류는 몇[A]인가?

① 20   ② 30
③ 40   ④ 50

해설

• 두 발전기의 기전력이 같지 않을 경우 흐르는 무효횡류

$$I_c = \frac{V_c}{2Z_s}$$

• 전압차 $V_c = 300[V]$, 동기 임피던스 $Z_s = 3[\Omega]$

• $I_c = \frac{V_c}{2Z_s} = \frac{300}{2 \times 3} = 50[A]$

62 두 동기 발전기의 유도 기전력이 2000[V], 위상차 60°, 동기 리액턴스 100[Ω]이다. 이때 두 발전기 사이에 흐르는 유효순환전류는?

① 5   ② 10
③ 20   ④ 30

해설

두 발전기의 위상이 같지 않을 경우 발생하는 동기화전류

$$I_c = \frac{E}{X} \sin\frac{\delta}{2}[A] = \frac{2000}{100} \times \sin\frac{60°}{2} = 10[A]$$

63 기전력(1상)이 E_0이고 동기임피던스(1상)가 Z_s인 2대의 3상 동기발전기를 무부하로 병렬운전시킬 때 대응하는 기전력 사이에 δ_s의 위상차가 있으면 한쪽 발전기에서 다른 쪽 발전기에 공급되는 전력[W]은?

① $\frac{E}{Z_s}\sin\delta_s$ ② $\frac{E_0}{Z_s}\cos\delta_s$

③ $\frac{E_0^2}{2Z_s}\sin\delta_s$ ④ $\frac{E_0^2}{2Z_s}\cos\delta_s$

해설

수수전력
병렬운전하는 동기발전기의 기전력의 차이가 생기면 동기화전류가 흐르면서 발전기 상호간에 전력을 주고받게 되는데 이를 수수전력이라 한다.

$$P_s = \frac{E^2}{2X_s}\sin\delta[W]$$

64 동기 발전기의 병렬 운전시 동기화력은 부하각 δ와 어떠한 관계가 있는가?

① $\sin\delta$에 비례
② $\cos\delta$에 비례
③ $\sin\delta$에 반비례
④ $\cos\delta$에 반비례

해설

동기화력
동기기가 병렬 운전 중 어느 한 대가 어떤 원인으로 위상을 벗어나려 할 때 이것을 원래의 동기상태로 되돌리려는 힘을 말한다.

$$P_s = \frac{E^2}{2X_s}\cos\delta[\text{W}]$$

65 동기전동기에 설치한 제동권선의 역할에 해당되지 않는 것은?

① 난조 방지
② 불평형 부하시의 전류와 전압파형 개선
③ 송전선의 불평형 부하시 이상전압 방지
④ 단상 혹은 3상의 불평형 부하시 역상분에 의한 역회전의 전기자 반작용을 흡수하지 못함

해설

제동권선의 역할
• 난조방지
• 불평형 부하시 파형개선
• 이상전압 방지
• 동기전동기의 기동토크 발생

66 부하 급변시 부하각과 부하 속도가 진동하는 난조 현상을 일으키는 원인이 아닌 것은?

① 원동기의 조속기 감도가 너무 예민한 경우
② 자속의 분포가 기울어져 자속의 크기가 감소한 경우
③ 전기자 회로의 저항이 너무 큰 경우
④ 원동기의 토크에 고조파가 포함된 경우

해설

난조의 원인
① 원동기 조속기가 너무 예민할 때
② 전기자 저항이 너무 클 때
③ 부하급변시
④ 원동기 토크에 고조파가 포함된 경우

67 동기발전기의 자기여자작용은 부하전류의 위상이 어떤 경우에 일어나는가?

① 역률이 1인 때
② 느린 역률인 때
③ 빠른 역률인 때
④ 역률과 무관하다.

해설

자기여자작용 : 빠른 역률(C 부하)일 때 발생

68 발전기의 자기여자현상을 방지하는 방법이 아닌 것은?

① 단락비가 작은 발전기로 충전한다.
② 충전 전압을 낮게 하여 충전한다.
③ 발전기를 2대 이상 병렬운전 한다.
④ 발전기와 병렬로 리액턴스를 넣는다.

해설

• 동기조상기를 병렬로 설치한다.(지상전류 공급)
• 분로리액터를 설치한다.(무효전력 흡수)
• 발전기 및 변압기를 병렬운전 한다.(단락비 증가)
• 충전전압을 낮은 전압으로 한다.

69 3상 동기 발전기의 3상의 유도 기전력 120[V], 반작용 리액턴스 0.2[Ω]이다. 90°진상 전류 20[A] 일 때 발전기 단자 전압[v]은? (단, 기타는 무시한다.)

① 116[V]
② 120[V]
③ 124[V]
④ 140[V]

해설

• 동기발전기에 흐르는 전류가 진상전류일 경우 단자전압이 증가하는 방향이므로 $V = E + IZ_s$ 가 된다.
• 단자전압 $V = E + IZ_s = 120 + 20 \times 0.2 = 124[\text{V}]$

70 동기기의 과도 안정도를 증가시키는 방법이 아
닌 것은?

① 회전자의 플라이휠 효과를 작게 할 것
② 동기화 리액턴스를 작게 할 것
③ 속응 여자 방식을 채용할 것
④ 발전기의 조속기 동작을 신속하게 할 것

해설

- 단락비를 크게 한다.(동기 임피던스를 작게 한다.)
- 정상임피던스는 작고, 영상, 역상임피던스를 크게 한다.
- 회전자에 플라이휠을 설치하여 회전자 관성을 크게 한다.
- 속응여자 방식을 채용한다.
- 조속기 동작을 신속히 한다.

71 동기발전기의 안정도를 증진시키기 위하여 설
계상 고려할 점으로 틀린 것은?

① 자동전압조정기의 속응도를 크게 한다.
② 정상 과도 리액턴스 및 단락비를 작게 한다.
③ 회전자의 관성력을 크게 한다.
④ 영상 및 역상 임피던스를 크게 한다.

해설

- 단락비를 크게 한다.(동기 임피던스를 작게 한다.)
- 정상임피던스는 작고, 영상, 역상임피던스를 크게 한다.
- 회전자에 플라이휠을 설치하여 회전자 관성을 크게 한다.
- 속응여자 방식을 채용한다.
- 조속기 동작을 신속히 한다.

동기전동기

Chapter 04

동기전동기

① 동기전동기의 특징

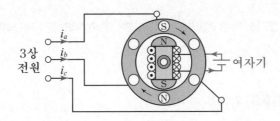

■ 회전자계

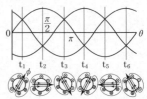

1. 동기전동기의 특징

3상 전원을 인가하게 되면 회전자기장이 발생하는데 계자의 자극이 자력으로 결합되어 동기속도로 회전하게 되며 저속도 대용량 부하에 주로 사용한다.

■ 동기전동기의 토크

$$T = 0.975 \frac{P_0}{N_s} [\text{kg·m}]$$

장점	단점
① 속도가 일정하다.	① 속도조정이 곤란하다.
② 역률을 조정할 수 있다.	② 기동장치가 필요하다.
③ 유도전동기에 비해 효율이 좋다.	③ 직류 여자장치가 필요하다.
④ 기계적으로 튼튼하다	④ 난조발생이 빈번하다.

2. 동기 전동기 기동법

(1) 자기기동법

자극 표면에 제동 권선을 설치하여 기동토크를 발생시켜 기동하는 방법이다. 이때 계자권선은 고압이 발생되어 절연파괴의 우려가 있으므로 단락시킨다.

(2) 기동전동기법

유도전동기를 사용하여 기동하는 방법이다. 이때 유도전동기 극수는 동기기보다 2극 작게 한다.(유도전동기의 속도는 동기전동기보다 $s \times N_s$ 만큼 느리기 때문이다.)

■ 동기기 기동시 유도전동기 극수
: 동기기 극수 - 2극

예제문제 동기발전기의 특징

1 동기 전동기에 관한 말 중 옳지 않은 것은?

　① 기동 토크가 작다
　② 난조가 일어나기 쉽다
　③ 여자기가 필요하다
　④ 역률을 조정할 수 없다

해설
동기전동기를 무부하 운전시 동기조상기가 되어 위상과 역률을 마음대로 조절할 수 있다.

답 ④

예제문제 동기발전기의 특징

2 역률이 가장 좋은 전동기는?

　① 농형 유도전동기　　　② 반발기동전동기
　③ 동기전동기　　　　　④ 교류 정류자전동기

해설
동기전동기는 동기조상기로 사용할 수 있으므로 위상과 역률을 마음대로 조절할 수 있다.
따라서 역률이 가장 좋은 전동기는 동기 전동기 이다.

답 ③

3. 동기 전동기의 용도

(1) 대용량 저속도 : 시멘트 공장의 분쇄기, 압축기, 송풍기, 동기조상기
(2) 소용량 : 전기시계, 오실로그래프

예제문제 동기전동기의 용도

3 동기 전동기의 용도가 아닌 것은?

　① 크레인　　　　　　　② 분쇄기
　③ 압축기　　　　　　　④ 송풍기

해설
동기 전동기는 일정한 회전수를 갖는 동기속도로 회전하는 기기 이므로 크레인에는 적합
하지 않다.

답 ①

❷ 동기조상기의 위상특성곡선

1. 동기조상기의 역할

동기 전동기는 무부하 상태로 계자전류를 가감해 주면 거의 역률이 0인 전기자 전류를 취하고 크기를 변화시킬 수 있다. 이러한 특성을 이용하여 전압조정과 역률을 개선하기 위해 송전 계통에 병렬로 접속한 무부하의 동기전동기를 동기조상기라 한다.

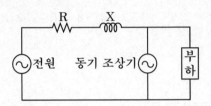

2. 위상특성곡선(V곡선)

공급전압과 부하가 일정할 때 계자전류의 변화에 대한 전기자 전류의 변화를 나타낸 곡선

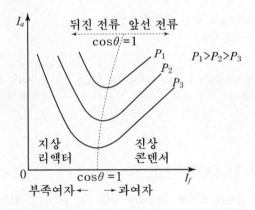

(1) 계자전류 변화시 변화하는 성분
   ① 역률   ② 부하각   ③ 전기자 전류

(2) 계자전류를 증가(과여자)할 경우
   계자전류가 증가하면 동기전동기는 과여자 상태로 운전되며 역률이 진역률이 되어 콘덴서작용을 하게 되어 진상전류를 흘리게 된다. 그 결과 전기자전류가 증가한다.

(3) 여자전류를 감소(부족여자)할 경우
   계자전류가 감소하면 동기전동기는 부족여자 상태로 운전되며 역률이 지역률이 되어 리액터작용을 하게 되어 지상전류를 흘리게 된다. 그 결과 전기자전류가 증가한다.

■ 위상특성곡선의 특징
  역률이 최대인 지점과 전기자전류 최소인 지점은 동일하다.

예제문제 | 동기조상기의 여자전류 변화시 현상

4 동기전동기의 공급전압, 주파수 및 부하가 일정할 때, 여자전류를 변화시키면 어떤 현상이 생기는가?

① 속도가 변한다.
② 회전력이 변한다.
③ 역률만 변한다.
④ 전기자 전류와 역률이 변한다.

해설

여자전류 I_f 변화시 전기자 전류 I_a는 증가하며 과여자의 경우 콘덴서(C), 부족여자의 경우 리액터(L)의 역할을 한다.

답 ④

예제문제 | 동기조상기의 역할

5 동기조상기를 부족여자로 사용하면?

① 리액터로 작용
② 저항손의 보상
③ 일반 부하의 뒤진 전류의 보상
④ 콘덴서로 작용

해설

동기조상기를 부족여자로 사용하면 리액터(L)의 역할을 하여 지상전류를 흘려 선로의 진상성분을 보상한다.

답 ①

예제문제 | 동기조상기의 특성

6 전압이 일정한 도선에 접속되어 역률 1로 운전하고 있는 동기전동기의 여자전류를 증가시키면 이 전동기의?

① 역률은 앞서고 전기자 전류는 증가한다.
② 역률은 앞서고 전기자 전류는 감소한다.
③ 역률은 뒤지고 전기자 전류는 증가한다.
④ 역률은 뒤지고 전기자 전류는 감소한다.

해설

동기전동기의 여자 전류를 증가시키면 콘덴서(C)로 작용하여 진상전류를 흘린다.
따라서 역률은 앞서고 전기자전류는 증가한다.

답 ①

③ Y결선과 △결선의 특징

1. Y결선(성형결선), △결선(환상결선)의 비교

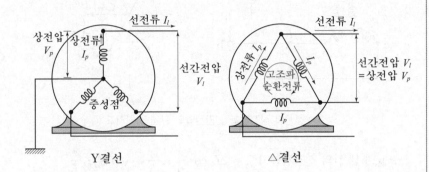

Y결선   △결선

(1) Y결선의 특징

① 중성점을 접지할 수 있으므로 보호계전기 동작이 확실하고 이상전압으로부터 기기를 보호할 수 있다.

② 중성점이 접지 될 경우 고조파순환전류가 발생하지 않아 제 3고조파를 포함한 충전 전류가 흘러 통신장애를 일으킨다.

③ 한상 고장시 3상 출력이 불가능하다.

④ Y결선은 △결선에 비해 선간전압이 상전압보다 $\sqrt{3}$ 배 크므로 고전압 소전류 승압용 변압기 계통에 사용한다.

(2) △결선의 특징

① 중성점 접지를 할수 없어 이상전압이 크게 발생한다.

② △결선 내에서 고조파순환전류가 흘러 정현파 전압을 유기한다.

③ 한상 고장시 V 결선하여 3상출력이 계속 가능하다.

④ △결선은 Y결선에 비해 선전류가 상전류보다 $\sqrt{3}$ 배 크므로 저전압 대전류 배전용 변압기 계통에 사용한다.

2. Y결선과 △결선시 선 전압과 상 전압 비교

(1) Y결선

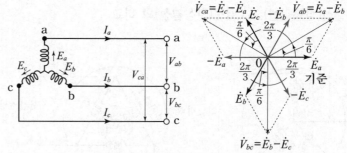

Y결선의 상전압과 선간전압의 관계의 벡터도

• a, b상 간의 선간전압 $V_{ab} = 2E_a\cos\dfrac{\pi}{6} \angle \dfrac{\pi}{6} = \sqrt{3}\,E_a \angle \dfrac{\pi}{6}$

• b, c상 간의 선간전압 $V_{bc} = 2E_b\cos\dfrac{\pi}{6} \angle \dfrac{\pi}{6} = \sqrt{3}\,E_b \angle \dfrac{\pi}{6}$

• c, a상 간의 선간전압 $V_{ca} = 2E_c\cos\dfrac{\pi}{6} \angle \dfrac{\pi}{6} = \sqrt{3}\,E_c \angle \dfrac{\pi}{6}$

따라서

$$V_l = \sqrt{3}\,V_p \angle \dfrac{\pi}{6}[\text{V}], \qquad I_l = I_p[\text{A}]$$

(2) △결선

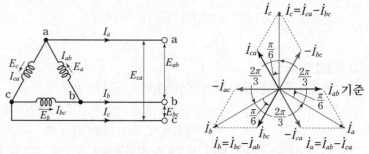

△결선의 상전압과 선간전압의 관계의 벡터도

• a상에 흐르는 선전류 $I_a = 2I_{ab}\cos\dfrac{\pi}{6} \angle -\dfrac{\pi}{6} = \sqrt{3}\,I_{ab} \angle -\dfrac{\pi}{6}$

• b상에 흐르는 선전류 $I_b = 2I_{bc}\cos\dfrac{\pi}{6} \angle -\dfrac{\pi}{6} = \sqrt{3}\,I_{bc} \angle -\dfrac{\pi}{6}$

• c상에 흐르는 선전류 $I_c = 2I_{ca}\cos\dfrac{\pi}{6} \angle -\dfrac{\pi}{6} = \sqrt{3}\,I_{ca} \angle -\dfrac{\pi}{6}$

따라서

$$I_l = \sqrt{3}\,I_p \angle -\dfrac{\pi}{6}[\text{A}], \qquad V_l = V_p[\text{V}]$$

3. 3상 정격출력

3상 출력은 단상 1대의 출력의 3배인 $P_{1\phi} = 3V_p I_p [kVA]$이다. 이때, Y결선은 $V_l = \sqrt{3}\,V_p$, $I_l = I_p$이고 △결선은 $V_l = V_p$, $I_l = \sqrt{3}\,I_p$ 이므로 3상 선간출력은 모두 $P_{r\phi} = \sqrt{3}\,V_l I_l [kVA]$ 이 된다.

4. 3상 권선의 종류

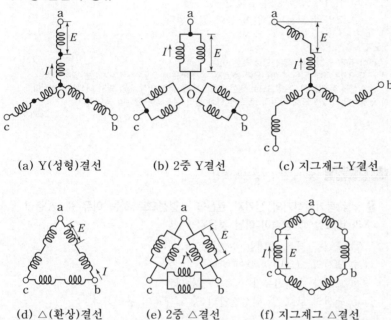

(a) Y(성형)결선	(b) 2중 Y결선	(c) 지그재그 Y결선
(d) △(환상)결선	(e) 2중 △결선	(f) 지그재그 △결선

접속	선간전압	선전류	피상전력
Y결선	$2\sqrt{3}\,E$	I	$\sqrt{3} \times 2\sqrt{3}\,E \times I = 6EI$
2중 Y결선	$\sqrt{3}\,E$	$2I$	$\sqrt{3} \times \sqrt{3}\,E \times 2I = 6EI$
지그재그 Y결선	$3E$	I	$\sqrt{3} \times 3E \times I = 5.19EI$
△결선	$2E$	$\sqrt{3}\,I$	$\sqrt{3} \times 2E \times \sqrt{3}\,I = 6EI$
2중 △결선	E	$2\sqrt{3}\,I$	$\sqrt{3} \times E \times 2\sqrt{3}\,I = 6EI$
지그재그 △결선	$\sqrt{3}\,E$	$\sqrt{3}\,I$	$\sqrt{3} \times \sqrt{3}\,E \times \sqrt{3}\,I = 5.19EI$

※ 발전기에서는 Y결선과 2중 Y결선을 사용한다.

5. 동기기의 전기자 권선을 3상 Y결선으로 하는 이유

① 중성점을 접지할 수 있으므로 이상전압의 방지대책이 용이하다.
② 제 3고조파 순환전류가 흐르지 않아 열발생이 작으며 선간전압에 제 3고조파전압이 나타나지 않는다.
③ 상전압이 선간전압의 $1/\sqrt{3}$ 배가 되어 절연이 용이하고 코로나 발생과 열화손이 감소한다.

예제문제 동기발전기 Y결선의 특징

7 3상 동기 발전기의 전기자 권선을 Y결선으로 하는 이유로서 적당하지 않은 것은?

① 고조파 순환 전류가 흐르지 않는다.
② 이상 전압 방지의 대책이 용이하다.
③ 전기자 반작용이 감소한다.
④ 코일의 코로나, 열화 등이 감소된다.

해설
3상 동기 발전기를 Y결선으로 하는 이유
• 제 3고조파에 의한 순환전류가 흐르지 않기 때문에 코일에서 발생하는 열이 작다.
• 중성점 접지를 할 수 있으므로 권선 보호 장치를 통한 이상 전압 방지 대책이 용이하다.
• 상전압이 낮으므로 코일의 코로나, 열화 등이 감소되며 절연이 용이하다.

답 ③

예제문제 동기발전기 Y결선의 특징

8 3상 동기발전기의 전기자 권선을 Y결선으로 하는 이유 중 △결선과 비교할 때 장점이 아닌 것은?

① 출력을 더욱 증대할 수 있다.
② 권선의 코로나 현상이 작다.
③ 고조파 순환전류가 흐르지 않는다.
④ 권선의 보호 및 이상전압의 방지 대책이 용이하다.

해설
동기기에서 Y결선을 채용하는 이유
• 중성점을 접지할 수 있으므로 이상전압의 방지대책이 용이하다.
• 제 3고조파에 의한 순환전류가 흐르지 않아 선간전압에 제 3고조파가 나타나지 않는다.
• 상전압이 선간전압의 $1/\sqrt{3}$ 배가 되어 절연이 용이하고 코로나 발생과 열화손이 감소한다.
※ 3상 Y결선과 △결선의 출력은 $P_{3\phi} = \sqrt{3}\,V_1 I_1 [W]$ 로 동일하다.

답 ①

출제예상문제

01 동기전동기의 자기기동에서 계자권선을 단락하는 이유는?

① 고전압이 유도된다.
② 전기자 반작용을 방지한다.
③ 기동권선으로 이용한다.
④ 기동이 쉽다.

해설

동기전동기를 자극 표면에 제동권선을 설치하여 기동할 때 계자권선은 고압이 발생될 우려가 있으므로 단락시킨다.

02 동기전동기는 유도전동기에 비하여 어떤 장점이 있는가?

① 기동특성이 양호하다.
② 전부하 효율이 양호하다.
③ 속도를 자유롭게 제어할 수 있다.
④ 구조가 간단하다.

해설

동기전동기는 회전자계에 의해 동기속도로 회전하는 기기로서 슬립이 발생하는 유도 전동기에 비해 효율이 양호하지만 기동이 까다롭다.

03 동기조상기의 회전수는 무엇에 의하여 결정되는가?

① 효율
② 역률
③ 토크속도
④ $N_s = \dfrac{120f}{p}$ 의 속도

해설

동기전동기(≒동기조상기)는 동기발전기에 의해 회전하므로 동기속도 N_s 에 의해 결정된다.

04 인가전압과 여자가 일정한 동기전동기에서 전기자저항과 동기리액턴스가 같으면 최대출력을 내는 부하각은 몇 도인가?

① 30°
② 45°
③ 60°
④ 90°

해설

최대출력은 전기자저항(유효분)과 동기리액턴스(무효분)이 같을 때 발생

$$\tan\delta = \frac{\sin\theta}{\cos\theta} = \frac{x_s}{r_a} = 1 \rightarrow \delta = \tan^{-1}1 = 45°$$

05 동기전동기의 V곡선을 옳게 표시한 것은?

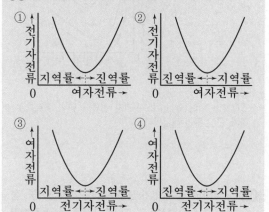

해설

그래프의 횡축(가로축)은 여자전류(I_f)와 역률을 나타내며, 종축(세로축)은 전기자전류(I_a)로 표현한다.

06 동기전동기의 위상특성이란?(여기서 P를 출력, I_f를 계자전류, I를 전기자전류, $\cos\theta$를 역률이라 한다.)

① $I_f - I$곡선, $\cos\theta$는 일정
② $I_f - I$곡선, P는 일정
③ $P - I$곡선, I_f는 일정
④ $P - I_f$곡선, I는 일정

해설
공급전압(V)와 부하(P)가 일정할 때 계자전류(I_f)에 대한 전기자 전류(I_a)와 역률의 변화를 나타낸 곡선을 의미한다.

07 동기전동기의 V곡선(위상특성곡선)에서 부하가 가장 큰 경우는?

① a
② b
③ c
④ d

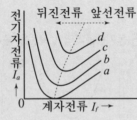

해설
그래프가 위에 있을수록 전기자 전류가 많이 흐르므로 부하가 큰 경우에 해당한다.

08 무부하의 장거리 송전선로에 동기발전기를 접속하는 경우 송전선로의 자기여자현상을 방지하기 위해서 동기조상기를 사용하였다. 이때 동기조상기의 계자전류를 어떻게 하여야 하는가?

① 계자전류 0으로 한다.
② 부족여자로 한다.
③ 과여자로 한다.
④ 역률이 1인 상태에서 일정하게 한다.

해설
자기여자현상은 충전전류(C)에 의해 단자 전압이 이상상승하는 현상으로서 동기조상기의 계자전류를 부족여자로 하여 리액터로 작용시키면 방지책이 된다.

정답   06 ②   07 ④   08 ②

변압기

Chapter 05

변압기

① 변압기의 구조

1. 변압기의 원리

1개의 자기회로인 철심에 2개의 전기회로인 코일을 양단에 감은 구조이다. 한쪽 권선에 교류전원을 가하면 전원측 권선(1차측)이 여자되어 교번자계가 발생하게 된다. 이때 부하측 권선(2차측)은 전자유도작용에 의한 유도기전력이 발생하는 원리 이며 그 크기는 코일권수에 비례한다.

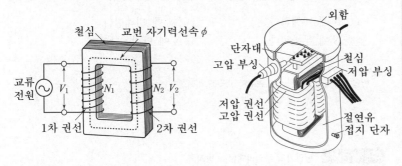

2. 변압기의 구조

(1) 철심

히스테리시스손과 와류손을 감소시키는 규소강판을 성층하여 사용한다.

(2) 코일

변압기는 자기회로인 철심과 전기회로인 권선이 쇄교하여 이루어지는 것으로 조합방식에 따라 다음과 같이 분류된다.

① 내철형 : 철심이 내측에 있으며 권선이 철심 외측에 감겨진 방식으로서 소용량의 배전용 변압기에 사용한다.

② 외철형 : 철심이 외측에 있으며 권선이 철심 내측에 감겨진 방식으로서 대용량 변압기에 사용한다.

③ 권철심형 : 규소강대를 나선형으로 감아서 만든 변압기 형태로서 주상변압기에 사용한다.

(3) 부싱

외함과 도체를 인출하는 부분에 사용하는 절연단자이다.

(4) 변압기유

변압기의 기름은 절연 및 냉각매체의 역할을 하는 것으로 광유(절연유)를 사용한다.

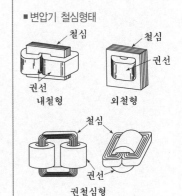

■ 규소강판
　• 규소 함유량 : 약 4%
　• 두께 : 약 0.35mm

■ 변압기의 누설리액턴스

$$L \propto \frac{\mu A N^2}{l} \rightarrow L \propto N^2$$

　• 누설리액턴스 x_ℓ는 권수N의 제곱에 비례한다.

　• 방지책: 권선의 분할조립(교호배치)

예제문제　변압기 철심의 구조

1 변압기 철심의 구조가 아닌 것은?

① 동심 원통형　　　　　② 외철형
③ 권철심형　　　　　　④ 내철형

해설
변압기 철심의 구조
• 내철형 철심　• 외철형 철심　• 권철심형 철심

답 ①

예제문제　변압기 권수와 누설리액턴스의 관계

2 변압기의 누설리액턴스는? 여기서, N은 권수이다.

① N에 비례하다.　　　　② N^2에 비례한다.
③ N에 무관하다.　　　　④ N에 반비례한다.

해설
변압기의 누설리액턴스는 권수의 제곱에 비례한다.

답 ②

예제문제　변압기의 누설리액턴스 방지책

3 변압기의 누설리액턴스를 줄이는 가장 효과적인 방법은 어느 것인가?

① 권선을 분할하여 조립한다.
② 권선을 동심 배치한다.
③ 코일의 단면적을 크게 한다.
④ 철심의 단면적을 크게 한다.

해설
권선을 분할조립하게 되면 코일의 인덕턴스가 감소하므로 누설리액턴스도 감소한다.

답 ①

---

❷ 변압기의 냉각방식

1. 냉각방식의 종류

소용량 변압기　　중용량 변압기　　대용량 변압기

(1) 건식자냉식(AN)

공기에 의해 자연적으로 냉각하며 소용량의 변압기에 사용한다.

(2) 건식풍냉식(AF)

송풍기로 바람을 불어넣어 방열효과를 향상시킨 것이다.

(3) 유입자냉식(ONAN)

열로 인한 기름의 대류현상을 이용한 것으로 보수가 간단하다.

(4) 송유풍냉식(OFAF)

순환하는 오일이 통과하는 방열기를 송풍기로 풍냉한다.

2. 변압기 절연유의 구비조건

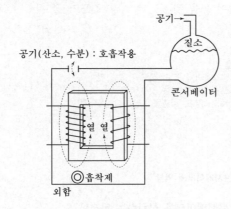

(1) 절연내력이 클 것
(2) 비열이 커서 냉각효과가 크고, 점도가 작을 것
(3) 인화점이 높고, 응고점은 낮을 것
(4) 고온에서 산화하지 않고, 석출물이 생기지 않을 것

핵심 NOTE

■ 전력용변압기 구성

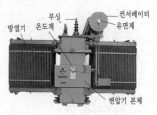

■ 변압기유의 역할
　권선의 절연과 냉각

■ 콘서베이터
　변압기 기름과 공기와의 접촉을 방지하기 위해 변압기 상부에 설치하는 탱크로서 기름과 질소가스가 봉입되어 있다.

제5장 · 변압기 **131**

■브리더
유입하는 공기중의 습기를 흡수

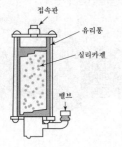

접속판
유리통
실리카겔
밸브

3. 변압기유의 열화현상

변압기에서 절연유는 1차, 2차 권선의 절연과 냉각을 한다. 이때 변압기 외부의 온도와 내부에서 발생하는 열로 인해 부피가 수축과 팽창을 하여 외부공기가 변압기 내부로 출입하게 되는데 이를 호흡작용이라 한다. 이로 인해 절연유에 기포가 침투하여 절연유의 절연능력이 상실되고 침전물이 생기게 되는 현상이다.

(1) 열화의 원인
　① 수분이 포함된 공기가 침투
　② 불순물 침투

(2) 변압기유의 열화 영향
　① 절연내력 감소
　② 점도증가로 냉각작용 감소
　③ 부식 및 침식작용 발생

(3) 변압기유의 열화 방지책
　① 콘서베이터 설치
　② 브리더(흡착제) 방식
　③ 질소봉입(밀봉)

예제문제　절연유의 구비조건

4 변압기유로 쓰이는 절연유에 요구되는 특성이 아닌 것은?
　① 응고점이 낮을 것　　② 절연내력이 클 것
　③ 인화점이 높을 것　　④ 점도가 클 것

해설
변압기유의 구비조건
· 절연내력이 클 것
· 비열이 커서 냉각효과가 크고, 점도가 작을 것
· 인화점은 높고, 응고점은 낮을 것
· 고온에서 산화하지 않고, 석출물이 생기지 않을 것

답 ④

예제문제　콘서베이터의 역할

5 변압기에 콘서베이터를 설치하는 목적은?
　① 열화방지　　　　② 통풍장치
　③ 코로나 방지　　④ 강제순환

해설
대형 변압기에 설치하는 콘서베이터는 변압기의 열화를 방지한다.

답 ①

예제문제 변압기의 열화 방지책

6 변압기 기름의 열화 영향에 속하지 않는 것은?

① 냉각 효과의 감소　　　　② 침식 작용

③ 공기 중 수분의 흡수　　　④ 절연 내력의 저하

해설
공기 중의 수분의 흡수는 변압기의 호흡작용으로 이는 변압기 열화현상의 원인이다.

답 ③

③ 변압기의 유기기전력과 권수비

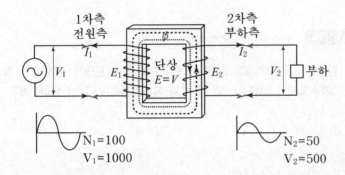

$N_1 = 100$
$V_1 = 1000$

$N_2 = 50$
$V_2 = 500$

1. 전자유도작용과 유기기전력

변압기의 기본원리는 전자유도작용과 렌츠의 법칙으로 설명될 수 있다. 철심에 두 개의 코일을 감고 한 쪽 권선에 교류 전압을 가하면 철심에서 교번 자계에 의해 자속이 흘러 다른 권선을 지나가면서 유도 기전력이 발생한다. 이때 전원에 접속된 권선을 1차측 권선이라 하고, 부하에 접속된 권선을 2차측 권선이라 하며 변압기의 1차측과 2차측에 유기되는 기전력을 표시하면 다음과 같다.

$$1차 \ 유기기전력 \ E_1 = 4.44 f \phi_m N_1 [V]$$
$$2차 \ 유기기전력 \ E_2 = 4.44 f \phi_m N_2 [V]$$

여기서 최대자속밀도 $B_m = \dfrac{\phi}{A} [Wb/m^2]$은 $\phi = B_m \cdot A$로 표시할 수 있으므로

$$E = 4.44 f B_m A N [V]$$

■ 전자유도현상
철심에 감긴 코일에 자속이 쇄교할 때 역기전력이 발생하는 현상. 이때 발생하는 유도기전력은 다음과 같다.

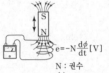

$e = -N \dfrac{d\phi}{dt} [V]$

N : 권수
$\dfrac{d\phi}{dt}$: 시간당 자속의 변화량

역기전력 E_1과 E_2는 위상이 같고 E_1은 자속 ϕ의 증감을 방해하는 방향으로서 흘러들어오는 1차전류(I_1)를 방해한다. 한편, E_1과 공급전압 V_1의 위상은 반대이다.

■ 유기기전력 요소
　f[Hz] : 주파수
　ϕ_m[Wb] : 쇄교하는 최대 교번자속
　N : 코일 권수
　B_m[Wb/m²] : 최대 자속밀도
　A[m²] : 철심의 단면적

■ 참고
단자전압이 일정한 경우 자속밀도는 주파수와 반비례한다.

예제문제 변압기의 주파수와 자속밀도의 관계

7 60[Hz]의 변압기에 50[Hz]의 동일 전압을 가했을 때의 자속밀도는 60[Hz]때의 몇 배인가?

① $\dfrac{6}{5}$ ② $\dfrac{5}{6}$

③ $\left(\dfrac{5}{6}\right)^{1.6}$ ④ $\left(\dfrac{6}{5}\right)^2$

해설

· 변압기에서 발생하는 유기기전력 $E = 4.44fB_m AN[V]$ 에서 동일전압일 때, 주파수 $f \propto \dfrac{1}{B}$ 관계이다.

· 주파수가 $\dfrac{5}{6}$ 배 감소했으므로, 자속밀도는 $\dfrac{6}{5}$ 배 증가한다.

답 ①

예제문제 변압기의 유기기전력 계산

8 권수비 $a = 6600/220, 60[Hz]$, 변압기의 철심 단면적 $0.02[m^2]$, 최대자속밀도 $1.2[Wb/m^2]$일 때, 1차 유기기전력[V]은 약 얼마인가?

① 1407 ② 3521

③ 42198 ④ 49814

해설

· 1차 유기기전력 $E_1 = 4.44fB_m AN_1[V]$ 이다.

· 주파수 $f = 60[Hz]$, 철심 단면적 $A = 0.02[m^2]$, 최대 자속밀도 $B_m = 1.2[Wb/m^2]$, 1차 권수 $N_1 = 6600$이므로

· $\therefore E_1 = 4.44 \times 60 \times 1.2 \times 0.02 \times 6600 \fallingdotseq 42198[V]$

답 ③

2. 권수비

기전력은 변압기의 1차기전력과 2차기전력은 권수에 비례한다. 이때 변압기를 손실이 없는 이상적인 변압기라 가정하면 입력전력과 출력전력은 같다. 이를 통해 변압기의 특성을 권수비로 표현한다.

$$권수비\ a = \frac{N_1}{N_2} = \frac{E_1}{E_2} \fallingdotseq \frac{V_1}{V_2} = \frac{I_2}{I_1} = \sqrt{\frac{Z_1}{Z_2}} = \sqrt{\frac{R_1}{R_2}} = \sqrt{\frac{X_1}{X_2}}$$

(1) 1차, 2차 전압 환산

$$V_1 = aV_2[V]\ ,\ V_2 = \frac{V_1}{a}[V]$$

(2) 1차, 2차 전류 환산

$$I_1 = \frac{I_2}{a}[A] \ , \ I_2 = aI_1[A]$$

(3) 1차, 2차 임피던스 환산

$$Z_1 = a^2 Z_2[\Omega], \ Z_2 = \frac{Z_1}{a^2}[\Omega]$$

예제문제 변압기의 권수비 응용

9 1차전압 3300[V], 권수비 30인 단상변압기가 전등부하에 20[A]를 공급할 때의 입력[kW]은?

① 6.6　　　　　　　② 5.6

③ 3.4　　　　　　　④ 2.2

해설
- 변압기 입력 $P_1 = V_1 I_1 \times 10^{-3}[kW]$
- 전등부하전류 $I_2 = 20[A]$에서, 권수비 $a = 30$이므로 $I_1 = \frac{I_2}{a} = \frac{20}{30} = \frac{2}{3}[A]$
- $\therefore P_1 = 3300 \times \frac{2}{3} \times 10^{-3} = 2.2[kW]$

답 ④

예제문제 변압기의 권수비 계산

10 그림과 같은 변압기 회로에서 부하 R_2에 공급 되는 전력이 최대로 되는 변압기의 권수비a는?

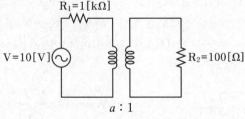

① 약 2　　　　　　② 약 1.16

③ 약 2.16　　　　④ 약 3.16

해설
변압기 권수비 $a = \sqrt{\frac{R_1}{R_2}} = \sqrt{\frac{1000}{100}} = \sqrt{10} \fallingdotseq 3.16$

답 ④

예제문제 변압기의 등가환산

11 권선비 20의 10[kVA]변압기가 있다. 1차 저항이 3[Ω]이라면 2차로 환산한 저항[Ω]은?

① 0.0058   ② 0.0075

③ 0.749   ④ 0.38

해설
- 2차로 환산한 저항 $r_2 = \dfrac{r_1}{a^2}[\Omega]$이다.
- 권선비 $a = 20$, 1차 저항 $r_1 = 3[\Omega]$이므로 $r_2 = \dfrac{3}{20^2} = 0.0075[\Omega]$

답 ②

예제문제 변압기의 탭의 역할

12 주상변압기의 고압측 탭에는 몇 개의 탭을 내놓았다. 그 이유는?

① 예비 단자용
② 수전점의 전압을 조정하기 위하여
③ 변압기의 여자 전류를 조정하기 위하여
④ 부하 전류를 조정하기 위하여

해설
변압기 1차측에는 탭이 설치되어 권수비를 조절할 수 있으므로 수전점의 전압을 조정할 수 있다.

답 ②

■ 변압기의 권수비 조정

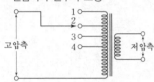

④ 변압기의 등가회로 및 여자전류

1. 변압기 등가회로

변압기 회로는 1차측과 2차측이 분리되어 있지만 실제로는 전자유도 작용에 의해서 전력이 전달되고 있다. 이러한 변압기의 전기적 특성을 알아보기 위해 복잡한 전기회로를 등가임피던스를 사용하여 간단히 변화시키면 편리하다.

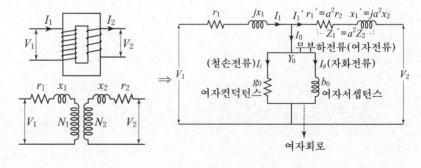

2. 등가환산

한쪽회로의 전압, 전류, 임피던스 요소들을 그대로 두고 반대쪽 회로의 요소들을 변환시켜 하나의 등가회로를 만드는 방식이다.

(1) 1차에서 2차로 환산한 등가 임피던스 $Z_{12} = \dfrac{Z_1}{a^2} + Z_2$

(2) 2차에서 1차로 환산한 등가 임피던스 $Z_{21} = Z_1 + a^2 Z_2$

예제문제 변압기의 등가 회로 작성 시험

13 전압비 $3300/105[\text{V}]$, 1차 누설 임피던스 $Z_1 = 12 + j13[\Omega]$, 2차 누설임피던스 $Z_2 = 0.015 + j0.013[\Omega]$인 변압기가 있다. 1차로 환산한 등가임피던스$[\Omega]$는?

① $12.015 + j13.013$ 　　　② $26.82 + j25.84$

③ $0.027 + j0.026$ 　　　④ $11.854 + j12.841$

해설
• 변압기의 1차 환산 등가임피던스
$Z_{21} = Z_1 + a^2 Z_2$

• $Z_{21} = (12 + j13) + \left(\dfrac{3300}{105}\right)^2 \times (0.015 + j0.013)$

　　$= 26.82 + j25.84[\Omega]$

답 ②

3. 등가회로 작성시 필요한 시험과 측정가능한 성분

(1) 권선저항측정시험
(2) 무부하시험(개방시험): 철손, 여자(무부하)전류, 여자어드미턴스
(3) 단락시험 : 동손, 임피던스와트(전압), 단락전류

예제문제 변압기의 등가 회로 작성 시험방법

14 변압기의 등가회로 작성에 필요 없는 시험은?

① 단락시험 　　　② 반환부하법

③ 무부하시험 　　　④ 저항측정시험

해설
등가회로 작성시 필요한 시험
• 권선저항측정시험
• 무부하시험(개방시험) : 철손, 여자(무부하)전류, 여자어드미턴스
• 단락시험 : 동손, 임피던스와트(전압), 단락전류

답 ②

■ 변압기 전부하시 1차 전류
$$I_1 = I_0 + I_1'$$

I_0 : 여자전류
I_1' : 2차측 부하전류에 의한 자속을 상쇄시키려는 전류

■ 임피던스 와트와 임피던스 전압

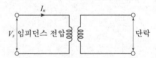

변압기 2차측을 단락한 상태에서 변압기 1차측에 정격전류가 흐를 수 있도록 인가한 변압기 1차측 전압을 임피던스전압이라 하며 이는 정격전류에 의한 변압기 내부전압강하로 표현된다. 또한 임피던스 전압을 인가한 상태에서 발생하는 변압기 내부 동손(권선의 저항손)을 임피던스 와트라 한다. 따라서 이 두 가지 모두는 변압기 단락시험으로부터 구할 수 있다.

예제문제 변압기의 등가회로 작성시험으로 알 수 있는 성분

15 변압기의 여자전류, 철손을 알 수 있는 시험은?

① 유도시험   ② 부하시험

③ 무부하시험   ④ 단락시험

해설

무부하시험(개방시험)을 알 수 있는 시험 : 철손, 여자(무부하)전류, 여자어드미턴스

답 ③

예제문제 변압기의 임피던스 전압

16 변압기의 임피던스 전압이란?

① 정격전류가 흐를 때의 변압기 내의 전압강하
② 여자전류가 흐를 때의 2차측 단자전압
③ 정격전류가 흐를 때의 2차측 단자전압
④ 2차 단락전류가 흐를 때의 변압기 내의 전압강하

해설

변압기의 임피던스전압은 정격전류가 흐를 때 변압기 내부에서 발생하는 전압강하를 의미한다. ($V_s = I_{1n} \cdot Z_{21}$)

답 ①

예제문제 변압기의 임피던스 와트

17 임피던스 전압을 걸 때의 입력은?

① 정격용량   ② 철손

③ 임피던스 와트   ④ 전부하시의 전손실

해설

단락시험시 정격전류를 흘릴 때 전압을 임피던스 전압이라 하며 이때의 입력값을 임피던스와트(동손)라 한다.

답 ③

예제문제 변압기의 등가회로 작성

18 단상 변압기의 임피던스 와트(impedance watt)를 구하기 위하여는 다음 중 어느 시험이 필요한가?

① 무부하 시험   ② 단락시험

③ 유도시험   ④ 반환부하법

해설 단락시험으로 구할 수 있는 성분 : 임피던스전압, 임피던스와트(동손)

답 ②

4. 변압기의 여자전류

변압기의 무부하 상태에서 공급전류 I_1과 역기전력 E_1에 의한 전류차에 의해 1차측에 흐르는 미소한 전류를 여자전류(I_0)라 하며 여자전류의 성분은 다음과 같다.

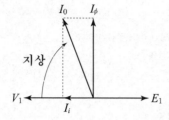 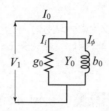

(1) 무부하시 전류(여자전류)

$$\dot{I}_0 = \dot{I}_i + \dot{I}_\phi = \sqrt{I_i^2 + I_\phi^2}$$

(2) 철손전류(I_i) : 철손을 발생시키는 성분의 전류

$$I_i = \frac{P_i}{V_1}[A]$$

(3) 자화전류(I_ϕ) : 자속만을 발생시키는 성분의 전류

$$I_\phi = \sqrt{I_0^2 - I_i^2} = \sqrt{I_0^2 - \left(\frac{P_i}{V_1}\right)^2}[A]$$

예제문제 변압기 여자전류에 포함된 고조파

19 변압기 여자전류에 많이 포함된 고조파는?

① 제2고조파   ② 제3고조파
③ 제4고조파   ④ 제5고조파

해설
변압기는 일반적으로 자기포화 및 히스테리시스 현상이 있으므로 제 3고조파가 가장 많이 포함된다.

답 ②

■ 여자전류가 왜형파인 이유
변압기 여자전류에는 제 3고조파가 가장 많이 포함되어 있으며 이는 철심의 자기포화와 히스테리시스 현상 때문이다.

■ 용어정리

$$Y_o = g_o + jb_o[\Omega] = \frac{I_o}{V_1}[\Omega]$$

Y_o : 여자어드미턴스
여자전류의 크기를 결정

g_o : 여자컨덕턴스
무부하손에 해당하는 저항의 역수

$$g_0 = \frac{I_i}{V_1} = \frac{P_i}{V_1^2}[\mho]$$

b : 서셉턴스
여자전류의 무효분에 대응하는 리액턴스의 역수

예제문제 변압기 여자전류의 성분

20 부하에 관계없이 변압기에서 흐르는 전류로서 자속만을 만드는 것은?

① 1차 전류   ② 철손전류

③ 여자전류   ④ 자화전류

해설
• 여자전류(무부하전류) = 철손전류(I_i)+자화전류(I_ϕ) 이다.
• 자화전류(I_ϕ) : 자속만을 만드는 전류성분이다.

답 ④

예제문제 변압기의 자화전류 계산

21 1차 전압이 2200[V], 무부하 전류가 0.088[A], 철손이 110[W]인 단상 변압기의 자화전류[A]는?

① 0.05   ② 0.038

③ 0.072   ④ 0.088

해설
• 무부하전류 $I_0 = \sqrt{I_i^2 + I_\phi^2}$ 에서 자화전류 $I_\phi = \sqrt{I_0^2 - I_i^2}$ 이다.
• 무부하전류 $I_0 = 0.088[A]$, 철손전류 $I_i = \dfrac{P_i}{V_1} = \dfrac{110}{2200} = 0.05[A]$
• ∴ 자화전류 $I_\phi = \sqrt{0.088^2 - 0.05^2} = 0.072[A]$

답 ③

⑤ 백분율 전압강하

1. 백분율전압강하

변압기 2차를 단락하고 1차에 저전압을 가하여 1차의 정격전류와 1차 단락전류가 같게 되도록 1차 전압을 조정했을 때 이 전압을 임피던스 전압이라 하고 이때의 입력을 임피던스 와트라 한다. 이와 같은 단락시험에서 정격 1차전류(I_{1n})에 의해 변압기의 저항과 리액턴스에서 일으키는 전압강하를 정격 1차 전압(V_{1n})에 대한 백분율로 나타내는 것을 %저항강하, %리액턴스강하, %임피던스강하라 부르며 다음과 같은 식으로 나타낸다.

(1) % 저항 강하

$$\%R = \frac{I_{1n}R_{21}}{V_{1n}} \times 100 = \frac{I_{1n}^2 R_{21}}{V_{1n}I_{1n}} \times 100[\%] = \frac{임피던스와트[W]}{정격출력[VA]} \times 100[\%]$$

(2) % 리액턴스 강하

$$\%X = \frac{I_{1n}X_{21}}{V_{1n}}\times 100[\%]$$

(3) % 임피던스 강하

$$\%Z = \frac{I_{1n}Z_{21}}{V_{1n}}\times 100 = \frac{PZ}{V^2}\times 100 = \frac{V_s}{V_{1n}}\times 100 = \sqrt{\%R^2 + \%X^2}$$

이를 구하면 임피던스의 대소, 전압 변동을 대략 알 수 있고 단락전류도 편리하게 구할 수 있다.

예제문제 변압기의 백분율전압강하 계산

22 5[kVA], 3000/200[V]의 변압기의 단락 시험에서 임피던스 전압 =120[V], 동손 =150[W]라 하면 %저항 강하는 몇 [%]인가?

① 2   ② 3

③ 4   ④ 5

해설

• %저항 강하 계산

$$\%R = \frac{I_n R}{V_n}\times 100[\%]$$

$$\rightarrow \%R = \frac{I_n R \times I_n}{V_n \times I_n}\times 100 = \frac{I^2 R}{VI}\times 100 = \frac{동손[W]}{변압기용량[kVA]}\times 100[\%]$$

• 동손 =150[W], 변압기용량 =5[kVA]

• $\therefore \%R = \dfrac{150[W]}{5000[VA]}\times 100 = 3[\%]$

답 ②

예제문제 변압기의 백분율 전압강하 계산

23 10[kVA], 2000/100[V]변압기에서 1차 환산한 등가 임피던스는 6+j8[Ω]이다. 이 변압기의 %리액턴스 강하는?

① 1.5   ② 2

③ 5   ④ 10

해설

• 퍼센트 리액턴스강하

$$\%X = \frac{PX}{10V_1^2} \quad ([kVA], [kV] 단위공식)$$

• 출력 P =10[kVA], 1차 전압 V_1 =2000[V]

리액턴스 X =8[Ω]

• $\%X = \dfrac{10\times 8}{10\times 2^2} = 2[\%]$

답 ②

변압기의 백분율전압강하 계산

24 3상 변압기의 임피던스가 $Z[\Omega]$이고, 선간전압이 $V[kV]$, 정격용량이 $P[kVA]$일 때 $\%Z$(%임피던스)는?

① $\dfrac{PZ}{V}$ ② $\dfrac{10PZ}{V}$

③ $\dfrac{PZ}{10V^2}$ ④ $\dfrac{PZ}{100V^2}$

해설
• %임피던스전압강하율($\%Z$)

$$\dfrac{PZ}{V^2} \times 100 = \dfrac{1000PZ}{(1000V)^2} \times 100 = \dfrac{PZ}{10V^2}[\%]$$

답 ③

■ $\%Z$와 단락전류 I_s 관계

• $\%Z = 4[\%]$
  단락전류는 정격전류의 25배
• $\%Z = 5[\%]$
  단락전류는 정격전류의 20배

2. 단락전류

(1) $I_s = \dfrac{100}{\%Z} \times I_n$

(2) $I_{1s} = \dfrac{V_{1s}}{Z_{21}} = \dfrac{V_{1s}}{Z_1 + a^2 Z_2} = \dfrac{V_{1s}(=E_1)}{\sqrt{(r_1 + a^2 r_2)^2 + (x_1 + a^2 x_2)^2}}$

변압기의 단락전류 계산

25 임피던스 강하가 5[%]인 변압기가 운전 중 단락되었을 때 그 단락 전류는 정격전류의 몇 배인가?

① 15배   ② 20배

③ 25배   ④ 30배

■ 정격전류 I_n

• 단상: $I_n = \dfrac{P}{V}$

• 3상: $I_n = \dfrac{P}{\sqrt{3}\,V}$

해설
단락전류 $I_s = \dfrac{100}{\%Z} \times I_n = \dfrac{100}{5} \times I_n = 20 \times I_n$

답 ②

변압기의 단락전류계산

26 변압기에서 등가 회로를 이용하여 단락 전류를 구하는 식은?

① $I_{1s} = \dfrac{V_1}{Z_1 + a^2 Z_2}$ ② $I_{1s} = \dfrac{V_1}{Z_1 \times a^2 Z_2}$

③ $I_{1s} = \dfrac{V_1}{Z_1^2 + a^2 Z_2}$ ④ $I_{1s} = \dfrac{V_1}{Z^2 + a^2 Z_2}$

해설
1차로 환산한 단락전류 $I_{1s} = \dfrac{E_1}{Z_{21}} = \dfrac{E_1}{Z_1 + a^2 Z_2} = \dfrac{E_1}{\sqrt{(r_1 + a^2 r_2)^2 + (x_1 + a^2 x_2)^2}}$

답 ①

⑥ 변압기의 전압변동률

1. 전압변동률

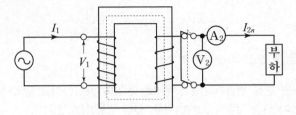

■ 전압변동 벡터도

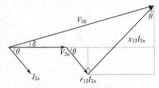

전압변동률은 전부하일 때와 무부하일 때의 2차 단자전압이 서로 다른 정도를 나타내며 전등의 광도, 수명, 전동기의 출력 등에 영향을 미친다.

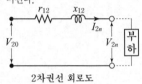

2차권선 회로도

송·배전시 변압기 자체에도 임피던스가 있으므로 부하를 걸면 전압이 강하가 발생하게 된다. 이때 변압기에서 정격 부하(V_{2n})일 때와, 이것을 무부하(V_{20})로 한 때의 단자 전압의 변화 비율을 퍼센트(%)로 나타낸 값이며 2차측(부하측) 전압의 변화를 기준으로 산출한다.

2. 유도식

$$V_{20} = \sqrt{(V_{2n} + r_{12}{}' I_{1n} \cos\theta + x_{12}{}' I_{2n} \sin\theta)^2}$$
$$= V_{2n} + r_{12}{}' I_{2n} \cos\theta + x_{12}{}' I_{2n} \sin\theta$$

$$\therefore \varepsilon = \frac{V_{20} - V_{2n}}{V_{2n}} \times 100 = p\cos\theta \pm q\sin\theta \begin{cases} + : \text{지상(뒤진)} \\ - : \text{진상(앞선)} \end{cases}$$

■ 참고

- $\%R = \dfrac{r_{12}I_{2n}}{V_{2n}} = 100[\%] = p$

- $\%X = \dfrac{x_{12}I_{2n}}{V_{2n}} = 100[\%] = q$

3. 1차전압

$$V_1 = aV_{20} = a(1 + \varepsilon)V_{2n}$$

4. 역률 $\cos\theta = 100[\%]$일 때 전압변동률 : $\varepsilon = p$

5. 전압변동률이 최대일 때

$$\varepsilon_m = \%Z = \sqrt{p^2 + q^2}$$

6. ① 전압변동률이 최대일 때 역률

$$\cos\theta_m = \frac{\%R}{\%Z} = \frac{p}{\sqrt{p^2+q^2}}$$

② 전압변동률이 최소일 때 역률

$$\cos\theta_m = \frac{\%X}{\%Z} = \frac{q}{\sqrt{p^2+q^2}}$$

예제문제   변압기의 전압변동률 계산

27 어떤 단상 변압기의 2차 무부하 전압이 240[V]이고 정격 부하시의 2차 단자 전압이 230[V]이다. 전압 변동률[%]은?

① 2.35   ② 3.35
③ 4.35   ④ 5.35

해설

변압기의 전압변동률 $\varepsilon = \dfrac{V_{20}-V_{2n}}{V_{2n}}\times100[\%] = \dfrac{240-230}{230}\times100[\%] ≒ 4.35[\%]$

답 ③

예제문제   변압기의 전압변동률 계산

28 어느 변압기의 백분율 저항 강하가 2[%], 백분율 리액턴스 강하가 3[%]일 때 역률(지역률) 80[%]인 경우의 전압 변동률[%]은?

① −0.2   ② 3.4
③ 0.2   ④ −3.4

해설

• $p=2[\%]$, $q=3[\%]$, 역률 $\cos\theta = 0.8$
  무효율 $\sin\theta = \sqrt{1-\cos^2\theta} = \sqrt{1-0.8^2} = 0.6$
• 변압기의 전압변동률 $\varepsilon = p\cos\theta + q\sin\theta = 2\times0.8 + 3\times0.6 = 3.4[\%]$

답 ②

예제문제   변압기의 전압변동률을 이용한 단자전압 계산

29 권수비가 60인 단상변압기의 전부하 2차 전압 200[V], 전압변동률 3[%]일 때, 1차 단자전압[V]은?

① 12360   ② 12720
③ 13625   ④ 18760

해설

• 1차 단자전압 : $V_{1n} = a(1+\varepsilon)V_{2n}$
• 권수비 $a=60$, 전압변동률 $\varepsilon = 3[\%] = 0.03[\text{p.u}]$, $V_{2n} = 200[V]$
• $\therefore V_{1n} = 60\times(1+0.03)\times200 = 12360[V]$

답 ①

예제문제 역률 100[%]시 전압변동률

30 역률 100[%]인 때의 전압 변동률ε은 어떻게 표시되는가?

① % 저항 강하   ② % 리액턴스 강하

③ % 서셉턴스 강하   ④ % 임피던스 전압

해설
- 전압변동률 $\varepsilon = p\cos\theta \pm q\sin\theta [\%]$
- 역률 $\cos\theta = 1 (100\%)$ 이므로 $\sin\theta = 0 (0\%)$ 이다.
- $\therefore \varepsilon = \%R = p$

답 ①

⑦ 변압기의 극성

2대 이상의 변압기를 결선하여 3상결선을 하거나 병렬운전을 하는 경우 극성의 확인이 중요하다. 고압측은 U, V로 표기하며 저압측은 u, v로 표기한다. 이때 U와 u, V와 v는 동일 극성이다. 고압측과 저압측 사이에 전압계를 연결하여 지시치를 확인했을 때 양단의 전압이 합이 되면 가극성, 전압의 차가 되면 감극성이 되며 우리나라는 감극성을 표준으로 정하고 있다.

① 감극성 : 동일단자가 마주보고 있는 경우

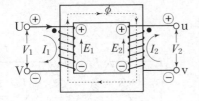

② 가극성 : 동일단자가 대각선에 위치한 경우

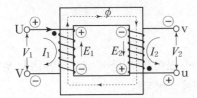

■ 변압기의 극성
- 가극성 $= V_1 + V_2$
- 감극성 $= V_1 - V_2$

예제문제 변압기가 감극성시 전압계의 지시값

31 210/105[V]의 변압기를 그림과 같이 결선하고 고압측에 200[V] 의 전압을 가하면 전압계의 지시[V]는 얼마인가?

① 100
② 200
③ 300
④ 400

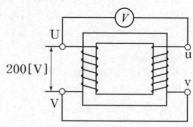

해설

- 감극성일 때의 전압계 지시값 $V = V_1 - V_2$, 권수비 $a = \dfrac{V_1}{V_2} = \dfrac{210}{105} = 2$

- $V_1 = 200[V]$, $V_2 = \dfrac{V_1}{a} = \dfrac{200}{2} = 100[V]$

- $\therefore V = V_1 - V_2 = 200 - 100 = 100[V]$

답 ①

⑧ 3상 결선의 종류와 특징

■참고

변압기의 3상 결선시 Y결선과 △ 결선의 두 종류가 있고 1차와 2차 권선으로 나뉘어 있으므로 다음과 같이 4종류의 결선을 할 수 있다.

1. △ − △ 결선

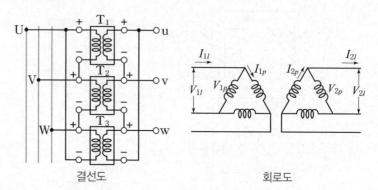

결선도   회로도

(1) 특징

대전류 저전압의 부하에 많이 쓰이고 일반적으로 절연상의 문제로 60[kV] 이하의 배전용 변압기에 사용된다.

(2) 장·단점

장점	① 제 3고조파가 △결선 내를 순환하여 기전력의 왜곡을 일으키지 않는다. ② 1대 고장시 나머지 2대로 V결선으로 송전가능 ③ 상전류가 선전류의 $1/\sqrt{3}$ 배가 되므로 대전류 부하에 적합
단점	① 중성점 접지가 불가능하여 이상전압 방지가 어렵다. ② 각 상의 임피던스가 다를 경우 3상 부하가 평형되어도 변압기의 부하전류는 불평형이 된다.

2. Y – Y결선

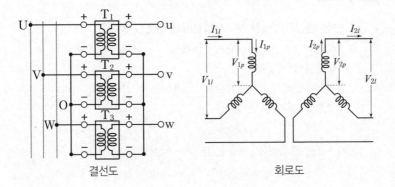

결선도 　　　　　　　　 회로도

(1) 특징

　　부하 불평형에 의해 중성점 전위가 변동하여 3상 전압이 불평형을 일으키므로 송·배전계통에 거의 사용하지 않는다.

(2) 장·단점

장점	① 1차, 2차 모두 중성점을 접지시킬 수 있으므로 이상전압 방지대책이 용이하다. ② 상전압이 선간전압의 $1/\sqrt{3}$ 배가 되므로 고전압에 유리하고 절연이 용이하다. ③ 변압비, 임피던스가 달라도 순환전류가 발생안함
단점	① 변압기 1대 고장시 전원공급이 불가능하다. ② 제 3고조파 순환전류가 흐르지 않아 기전력의 파형이 제 3고조파를 포함하여 왜형파가 된다. ③ 중성점 접지시 제 3고조파 전류가 흘러 통신선에 유도장해를 일으킨다.

예제문제 변압기 3상 결선의 특징

32 변압기 결선에서 부하 단자에 제 3고조파 전압이 발생하는 것은?

① △ − △ ② △ − Y

③ Y − Y ④ Y − △

해설

Y − Y 결선은 제3고조파 순환전류가 흐르지 않아 기전력의 파형이 제 3고조파를 포함하여 왜형파가 된다.

답 ③

예제문제 변압기 3상결선의 특징

33 단상 변압기의 3상 Y − Y결선에서 잘못된 것은?

① 3조파 전류가 흐르며 유도장해를 일으킨다.

② V결선이 가능하다.

③ 권선전압이 선간전압의 $1/\sqrt{3}$ 배이므로 절연이 용이하다.

④ 중성점 접지가 된다.

해설

고장시 V결선으로 운전이 가능한 결선은 △ − △결선이다.

답 ②

---

3. △ − Y결선과 Y − △결선

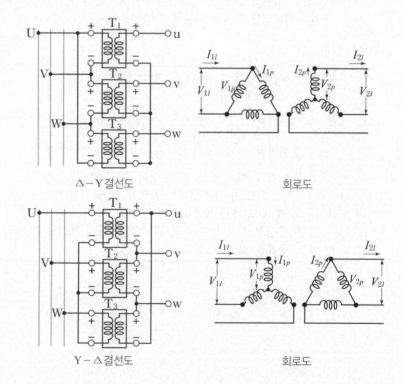

△ − Y결선도   회로도

Y − △결선도   회로도

(1) 특징

△－Y결선은 승압형, Y－△결선은 강압형으로 송전계통에 융통성 있게 사용된다.

(2) 1차와 2차의 전압과 전류관계

△－Y 결선

$$V_2 = \frac{\sqrt{3}\, V_1}{a}, \quad I_2 = \frac{a I_1}{\sqrt{3}}$$

Y－△ 결선

$$V_2 = \frac{V_1}{\sqrt{3}\, a}, \quad I_2 = \sqrt{3}\, a I_1$$

(3) 장·단점

장점	① Y측 결선을 이용하여 중성점을 접지하므로 이상전압을 감소시킬 수 있다. ② Y측 결선의 상전압은 선간전압의 $1/\sqrt{3}$ 배 이므로 절연이 용이하다. ③ △측 결선을 이용하여 제 3고조파전류를 순환시켜 기전력의 파형이 왜곡되지 않는다.
단점	① 1차와 2차 선간전압 사이에 30°의 위상차가 있다. ② 변압기 한 대가 고장시 3상 전원의 공급이 불가능하다. ③ 중성점 접지로 인한 유도장해가 발생한다.

예제문제 변압기 3상결선시 1차, 2차간의 위상차

34 변압기의 1차측을 Y결선, 2차측을 △ 결선으로 한 경우 1차와 2차간의 전압의 위상 변위는?

① 0°
② 30°
③ 45°
④ 60°

해설

△－Y, Y－△ 결선의 특징
• △－Y결선은 승압용, Y－△는 강압용에 적합하다.
• Y－Y, △－△의 특징을 모두 지닌다.
• 1차, 2차 선간전압, 전류의 위상차가 30° 생긴다.

답 ②

■3상 결선의 용도
(1) △－Y결선
송전측의 승압용
(2) Y－△결선
수전측의 강압용

■3상 결선시 1, 2차간의 전압과 전류관계
변압기의 전력전달은 1차 상권선에서 2차 상권선으로 전달된다.

35 권수비 a : 1 인 3개의 단상변압기를 $\triangle - Y$로 하고 1차 단자전압 V_1, 1차 전류 I_1이라 하면 2차의 단자전압 V_2 및 2차 전류 I_2 값은? (단, 저항, 리액턴스 및 여자전류는 무시한다.)

① $V_2 = \sqrt{3}\,\dfrac{V_1}{a}$, $I_1 = I_2$

② $V_2 = V_1$, $I_2 = I_1\dfrac{a}{\sqrt{3}}$

③ $V_2 = \sqrt{3}\,\dfrac{V_1}{a}$, $I_2 = I_1\dfrac{a}{\sqrt{3}}$

④ $V_2 = \sqrt{3}\,\dfrac{V_1}{a}$, $I_2 = \sqrt{3}\,aI_1$

해설

$\triangle - Y$결선시 1차, 2차간 전압과 전류관계

변압기의 전력전달은 1차 상권선에서 2차 상권선으로 전달된다.

• 1차측 $\triangle$결선에서 입력되는 1차 선간전압 $V_{1\ell}$ = 1차 상전압 V_{1p}

• 변압기의 권수비에 의해 2차측 Y결선 상전압

$V_{2p} = \dfrac{V_{1p}}{a} \rightarrow \therefore$ 선간전압 $V_{2\ell} = \sqrt{3} \times \dfrac{V_{1p}}{a}$

• 1차측 $\triangle$결선에서 입력되는 1차 선간전류 $I_{1\ell} \rightarrow$ 1차 상전류 $\sqrt{3} \times I_{1p}$

• 변압기의 권수비에 의해 2차측 $\triangle$결선 상전류

$I_{2p} = \dfrac{I_{1p}}{\sqrt{3}} \times a \quad \therefore$ 선간전류 $I_{2p} = \dfrac{I_{1\ell}}{\sqrt{3}} \times a$

답 ③

⑨ V-V결선

1. V결선

$\triangle$결선 운전 중에 변압기 1대가 고장나면 변압기 2대로 V결선을 하여 3상 전력을 공급할 수 있다. 이와 같은 특징으로 부하 증설 및 고장 시 대처에 사용한다.

■ V결선의 출력

$P_v = \sqrt{3}\,V_\ell I_\ell = \sqrt{3}\,V_p I_p$

■ 단상변압기 4대로 낼 수 있는 3상 회로출력

$P_{v-v} = 2\sqrt{3}\,P_1$

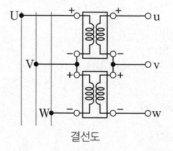

결선도

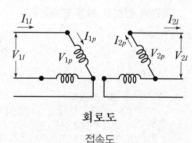

회로도

접속도

2. V결선 3상출력

V결선에서 $V_1 = V_p$, $I_1 = I_p$ 이며 이때 V결선시 3상 출력은 단상 1대 용량의 $\sqrt{3}$ 배의 출력을 낸다.

$$
\begin{array}{ccc}
\text{1대용량} & \text{2대 V결선} & \text{3대 △결선} \\
P & P_V & P_\triangle
\end{array}
$$

$\sqrt{3}$배 $\sqrt{3}$배

3. V결선의 이용률과 출력비

(1) 이용률

$$\frac{\sqrt{3} \times 1\text{대의 용량}}{2\text{대의 용량}} = \frac{\sqrt{3}\,P_1}{2P_1} = \frac{\sqrt{3}}{2} = 0.866 = 86.6[\%]$$

(2) 출력비

$$\frac{P_V}{P_\triangle} = \frac{\sqrt{3} \times \text{단상용량}}{3 \times \text{단상용량}} = \frac{\sqrt{3}\,P_1}{3P_1} = 0.577 = 57.7[\%]$$

예제문제 **이용률**

36 2대의 변압기로 V결선하여 3상 변압하는 경우 변압기 이용률[%]은?

① 57.8   ② 66.6

③ 86.6   ④ 100

해설
V결선 이용률
단상 변압기 2대로 3상 부하에 전력을 공급하는 경우이다.

이용률 $= \dfrac{\sqrt{3}\,P_1}{2P_1} \times 100 = 86.6[\%]$

답 ③

예제문제 **출력비**

37 △결선 변압기의 한 대가 고장으로 제거되어 V결선으로 공급할 때 공급할 수 있는 전력은 고장 전 전력에 대하여 몇[%]인가?

① 86.6   ② 75.0

③ 66.7   ④ 57.7

해설
V결선 출력비
단상 변압기 3대를 △결선하여 운전 중 1대 고장시 나머지 2대로 V결선하여 3상 부하에 전력을 공급하는 경우

출력비 $= \dfrac{\text{고장후 출력(2대: V결선)}}{\text{고장전 출력(3대 : △결선)}} = \dfrac{\sqrt{3}\,P_1}{3P_1} \times 100 = 57.7[\%]$

답 ④

예제문제 동기발전기의 출력 공식

38 용량 100[kVA]인 동일 정격의 단상 변압기 4대로 낼 수 있는 3상 최대 출력 용량[kVA]은?

① $200\sqrt{3}$ ② $200\sqrt{2}$

③ $300\sqrt{2}$ ④ 400

해설

변압기 4대(V−V결선) : $P_{v-v} = 2\sqrt{3}\,P_1 = 2\sqrt{3} \times 100 = 200\sqrt{3}$ [kVA]

답 ①

⑩ 변압기 병렬 운전 조건

■ 변압기의 병렬운전 조건
• 극성이 같지 않을 경우
  변압기 내부에 순환전류(횡류)가
  흘러서 권선이 소손된다.
• 권수비가 다를 경우
  2차 기전력의 크기가 다르게 되어
  서 2차 권선에 순환전류가 흘려
  권선이 과열된다.
• %임피던스 강하가 다를 경우
  부하분담이 부적당하게 된다.

1. 단상 변압기 병렬 운전 조건

부하에 대해서 용량이 부족하면 병렬로 연결하여 용량을 증가시킬 수 있다. 이때 변압기 두 대로 병렬운전을 하기 위해서는 다음 5가지 조건을 만족시켜야한다.

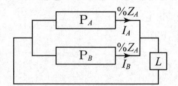

$$\frac{I_A}{I_B} = \frac{P_A}{P_B} \times \frac{\%Z_B}{\%Z_A}$$

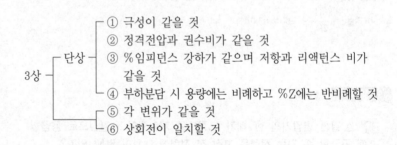

3상 ─ 단상 ─ ① 극성이 같을 것
               ② 정격전압과 권수비가 같을 것
               ③ %임피던스 강하가 같으며 저항과 리액턴스 비가 같을 것
               ④ 부하분담 시 용량에는 비례하고 %Z에는 반비례할 것
        ⑤ 각 변위가 같을 것
        ⑥ 상회전이 일치할 것

예제문제 변압기의 병렬 운전조건

39 변압기의 병렬 운전에서 필요하지 않은 것은?

① 극성이 같을 것 　　② 전압이 같을 것

③ 출력이 같을 것 　　④ 임피던스 전압이 같을 것

해설

변압기의 병렬운전 조건
• 극성이 같아야 한다.
• 1차, 2차 정격전압이 같고 권수비가 같아야 한다.
• %임피던스강하가 같아야 한다.
• 저항과 리액턴스비가 같아야 한다.
• 상회전 방향과 위상변위가 같아야 한다.(3상일 경우)

답 ③

2. 병렬 운전이 가능한 결선법과 불가능한 결선법

병렬 운전시 각 변위란 1차 유기전압에 대한 2차 유기전압이 뒤진 각을 말한다. 결선이 다른 변압기는 각 변위가 30°의 차가 있으며 각 변위가 같은 변압기끼리 병렬운전을 할 수 있다.

병렬 운전 가능한 결선법		병렬 운전 불가능한 결선법	
A뱅크	B뱅크	A뱅크	B뱅크
△ − △	△ − △	△ − △	△ − Y
Y − Y	Y − Y	△ − Y	Y − Y
Y − △	Y − △		
△ − Y	△ − Y		
△ − △	Y − Y		
△ − Y	Y − △		
V − V	V − V		

예제문제 변압기의 병렬운전

40 변압기의 병렬 운전이 불가능한 것은?

① △−△와 △−△ 　　② △−△와 Y−Y

③ △−△와 △−Y 　　④ △−Y 와 △−Y

해설

변압기 병렬운전시 결선의 개수가 홀수일 경우 불가능하다.

답 ③

3. 변압기의 부하분담

변압기를 병렬 운전하는 경우 각 변압기의 부하 분담의 비는 다음 조건에 따른다.

① 변압기 부하분담은 용량에는 비례, 퍼센트 임피던스에 반비례한다.

$$\frac{I_A}{I_B} = \frac{P_A}{P_B} \times \frac{\%Z_B}{\%Z_A}$$

② 각 변압기에 흐르는 전류의 대수합이 전체 부하 전류와 같아야 한다.
③ 변압기 상호간에 순환 전류가 흘러서는 안 된다.

■ 용어정리
I_A : A변압기의 정격전류
I_B : B변압기의 정격전류

■ 총 부하분담 계산
총 부하분담은 용량에 비례하고 % 임피던스에 반비례하므로 P_A, P_B 중 큰 용량을 기준으로 정하고 다음과 같이 계산한다.
$$P_m = P_大 + \frac{\%Z_小}{\%Z_大} \times P_小$$

예제문제 변압기의 병렬운전시 부하분담 비율

41 단상 변압기를 병렬운전하는 경우 부하전류의 분담은 무엇에 관계되는가?

① 용량에 비례하고 누설임피던스에 비례한다.
② 용량에 비례하고 누설임피던스에 반비례한다.
③ 용량에 반비례하고 누설임피던스에 비례한다.
④ 용량에 반비례하고 누설임피던스에 반비례한다.

해설
변압기의 부하분담은 용량에는 비례하고 누설 임피던스에는 반비례한다.
$$\frac{I_A}{I_B} = \frac{P_A}{P_B} \times \frac{\%Z_B}{\%Z_A}$$

답 ②

예제문제 변압기의 병렬 합성용량 계산

42 3150/210[V]인 변압기의 용량이 각각 250[kVA], 200[kVA]이고, %임피던스강하가 각각 2.5[%]와 3[%]일 때 그 병렬합성용량[kVA]은?

① 389   ② 417
③ 435   ④ 450

해설
· %Z 가 동일할 시 변압기의 총 부하분담
$P_m = P_A + P_B [kVA]$
· %Z 가 동일하지 않을 때 변압기의 총 부하분담(용량이 큰 것을 기준)
$$P_m = P_大 + \frac{\%Z_小}{\%Z_大} \times P_小 = 250[kVA] + \frac{2.5}{3} \times 200[kVA] \fallingdotseq 417[kVA]$$

답 ②

⑪ 변압기의 상수변환

1. 3상을 단상으로 변환

(1) 우드브리지(Woodbridge) 결선

(2) 스코트(Scott) 결선(T결선)

(3) 메이어(Meyer) 결선

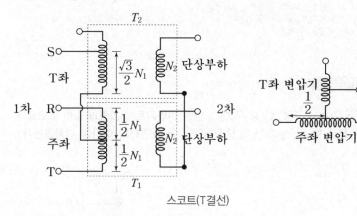

스코트(T결선)

2. 3상을 6상으로 변환

(1) 포크결선

(2) 환상결선

(3) 대각결선

(4) 2중 Δ결선

(5) 2중 성형결선

예제문제　3상을 6상으로 변환하는 결선법

43 3상전원에서 6상전압을 얻을 수 없는 변압기의 결선방법은?

① 스코트 결선　　② 2중 3각 결선

③ 2중 성형 결선　④ 포크 결선

해설

3상을 6상으로 변환하는 결선법

·포크결선 ·환상결선 ·대각결선 ·2중 Δ결선 ·2중 성형결선

답 ①

예제문제 3상을 2상으로 변환하는 결선법

44 3상 전원을 이용하여 2상 전압을 얻고자 할 때 사용할 결선 방법은?

① Scott결선   ② Fork결선

③ 환상결선   ④ 2중 3각 결선

해설

3상을 2상(단상)으로 변환하는 결선법
• 우드브리지(Woodbridge)결선   • 스코트(Scott)결선(T결선)
• 메이어(Meyer)결선

답 ①

예제문제 스코트(T)결선법의 특징

45 권수가 같은 A, B 두 대의 단상 변압기로서 그림과 같이 스코트 결선을 할 때, P가 A의 중점이면 Q가 B권선의 어디에 위치하는가?

① $\dfrac{\sqrt{3}}{2}$ 점

② $\dfrac{1}{2}$ 점

③ $\dfrac{2}{\sqrt{3}}$ 점

④ $\dfrac{1}{\sqrt{2}}$ 점

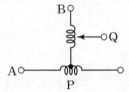

해설

스코트결선은 M 좌 변압기(A)와 T 좌 변압기(B)를 이용하여 T 좌 변압기 1차 권선 전체 권수의 $\sqrt{3}/2 = 0.866$인 점(Q)에서 인출선을 설치하고 P의 양쪽 끝에서 각각 3상 전원을 접속한다.

답 ①

⑫ 변압기의 손실 및 효율

1. 무부하손

무부하손의 대부분을 차지하는 손실은 철손이며 변압기의 주파수에 대한 특성은 변압기의 전압이 일정할 때, 주파수와 자속밀도는 반비례한다.

(1) 히스테리시스손

■용어정리
K_h : 히스테리시스계수
B_m : 최대자속밀도
f : 주파수

$$P_h = k_h f B_m^2$$

주파수가 증가하면 자속밀도는 자승에 반비례하므로 히스테리시스손이 감소하여 철손이 감소하게 된다.

예제문제 동기발전기의 출력 공식

46 일정전압 및 일정파형에서 주파수가 상승하면 변압기 철손은 어떻게 변하는가?

① 증가한다.　　　　　　② 불변이다.

③ 감소한다.　　　　　　④ 어떤 기간동안 증가한다

해설

주파수와 비례, 반비례 관계

· 비례 : 전압강하, 역률, 효율, 동기속도, 회전자속도, %임피던스강하, 누설리액턴스

· 반비례 : 철손, 여자전류, 자속밀도, 온도

답 ③

(2) 와류손

와류손은 주파수와 자속밀도가 반비례하므로 주파수의 변화에 무관하다.

$$P_e = k_e (fBt)^2$$

예제문제 와류손과 규소강판 두께의 관계

47 변압기에서 생기는 철손 중 와전류손(eddy current loss)은 철심의 규소강판 두께와 어떤 관계가 있는가?

① 두께에 비례　　　　　② 두께의 2승에 비례

③ 두께의 1/2승에 비례　④ 두께의 3승에 비례

해설

변압기의 와류손은 철심두께의 제곱(2승)에 비례하므로 규소강판을 얇게 성층해서 손실을 줄인다.

답 ②

예제문제 와류손과 주파수의 관계

48 3300[V], 60[Hz]용 변압기의 와류손이 720[W]이다. 이 변압기를 2750[V], 50[Hz]의 주파수에 사용할 때 와류손[W]는?

① 250　　　　　　　　　② 350

③ 425　　　　　　　　　④ 500

해설

· 와류손 $P_e = k_e (fBt)^2$

와류손은 주파수와 자속밀도가 반비례하므로 주파수의 변화에 무관하며, 전압의 제곱에 비례한다.

· 따라서, $P_e : V^2 = P_e{}' : V'^2$으로 비례식을 세운다.

$720 : 3300^2 = P_e{}' : 2750^2$

· $P_e{}' = \left(\dfrac{2750}{3300}\right)^2 \times 720 = 500[\text{W}]$

답 ④

■참고

주파수 증가에 따른 특성

$X_L = 2\pi fL$

· 철손감소(효율증가)

· 여자전류감소

· 리액턴스증가(전압강하증가)

2. 부하손

부하손의 대부분을 차지하는 손실이며 부하를 걸었을 때 코일에 전류가 흐르면서 발생하는 손실이기 때문에 동손이라 부른다. 동손의 크기는 동손 $\propto$ 전류^2 $\propto$ 부하^2 관계를 갖는다.

$$P_c = I^2 R \, [W]$$

예제문제 변압기 동손과 부하전류의 관계

49 변압기의 동손은 부하의 몇 제곱에 비례하는가?

① 4   ② 2

③ 1   ④ 0.5

해설

동손 $P_c = I^2 R \, [W]$ 이므로 부하전류의 제곱에 비례한다.

답 ②

---

3. 변압기의 효율

(1) 전부하 효율

변압기의 규약효율

$$\eta = \frac{출력}{출력 + 손실} \times 100 \, [\%] = \frac{출력}{출력 + 철손 + 동손} \times 100 \, [\%]$$

$$\eta = \frac{P\cos\theta}{P\cos\theta + P_i + P_c} \times 100 \, [\%]$$

- 변압기의 최대효율

$$\eta_m = \frac{변압기출력}{변압기출력 + 2P_i} \times 100 \, [\%]$$

- 참조

변압기의 전손실

$$P_i + \left(\frac{1}{m}\right)^2 P_c$$

- 용어정리

$P\,[kVA]$: 변압기 용량
$P_i\,[W]$: 철손
$P_c\,[W]$: 동손
$\cos\theta$: 역률

(2) $\dfrac{1}{m}$ 부하시 효율

$$\eta_{\frac{1}{m}} = \frac{\dfrac{1}{m}P\cos\theta}{\dfrac{1}{m}P\cos\theta + P_i + \left(\dfrac{1}{m}\right)^2 P_c} \times 100 \, [\%]$$

(3) 최대 효율

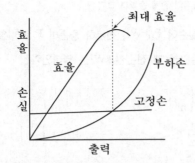

변압기의 최대효율조건은 철손과 동손이 같을 때이다. 따라서
$P_i = (1/m)^2 P_c$ 관계에서 최대효율이 되는 부하지점은 다음과 같다.

$$\frac{1}{m} = \sqrt{\frac{P_i}{P_c}}$$

■참고
주상 변압기 철손 : 동손 = 1 : 2

■전일효율을 높이는 법
전부하 시간이 짧을수록 무부하손(철
손)을 부하손(동손)보다 작게 한다.
따라서 부하가 바뀌면 변압기 효율
이 바뀐다. 철손과 동손의 비율에
따라 변압기의 최대 효율이 되는 부
하가 다르다.

예제문제 변압기의 최대효율 조건

50 변압기의 효율이 가장 좋을 때의 조건은?

① 철손=동손   ② 철손=1/2 동손
③ 1/2 철손=동손   ④ 철손=2/3 동손

해설
변압기의 최대효율조건은 철손=동손 일 때이다.

답 ①

예제문제 변압기의 최대효율 조건

51 변압기의 철손과 동손을 같게 설계하면 최대효율은?

① $\frac{1}{2}$ 부하시   ② $\frac{2}{3}$ 부하시

③ 전부하시   ④ $\frac{3}{2}$ 부하시

해설
변압기의 철손=동손일 때 최대효율이며 최대효율 부하지점 $\frac{1}{m} = \sqrt{\frac{P_i}{P_c}} = \sqrt{\frac{1}{1}}$ =전부
하 지점이다.

답 ③

예제문제 변압기의 전체 손실의 크기

52 변압기의 철손이 $P_i[kW]$, 전부하 동손이 $P_c[kW]$일 때 정격 출력의 $\dfrac{1}{m}$ 부하를 걸었을 때 전손실[kW]는 얼마인가?

① $(P_i + P_c)\left(\dfrac{1}{m}\right)^2$ ② $P_i\left(\dfrac{1}{m}\right)^2 + P_c$

③ $P_i + P_c\left(\dfrac{1}{m}\right)^2$ ④ $P_i + P_c\left(\dfrac{1}{m}\right)$

해설

$\left(\dfrac{1}{m}\right)$ 부하시 효율 $\eta_{\frac{1}{m}} = \dfrac{\dfrac{1}{m}P\cos\theta}{\dfrac{1}{m}P\cos\theta + P_i + \left(\dfrac{1}{m}\right)^2 P_c} \times 100$

· 최대 효율 조건 : $P_i = \left(\dfrac{1}{m}\right)^2 P_c$

· 전체 손실 : $P_i + \left(\dfrac{1}{m}\right)^2 P_c$

답 ③

예제문제 변압기의 최대효율 부하지점

53 $150[kVA]$의 변압기 철손이 $1[kW]$, 전부하 동손이 $2.5[kW]$이다. 이 변압기의 최대 효율은 몇[%] 전부하에서 나타나는가?

① 약 50   ② 약 58
③ 약 63   ④ 약 72

해설

최대 효율부하지점 $\dfrac{1}{m} = \sqrt{\dfrac{P_i}{P_c}} \times 100[\%] = \sqrt{\dfrac{1}{2.5}} \times 100[\%] \fallingdotseq 63[\%]$

답 ③

예제문제 변압기의 전부하시 효율

54 $200[kVA]$의 단상 변압기가 있다. 철손이 $1.6[kW]$이고 전부하 동손이 $2.4[kW]$이다. 이 변압기의 역률이 0.8일 때 전부하시의 효율[%]은?

① 96.6   ② 97.6
③ 98.6   ④ 99.6

해설

· 변압기의 전부하시 효율 $\eta_m = \dfrac{P\cos\theta}{P\cos\theta + P_i + P_c} \times 100$

· 변압기의 출력 $P = 200[kVA]$, 역률 $\cos\theta = 0.8$, 철손 $P_i = 1.6[kW]$, 동손 $P_c = 2.4[kW]$

· $\therefore \eta_m = \dfrac{200[kVA] \times 0.8}{200[kVA] \times 0.8 + 1.6[kW] + 2.4[kW]} \times 100[\%]$

$\fallingdotseq 97.6[\%]$

답 ②

⑬ 변압기의 고장 보호장치

1. 기계적 고장 보호장치

(1) 기계적 고장 보호장치

① 부흐홀츠 계전기 : 과열 등으로 절연유가 분해되어 가스가 되어 유면이 내려가면 그 유면의 수위차를 감지하는 계전기이며 변압기 본체와 콘서베이터 사이에 설치한다.

② 충격압력 계전기 : 변압기 내부 사고시 가스가 발생하면 충격성 이상 압력이 발생하는 데 이를 감지하여 동작하는 계전기이다.

③ 가스검출 계전기

(2) 전기적 고장 보호장치

① 비율 차동 계전기 : 발전기 및 변압기의 층간 단락등 내부고장 보호를 위해 보호구간에 유입되는 전류와 유출되는 전류의 차를 검출하여 동작하는 계전기 이다.

② 차동 계전기 : 비율 차동계전기와 유사한 계전기이다.

③ 과전류 계전기 : 과전류 보호장치이다.

■ 부흐홀츠 계전기

■ 비율차동계전기

예제문제　부흐홀쯔 계전기

55 부흐홀쯔 계전기로 보호되는 기기는?

① 변압기
② 발전기
③ 동기전동기
④ 회전 변류기

해설
부흐홀쯔 계전기는 변압기의 내부 고장으로 발생하는 기름의 분해에 의한 가스 또는 기름의 흐름을 이용하여 계전기의 접점을 닫는 장치로서 변압기의 주탱크와 콘서베이터와의 연결관 도중에 설치한다.　　　답 ①

예제문제　부흐홀쯔 계전기의 설치 위치

56 부흐홀쯔계전기의 설치 위치로 옳은 것은?

① 본체탱크 내부
② 방열기 출구
③ 방열기 입구
④ 본체탱크와 콘서베이터의 사이

해설
부흐홀쯔 계전기는 주탱크와 콘서베이터와의 연결관 도중에 설치한다.　　　답 ④

변압기의 보호장치

57 변압기의 내부고장 보호에 쓰이는 계전기로서 가장 적당한 것은?

① 과전류계전기   ② 차동계전기
③ 접지계전기   ④ 역상계전기

해설
발전기 및 변압기의 층간단락 등 내부고장 보호에 쓰이는 계전기는 차동계전기이다.

답 ②

⑭ 변압기의 시험법

1. 절연내력시험법
충전부분과 대지사이 또는 충전부분간의 절연강도를 검증하기 위한 시험법이다.

(1) 유도시험법
권선의 단자 사이에 상호 유도전압의 2배 전압을 유도시켜 절연시험을 하는 층간절연시험법이다.

(2) 가압시험법
상용주파수의 전압을 1분간 인가하여 절연강도를 측정하는 방법

(3) 충격전압시험법
낙뢰와 같은 충격전압에 대한 절연내력 시험법이다.

예제문제 변압기의 절연내력시험법의 종류

58 다음 중 변압기의 절연내력 시험법이 아닌 것은?

① 단락 시험
② 가압 시험
③ 오일의 절연파괴시험
④ 충격전압시험

해설
단락시험법은 변압기의 등가회로 작성시 필요한 시험이다.

답 ①

예제문제 변압기의 절연내력시험법의 종류

59 변압기 권선 간의 절연 시험은?

① 가압 시험　　　　② 유도 시험
③ 충격 시험　　　　④ 단락 시험

해설
변압기 권선간의 절연시험법은 고전압을 유도시켜 시험하는 유도시험법이다.

답 ②

2. 온도 상승 시험법

피 시험기에 전부하를 가하여 유온 및 권선 온도상승의 규정 한도를 검증하기 위한 시험법이다.

(1) 반환부하법

동일 정격의 2대를 연결 하여 한쪽은 발전기, 다른쪽을 전동기로 운전하며 손실에 상당하는 전력을 전원으로부터 공급하여 시험하는 방법이며 중용량 이상의 기계에서 사용한다.

(2) 단락시험법(등가부하법)

1대만의 변압기일 때 한쪽 권선을 단락하여 전손실에 해당하는 전류를 공급, 변압기의 유온을 상승시킨 후, 정격 전류를 통해 온도상승을 구하는 방법이다.

(3) 실부하법

전구나 저항등을 부하로 하여 시험하는 방법이나 전력손실이 발생하기 때문에 소형에만 사용한다.

예제문제 변압기의 온도상승 시험법

60 변압기의 온도 시험을 하는 데 가장 좋은 방법은?

① 실부하법　　　　② 반환 부하법
③ 단락시험법　　　　④ 내전압법

해설
변압기의 온도상승 시험법
•반환부하법　•단락시험법　•실부하법

답 ②

3. 건조법

변압기의 권선과 철심을 건조하고 그 안에 있는 습기를 제거해서 절연을 향상시키는 건조법이다.

(1) 열풍법

변압기본체를 탱크 또는 철판을 바른 나무상자에 넣고 전열기로 열풍을 불어 넣어 건조하는 방법이다.

(2) 단락법

변압기 한쪽 권선을 단락하고 저전압의 교류를 인가하여 저항손으로 가열하는 방법이다.

(3) 진공법

함속에 변압기 본체를 넣고 건조용 증기를 통하고 진공펌프로 함속에 수분을 공기와 함께 빨아내는 방법이다.

예제문제 변압기의 건조법

61 변압기 권선을 건조하는 데 맞지 않은 것은?

① 진공법   ② 단락법
③ 반환 부하법   ④ 열풍법

해설
변압기의 건조법
• 열풍법 • 단락법 • 진공법

답 ③

출제예상문제

01 변압기 1, 2차 권선 간의 절연에 사용되는 것은?

① 에나멜　　　　　② 무명실
③ 종이테이프　　　④ 크래프트지

해설
변압기는 권선 간의 절연을 위해 크래프트지 또는 프레스
보드를 사용한다.

02 변압기 철심용 강판의 규소함유량은 대략 몇 [%]인가?

① 2　　　　　　② 3
③ 4　　　　　　④ 7

해설
변압기의 규소 함유량은 약 4[%]이며, 철 함유량은 약 96[%]이다.

03 변압기의 철심으로 갖추어야 할 성질로 맞지 않는 것은?

① 투자율이 클 것
② 전기저항이 작을 것
③ 히스테리시스 계수가 작을 것
④ 성층철심으로 할 것

해설
변압기 철심은 자기회로를 구성하는 부분으로서 자기저항
이 작아야한다.

04 유입 변압기에 기름을 사용하는 목적이 아닌 것은?

① 효율을 좋게 하기 위하여
② 절연을 좋게 하기 위하여
③ 냉각을 좋게 하기 위하여
④ 열방산을 좋게 하기 위하여

해설
절연유의 사용목적은 절연과 냉각이다.

05 변압기에 사용하는 절연유가 갖추어야할 성질이 아닌 것은?

① 절연내력이 클 것
② 인화점이 높을 것
③ 유동성이 풍부하고 비열이 커서 냉각효과가 클 것
④ 응고점이 높을 것

해설
변압기유의 구비조건
• 절연내력이 클 것
• 비열이 커서 냉각효과가 크고, 점도가 작을 것
• 인화점은 높고, 응고점은 낮을 것
• 고온에서 산화하지 않고, 석출물이 생기지 않을 것

06 변압기에 질소 N_2가스를 봉입하는 목적은?

① 절연유 열화 방지　② 열전도도 상승
③ 효율 향상　　　　④ 냉각 효과 향상

해설
질소가스 봉입 → 절연유 열화 방지

07 변압기의 기름 중 아크 방전에 의하여 가장 많이 발생하는 가스는?

① 수소　　　　　② 일산화탄소
③ 아세틸렌　　　④ 산소

해설
변압기의 기름 중 아크방전에 의하여 가장 많이 발생되는
가스는 수소이다.

정답　　01 ④　　02 ③　　03 ②　　04 ①　　05 ④　　06 ①　　07 ①

08 1차 공급전압이 일정할 때 변압기의 1차 코일의 권수를 두 배로 하면 여자전류와 최대자속은 어떻게 변하는가? (단, 자로는 포화 상태가 되지 않는다.)

① 여자전류 1/4 감소, 최대자속 1/2 감소
② 여자전류 1/4 감소, 최대자속 1/2 증가
③ 여자전류 1/4 증가, 최대자속 1/2 감소
④ 여자전류 1/4 증가, 최대자속 1/2 증가

해설
• 여자전류는 코일의 리액턴스에 반비례하며 누설리액턴스는 $X_L \propto N^2$ 관계이므로 $\frac{1}{4}$배 감소

• 변압기의 유기기전력
$E = 4.44f\phi_m N[V]$에서 전압이 일정할 때 권수가 두 배 증가시 자속은 반비례하므로 $\frac{1}{2}$배 감소한다.

09 1차 전압 6900[V], 1차 권선 3000회, 권수비 20의 변압기가 60[Hz]에 사용할 때 철심의 최대자속[Wb]은?

① 0.86×10^{-4}
② 8.63×10^{-3}
③ 86.3×10^{-3}
④ 863×10^{-3}

해설
• 변압기의 유기기전력
$E = 4.44f\phi_m N[V]$ 에서 → $\phi_m = \frac{E_1}{4.44fN_1}[V]$

• 1차전압 $E = 6900[V]$, 1차권수 $N_1 = 3000$
주파수 $f = 60[Hz]$

• $\therefore \phi_m = \frac{E_1}{4.44fN_1} = \frac{6900}{4.44 \times 60 \times 3000}$
$= 8.63 \times 10^{-3}[Wb]$

10 단면적 10[cm²]인 철심에 200[회]의 권선을 하여 이 권선에 60[Hz], 60[V]인 교류 전압을 인가하였을 때 철심의 자속밀도[Wb/m²]는?

① 1.126×10^{-3}
② 1.126
③ 2.252×10^{-3}
④ 2.252

해설
• 변압기의 유기기전력(자속밀도가 주어진 경우)
$E = 4.44fB_m AN[V]$ 에서 → $B_m = \frac{E_1}{4.44fAN_1}[Wb/m^2]$

• 1차전압 $E_1 = 60[V]$,
단면적 $A = 10[cm^2] = 10 \times 10^{-4}[m^2]$
1차권수 $N_1 = 200$, 주파수 $f = 60[Hz]$

• $\therefore B_m = \frac{60}{4.44 \times 60 \times 10 \times 10^{-4} \times 200} = 1.126[Wb/m^2]$

11 1차 전압 3300[V], 2차 전압 100[V]의 변압기에서 1차측에 3500[V]의 전압을 가했을 때의 2차측 전압[V]은? (단, 권선의 임피던스는 무시한다)

① 106.1
② 2970
③ 2640
④ 3500

해설
• 변압기의 권수비 $a = \frac{V_1}{V_2} = \frac{3300}{100} = 33$

• 따라서 1차측에 전압을 가했을 때
$\therefore V_2' = \frac{V_1'}{a} = \frac{3500[V]}{33} ≒ 106.1[V]$

12 변압기의 2차측 부하 임피던스 Z가 20[Ω]일 때 1차측에서 보아 18[kΩ]이 되었다면, 이 변압기의 권수비는 얼마인가?(단, 변압기의 임피던스는 무시한다.)

① 3
② 30
③ $\frac{1}{3}$
④ $\frac{1}{30}$

해설
변압기의 권수비 $a = \sqrt{\frac{Z_1}{Z_2}} = \sqrt{\frac{18000}{20}} = 30$

13 그림과 같은 변압기에서 1차 전류[A]는 얼마인가?

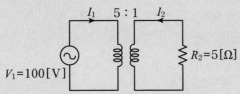

① 0.8
② 8
③ 10
④ 20

해설
- 권수비 $a = 5$인 회로이다. 1차 전류 $I_1 = \dfrac{V_1}{R_1}[A]$
- 권수비 $a = \sqrt{\dfrac{R_1}{R_2}} \to a^2 = \dfrac{R_1}{R_2}$
  $\to R_1 = a^2 R_2 = 5^2 \times 5 = 125[\Omega]$
- $\therefore I_1 = \dfrac{V_1}{R_1}[A] = \dfrac{100}{125} = 0.8[A]$

14 단상 주상 변압기의 2차측(105[V] 단자)에 1[Ω]의 저항을 접속하고 1차측에 1[A]의 전류가 흘렀을 때 1차 단자 전압이 900[V]였다. 1차측 탭 전압[V]와 2차 전류[A]는 얼마인가? (단, 변압기는 이상 변압기, V_T는 1차 탭 전압, I_2는 2차 전류이다.)

① $V_T = 3150$, $I_2 = 30$
② $V_T = 900$, $I_2 = 30$
③ $V_T = 900$, $I_2 = 1$
④ $V_T = 3150$, $I_2 = 1$

해설
- $V_{2T} = 105[V]$, $R_2 = 1[\Omega]$
  $I_1 = 1[A]$,
  $V_1 = 900[V]$ 에서,

  권수비를 구하기 위해 $R_1 = \dfrac{V_1}{I_1} = \dfrac{900}{1} = 900[\Omega]$

  이를 대입하면, 권수비 $a = \sqrt{\dfrac{R_1}{R_2}} = \sqrt{\dfrac{900}{1}} = 30$

- 1차 탭전압
  $a = \dfrac{V_{1_T}}{V_{2T}} \to V_{1T} = aV_{2T} = 30 \times 105 = 3150[V]$
- 2차 전류
  $a = \dfrac{I_2}{I_1} \to I_2 = aI_1 = 30 \times 1 = 30[A]$

15 변압기의 무부하 시험과 관계 있는 것은?

① 여자어드미턴스
② 임피던스와트
③ 전압변동률
④ 내부임피던스

해설
등가회로 작성시 필요한 시험
- 권선저항측정시험
- 무부하시험(개방시험) : 철손, 여자(무부하)전류, 여자어드미턴스
- 단락시험 : 동손, 임피던스와트(전압), 단락전류

16 변압기의 개방회로시험으로 구할 수 없는 것은?

① 무부하 전류
② 동손
③ 철손
④ 여자 임피던스

해설
동손은 단락시험으로 구할 수 있는 대표적인 성분이다.

17 변압기의 무부하시험, 단락시험에서 구할 수 없는 것은?

① 철손
② 전압변동률
③ 동손
④ 절연내력

해설
무부하시와 단락시의 단자전압의 전압변동률을 구할 수 있으며 절연내력은 구할 수 없다.

18 변압기 여자전류의 파형은?

① 파형이 나타나지 않는다.
② 사인파
③ 구형파
④ 왜형파(첨두파)

해설
변압기 철심의 자기포화와 히스테리시스현상 때문에 정현파 기전력을 유기하기 위하여 변압기 여자 전류는 왜형파이어야 한다.

19 변압기의 2차측을 개방하였을 경우, 1차측에 흐르는 전류는 무엇에 의하여 결정되는가?

① 여자어드미턴스
② 누설리액턴스
③ 저항
④ 임피던스

해설
1차측에 흐르는 여자전류는 여자어드미턴스에 의해 결정된다.

20 변압기의 임피던스 전압이란?

① 정격전류시 2차측 단자전압
② 변압기의 1차를 단락, 1차에 1차 정격전류와 같은 전류를 흐르게 하는데 필요한 1차전압
③ 변압기 누설임피던스와 정격전류와의 곱인 내부전압 강하이다.
④ 변압기의 2차를 단락, 2차에 2차 정격전류와 같은 전류를 흐르게 하는데 필요한 2차전압

해설
변압기 2차측을 단락하고 1차측에 흐르는 단락전류가 정격전류가 됐을 때의 변압기내의 전압강하를 임피던스 전압이라 한다. 이때, 변압기 특성상 누설자속에 의한 임피던스를 고려한다.

21 2[kVA], 3000/100[V]인 단상 변압기의 철손이 200[W]이면 1차에 환산한 여자 컨덕턴스[℧]는?

① 66.6×10^{-3}
② 22.2×10^{-6}
③ 2×10^{-2}
④ 2×10^{-6}

해설
• 여자 컨덕턴스
$$g_0 = \frac{I_i}{V_1} = \frac{P_i}{V_1^2}[℧]$$
• 철손 $P_i = 200[W]$
1차 단자전압 $V_1 = 3000[V]$ 이 주어졌으므로
• $g_0 = \frac{P_i}{V_1^2} = \frac{200}{3000^2} \fallingdotseq 22.2 \times 10^{-6}[℧]$

22 정격용량 10[kVA], 주파수 60[Hz], 1차전압 3300[V], 여자전류 0.315[A], 철손 97.5[W]인 변압기가 있다. 이 변압기의 권선저항, 누설리액턴스를 무시했을 때 여자어드미턴스 Y_0의 값은?

① 8.95×10^{-6}
② 95.5×10^{-6}
③ 7.26×10^{-6}
④ 65.2×10^{-6}

해설
여자어드미턴스
$$Y_0 = \frac{I_0}{V_1} = \frac{0.315}{3300} = 95.45 \times 10^{-6} = 95.5 \times 10^{-6}[℧]$$

23 2000/100[V], 10[kVA]변압기에서 1차 환산한 등가 임피던스가 $6.2+j7[\Omega]$이다. %임피던스 강하는 약 몇 [%]인가?

① 2.35
② 2.5
③ 7.25
④ 7.5

해설
• 퍼센트 임피던스강하
$$\%Z = \frac{PZ}{10V_1^2} \quad ([kVA], [kV] \text{ 단위 공식})$$
• 출력 $P = 10[kVA]$, 1차 전압 $V_1 = 2000[V]$
임피던스 $Z = \sqrt{6.2^2 + 7^2} = 9.35[\Omega]$
• $\%Z = \frac{10 \times 9.35}{10 \times 2^2} \fallingdotseq 2.35[\%]$

24 3300/210[V], 5[kVA] 단상변압기가 퍼센트 저항 강하 2.4[%], 리액턴스 강하 1.8[%]이다. 임피던스전압[V]는?

① 99　　　　　　　② 66
③ 33　　　　　　　④ 21

해설

• 임피던스 전압 V_s 를 구하기 위해

$\%Z = \dfrac{V_s}{V_{1n}} \times 100[\%]$ 에서 $V_s = \dfrac{\%Z \times V_{1n}}{100}$

• $\%Z = \sqrt{\%R^2 + \%X^2} = \sqrt{2.4^2 + 1.8^2} = 3[\%]$
  $V_{1n} = 3300[V]$

• $\therefore V_s = \dfrac{3 \times 3300}{100} = 99[V]$

25 3300/200[V], 10[kVA]인 단상 변압기의 2차를 단락하여 1차측에 300[V]를 가하니 2차에 120[A]가 흘렀다. 이 변압기의 임피던스 전압[V]과 백분율 임피던스 강하[%]는?

① 125, 3.8　　　　② 200, 4
③ 125, 3.5　　　　④ 200, 4.2

해설

• 임피던스 전압은 정격전류가 흐를 때 변압기 내의 전압 강하이다.

$$V_s = I_{1n} \cdot Z_{21}$$

• ㉠ 1차 정격전류 $I_{1n} = \dfrac{P}{V_1} = \dfrac{10 \times 10^3}{3300} = 3.03[A]$

  ㉡ 1차 환산 등가임피던스 $Z_{21} = \dfrac{V_{1s}}{I_{1s}} = \dfrac{300}{I_{1s}}[\Omega]$

  1차 단락전류 $I_{1s} = \dfrac{I_{2s}}{a(권수비)} = \dfrac{120[A]}{16.5} = 7.27[A]$

  → 위 식에 대입하면 $Z_{21} = \dfrac{300}{7.27} = 41.26[\Omega]$

• 임피던스 전압
  $V_s = 3.03[A] \times 41.26[\Omega] = 125[V]$
  %임피던스 강하
  $\%Z = \dfrac{V_s}{V_1} \times 100 = \dfrac{125}{3300} \times 100 ≒ 3.8[\%]$

26 75[kVA] 6000/200[V]인 단상변압기의 %임피던스강하가 4[%]이다. 1차 단락전류[A]는?

① 512.5　　　　　② 412.5
③ 312.5　　　　　④ 212.5

해설

• 단락전류
  $I_s = \dfrac{100}{\%Z} \times I_n$

• $\%Z = 4[\%]$, $I_{1n} = \dfrac{P}{V_1} = \dfrac{75 \times 10^3}{6000} = 12.5[A]$

• $\therefore I_s = \dfrac{100}{4} \times 12.5 = 312.5[A]$

27 100[kVA], 6000/200[V], 60[Hz]의 3상 변압기가 있다. 저압측에서 단락(3상 단락)이 생긴 경우 단락전류[A]는?(단, % 임피던스 강하는 3[%]이다.)

① 5123　　　　　② 9623
③ 11203　　　　　④ 14111

해설

• 단락전류
  $I_s = \dfrac{100}{\%Z} \times I_n$

• $\%Z = 3[\%]$일 때 저압측은 변압기 2차측이며
  2차 정격전류(3상)
  → $I_{2n} = \dfrac{P_n}{\sqrt{3}\,V_2} = \dfrac{100 \times 10^3}{\sqrt{3} \times 200} = 288.7[A]$

• $I_s = \dfrac{100}{3} \times 288.7[A] ≒ 9623[A]$

정답　　24 ①　　25 ①　　26 ③　　27 ②

28 3300/100[V], 1[kVA]인 단상변압기의 2차를 단락하고 10[A]를 통하려면, 1차에 몇 [V]를 가해야 하는가? (단, $r_1 = 160[\Omega]$, $r_2 = 0.16[\Omega]$, $x_1 = 300[\Omega]$, $x_2 = 0.3[\Omega]$)

① 약 6.25   ② 약 26.5
③ 약 215   ④ 약 625

해설

변압기 2차측을 단락 1차측에 흐르는 단락전류가 정격전류가 됐을 때의 변압기내의 전압강하를 임피던스 전압이라 한다.

• 임피던스전압
$$V_s = I_{1n} \cdot Z_{21}$$

• 1차 정격전류
$$I_{1n} = \frac{P}{V_1} = \frac{1000}{3300} = 0.303[A]$$

1차측 환산 임피던스
$$Z_{21} = \sqrt{(r_1 + a^2 r_2)^2 + (x_1 + a^2 x_2)^2}$$
$$= \sqrt{(160 + 33^2 \times 0.16)^2 + (300 + 33^2 \times 0.3)^2}$$
$$= 710.26[\Omega]$$

• $\therefore V_s = 0.303 \times 710.26 ≒ 215[V]$

29 단상변압기의 1차 전압 E_1, 1차 저항 r_1, 2차 저항 r_2, 1차 누설리액턴스 x_1, 2차 누설리액턴스 x_2, 권수비 a라고 하면 2차 권선을 단락했을 때 1차 단락전류는 몇 [A]인가?

① $I_{1s} = \dfrac{E_1}{\sqrt{(r_1 + a^2 r_2)^2 + (x_1 + a^2 x_2)^2}}$

② $I_{1s} = \dfrac{E_1}{\dfrac{a}{\sqrt{(r_1 + a^2 r_2)^2 + (x_1 + a^2 x_2)^2}}}$

③ $I_{1s} = \dfrac{E_1}{\sqrt{\left(\dfrac{r_1}{a^2 + r_2}\right)^2 + \left(\dfrac{x_1}{a^2 + x_2}\right)^2}}$

④ $I_{1s} = \dfrac{aE_1}{\sqrt{\left(\dfrac{r_1}{a^2 + r_2}\right)^2 + \left(\dfrac{x_1}{a^2 + x_2}\right)^2}}$

해설

1차로 환산한 단락전류
$$I_{s1} = \frac{E_1}{Z_{21}} = \frac{E_1}{Z_1 + a^2 Z_2} = \frac{E_1}{\sqrt{(r_1 + a^2 r_2)^2 + (x_1 + a^2 x_2)^2}}$$

30 단상변압기가 있다. 전부하에서 2차전압은 115[V]이고, 전압변동률은 2[%]이다. 1차단자 전압을 구하여라. (단, 1차, 2차 권선비는 20 : 1이다.)

① 2356[V]   ② 2346[V]
③ 2336[V]   ④ 2326[V]

해설

• 변압기의 1차 단자전압
$$V_1 = a(1 + \varepsilon)V_{2n}$$
• 전부하시 2차 전압 $V_{2n} = 115[V]$
  전압변동률 $\varepsilon = 2[\%] = 0.02[p.u]$
  권선비 $a = 20$
• $\varepsilon = 20 \times (1 + 0.02) \times 115 = 2346[V]$

31 어느 변압기의 전압비가 무부하시에는 14.5 : 1 이고 정격 부하의 어느 역률에서는 15 : 1이다. 이 변압기의 동일 역률에서의 전압변동률을 구하면?

① 3.5   ② 3.7
③ 4.0   ④ 4.3

해설

• 변압기의 전압변동률
$$\varepsilon = \frac{V_{20} - V_{2n}}{V_{2n}} \times 100$$

• 무부하시 전압비 $a = \dfrac{V_{1n}}{V_{20}} = \dfrac{14.5}{1} = 14.5$

  정격 부하시 전압비 $a' = \dfrac{V_{1n}}{V_{2n}} = \dfrac{15}{1} = 15$

  → 따라서 2차측 성분은 $V_{20} = \dfrac{1}{14.5}$

  $$V_{2n} = \dfrac{1}{15}$$

• $\therefore \varepsilon = \dfrac{\dfrac{1}{14.5} - \dfrac{1}{15}}{\dfrac{1}{15}} \times 100 ≒ 3.5[\%]$

정답   28 ③   29 ①   30 ②   31 ①

32 변압기 내부의 저항과 누설리액턴스의 %강하는 $3[\%]$, $4[\%]$이다. 부하의 역률이 지상 $60[\%]$일 때, 이 변압기의 전압변동률 $[\%]$은?

① 4.8　　　　　　② 4
③ 5　　　　　　　④ 1.4

해설

• 변압기의 전압변동률(지상)
$$\%R\cos\theta + \%X\sin\theta[\%]$$

• $\%R = 3[\%]$, $\%X = 4[\%]$, $\cos\theta = 60[\%] = 0.6$
$\sin\theta = \sqrt{1-\cos^2\theta} = \sqrt{1-0.6^2} = 0.8$

• $\therefore \varepsilon = 3\times0.6 + 4\times0.8 = 5[\%]$

33 어떤 변압기의 단락 시험에서 %저항강하 $1.5[\%]$와 %리액턴스강하 $3[\%]$을 얻었다. 부하역률이 $80[\%]$ 앞선 경우의 전압변동률$[\%]$은?

① -0.6　　　　　② 0.6
③ -3.0　　　　　④ 3.0

해설

• 변압기의 전압변동률(진상)
$$\%R\cos\theta - \%X\sin\theta[\%]$$

• $\%R = 1.5[\%]$, $\%X = 3[\%]$, $\cos\theta = 0.8$
$\sin\theta = 0.6$

• $\therefore \varepsilon = 1.5\times0.8 - 3\times0.6 = -0.6[\%]$

34 %저항 강하 1.8, %리액턴스 강하가 2.0인 변압기의 전압변동률의 최댓값과 이때의 역률은 각각 몇$[\%]$인가?

① 7.24, 27　　　　② 2.7, 1.8
③ 2.7, 67　　　　　④ 1.8, 3.8

해설

• 최대 전압변동률
$$\varepsilon_m = \sqrt{\%R^2 + \%X^2} = \sqrt{1.8^2 + 2^2} \fallingdotseq 2.7$$

• 전압변동률이 최대일 때의 역률
$$\cos\theta = \frac{\%R}{\sqrt{\%R^2 + \%X^2}} = \frac{1.8}{\sqrt{1.8^2 + 2^2}} \times 100 \fallingdotseq 67[\%]$$

35 어떤 변압기에 있어서 그 전압변동률은 부하역률 $100[\%]$에 있어서 $2[\%]$, 부하역률 $80[\%]$에서 $3[\%]$라고 한다. 이 변압기의 최대 전압변동률 $[\%]$ 및 그 때의 부하역률$[\%]$은?

① 2.33, 85　　　　② 3.07, 65
③ 3.61, 5　　　　　④ 3.61, 85

해설

• 최대 전압변동률
$$\varepsilon_m = \sqrt{\%R^2 + \%X^2}$$
전압변동률이 최대일 때의 역률
$$\cos\theta = \frac{\%R}{\sqrt{\%R^2 + \%X^2}}$$
㉠ 역률 $100[\%]$ 시 전압변동률
$$\varepsilon = \%R = 2[\%]$$
㉡ 부하역률 $80[\%]$ 시 전압변동률
$$\varepsilon = \%R\cos\theta + \%X\sin\theta[\%] = 3[\%]$$
여기에 $\%R = 2[\%]$을 대입하면
$\rightarrow 2[\%]\times0.8 + \%X\times0.6[\%] = 3[\%]$
따라서 $\%X = 2.33[\%]$

• $\therefore \varepsilon_m = \sqrt{2^2 + 2.33^2} \fallingdotseq 3.07[\%]$
$$\cos\theta = \frac{2}{\sqrt{2^2 + 2.33^2}} \times 100 \fallingdotseq 65[\%]$$

36 변압기 리액턴스강하가 저항강하의 3배이고 정격전류에서 전압변동률이 0이 되는 앞선역률의 크기$[\%]$는?

① 88　　　　　　　② 90
③ 92　　　　　　　④ 95

해설

해설 1
• $\%X = \%3R$
• 전압변동률이 최소일 때 역률의 크기
$$\cos\theta = \frac{\%X}{\sqrt{\%R^2 + \%X^2}}$$
$$= \frac{\%X}{\sqrt{\%R^2 + \%3R^2}} = \frac{3}{\sqrt{1^2 + 3^2}} \fallingdotseq 0.95 = 95[\%]$$

해설 2
• 앞선역률시 전압변동률
$$\varepsilon = p\cos\theta - q\sin\theta = 0(조건) \quad *q = 3p$$
• $p\cos\theta = q\sin\theta \rightarrow p\cos\theta = 3p\sin\theta$
• (양변에 $p\cos\theta$나누고 이항하면) $\dfrac{\sin\theta}{\cos\theta} = \tan\theta = \dfrac{1}{3}$
• 이므로
$\therefore$ 역률 $\cos\theta = \cos18.43° \fallingdotseq 0.95$

37 3300/110[V] 주상변압기를 극성시험을 하기 위하여 그림과 같이 접속하고 1차측에 120[V]의 전압을 가하였다. 이 변압기가 감극성이라면 전압계 지시[v]는?

① 116
② 152
③ 212
④ 242

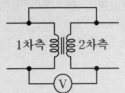

1차측 ⊰⊱⊰⊱ 2차측

Ⓥ

해설

• 권수비 $a = \dfrac{V_1}{V_2} = \dfrac{3300}{110} = 30$

　따라서 $V_2 = \dfrac{V_1}{a} = \dfrac{120}{30} = 4[V]$

• 감극성일 때의 전압계 지시값

　$V = V_1 - V_2$

• $\therefore V = 120 - 4 = 116[V]$

38 3150/210[V]의 단상변압기 고압측에 100[V]의 전압을 가하면 가극성 및 감극성일 때에 전압계 지시는 각각 몇 [v]인가?

① 가극성 : 106.7, 감극성 : 93.3
② 가극성 : 93.3, 감극성 : 106.7
③ 가극성 : 126.7, 감극성 : 96.3
④ 가극성 : 96.3, 감극성 : 126.7

해설

• 가극성일 때의 전압계의 지시값

　$V = V_1 + V_2$

　감극성일 때의 전압계의 지시값

　$V = V_1 - V_2$

• 권수비 $a = \dfrac{3150}{210}[V] = 15$ 이므로,

　$V_1 = 100$, $V_2 = \dfrac{V_1}{a} = \dfrac{100}{15} ≒ 6.7[V]$

• 가극성 지시값 $V_가 = 100 + 6.66 ≒ 106.7$

　감극성 지시값 $V_감 = 100 - 6.66 ≒ 93.3[V]$

39 "절연이 용이하지만 제 3고조파의 영향으로 통신 장해를 일으키므로 3권선 변압기를 설치할 수 있다."라는 설명은 변압기 3상결선법의 어느 것을 말하는가?

① △ − △
② Y − △ 또는 △ − Y
③ Y − Y
④ V결선

해설

• Y − Y결선은 제3고조파 순환통로가 없으므로 선로에 제3고조파가 유입되어 인접 통신선에 유도장해를 일으킨다.
• 따라서 Y − Y − △인 3권선 변압기를 이용하면 2차측 선로의 제 3고조파를 제거할 수 있다.

40 6600/210[V]의 단상 변압기 3대를 △ − Y로 결선하여 1상 18[kW]전열기의 전원으로 사용하다가 이것을 △ − △로 결선했을 때 이 전열기의 소비 전력[kW]는 얼마인가?

① 31.2
② 10.4
③ 2.0
④ 6.0

해설

• △ − Y 결선을 △ − △결선시 2차측 상전압이 $\dfrac{1}{\sqrt{3}}$ 배가 된다.
• 한 상당 소비전력은 $P_{1\phi} = \dfrac{V^2}{R}[W]$ 이므로

　소비전력은 $\left(\dfrac{1}{\sqrt{3}}\right)^2$ 배가 되어 $\dfrac{1}{3}$ 배인 6[kW]가 된다.

41 변압비 30 : 1의 단상 변압기 3대를 1차 △, 2차 Y로 결선하고 1차에 선간 전압 3300[V]를 가했을 때의 무부하 2차 선간 전압[v]은?

① 250
② 220
③ 210
④ 190

해설

변압기 △−Y결선의 1, 2차 전압, 전류 관계
변압기의 전력전달은 1차 상권선에서 2차 상권선으로 전달된다.
• 1차측 △결선에서 입력되는
　1차 선간전압 $V_{1\ell}$ = 1차 상전압 V_{1p}
• 변압기의 권수비에 의해
　2차측 Y결선 상전압 $V_{2p} = \dfrac{V_1}{a}$

　　　　→ 선간전압 $V_{2\ell} = \sqrt{3} \times \dfrac{V_1}{a}$

• $\therefore V_{2\ell} = \sqrt{3} \times \dfrac{3300}{30} ≒ 190$

42 1차 Y, 2차 △로 결선한 권수비 20:1로 되는 서로 같은 단상 변압기 3대가 있다. 이 변압기군에 2차 단자 전압 200[V], 30[kVA]의 평형 부하를 걸었을 때, 각 변압기의 1차 전류[A]는?

① 50   ② 25
③ 5   ④ 2.5

해설
- (3상 출력)$P_2 = \sqrt{3}\,V_2 I_2 = 30[kVA]$ 이므로,
  ㉠ 2차 △결선 선간 전류
  $$I_{2l} = \frac{P_2}{\sqrt{3}\,V_2} = \frac{30 \times 10^3}{\sqrt{3} \times 200} = 86.6[A]$$
  ㉡ 2차 △결선의 상전류
  $$I_{2p} = \frac{86.6}{\sqrt{3}} = 50[A]$$
- ㉠ 권수비에 의해 1차 Y결선의 상전류
  $$I_{1P} = \frac{50[A]}{a} = \frac{50}{20} = 2.5[A]$$
  ㉡ 1차 Y결선의 선간전류(선간전류=상전류)
  $$I_{1l} = \frac{50[A]}{a} = \frac{50}{20} = 2.5[A]$$

43 3상 배전선에 접속된 V결선의 변압기에 전부하시의 출력을 P[kVA]라 하면 같은 변압기 한 대를 증설하여 △결선하였을 때의 정격 출력[kVA]은?

① $\dfrac{1}{4}P$ ② $\dfrac{2}{\sqrt{3}}P$
③ $\sqrt{3}\,P$ ④ $2P$

해설
- V결선시 출력이 P[kVA]이므로
- △결선시 출력은 $\sqrt{3}\,P$[kVA] 이다.

44 2[kVA]의 단상 변압기 3대를 써서 △결선하여 급전하고 있는 경우 1대가 소손되어 나머지 2대로 급전하게 되었다. 이 2대의 변압기는 과부하를 20[%]까지 견딜 수 있다고 하면 2대가 부담할 수 있는 최대부하[kVA]는?

① 약 3.46   ② 약 4.15
③ 약 5.16   ④ 약 6.92

해설
- V결선의 출력(△결선에서 1대 고장시)
  $$P_v = \sqrt{3}\,P_1\,(\sqrt{3} \times 1대의 출력)$$
  $$= \sqrt{3} \times 2[kVA] = 2\sqrt{3}[kVA]$$
- 과부하율 20[%]까지 견딜 수 있을 때
  최대 부하 $P_v = 2\sqrt{3} \times 1.2$배 ≒ 4.15

45 두 대의 단상변압기를 V결선으로 하여 15[HP]의 3상 유도전동기를 운전하는 경우, 변압기 한 대의 용량[kVA]을 얼마로 하면 되는가?(단, 유도 전동기의 역률은 85[%], 효율은 86[%]이다.

① 20   ② 15
③ 8.8   ④ 7.5

해설
- V결선의 출력(효율, 역률 포함시)
  $$P_v = \sqrt{3}\,P_1 \cdot \cos\theta \cdot \eta[kW]$$
  $$\rightarrow 1대 출력 \ P_1 = \frac{P_V}{\sqrt{3} \cdot \cos\theta \cdot \eta}$$
- 1대 출력 $P_1 = 15 \times 746[W] = 11190[W]$
  역률 $\cos\theta = 0.85$, 효율 $\eta = 0.86$
- $\therefore P_1 = \dfrac{11190}{\sqrt{3} \cdot 0.85 \cdot 0.86} ≒ 8.8[kVA]$

46 다음 중에서 변압기의 병렬운전 조건에 필요하지 않은 것은?

① 극성이 같을 것
② 용량이 같을 것
③ 권수비가 같을 것
④ 저항과 리액턴스의 비가 같을 것

해설
변압기의 병렬운전 조건
- 극성이 같아야 한다.
- 1차, 2차 정격전압이 같고 권수비가 같아야 한다.
- %임피던스강하가 같아야 한다.
- 저항과 리액턴스비가 같아야 한다.
- 상회전 방향과 위상변위가 같아야 한다.(3상일 경우)
- ※ 변압기 용량(출력)은 병렬운전조건과 관계없다.

47 변압기의 병렬운전 조건이 아닌 것은?

① 상회전 방향과 각변위가 같을 것
② %저항 강하 및 리액턴스 강하가 같을 것
③ 각 군의 임피던스가 용량에 비례할 것
④ 정격 전압, 권수비가 같을 것

해설
변압기 용량(출력)은 병렬운전조건과 관계없다.

48 두 대 이상의 변압기를 이상적으로 병렬운전하려고 할 때 필요 없는 것은?

① 각 변압기의 손실비가 같을 것
② 무부하에서 순환전류가 흐르지 않을 것
③ 각 변압기의 부하전류가 같은 위상이 될 것
④ 부하 전류가 용량에 비례해서 각 변압기에 흐를 것

해설
변압기의 이상적인 병렬운전시
• 용량에 비례해서 각 변압기가 전류를 분담한다.
• 변압기 상호간에 순환전류가 발생하지 말아야 한다.
• 각 변압기의 부하전류가 같은 위상으로 흘러야 한다.

49 2차로 환산한 임피던스가 각각 $0.03+j0.02[\Omega]$, $0.02+j0.03[\Omega]$인 단상 변압기 2대를 병렬로 운전시킬 때, 분담 전류는?

① 크기는 같으나 위상이 다르다.
② 크기와 위상이 같다.
③ 크기는 다르나 위상이 같다.
④ 크기와 위상이 다르다.

해설
• $Z_1 = 0.03+j0.02 = \sqrt{0.03^2+0.02^2} = 0.036[\Omega]$
  위상 $\tan^{-1}\frac{X}{R} = \tan^{-1}\frac{0.02}{0.03} = 33.6°$
• $Z_1 = 0.02+j0.03 = \sqrt{0.02^2+0.03^2} = 0.036[\Omega]$
  위상 $\tan^{-1}\frac{X}{R} = \tan^{-1}\frac{0.03}{0.02} = 56.3°$
∴ 각각의 변압기는 크기는 같지만 위상이 같지 않은 전류가 흐른다.

50 $Y-\triangle$ 결선의 3상 변압기군 A와 $\triangle-Y$ 결선의 3상 변압기군 B를 병렬로 사용할 때 A군의 변압기 권수비가 30이라면 B군 변압기의 권수비는?

① 30   ② 60
③ 90   ④ 120

해설
변압기의 권수비는 상전압끼리 비교한다.
• $Y-\triangle$ 결선의 권수비
  – 1차 Y결선 상전압 $= \frac{V_1}{\sqrt{3}}$
  – 2차 $\triangle$결선 상전압 $= V_2$
  ∴ (권수비) $\frac{V_{1p}}{V_{2p}} = \frac{\frac{V_1}{\sqrt{3}}}{V_2} = 30 \rightarrow \frac{V_1}{V_2} = 30\times\sqrt{3}$
• $\triangle-Y$ 결선의 권수비
  – 1차 $\triangle$결선 상전압 $= V_1$
  – 2차 Y결선 상전압 $= \frac{V_2}{\sqrt{3}}$
  권수비 $= \frac{V_1}{\frac{V_2}{\sqrt{3}}} = \sqrt{3}\times\frac{V_1}{V_2}$ 이다.
• ∴ $\triangle-Y$ 결선의 권수비는 (1)식의 $\frac{V_1}{V_2} = 30\times\sqrt{3}$ 대입시
  $\sqrt{3}\times\sqrt{3}\times30 = 90$

A군	B군	권수비의 비교
$Y-\triangle \rightarrow \triangle-Y$		권수비 3배 차이
$\triangle-Y \rightarrow Y-\triangle$		권수비 1/3배 차이

51 1차 및 2차 정격전압이 같은 2대의 변압기가 있다. 그 용량 및 임피던스강하가 A는 5[kVA], 3[%], B는 20[kVA], 2[%]일 때 이것을 병렬운전하는 경우 부하를 분담하는 비는?

① 1 : 4   ② 2 : 3
③ 3 : 2   ④ 1 : 6

해설
• %Z가 동일하지 않을 때 총 부하분담 용량이 큰 것을 기준)
  $P_m = P_大 + \frac{\%Z_小}{\%Z_大}P_小$
• $P_A = \frac{2}{3}\times5[kVA] = \frac{10}{3}[kVA]$,
  $P_B = 20[kVA]$
• ∴ $P_A : P_B = \frac{10}{3} : 20 = 1 : 6$

52 정격이 같은 2대의 단상 변압기 1000[kVA]가 임피던스 전압은 각각 8[%]와 7[%]이다. 이것을 병렬로 하면 몇[kVA]의 부하를 걸 수가 있는가?

① 1865
② 1870
③ 1875
④ 1880

해설

• %Z가 동일할 시 변압기의 총 부하분담
$P_m = P_a + P_b[kVA]$

• %Z가 동일하지 않을 때 변압기의 총 부하분담
(용량이 큰 것을 기준)

$$P_m = P_大 + \frac{\%Z_小}{\%Z_大}P_小 = 1000[kVA] + \frac{7}{8} \times 1000[kVA]$$
$$= 1875[kVA]$$

53 같은 권수의 2대의 단상 변압기의 3상 전압을 2상으로 변압하기 위하여 스코트 결선을 할 때 T좌 변압기의 권수는 전 권수의 어느 점에서 택해야 하는가?

① $\frac{1}{\sqrt{2}}$
② $\frac{1}{\sqrt{3}}$
③ $\frac{2}{\sqrt{3}}$
④ $\frac{\sqrt{3}}{2}$

해설

3상을 2상으로 하는 상수변환법
• 우드브리지 결선
• 스코트(T)결선

T좌 변압기 탭 위치 : $\frac{\sqrt{3}}{2}$ 지점

• 메이어 결선

54 T결선에 의하여 3300[V]의 3상으로부터 200[V], 40[kVA]의 전력을 얻는 경우 T좌 변압기의 권수비는?

① 약 16.5
② 약 14.3
③ 약 11.7
④ 약 10.2

해설

• T좌 변압기 권수비

$$a_T = \frac{\sqrt{3}}{2} \times a(권수비)$$

• $\therefore a_T = \frac{\sqrt{3}}{2} \times \frac{3300}{200} = 14.3$

55 3상 전원에서 2상 전원을 얻기 위한 변압기의 결선 방법은?

① △
② T
③ Y
④ V

해설

V결선은 △결선 고장시 사용하는 방법이며 3상전원에서 2상 전원을 얻는 결선방법은 T결선이다.

56 변압기의 결선 중에서 6상측의 부하가 수은 정류기일 때, 주로 사용되는 결선은?

① 포크결선(Fork connection)
② 환상결선(ring connerction)
③ 2중 삼각결선(double delta connection)
④ 대각결선(diagonal connection)

해설

3상 전원을 6상 전원으로 변환하는 결선
• 포크결선 : 6상측 부하에 수은정류기 사용
• 환상결선
• 2중 삼각결선
• 대각결선

57 변압기에서 철손은 다음 식과 같이 표현할 수 있다. $W = K_h f B_m^{1.6} + K_e f^2 K^2 B_m^2[W]$ (단, K_h : 히스테리시스계수, K_e : 와전류계수, f : 주파수, B_m : 자속밀도이다.) 이때 K는 무엇을 말하는가?

① 파형률
② 파고율
③ 왜형률
④ 맥동률

해설

교류성분에서 파형률을 의미하는 상수이다.

정답   52 ③   53 ④   54 ②   55 ②   56 ①   57 ①

58 변압기 철심의 와전류손은 다음 중 어느 것에 비례하는가?(단, f는 주파수, B_m은 최대자속밀도, t를 철판의 두께로 한다.)

① $fB_m t$
② $fB_m^2 t$
③ $f^2 B_m^2 t^2$
④ $fB_m^{1.6} t$

해설
변압기 철손
• 히스테리시스손 $P_h = k_h f B_m^2$
• 와류손 $P_e = k_e (fBt)^2$

59 인가 전압이 일정할 때, 변압기의 와전류손은?

① 주파수에 무관
② 주파수에 비례
③ 주파수에 역비례
④ 주파수의 제곱에 비례

해설
변압기의 와전류손은 주파수과 관계없다.

60 변압기의 부하전류 및 전압이 일정하고 주파수만 낮아지면?

① 철손이 증가
② 철손이 감소
③ 동손이 증가
④ 동손이 감소

해설
• 변압기 유기기전력
  $E = 4.44fBAN$ 에서 전압이 일정할 때
  주파수$f \propto \dfrac{1}{B(자속밀도)}$ 이다.

• 변압기 철손
  – 히스테리시스손 $P_h = k_h f B_m^2$
  $\qquad\qquad\qquad \rightarrow$ 주파수와 반비례관계
  – 와류손 $P_e = k_e (fBt)^2$
  $\qquad\qquad \rightarrow$ 주파수와 무관계

• ∴ 주파수 감소시 철손은 증가한다.

61 다음은 정격 전압에서 변압기의 주파수만 높이면 다음에서 증가하는 하는 것은?

① 여자전류
② 온도상승
③ 철손
④ %임피던스

해설
변압기의 누설리액턴스 $X_L = 2\pi fL$ 에서 주파수 증가시 리액턴스에 의한 전압강하도 증가하여 %임피던스전압강하가 증가하게 된다.

62 $60[Hz]$변압기를 같은 전압, 같은 용량에서 $60[Hz]$보다 낮은 주파수로 사용할 때의 현상은?

① 철손 증가, %임피던스 전압 증가
② 철손 증가, %임피던스 전압 감소
③ 철손 감소, %임피던스 전압 증가
④ 철손 감소, %임피던스 전압 감소

해설
상단 문제 해설 참조

63 전부하에 있어 철손과 동손의 비율이 $1:2$인 변압기의 효율이 최대인 부하는 전부하의 대략 몇 [%]인가?

① 50
② 60
③ 70
④ 80

해설
변압기의 최대 효율 부하지점
$$\frac{1}{m} = \sqrt{\frac{P_i}{P_c}} \times 100[\%] = \sqrt{\frac{1}{2}} \times 100[\%] ≒ 70[\%]$$

64 어떤 주상 변압기가 $4/5$ 부하일 때, 최대 효율이 된다고 한다. 전부하에 있어서의 철손과 동손의 비 P_c/P_i의 비는?

① 약 1.25
② 약 1.56
③ 약 1.64
④ 약 0.64

해설

- 변압기의 4/5 부하일 때 최대 효율 부하지점

$$\frac{1}{m}=\sqrt{\frac{P_i}{P_c}} \rightarrow \frac{4}{5}=\sqrt{\frac{P_i}{P_c}}$$

- 양변에 제곱 시

$$\left(\frac{P_i}{P_c}\right)=\left(\frac{4}{5}\right)^2=\frac{16}{25}=0.64$$

- 단, 문항에서 $\frac{P_c}{P_i}=\frac{1}{0.64}≒1.56$

65 정격 150[kVA], 철손 1[kW], 전부하 동손이 4[kW]인 단상 변압기의 최대 효율[%]과 최대 효율시의 부하[kVA]를 구하면?

① 96.8, 125
② 97.4, 75
③ 97, 50
④ 97.2, 100

해설

- 변압기의 최대 효율 부하지점

$$\frac{1}{m}=\sqrt{\frac{P_i}{P_c}}=\sqrt{\frac{1[kW]}{4[kW]}}=\frac{1}{2}$$ 부하지점

∴ 최대 효율시 부하 $=150[kVA]\times\frac{1}{2}=75[kVA]$

- 변압기의 최대 효율 계산

$$\eta_{\frac{1}{m}}=\frac{\frac{1}{m}P\cos\theta}{\frac{1}{m}P\cos\theta+P_i+\left(\frac{1}{m}\right)^2 P_c}\times100[\%]$$

$$=\frac{\frac{1}{2}\times150\times10^3}{\frac{1}{2}\times150+1\times10^3+(\frac{1}{2})^2\times4\times10^3}\times100$$

$$=97.4[\%]$$

66 용량 10[kVA], 철손 120[W], 전부하 동손 200[W]인 단상 변압기 2대를 V결선하여 부하를 걸었을 때, 전부하 효율은 몇[%]인가? (단, 부하의 역률은 $\sqrt{3}/2$라 한다.)

① 98.3
② 97.9
③ 97.2
④ 96.0

해설

- 단상 변압기 2대이므로 철손과 동손은 2배가 된다.(변압기 V결선)

$$\eta_m=\frac{\sqrt{3}P\cos\theta}{\sqrt{3}P\cos\theta+2P_i+2P_c}\times100[\%]$$

- 1대의 출력 P=10[kVA], 철손 $P_i=120[W]$
동손 $P_c=200[W]$, 역률 $\cos\theta=\frac{\sqrt{3}}{2}$ 이다.

$$∴\eta_m=\frac{\sqrt{3}\times10\times\frac{\sqrt{3}}{2}}{\sqrt{3}\times10\times\frac{\sqrt{3}}{2}+2\times0.12+2\times0.2}\times100$$

$$≒96[\%]$$

67 변압기의 전일 효율을 최대로 하기 위한 조건은?

① 전부하 시간이 짧을수록 무부하손을 적게 한다.
② 전부하 시간이 짧을수록 철손을 크게 한다.
③ 부하 시간에 관계없이 전부하 동손과 철손을 같게 한다.
④ 전부하 시간이 길수록 철손을 적게 한다.

해설

변압기의 최대효율 조건은 철손=동손 이다.
이때 동손은 부하손으로서 24시간 발생하는 성분이 아니므로 전부하시간이 짧을수록 철손(무부하손)을 적게 하여 조건을 성립하게 한다.

68 주상변압기에서 보통 동손과 철손의 비는 (a)이고, 최대효율이 되기 위하여 동손과 철손의 비는 (b)이다. ( )에 알맞은 것은?

① a=1:1, b=1:1
② a=2:1, b=1:1
③ a=1:1, b=2:1
④ a=5:1, b=3:1

해설

주상변압기는 부하가 24시간 걸리지 않으므로 일반적으로 동손과 철손의 비는 2:1 이며 이론상 최대효율 조건은 동손과 철손이 비는 1:1이다.

69 발전기 또는 주변압기의 내부고장 보호용으로 가장 널리 쓰이는 계전기는?

① 거리계전기　　　② 비율차동계전기
③ 과전류계전기　　④ 방향단락계전기

해설
변압기(발전기)의 내부고장에 대한 보호계전기
비율차동계전기(차동계전기) : 변압기 상간 단락에 의해 1, 2차간 전류 위상각 변위가 발생하면 동작하는 계전기

70 변압기의 내부고장을 검출하기 위하여 사용되는 보호 계전기가 아닌 것을 고르면?

① 저전압계전기　　② 차동계전기
③ 가스검출계전기　④ 압력계전기

해설
변압기 내부고장 보호 계전기
• 비율차동계전기(차동계전기)
　변압기 상간 단락에 의해 1, 2차간 전류 위상각 변위가 발생하면 동작하는 계전기
• 부흐홀쯔 계전기
　수은 접점을 이용하여 아크 방전 사고를 검출하는 계전기
• 가스검출 계전기
• 압력 계전기

71 보호계전기 구성요소의 기본원리에 속하지 않는 것은?

① 전자흡인
② 전자유도
③ 정지형 스위칭회로
④ 광전관

해설
광전 효과를 이용하여 빛의 변화를 전류의 변화로 바꾸는 것을 광전관이라 하며 보호 계전기의 기본 원리에 속하지 않는다.

72 수은접점 2개를 사용하여 아크방전 등의 사고를 검출하는 계전기는?

① 과전류 계전기　　② 가스검출계전기
③ 부흐홀쯔 계전기　④ 차동계전기

해설
부흐홀쯔 계전기 : 수은 접점을 사용하여 아크 방전 사고를 검출한다.

73 권선의 층간 단락 사고를 검출하는 계전기는?

① 접지계전기　　　② 과전류계전기
③ 역상계전기　　　④ 차동계전기

해설
비율차동계전기(차동계전기) : 변압기 상간 단락에 의해 1, 2차간 전류 위상각 변위가 발생하면 동작하는 계전기

74 변압기의 보호 방식 중 비율차동계전기를 사용하는 경우는?

① 변압기의 포화억제
② 고조파 발생 억제
③ 여자돌입전류 보호
④ 변압기의 상간 단락보호

해설
비율차동계전기(차동계전기) : 변압기 상간 단락에 의해 1, 2차간 전류 위상각 변위가 발생하면 동작하는 계전기

75 전압이 정상치 이상으로 되었을 때 회로를 보호하려는 동작으로 기기 설비의 보호에 사용되는 계전기는?

① 지락계전기　　　② 방향계전기
③ 과전압계전기　　④ 거리계전기

해설
과전압계전기(OVR)는 일정값 이상의 전압이 공급되면 동작하는 것으로 과전압 보호용이다.

정답　69 ②　70 ①　71 ④　72 ③　73 ④　74 ④　75 ③

특수변압기

Chapter 06

1 특수변압기의 종류와 특징

1. 단권변압기의 특징

승압용 또는 강압용으로 사용되는 단권변압기는 1차와 2차 양회로에 공통된 권선 부분을 가지는 변압기로 유도전동기 기동시 계통의 연계에 사용된다.

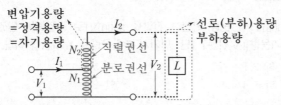

2. 단권변압기의 장·단점

(1) 장점

① 전압강하, 전압변동률이 작다.

② 임피던스가 작기 때문에 철손, 동손이 작아 효율이 좋다.

③ 누설자속이 작고, 기계기구를 소형화 할 수 있다.

(2) 단점

① 단락전류가 크다.

② 1차와 2차 절연이 어렵다.

3. 단권변압기의 부하용량과 자기용량의 비

(1) 부하용량(2차출력) = $V_2 I_2$

(2) 자기용량(단권변압기 용량) = $(V_2 - V_1)I_2$

■ 단권변압기 용도
단권변압기는 승압용과 강압용 모두 사용가능하다.

$$\frac{\text{자기용량}}{\text{부하용량}} = \frac{(V_2 - V_1)I_2}{V_2 I_2} = \frac{V_2 - V_1}{V_2} = \frac{V_H - V_L}{V_H}$$

	1대	2대(V결선)	3대(Y결선)	3대(Δ결선)
자기용량 부하용량	$\dfrac{V_H - V_L}{V_H}$	$\dfrac{2}{\sqrt{3}} \cdot \dfrac{V_H - V_L}{V_H}$	$\dfrac{V_H - V_L}{V_H}$	$\dfrac{V_H^2 - V_L^2}{\sqrt{3}\,V_H \cdot V_L}$

예제문제 단권변압기의 특징

1 같은 출력에 대하여 단권변압기를 표시한 글이다. 잘못 표시된 것은 어느 것인가?

① 사용재료가 적게 들고 손실도 적다.
② 효율이 높다.
③ %임피던스강하가 적다.
④ 3상에서는 사용할 수 없다.

해설
단권 변압기는 단상 및 3상, 강압용, 승압용으로 사용할 수 있다. **답 ④**

예제문제 단권변압기의 자기용량 계산

2 3000[V]의 단상 배전선 전압을 3300[V]로 승압하는 단권변압기의 자기용량[kVA]은? (단, 여기서 부하용량은 100[kVA]이다.)

① 약 2.1   ② 약 5.3
③ 약 7.4   ④ 약 9.1

해설
단권변압기 회로도

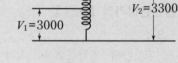

· $\dfrac{\text{자기용량}}{\text{부하용량}} = \dfrac{V_H - V_L}{V_H}$ 에서

   $\text{자기용량} = \dfrac{V_H - V_L}{V_H} \times \text{부하용량}$

· $\therefore \dfrac{3300 - 3000}{3300} \times 100[\text{kVA}] \fallingdotseq 9.1[\text{kVA}]$ **답 ④**

예제문제 단권 변압기의 자기용량과 부하용량의 비

3 그림과 같이 1차 전압 V_1, 2차 전압 V_2인 단권변압기를 V결선했을 때 변압기의 등가 용량과 부하 용량과의 비를 나타내는 식은? (단, 손실은 무시한다.)

① $\dfrac{2}{\sqrt{3}} \cdot \dfrac{V_1 - V_2}{V_1}$

② $\dfrac{\sqrt{3}}{2} \cdot \dfrac{V_1 - V_2}{V_1}$

③ $\dfrac{1}{2} \cdot \dfrac{V_1 - V_2}{V_1}$

④ $\dfrac{2(V_1 - V_2)}{V_1}$

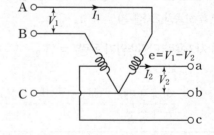

해설
단권변압기 2대(V결선)

$\dfrac{\text{자기용량}}{\text{부하용량}} = \dfrac{2}{\sqrt{3}} \cdot \dfrac{V_1 - V_2}{V_1}$ **답 ①**

② 3권선 변압기

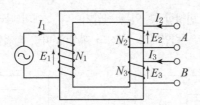

변압기 철심에 3개의 권선이 있는 변압기 이며 대용량의 전력용으로 사용한다. 각 권선은 다른 종류의 전압 및 소내 부하용에 쓰이며 제 3고조파 제거 및 조상설비로 사용이 된다.

(1) 설치 장소가 좁아 변압기 2대를 설치하지 못하는 경우로서 2종류의 전원이 필요한곳
(2) 초고압 송전선로에서 계통연계용의 변압기를 3권선 변압기로 하여 3차 권선을 11[kV]로 하여 계통의 무효전력 공급을 위한 조상기 운영에 필요한 전원으로 이용

예제문제　3권선 변압기의 특징

4 3권선변압기의 3차 권선의 용도가 아닌 것은?

① 소내용 전원 공급
② 승압용
③ 조상설비
④ 3고조파 제거

> 해설
> 3권선(△결선)의 용도
> • 제3고조파 제거
> • 조상설비 설치(전압 조정, 역률 개선)
> • 발전소내 전력공급용
>
> 답 ②

■3권선(△결선)의 용도
• 제3고조파 제거
• 조상설비 설치(전압조정, 역률개선)
• 발전소내 전력공급용

③ 3상 변압기

한 대로 3상을 변성할 수 있는 변압기이다. 3개의 다리를 가진 철심의 각 상에 권선을 감은 변압기로, 철심의 형상에 따라 외철형과 내철형이 있다.

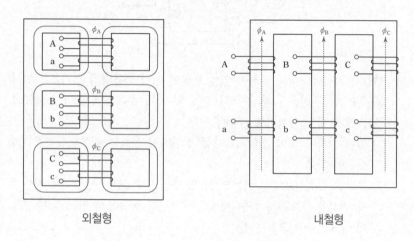

외철형   내철형

1. 구조

(1) 외철형 : 각 상마다 독립된 자기 회로를 가지고 있으므로 단상 변압기로 사용가능하다.

(2) 내철형 : 각 상마다 독립된 자기회로가 없기 때문에 단상 변압기로 사용할 수 없다.

2. 장·단점

(1) 장점

① 단상 변압기를 3대 사용하는 3상 결선 방식에 비해 철심 무게가 경감되어서 철손이 작아지고 효율이 좋다.

② 사용 재료가 적기 때문에 중량이 감소되고 설치 면적이 절약되며 가격이 싸다.

(2) 단점

① 1상 고장이 발생하면 전체를 교환해야 한다.

② 설치 뱅크가 적을 때 예비기의 설치 비용이 크다.

예제문제 3상변압기의 특징

5 3상변압기의 장점에 해당되지 않는 것은?

① 사용 철심량이 15[%] 경감된다.
② 바닥면 면적이 작다.
③ 경제적으로 보아 가격이 싸다.
④ 고장시 수리하기가 쉽다.

해설
3상변압기는 단상 3대를 사용한 변압기와 달리 고장시 전체를 교환해야 하므로 고장시 수리가 어렵다.

답 ④

④ 누설변압기

1. 특징

1차측에 일정전압을 가하고 2차측 부하전류가 증가하면 철심 내부의 누설 자속이 증가하여 누설 리액턴스에 의한 전압강하가 임계점에서 급격이 증가하게 된다(수하특성). 이로 인해 2차전류를 항상 일정하게 유지하는 정전류 변압기이다.

■ 누설변압기의 수하특성
부하전류 ↑ → 누설자속 ↑ → 주 자속↓ → 전압↓

2. 용도

네온관등, 방전등, 아크 용접기, 전자레인지 등에 사용한다.

예제문제 누설 변압기의 특징

6 아크 용접용 변압기가 전력용 일반 변압기보다 다른 점이 있다면?

① 권선의 저항이 크다   ② 누설 리액턴스가 크다
③ 효율이 높다   ④ 역률이 좋다

해설
자기누설변압기
• 용도 : 용접용 변압기, 네온관용 변압기
• 특징 : 전압변동률이 크고, 역률과 효율이 나쁘다.

답 ②

⑤ 계기용 변성기

고전압회로의 전압과 전류등을 측정하기 위해 직접 회로에 접속하지 않고 계기용변압기를 통해 연결한다. 이때 측정관계의 비용이 절약되고 계기회로를 선로전압으로부터 절연하므로 위험이 적다.

전압측정용은 계기용변압기(PT)가 있으며, 전류측정용으로는 변류기(CT)가 있다.

1. 계기용 변압기(Potential Transformer)

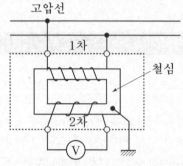

계기용 변압기

고전압을 저압으로 변성하는 기기로서 계기 및 계전기에 전원을 공급한다. 전력용변압기와 구조상 큰 오차가 없으나 측정 오차를 줄이기 위해 권선의 임피던스 강하를 적게한 변압기 이다.

PT회로의 1차전류는 PT 2차회로의 상태에 따라 결정되며 2차가 단락되면 단락전류가 흘러 권선이 소손될 우려가 있다. 때문에 2차단자를 개방시킨다.

2. 변류기(Current Transformer)

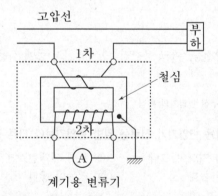

계기용 변류기

대전류를 소전류로 변환하는 기기로서 계기 및 계전기에 전원을 공급한다. 권수가 적은 1차코일과 권수가 많은 2차코일을 감은 구조로서 1차, 2차의 전류비는 권수비에 반비례한다. CT는 사용중 2차측을 개방하면 1차

■ CT비

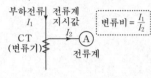

■ PT와 CT

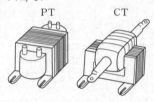

■ 계기용변압기(PT)
· 고압을 저압으로 변성하는 계기
· 2차 전압 : 110[V]
· PT를 점검하기 위해서는 2차측 전원을 차단해야 하기 때문에 휴즈 개방

■ 계기용변류기(CT)
· 대전류를 소전류로 변성하는 계기
· 2차 전류 : 5[A]
· CT를 점검하기 위해서는 부하에 공급되는 전류를 차단하기 위해서 단락한다.

측 전류의 대부분인 부하전류가 모두 여자전류가 되어 자속을 급격히 포화시켜 2차 코일에 고전압이 유기되어 2차 코일이 소손된다. 따라서 전류계를 점검하기 전에 미리 2차측을 단락하고 전류계를 떼어낸다.

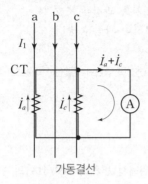
가동결선

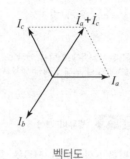
벡터도

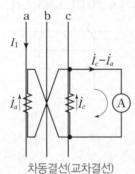
차동결선(교차결선)

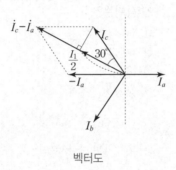
벡터도

핵심 NOTE

■ 변류비(CT비)
• 가동결선시

$$변류비 = \frac{I_1(부하전류)}{I_2(전류계값)}$$

• 차동결선시

$$변류비 = \frac{I_1(부하전류)}{I_2(전류계값)} \times \sqrt{3}$$

예제문제 변류기의 점검사항

7 계기용변압기(PT) 및 변류기(CT)를 사용하여 전압 및 전류를 측정한 후에 이들 계기를 떼어낼 때, 그 2차측에 대한 조치는?

① PT, CT 모두 단락   ② PT는 단락, CT는 개방

③ PT, CT 모두 개방   ④ PT는 개방, CT는 단락

해설

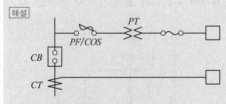

• 계기용변압기(PT)
 – 고압을 저압으로 변성하는 계기
 – 2차 전압 : 110[V]
 – PT를 점검하기 위해서는 2차측 전원을 차단해야 하기 때문에 휴즈 개방
• 계기용변류기(CT)
 – 대전류를 소전류로 변류하기 위한 계기
 – 2차 전류 : 5[A]
 – CT를 점검하기 위해서는 부하에 공급되는 전류를 차단하기 위해서 단락

답 ④

8 변류기 개방시 2차측을 단락하는 이유는?

  ① 2차측 절연 보호   ② 2차측 과전류 보호

  ③ 측정 오차 방지   ④ 1차측 과전류 방지

해설
변류기는 2차측에 개방시 2차측에 과전압이 고전압이 유기되어 절연이 파괴되므로 2차측 절연보호를 위해 단락을 먼저 시킨다.

답 ①

예제문제   변류비 계산

9 평형 3상회로의 전류를 측정하기 위해서 변류비 200/5[A]의 변류기를 그림과 같이 접속하였더니 전류계의 지시가 1.5[A]이다. 1차 전류[A]는?

  ① 60

  ② $60\sqrt{3}$

  ③ 30

  ④ $30\sqrt{3}$

해설
- 변류기의 CT비 $= \dfrac{I_1}{I_2}$ 에서, $\rightarrow I_1 = \text{CT비} \times I_2$
- 전류계의 지시값 $I_2 = 1.5[\text{A}]$, CT비 $= \dfrac{200}{5} = 40$
- $\therefore I_1 = 40 \times 1.5[\text{A}] = 60[\text{A}]$

답 ①

예제문제   변류비 계산

10 평형 3상 전류를 측정하려고 변류비 60/5[A]의 변류기 두 대를 그림과 같이 접속했더니 전류계에 2.5[A]가 흘렀다. 1차 전류는 몇 [A]인가?

  ① 약 12.0

  ② 약 17.3

  ③ 약 30.0

  ④ 약 51.9

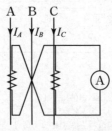

해설
- (차동결선시)변류기의 CT비 $= \dfrac{I_1}{I_2} \times \sqrt{3}$ 에서, $\rightarrow I_1 = \dfrac{\text{CT비} \times I_2}{\sqrt{3}}$
- 전류계의 지시값 $I_2 = 2.5[\text{A}]$, CT비 $= \dfrac{60}{5} = 12$
- $\therefore I_1 = \dfrac{12 \times 2.5}{\sqrt{3}} \fallingdotseq 17.3[\text{A}]$

답 ②

⑥ 변압기의 정격

1. 정격 용량

정격 전압, 정격 주파수, 정격 역률에서 지정된 온도 상승 한도를 넘지 않고 출력 단자 사이에서 얻어지는 값(kVA, MVA)을 말한다.

2. 정격전압

변압기의 운전과 성능 특성을 나타낼 때의 기준 전압으로서 무부하 운전시 발생되는 전압(1차 및 2차측 단자전압의 실효치)를 말하며 3상 변압기에서 정격전압은 선로 단자간의 전압으로 표시한다.

3. 정격전류

정격용량과 정격전압에서 산출되는 선로전류의 실효값을 말한다. 정격 2차전류는 정격용량을 정격 2차전압으로 나누어 구한다.

예제문제 **변압기의 정격**

11 변압기의 정격을 정의한 다음 중에서 옳은 것은?

① 2차단자 간에서 얻을 수 있는 유효전력을 [kW]로 표시한 것이 정격 출력이다.
② 정격 2차전압은 명판에 기재되어 있는 2차권선의 단자전압이다.
③ 정격 2차전압을 2차권선의 저항으로 나눈 것이 정격 2차전류이다.
④ 전부하의 경우는 1차단자전압을 정격 1차전압이라 한다.

답 ②

출제예상문제

01 다음은 단권 변압기를 설명한 것이다. 틀린 것은?

① 소형에 적합하다.
② 누설 자속이 적다.
③ 손실이 적고 효율이 좋다.
④ 재료가 절약되어 경제적이다.

<u>해설</u>

소형 및 대형 모두 널리 사용하는 변압기로서 소형화할 수 있는 장점이 있지만 소형에만 적합하지는 않다.

02 단권변압기에서 고압측을 V_h, 저압측을 V_l, 2차 출력을 P, 단권변압기의 용량을 P_{1n}이라 하면 P_{1n}/P는?

① $\dfrac{V_l + V_h}{V_h}$

② $\dfrac{V_l - V_h}{V_h}$

③ $\dfrac{V_l + V_h}{V_l}$

④ $\dfrac{V_h - V_l}{V_h}$

<u>해설</u>

	1대	2대(V결선)	3대 (Y결선)	3대 (△결선)
자기용량 / 부하용량	$\dfrac{V_h - V_l}{V_h}$	$\dfrac{2}{\sqrt{3}} \cdot \dfrac{V_h - V_l}{V_h}$	$\dfrac{V_h - V_l}{V_h}$	$\dfrac{V_h^2 - V_l^2}{\sqrt{3} V_l \cdot V_h}$

03 1차 전압 V_ℓ, 2차 전압 V_h인 단권변압기를 Y결선했을 때, 등가용량과 부하용량의 비는?

① $\dfrac{V_h - V_\ell}{\sqrt{3} V_h}$

② $\dfrac{V_h - V_\ell}{V_h}$

③ $\dfrac{\sqrt{3}(V_h - V_\ell)}{2 V_\ell}$

④ $\dfrac{V_h^2 - V_\ell^2}{\sqrt{3} V_h V_\ell}$

<u>해설</u>

	1대	2대(V결선)	3대 (Y결선)	3대 (△결선)
자기용량 / 부하용량	$\dfrac{V_h - V_l}{V_h}$	$\dfrac{2}{\sqrt{3}} \cdot \dfrac{V_h - V_l}{V_h}$	$\dfrac{V_h - V_l}{V_h}$	$\dfrac{V_h^2 - V_l^2}{\sqrt{3} V_l \cdot V_h}$

04 단권변압기의 3상 결선에서 △결선인 경우, 1차측 선간 전압 V_1, 2차측 선간 전압 V_2일 때 단권 변압기 용량/부하용량은?(단, $V_1 > V_2$인 경우이다.)

① $\dfrac{V_1 - V_2}{V_1}$

② $\dfrac{V_1^2 - V_2^2}{\sqrt{3} V_1 V_2}$

③ $\dfrac{\sqrt{3}(V_1^2 - V_2^2)}{V_1 V_2}$

④ $\dfrac{V_1 - V_2}{\sqrt{3} V_1}$

<u>해설</u>

	1대	2대(V결선)	3대 (Y결선)	3대 (△결선)
자기용량 / 부하용량	$\dfrac{V_h - V_l}{V_h}$	$\dfrac{2}{\sqrt{3}} \cdot \dfrac{V_h - V_l}{V_h}$	$\dfrac{V_h - V_l}{V_h}$	$\dfrac{V_h^2 - V_l^2}{\sqrt{3} V_1 \cdot V_h}$

05 1차 전압 100[V], 2차 전압 200[V], 선로 출력 50[kVA]인 단권변압기의 자기용량은 몇[kVA]인가?

① 25

② 50

③ 250

④ 500

<u>해설</u>

• 단권변압기 용량(자기용량)

$\dfrac{\text{자기용량}}{\text{부하용량}} = \dfrac{V_h - V_l}{V_h}$ 에서,

$\rightarrow$ 자기용량 $= \dfrac{V_h - V_l}{V_h} \times$ 부하용량

• $V_h = 200[V]$, $V_1 = 100[V]$

부하용량=선로출력=50[kVA]

• $\therefore$ 자기용량$= \dfrac{200 - 100}{200} \times 50[kVA] = 25[kVA]$

정답   01 ①   02 ④   03 ②   04 ②   05 ①

06 용량 1[kVA], 3000/200[V]의 단상변압기를 단권변압기로 결선해서 3000/3200[V]의 승압기로 사용할 때, 그 부하용량[kVA]은?

① 16 ② 15

③ 1 ④ $\dfrac{1}{16}$

해설

• 단권변압기의 용량(자기용량)

$\dfrac{\text{자기용량}}{\text{부하용량}} = \dfrac{V_h - V_l}{V_h}$ 에서,

→ 부하용량 $= \dfrac{V_h}{V_h - V_l} \times$ 자기용량

• $V_h = 3200[V]$, $V_l = 3000[V]$, 자기용량 $= 1[kVA]$

• ∴ 부하용량 $= \dfrac{3200}{3200 - 3000} \times 1[kVA] = 16[kVA]$

---

07 용량 10[kVA]의 단권변압기를 그림과 같이 접속하면 역률 80[%]의 부하에 몇[kW]의 전력을 공급할 수 있는가?

① 55
② 66
③ 77
④ 88

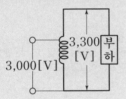

3,000[V] 3,300[V] 부하

해설

• 단권변압기의 용량(자기용량)

$\dfrac{\text{자기용량}}{\text{부하용량}} = \dfrac{V_h - V_l}{V_h}$ 에서,

→ 부하용량 $= \dfrac{V_h}{V_h - V_l} \times$ 자기용량

• $V_h = 3300[V]$, $V_l = 3000[V]$, 자기용량 $= 10[kVA]$

• ∴ 부하용량 $= \dfrac{3300}{3300 - 3000} \times 10[kVA] = 110[kVA]$

여기서 역률 $\cos\theta = 0.8$ 이므로
→ $110[kVA] \times 0.8 = 88[kW]$

---

08 정격이 300[kVA], 6600/2200[V]인 단권 변압기 2대를 V결선으로 해서, 1차에 6600[V]를 가하고, 전부하를 걸었을 때의 2차측 출력[kVA]은?(단, 손실은 무시한다.)

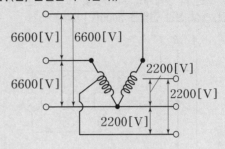

6600[V] 6600[V]
6600[V] 2200[V]
2200[V]
2200[V]

① 약 519 ② 약 487
③ 약 425 ④ 약 390

해설

• V결선 단권변압기의 용량(자기용량)

$\dfrac{\text{자기용량}}{\text{부하용량}} = \dfrac{2}{\sqrt{3}} \cdot \dfrac{V_h - V_l}{V_h}$ 에서,

→ 부하용량 $= \dfrac{\sqrt{3}}{2} \times \dfrac{V_h}{V_h - V_l} \times$ 자기용량

• $V_h = 6600[V]$, $V_l = 2200[V]$, 자기용량 $= 300[kVA]$

• ∴ 부하용량 $= \dfrac{\sqrt{3}}{2} \cdot \dfrac{6600}{6600 - 2200} \times 300[kVA]$
$\qquad\qquad = 390[kVA]$

---

09 전류 변성기 사용 중에 2차를 개방해서는 안되는 이유는 다음과 같다. 틀린 것은?

① 철손의 급격한 증가로 소손의 우려가 있다
② 포화 자속으로 인한 첨두 기전압이 발생하여 절연 파괴의 우려가 있다
③ 계기와 계전기의 정상적 작용을 일시 정지시키기 때문이다
④ 일단 크게 작용한 히스테리시스 루프의 영향으로 계기의 오차 발생

해설

변류기 2차측은 개방시 1차측 전원의 여자전류가 다량의 자속을 발생시켜 2차측에 고전압이 유기된다. 이로 인해 계기의 오차가 발생하거나 절연파괴가 발생하기 때문에 2차측 단자를 단락 후 점검한다.

---

10 평형 3상 3선식 선로에 2개의 PT와 3개의 전압계 V_1, V_2, V_3를 그림과 같이 접속하고, 선간 전압을 측정하고 있을 때 퓨즈 F_B가 절단되었다고 하면 각 전압계의 지시는 몇 [V]가 되는가? (단, 3상 선간 전압은 3000[V]이다.)

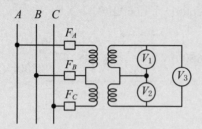

① $V_1 = V_2 = 3000[V]$, $V_3 = 6000[V]$
② $V_1 = V_2 = V_3 = 3000[V]$
③ $V_1 = V_2 = 1500[V]$, $V_3 = 3000[V]$
④ $V_1 = V_2 = V_3 = 1500[V]$

해설

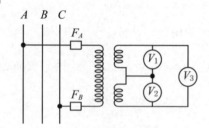

퓨즈 B가 절단되면 변성기의 1차가 직렬이 되어 AC간의 단상 전압이 되므로
• $V_1 = V_2 = 1500[V]$
• $V_3 = 3000[V]$가 된다.

11 내철형 3상 변압기를 단상변압기로 사용할 수 없는 이유로 가장 옳은 것은?

① 1, 2차간의 각변위가 있기 때문에
② 각 권선마다의 독립된 자기회로가 있기 때문에
③ 각 권선마다의 독립된 자기회로가 없기 때문에
④ 각 권선이 만든 자속이 $\frac{3\pi}{2}$ 위상차가 있기 때문에

해설
내철형 3상 변압기
각 권선마다 독립된 자기회로가 없기 때문에 각 권선을 단상으로 사용할 수 없다.

12 누설변압기에 필요한 특성은 무엇인가?

① 정전압특성
② 고저항 특성
③ 고임피던스 특성
④ 수하 특성

해설

누설변압기는 급격한 부하증가시 누설리액턴스로 인해 전압강하를 발생시켜 일정한 전류를 만드는 수하특성을 지닌 변압기이다.

13 자기누설변압기의 특징은?

① 단락전류가 크다.
② 전압변동률이 크다.
③ 역률이 좋다.
④ 표유부하손이 작다.

해설
누설변압기
• 용도 : 용접용 변압기, 네온관용 변압기
• 특징 : 전압변동률이 크고, 역률과 효율이 나쁘다.

14 네온관용 변압기는?

① 단상변압기
② 3상변압기
③ 정전압변압기
④ 자기누설변압기

해설
용접용이나 네온관용 변압기는 누설변압기이다.

정답 10 ③ 11 ③ 12 ④ 13 ② 14 ④

Chapter 07

유도기

① 유도전동기의 원리

3상 유도전동기의 구조

1. 유도전동기의 원리

유도전동기는 플레밍의 오른손 법칙에 따른 전자유도 법칙과 자계와 전류사이에 발생하는 전자력을 응용한 전동기 이다.

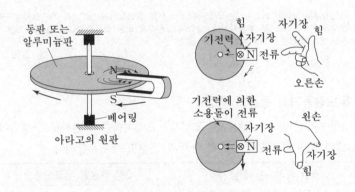

(1) 영구자석을 회전시키면 구리판이 영구자석의 자속을 끊으며 플레밍의 오른손 법칙에 의해 기전력이 발생한다.

(2) 기전력에 의해 구리판 표면에 맴돌이전류가 흐른다. 이때 전류에 의해 자속이 새롭게 발생하며 플레밍의 왼손법칙에 따라 전자력이 발생하여 영구자석과 동일한 방향으로 회전하게 된다.

(3) 3상 유도전동기는 위와 같이 자석을 돌리는 대신 고정된 3상 권선에 3상 교류를 흘렸을 때 생기는 회전자계를 이용한 것이며 권선을 감은 원통형의 회전자도체가 동판 역할을 하게 된다.

핵심 NOTE

■ 유도전동기

고정자에 교류 전압을 가했을 때 발생하는 전자유도현상을 이용하여 회전자에 전류를 흘려 회전력을 발생시키는 교류 전동기이다. 3상 유도전동기와 단상 유도전동기로 구분된다. 3상 유도전동기는 양수펌프, 송풍기, 권상기 등에 사용되며 단상 유도전동기는 선풍기 냉장고등 비교적 작은 동력을 필요로 하는 곳에 주로 사용된다.

■ 유도전동기 원리
• 3상유도전동기: 회전자계원리
• 단상유도전동기: 교번자계원리

■ 참고

예제문제 유도 전동기의 원리

1 3상 유도전동기의 회전방향은 이 전동기에서 발생되는 회전자계의 회전 방향과 어떤 관계가 있는가?

① 아무관계도 없다
② 회전자계의 회전방향으로 회전한다.
③ 회전자계의 반대방향으로 회전한다.
④ 부하 조건에 따라 정해진다.

해설
유도전동기 회전방향은 회전자계 회전방향과 동일한 방향으로 회전한다.

답 ②

예제문제 유도 전동기의 원리

2 유도 전동기에서 공간적으로 본 고정자에 의한 회전 자계와 회전자에 의한 회전 자계는?

① 슬립만큼의 위상각을 가지고 회전한다.
② 항상 동상으로 회전한다.
③ 역률각만큼의 위상각을 가지고 회전한다.
④ 항상 180°만큼의 위상각을 가지고 회전한다.

해설
고정자에서 발생한 회전자계는 회전자에 와전류를 발생시키며 플레밍의 왼손법칙에 의해 전자력에 따른 토크를 발생시킨다. 따라서 회전자에 의한 회전자계와 고정자에 의한 회전자계와 방향이 같으며 위상도 같게 된다.

답 ②

2. 유도전동기의 종류와 특징

3상 유도전동기는 1차측은 고정자이고 2차측은 회전자로 구성되어 있으며 회전자의 형태에 따라 농형과 권선형으로 분류된다.

■ 농형전동기 중 기동토크 큰 순서
2중농형 → 디프슬롯형 → 보통농형

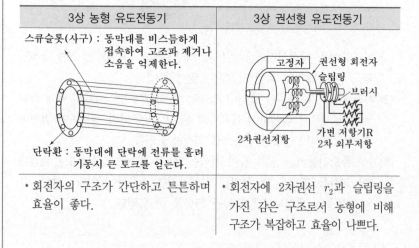

3상 농형 유도전동기	3상 권선형 유도전동기
스큐슬롯(사구) : 동막대를 비스듬하게 접속하여 고조파 제거나 소음을 억제한다. 단락환 : 동막대에 단락에 전류를 흘려 기동시 큰 토크를 얻는다.	고정자 / 권선형 회전자 / 슬립링 / 브러시 / 가변 저항기R 2차 외부저항 / 2차권선저항
• 회전자의 구조가 간단하고 튼튼하며 효율이 좋다.	• 회전자에 2차권선 r_2과 슬립링을 가진 감은 구조로서 농형에 비해 구조가 복잡하고 효율이 나쁘다.

• 별도의 장치가 없기 때문에 속도 조정이 어렵다.

• 고조파 제거나 소음 경감을 위해 홈이 사선이다. (사슬롯, skew slot)

• 기동토크가 작아 중·소형 유도전동기에 널리 사용된다.

• 2차 회로에 저항을 삽입하여 비례 추이가 가능하여 기동이나, 속도 제어가 용이하다.

• 기동토크가 크기 때문에 대형 유도전동기에 적합하다.

단락환
+
도체 막대

결합된 회전자

예제문제 유도전동기의 특징

3 유도전동기가 다른 어떤 전동기보다 넓게 보급되는 이유로 적당한 것은?

① 구조가 복잡하고 가격이 비싸다.

② 취급이 어려워 전문가가 조작해야 한다.

③ 부하변화에 대하여 속도변화가 심하다.

④ 3상 교류에 의하여 회전자계를 쉽게 얻을 수 있다.

해설

유도전동기의 특징

• 전원을 간단히 얻을 수 있고, 3상 교류에 의하여 회전자계를 쉽게 얻을 수 있다.

• 구조가 간단하고 견고하며 가격이 싸다.

• 취급이 간단하며 전기적 지식이 없는 사람도 쉽게 운전할 수 있다.

• 정속도전동기로, 부하의 변화에 대하여 속도의 변화가 적다.

답 ④

예제문제 유도전동기의 특징

4 권선형 유도전동기와 직류 분권전동기와의 유사한 점 두 가지는?

① 정류자가 있다. 저항으로 속도 조정이 된다.

② 속도 변동률이 작다. 저항으로 속도 조정이 된다.

③ 속도 변동률이 작다. 토크가 전류에 비례한다.

④ 속도가 가변, 기동 토크가 기동 전류에 비례한다.

해설

• 직류 분권전동기 : 저항으로 속도제어가 가능하며 정속도 특성을 지닌다.

• 권선형 유도전동기 : 2차저항을 조절하여 속도제어가 가능하며 정속도 특성을 지닌다.

답 ②

3. 유도전동기의 슬립

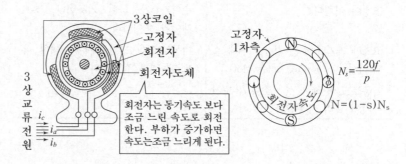

회전자는 동기속도 보다 조금 느린 속도로 회전한다. 부하가 증가하면 속도는 조금 느리게 된다.

$$N_s = \frac{120f}{p}$$

$$N = (1-s)N_s$$

전부하시 슬립의 크기
- 소용량 5~10[%]
- 중·대용량 2.5~5[%]

역회전시(제동시) 슬립

$$s = \frac{N_s - (-N)}{N_s} \times 100[\%]$$

$$= 1 + (1-s) = 2-s$$

슬립의 범위

$s = 1$ 일 경우 정지(기동)상태
$s = 0$ 일 경우 동기속도로 회전

유도발전기

유도발전기는 회전자를 동기속도 이상의 속도($s<0$)로 회전시켜 발전하는 기기이며 최근 풍력발전설비에서 많이 사용된다.

- 장점
  ① 기동과 취급이 간단하며 고장이 적다.
  ② 동기화할 필요가 없으며 난조가 발생하지 않는다.
  ③ 선로에 단락이 생겨도 여자가 상실되므로 단락전류는 동기기에 비해 적고 지속시간이 짧다.
- 단점
  ① 여자전류를 공급받기 위해 병렬로 동기기와 접속되어야 한다.
  ② 공극의 치수가 작기 때문에 운전시 주의해야 한다.
  ③ 효율과 역률이 낮다.

유도전동기의 실제 회전자속도N 는 회전자계속도(동기속도)N_s 보다 작다. 회전자가 회전자계속도보다 느리게 돌아야만 자속을 끊어서 유기기전력을 유기하고 회전자도체에 전류가 흘러서 회전력이 생긴다. 이때 회전자가 회전자계보다 뒤져서 회전하는 비율을 슬립s(slip)이라 하며 부하가 걸릴수록 증가하게 된다.

$$슬립 \ s = \frac{N_s - N}{N_s}$$

위 식으로부터 유도전동기의 회전자속도와 슬립의 관계를 다음과 같이 나타낼 수 있다.

(1) 회전자계와 회전자의 상대속도

$$N_s - N = sN_s [\text{rpm}]$$

(2) 회전자속도

$$N = (1-s)N_s = (1-s)\frac{120f}{p}[\text{rpm}]$$

(3) 유도기의 슬립 범위
① 유도 제동기의 슬립의 범위 : $1 < s < 2$
   회전자의 회전방향이 회전자계의 회전방향과 반대가 되어 제동기가 된다.
② 유도 전동기의 슬립의 범위 : $0 < s < 1$
   회전자의 회전방향이 회전자계의 방향과 같은방향으로 느리게 회전한다.

③ 유도 발전기의 슬립의 범위 : s < 0

　회전자의 회전방향이 회전자계의 방향과 같은 방향으로 빠르게 회전하여 비동기 발전기로 작용한다.

예제문제 유도전동기의 슬립

5 60[Hz], 8극인 3상 유도전동기의 전부하에서 회전수가 855[rpm]이다. 이때 슬립[%]은?

① 4 　　　　　　② 5

③ 6 　　　　　　④ 7

해설
- 주파수 $f=60[Hz]$, 극수 $p=8$, 회전수 $N=855[rpm]$
- 동기속도 $N_s=\dfrac{120f}{p}=\dfrac{120\times 60}{8}=900[rpm]$
- ∴ 유도 전동기의 슬립 $s=\dfrac{N_s-N}{N_s}\times 100[\%]=\dfrac{900-855}{900}\times 100[\%]=5[\%]$

답 ②

예제문제 유도전동기의 슬립과 회전수

6 50[Hz], 4극의 유도전동기의 슬립이 4[%]인 때의 매분 회전수는?

① 1410[rpm] 　　　② 1440[rpm]

③ 1470[rpm] 　　　④ 1500[rpm]

해설
- 동기속도 $N_s=\dfrac{120f}{p}=\dfrac{120\times 50}{4}=1500[rpm]$
- 유도전동기의 회전자속도 $N=(1-s)N_s=(1-0.04)\times 1500[rpm]=1440[rpm]$

답 ②

예제문제 유도 전동기의 극수

7 50[Hz], 슬립 0.2인 경우의 회전자속도가 600[rpm]일 때에 3상 유도전동기의 극수는?

① 16 　　　　　② 12

③ 8 　　　　　④ 4

해설
- 유도전동기의 극수를 구하려면 동기속도 N_s 공식을 이용한다.
- 회전자속도 $N=(1-s)N_s$ 에서 동기속도 $N_s=\dfrac{N}{(1-s)}=\dfrac{600}{(1-0.2)}=750[rpm]$
- 동기속도 $N_s=\dfrac{120f}{p}$ 에서 $p=\dfrac{120f}{N_s}=\dfrac{120\times 50}{750}=8$극 이다.

답 ③

유도전동기의 제동시 슬립의 영역

8 유도전동기의 동작특성에서 제동기로 쓰이는 슬립의 영역은?

① 1~2   ② 0~1

③ 0~-1   ④ -1~-2

해설

유도 전동기를 역회전 또는 제동시 슬립의 범위는 $1 < s < 2$ 사이값을 가진다.

답 ①

❷ 유도전동기의 회전시 슬립관계

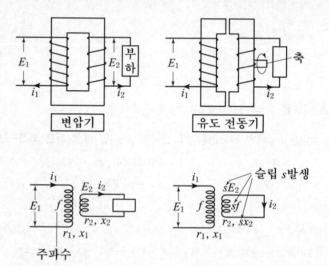

1. 회전시 2차 주파수

1차 주파수를 f_1 이라 할 때 주파수와 속도는 비례관계이며 회전자의 속도는 회전자계보다 슬립만큼 속도차가 발생하므로 회전시 2차에 유기되는 주파수(f_{2s})도 슬립만큼 감소하게 된다.

(1) 정지시 $f_2 = f_1 [Hz]$

(2) 회전시 $f_{2s} = s\,f_1\,[Hz]$

■참고

유도전동기는 2차측이 회전하는 변압기이다.

예제문제 유도전동기의 회전시 2차 주파수(회전자 주파수)

9 6극 60[Hz], 200[V], 7.5[kW]의 3상 유도 전동기가 960[rpm]으로 회전하고 있을 때 회전자 전류의 주파수[Hz]는?

① 8   ② 10
③ 12   ④ 14

해설

• 회전자 전류의 주파수 $f_{2s} = s\,f_1$

- 동기속도 $N_s = \dfrac{120f}{p} = \dfrac{120 \times 60}{6} = 900[\text{rpm}]$,

- 1차 주파수 $f_1 = 60[\text{Hz}]$

- 슬립 $s = \dfrac{N_s - N}{N_s} = \dfrac{1200 - 960}{1200} = 0.2$

• $\therefore f_{2s} = s\,f_1 = 0.2 \times 60 = 12[\text{Hz}]$

답 ③

예제문제 유도전동기의 회전시 2차 주파수(회전자 주파수)

10 그림에서 고정자가 매초 50 회전하고, 회전자가 45회전하고 있을 때 회전자의 도체에 유기되는 기전력의 주파수[Hz]는?

① $f = 45$
② $f = 95$
③ $f = 5$
④ $f = 50$

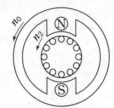

$n_0 = 50[\text{rps}]$
$n_2 = 45[\text{rps}]$

해설

$$f_{2s} = s\,f_1 = \frac{N_s - N}{N_s}\,f_1 = \frac{50 - 45}{50} \times 50 = 5[\text{Hz}]$$

답 ③

2. 회전시 2차 유기기전력(E_{2s})

유도전동기에 인가되는 기전력은 정지시에는 변압기와 같으며 다음과 같다. 정지시 1차 유기기전력 $E_1 = 4.44 f_1 \phi w_1 K_{w1}$ 이다. 회전시에 슬립 만큼 주파수가 감소하므로 회전시 2차 유기기전력은 아래와 같다.

(1) 정지시 2차 유기기전력 $E_2 = 4.44 f_1 \phi w_2 K_{w2} [\text{V}]$

(2) 회전시 2차 유기기전력 $E_{2s} = 4.44 s\, f_1 \phi w_2 K_{w2} = s\, E_2 [\text{V}]$

■ 회전시 권수비

$$\frac{E_1}{E_{2S}} = \frac{E_1}{sE_2} = \frac{k_{\omega1}\,N_1}{sk_{\omega2}\,N_2} = \frac{\alpha}{s}$$

11 회전자가 슬립 s로 회전하고 있을 때 고정자, 회전자의 실효 권수비를 α라 하면, 고정자 기전력 E_1과 회전자 기전력 E_2와의 비는?

① $\dfrac{\alpha}{s}$

② $s\alpha$

③ $(1-s)\alpha$

④ $\dfrac{\alpha}{1-s}$

해설

회전시 전압비 : $a = \dfrac{E_1}{sE_2} = \dfrac{N_1 K_{w1}}{sN_2 K_{w2}} = \dfrac{\alpha}{s}$

답 ①

3. 회전시 2차 전류

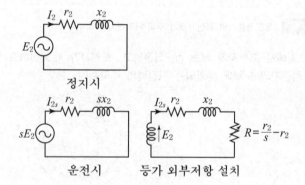

정지시

운전시   등가 외부저항 설치

■ 2차를 1차로 환산

• $I'_2 = I_1 = \dfrac{I_2}{\alpha\beta}[A]$

• $Z'_2 = Z_1 = \alpha^2\beta Z_2$

• α : 권수비, β : 상수비

(1) 정지시 2차 전류 $I_2 = \dfrac{E_2}{Z_2} = \dfrac{E_2}{\sqrt{r_2^2 + x_2^2}}[A]$

(2) 회전시 2차 전류 $I_{2s} = \dfrac{sE_2}{\sqrt{r_2^2 + (sx_2)^2}} = \dfrac{E_2}{\sqrt{(\dfrac{r_2}{s})^2 + x_2^2}}[A]$

이 식을 이용한 등가회로는 다음과 같으며, 여기서 $\dfrac{r_s}{s} = r_2 + R$이 되며 이는 유도전동기 2차에 외부저항을 삽입하여 출력을 변화시킬 수 있음을 나타낸다. 이때 R을 2차 출력의 정수 또는 기계적인 출력의 정수라고 한다.

■ 3상 유도전동기의 출력
$P = 3I^2R$
(R:등가외부저항)

$$R = \dfrac{r_2}{s} - r_2 = \left(\dfrac{1}{s} - 1\right)r_2 = \left(\dfrac{1-s}{s}\right)r_2\,[\Omega]$$

유도전동기의 회전시 2차 전류 공식

12 권선형 유도전동기의 슬립s에 있어서의 2차 전류는? (단, E_2, X_2 는 전동기 정지시의 2차 유기전압과 2차 리액턴스로 하고 R_2는 2차 저항으로 한다.)

① $E_2 / \sqrt{(R_2/s)^2 + X_2^2}$

② $sE_2 / \sqrt{R_2^2 + (X_2^2/s)}$

③ $E_2 / (R_2/(1-s))^2 + X_2$

④ $E_2 / \sqrt{(sR_2)^2 + X_2^2}$

해설

위 식에 의해 권선형 유도전동기는 2차 저항을 조절하여 슬립을 조정할 수 있음을 알 수 있다.　　답 ①

예제문제 유도전동기의 등가부하저항 계산

13 슬립 4[%]인 유도전동기의 등가부하저항은 2차 저항의 몇 배인가?

① $32r_2$　　　② $24r_2$

③ $12r_2$　　　④ $4r_2$

해설

· 슬립 $s = 5[\%]$, 2차 저항 $R = \left(\dfrac{1}{s} - 1\right)r_2$

· ∴ $R = \left(\dfrac{1}{0.04} - 1\right)r_2 = 24r_2$　　답 ②

❸ 유도전동기의 전력의 변환

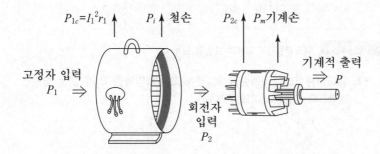

■참고
기계손이 있을 경우 출력에 포함

1. 2차 입력 P_2(동기와트)

회전자(2차)로 들어오는 전기에너지이며 1차출력과 같다. 이때 회전속도가 동기속도일 때의 입력[W]이므로 이를 동기와트라고도 부른다.

• 2차입력

$$P_2 = \frac{P_o}{(1-s)}[W]$$

2. 2차 동손 P_{c2}

회전자(2차)에 흐르는 전류로 인한 손실이며 유도과정은 다음과 같다.
$P_2 = E_2 I_2 \cos\theta$ 에서

• 2차동손

$$P_{c2} = s \cdot P_2[W]$$

회전시 2차전류 $I_{2s} = \dfrac{sE_2}{\sqrt{r_2^2 + (sx_2)^2}}$

2차역률 $\cos\theta_2 = \dfrac{r_2}{\sqrt{r_2^2 + (sx_2)^2}}$ 이므로

• 2차출력

$$P_o = (1-s)P_2[W]$$

$$P_2 = E_2 \cdot \frac{sE_2}{\sqrt{r_2^2 + (sx_2)^2}} \cdot \frac{r_2}{\sqrt{r_2^2 + (sx_2)^2}} \text{ 가 된다.}$$

여기서, $sP_2 = \dfrac{sE_2}{\sqrt{r_2^2 + (sx_2)^2}} \cdot \dfrac{sE_2}{\sqrt{r_2^2 + (sx_2)^2}} \cdot r_2 = I_2^2 \cdot r_2$ (2차동손)

• 2차효율

$$\eta_2 = \frac{P_0}{P_2} = \frac{N}{N_s} = 1-s$$

$$P_{c2} = sP_2[W]$$

3. 2차 출력 P_0

2차 출력 = 2차 입력 − 2차 동손

$$P_0 = P_2 - sP_2 = (1-s)P_2[W]$$

4. 2차 효율

$$P_2 : P_{c2} : P_0 = 1 : s : 1-s$$

$$\eta_2 = \frac{2\text{차출력}}{2\text{차입력}} = \frac{P_0}{P_2} = \frac{(1-s)P_2}{P_2} = 1-s$$

예제문제   유도전동기의 입력과 손실의 관계

14 유도전동기의 2차동손을 P_{c2}라 하고 2차입력을 P_2라 하며 슬립을 s라 할 때, 이들 사이의 관계는?

① $s = \dfrac{P_{c2}}{P_2}$ ② $s = \dfrac{P_2}{P_{c2}}$

③ $s = P_2 P_{c2}$ ④ $1 = s \cdot P_2 P_{c2}$

해설
• 유도전동기의 2차 동손 $P_{c2} = sP_2$
• ∴ 슬립 $s = \dfrac{P_{c2}}{P_2}$

답 ①

예제문제 유도전동기의 2차 동손

15 3상 유도전동기의 출력이 10[kW], 슬립이 4.8[%]일 때의 2차동손[kW]은?

① 0.4 ② 0.45
③ 0.5 ④ 0.55

해설
· 2차 동손 : $P_{c2} = sP_2$
· 2차 출력 $P_0 = 10[kW]$, 슬립 $s = 4.8[\%]$
 2차 입력 $P_2 = \dfrac{P_0}{(1-s)} = \dfrac{10[kW]}{1-0.048} = 10.5[kW]$
· $\therefore P_{c2} = sP_2 = 0.048 \times 10.5[kW] \fallingdotseq 0.5$

답 ③

예제문제 유도전동기의 슬립을 이용한 회전수 계산

16 3000[V], 60[Hz], 8극, 100[kW]의 3상 유도 전동기가 있다. 전부하에서 2차 동손이 3.0[kW], 기계손이 2.0[kW]라고 한다. 전부하 회전수[rpm]를 구하면?

① 674 ② 774
③ 874 ④ 974

해설
· 회전자속도 : $N = (1-s)N_s$
· 동기속도 $N_s = \dfrac{120f}{p} = \dfrac{120 \times 60}{8} = 900[rpm]$
 슬립 $s = \dfrac{P_{c2}}{P_2} = \dfrac{3[kW]}{100[kW] + 3[kW] + 2[kW]} \fallingdotseq 0.028$
· $\therefore$ 회전자속도 $N = (1-0.028) \times 900[rpm] = 874.8[rpm]$

답 ③

예제문제 유도전동기의 2차동손

17 15[kW] 3상 유도전동기의 기계손이 350[W], 전부하시의 슬립이 3[%]이다. 전부하시의 2차동손[W]은?

① 395 ② 411
③ 475 ④ 524

해설
· 2차 동손 $P_{c2} = sP_2$
· 슬립 $s = 3[\%]$, 2차 출력 $P_0 = (1-s)P_2$ 에서
 $P_2 = \dfrac{P_0}{(1-s)} = \dfrac{15[kW] + 0.3[kW]}{(1-0.03)} = 15.8[kW]$
· $\therefore P_{c2} = sP_2 = 0.03 \times 15.8[kW] \fallingdotseq 0.475[kW] \fallingdotseq 475[W]$

답 ③

❹ 유도전동기의 토크

1. 전부하시 토크

유도전동기의 토크(회전력)은 다음과 같이 나타낼 수 있다.

$$T = 0.975\frac{P}{N}[\text{kg·m}]$$

여기서 손실을 무시하면 다음과 같다.

$$T = 0.975\frac{(1-s)P_2}{(1-s)N_s} = 0.975\frac{P_2}{N_s}[\text{kg·m}]$$

예제문제 유도전동기의 토크공식

18 $P[\text{kW}]$, $N[\text{rpm}]$인 전동기의 토크$[\text{kg·m}]$는?

① $0.01625\frac{P}{N}$ ② $716\frac{P}{N}$

③ $956\frac{P}{N}$ ④ $975\frac{P}{N}$

해설

· 출력$P[\text{W}]$ 일 때, $T = 0.975\frac{P}{N}[\text{kg·m}]$

· 출력$P[\text{kW}]$ 일 때, $T = 975\frac{P}{N}[\text{kg·m}]$

답 ④

예제문제 유도전동기의 토크

19 유도 전동기의 특성에서 토크T와 2차 입력P_2, 동기속도 N_s의 관계는?

① 토크는 2차 입력에 비례하고, 동기속도에 반비례한다.
② 토크는 2차 입력과 동기속도의 곱에 비례한다.
③ 토크는 2차 입력에 반비례하고, 동기속도에 비례한다.
④ 토크는 2차 입력의 자승에 비례하고, 동기속도의 자승에 반비례한다.

해설

유도전동기의 토크

$T = 0.975 \times \frac{P_2}{N_s}[\text{kg·m}]$ 이므로 2차 입력에 비례하고 동기속도에 반비례한다.

답 ①

예제문제 유도 전동기의 토크계산

20 50[Hz], 4극, 20[kW]인 3상 유도전동기가 있다. 전부하시의 회전수가 1450[rpm]이라면 발생 토크는 몇[kg·m]인가?

① 약 13.45   ② 약 11.25

③ 약 10.02   ④ 약 8.75

해설

유도전동기의 토크

$$T = 0.975 \times \frac{P_0}{N} = 0.975 \times \frac{20 \times 10^3}{1450} \fallingdotseq 13.45[\text{kg·m}]$$

답 ①

예제문제 유도 전동기의 동기와트

21 3상 유도 전동기에서 동기 와트로 표시되는 것은?

① 토크   ② 동기각속도

③ 1차입력   ④ 2차출력

해설

토크 $T = 0.975 \dfrac{P_2}{N_s}[\text{kg·m}]$에서 토크는 P_2(2차입력)에 비례하며 N_s(동기속도)에 반비례한다. 이때, 동기속도는 일정한 성분이므로 P_2(2차입력)은 토크T와 정비례하며 이를 동기와트[W]라 한다.

답 ①

예제문제 유도 전동기의 동기와트

22 4극, 60[Hz]의 3상 유도전동기에서 1[kW]의 동기와트토크(synchronous watt torque)는 몇[kg·m]인가?

① 0.54   ② 0.50

③ 0.48   ④ 0.46

해설

· 유도전동기의 토크(동기와트 토크)

$$T = 0.975 \frac{P_2}{N_s}[\text{kg·m}]$$

· 동기속도 $N_s = \dfrac{120f}{p} = \dfrac{120 \times 60}{4} = 1800[\text{rpm}]$

  동기와트 $P_2 = 1[\text{kW}]$

· $\therefore T = 0.975 \times \dfrac{1000}{1800} = 0.54[\text{kg·m}]$

답 ①

■ 동기와트

전동기 속도가 동기속도 일 때 토크와 2차입력P_2은 정비례하게 되어 토크로 나타낼 수 있으며 이를 동기와트라 부른다. 즉, 동기와트=토크이다.

2. 토크의 특성

(1) 전부하시 슬립과 토크의 관계

$$T = P_2 = E_2 I_{2S} \cos\theta = E_2 \cdot \frac{E_2}{\sqrt{\left(\dfrac{r_2}{s}\right)^2 + x_2^2}} \cdot \frac{\dfrac{r_2}{s}}{\sqrt{\left(\dfrac{r_2}{s}\right)^2 + x_2^2}}$$

$$= K \frac{s E_2^2 r_2}{r_2^2 + (s x_2)^2} [W]$$

■슬립
슬립은 전압의 제곱에 반비례

(2) 토크와 전압의 관계

2차입력을 토크로 볼 때 토크는 전압의 자승에 비례한다.

$$T \propto V^2$$

(3) 속도특성곡선

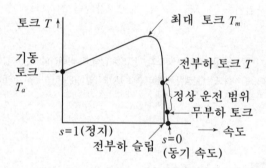

예제문제 유도전동기의 토크와 전압의 관계

23 유도전동기의 토크(회전력)는?

① 단자전압과 무관
② 단자전압에 비례
③ 단자전압의 제곱에 비례
④ 단자전압의 3승에 비례

해설
유도전동기의 토크는 단자전압의 제곱에 비례한다. $(T \propto V^2)$ 답 ③

예제문제 유도전동기의 토크와 전압의 관계

24 일정 주파수의 전원에서 운전 중인 3상 유도전동기의 전원 전압이 80[%]가 되었다고 하면 부하의 토크는 약 몇[%]가 되는가?

① 55　　　　　　　　② 64
③ 80　　　　　　　　④ 90

해설
유도전동기의 토크는 단자전압의 제곱에 비례하므로
· $T \propto V^2$ 에서 $T \propto (0.8V)^2 = 0.64V^2$
· ∴ 토크는 약 64[%]가 된다.

답 ②

3. 최대토크가 발생하는 슬립

토크 $T = K\dfrac{sE_2^2 \cdot r_2}{r_2^2 + (sx_2)^2} = K\dfrac{E_2^2 \cdot r^2}{\dfrac{r_2^2}{s} + sx_2^2}$ 에서, 토크가 최대가 되기

위해서는 분모 $\dfrac{r_2^2}{s} + sx_2^2$이 최소(0)가 되어야 하며 $\dfrac{r_2^2}{s} + sx_2^2 = y$

라 놓고 $\dfrac{dy}{ds} = 0$으로 계산하면 최대 토크가 발생하는 슬립은 다음과

같다.

$$s_t = \frac{r_2}{x_2}$$

■ 최대토크
최대토크는 2차 리액턴스와 전압과 관계가 있으며 2차 저항과는 무관하며 최대 토크가 발생할 때의 슬립은 2차 저항에 비례한다.

■ 최대토크 T_m
· 토크 $T = K\dfrac{sE_2^2 \cdot r_2}{r_2^2 + (sx_2)^2}$
$= K\dfrac{E_2^2 \cdot r^2}{\dfrac{r_2^2}{s} + sx_2^2}$
· 슬립 $s_t = \dfrac{r_2}{x_2}$을 대입하면
$\to T_m = K\dfrac{E_2^2}{2x_2}$

예제문제 유도전동기의 최대토크 발생시 슬립

25 유도전동기의 1차 상수는 무시하고 2차 상수 $Z_2 = 0.2 + j0.4[\Omega]$ 이라면 이 전동기가 최대토크를 발생할 때의 슬립은?

① 0.05　　　　　　　② 0.15
③ 0.35　　　　　　　④ 0.5

해설
· 최대토크는 $\dfrac{r_2}{s_t} = x_2$일 때 발생하므로 이 조건을 만족하는 슬립 $s_t = \dfrac{r_2}{x_2}$이다.
· $Z_2 = 0.2 + j0.4[\Omega]$ 에서 $r_2 = 0.2[\Omega]$, $x_2 = 0.4[\Omega]$ 이다.
· ∴ $s_t = \dfrac{r_2}{x_2} = \dfrac{0.2}{0.4} = 0.5$

답 ④

4. 기계적 출력과 토크와의 관계

$$P_0 = \omega \cdot T = 2\pi nT = 2\pi \cdot \frac{2f}{p}(1-s) \cdot T = \frac{4\pi f}{p} \cdot (1-s) \cdot T$$

예제문제 유도전동기의 토크와 기계적출력의 관계

26 극수 P인 3상유도 전동기가 주파수 f[Hz], 슬립 s, 토크 T[N·m]로 회전하고 있을 때 기계적출력[W]는?

① $T \cdot \dfrac{4\pi f}{p}(1-s)$　　　　　② $T \cdot \dfrac{4pf}{\pi}(1-s)$

③ $T \cdot \dfrac{4\pi f}{p} s$　　　　　　④ $T \cdot \dfrac{\pi f}{2p}(1-s)$

해설

· 토크 $T = \dfrac{P}{\omega}$ (각속도당 출력)에서 $P = \omega T$이다.

유도전동기의 1초당 회전속도는 $n = \dfrac{2f}{p}(1-s)\,[\text{rps}]$ 이고, $\omega = 2\pi n$에 대입하면

$\dfrac{4\pi f}{p}(1-s)\,[\text{rad/s}]$

· $\therefore P = \omega T = \dfrac{4\pi f}{p}(1-s)T$

답 ①

5. 유도전동기의 주파수 변화에 따른 특성의 변화

주파수가 60[Hz]에서 50[Hz]로 감소한 경우(주파수가 수% 감소한 경우)

(1) 속도감소

　$N_s = \dfrac{120f}{p}\,[\text{rpm}]$ 에서 $f \propto N_s$ 이므로 속도가 감소한다.

(2) 자속 ϕ 증가

　$E = 4.44f\phi w K_w\,[\text{V}]$ 에서 $\phi = \dfrac{E}{4.44fwk_w}\,[\text{V}]$ 이므로 $\phi \propto \dfrac{1}{f}$ 이다.

(3) 역률($\cos\theta$)저하

　주파수가 감소하면 속도가 감소하고 출력이 감소하므로 유효전류는 감소하고 역률이 낮아진다.

(4) 온도 상승

　히스테리시스손 $P_h \propto \dfrac{1}{f}$ 이므로 손실이 증가하고 냉각팬 속도의 감소로 온도가 상승한다.

(5) 최대토크증가

　$T_m = k\dfrac{E_2^2}{2x_2}$ 에서 $x_2 \propto f$ 이므로 리액턴스가 감소하고 최대토크 T_m은 증가한다.

(6) 기동전류 약간 증가

　주파수가 감소하면 리액턴스가 감소하므로 기동전류는 약간 증가한다.

유도전동기의 주파수 변환

27 유도 전동기의 공급 전압이 일정하고, 전원 주파수만 낮아질 때 일어나는 현상으로 옳은 것은?

① 여자전류가 감소한다.　　② 철손이 감소한다.
③ 온도 상승이 커진다.　　④ 회전속도가 증가한다.

해설
손실이 증가하고 회전 속도가 감소면서 냉각 팬의 속도가 감소하여 전체적으로 온도가 상승한다.

答 ③

⑤ 권선형 유도전동기의 비례추이

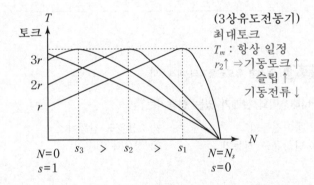

(3상유도전동기)
최대토크
T_m : 항상 일정
$r_2 \uparrow$ ⇒ 기동토크 ↑
　　　　슬립 ↑
　　　기동전류 ↓

■ 비례추이의 특징
 • 2차 저항(r_2)이 변화해도 최대 토크 (T_m)는 항상 일정하다.
 • 2차 저항(r_2)이 크면 기동 토크는 커지고, 기동전류는 작아진다.
 • 2차 저항(r_2) 과 슬립(s)은 비례한다.

■ 비례추이 할수 있는 것
 • 토크(T)
 • 1차전류(I_1)
 • 2차전류(I_2)
 • 역률($\cos\theta$)
 • 1차 입력(P_1)

■ 비례추이 할수 없는 것
 • 동기속도(N_s)
 • 2차동손(P_{c2})
 • 출력(P_0)
 • 2차효율(η)

1. 비례추이의 특징

비례추이란 2차 회로의 저항을 조정하여 크기를 제어할 수 있는 요소를 말한다. 권선형 유도 전동기는 2차측 슬립링에 외부저항을 삽입할 수 있으므로 $\dfrac{r_2}{s} = \dfrac{r_2 + R}{s'}$ 함수관계가 된다. 이때 저항을 삽입해도 전부하 토크가 일정하게 되는데 2차 저항이 증가하는 만큼 슬립이 증가하기 때문이다. 따라서 권선형 유도전동기는 2차 저항 삽입 시 슬립이 증가하여 속도가 감소되므로 기동토크가 커지며 기동전류를 감소시킬 수 있다. 다만 최대 토크T_m 는 변하지 않는다.

■ 참고
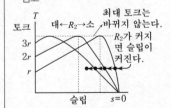

2. 기동시 토크를 얻기위한 외부저항값

(1) 기동시 전부하 토크와 같은 토크로 기동하기 위한 외부저항값

■용어정리
r_2 : 2차 권선저항
R : 2차 외부저항
s : 전부하 슬립
s' : R증가시 기동슬립
$(s'=1)$

$\dfrac{r_2}{s} = \dfrac{r_2 + R}{s'}$ 에서 기동시 슬립 $s' = 1$을 대입하면 이때 외부저항의 크기는 다음과 같다.

$$R = \frac{r_2}{s} - r_2 = \left(\frac{1}{s} - 1\right)r_2$$

(2) 기동시 최대 토크와 같은 토크로 기동하기 위한 외부저항값

①
$$R = \left(\frac{1}{s_t} - 1\right)r_2$$

$s_t = \dfrac{r_2}{\sqrt{r_1^2 + (x_1 + x_2')^2}}$ 을 위 식에 대입하면

②
$$R = \sqrt{r_1^2 + (x_1 + x_2')^2} - r_2 : 공식$$
$$(r_1 \fallingdotseq 0) \rightarrow (x_1 + x_2') - r_2 : 계산$$

예제문제 권선형 유도전동기의 비례추이

28 비례추이와 관계가 있는 전동기는?

① 동기전동기 　　　　② 3상유도 전동기
③ 단상유도 전동기 　　④ 정류자 전동기

해설
비례추이 : 권선형 유도전동기는 2차저항을 증감시키기 위해 외부회로에 가변저항기(기동저항기)를 접속하여 토크 및 속도제어를 하며 이를 비례추이라 한다.

답 ②

예제문제 비례추이의 특징

29 유도 전동기의 토크 속도 곡선이 비례추이 한다는 것은 그 곡선이 무엇에 비례해서 이동하는 것을 말하는가?

① 슬립 　　　　　　② 회전수
③ 공급 전압 　　　　④ 2차 합성 저항

해설
2차 저항이 증가할 때 비례추이 특징
• 최대토크를 발생하는 슬립이 증가하여 기동토크가 증가하고 기동전류가 감소하며 최대 토크는 변하지 않는다.
• 기동역률이 좋아진다.
• 전부하 효율이 저하되고 속도가 감소한다.

답 ④

예제문제 | 비례추이에서 2차측 저항삽입의 목적

30 권선형 유도 전동기의 기동시 2차측에 저항을 넣는 이유는?

① 기동전류 감소
② 회전수 감소
③ 기동토크 감소
④ 기동전류 감소와 토크 증대

해설
기동시 2차측 저항을 삽입하는 이유
기동토크를 크게 하고 기동전류를 감소시키기 위해

답 ④

예제문제 | 비례추이의 특징

31 권선형 유도 전동기에서 2차 저항을 변화시켜 속도를 제어하는 경우 최대 토크는?

① 최대 토크가 생기는 점의 슬립에 비례한다.
② 최대 토크가 생기는 점의 슬립에 반비례한다.
③ 2차 저항에만 비례한다.
④ 항상 일정하다.

해설
2차 저항이 증감하면 슬립은 변화하지만 최대토크는 불변(일정)하다.

답 ④

예제문제 | 비례추이하지 않는 성분

32 3상유도 전동기의 특성 중 비례추이 할 수 없는 것은?

① 토크
② 출력
③ 1차 입력
④ 2차 전류

해설
• 비례추이가 가능한 특성
  토크, 1,2차전류, 1차입력, 역률
• 비례추이가 불가능한 특성
  동기속도, 2차동손(P_{2C}), 출력(P), 2차효율(η), 저항(R)

답 ②

예제문제 | 유도전동기의 최대토크 특성

33 3상 유도 전동기에서 2차측 저항을 2배로 하면 그 최대 토크는 몇 배로 되는가?

① 2배
② $\sqrt{2}$ 배
③ 1/2배
④ 변하지 않는다.

해설
비례추이시 2차측 저항을 2배로 하면 슬립도 2배가 되지만 최대토크는 변하지 않는다.

답 ④

⑥ 원선도(Heyland 원선도)

1. 원선도

유도 전동기에 대한 간단한 시험의 결과로부터 전동기의 특성을 쉽게 구할 수 있도록 한 것으로, 유도 전동기의 1차 부하 전류의 벡터의 자취가 항상 반 원주 위에 있는 것을 이용하여, 간이 등가 회로의 해석에 이용한 것을 헤일랜드 원선도(Heyland circle diagram)라 한다. 유도전동기는 일정값의 리액턴스와 부하에 의하여 변하는 저항의 직렬회로라고 생각되므로 부하에 의하여 변화하는 전류 벡터의 궤적, 즉 원선도의 지름은 전압에 비례하고 리액턴스에 반비례한다. 원선도는 전기적인 입·출력 및 손실만 구하며 기계적 성분은 구할 수 없다.

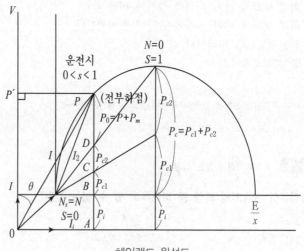

헤일랜드 원선도

2. 원선도 작도시 필요한 시험

(1) 권선저항 측정 시험

(2) 무부하시험

(3) 구속시험

→ 유도전동기의 회전자를 적당한 방법으로 회전하지 못하도록 구속함

원선도 작성시 필요한 시험

34 3상 유도 전동기의 원선도를 그리는 데 옳지 않는 시험은?

① 저항 측정　　　　　　② 무부하 시험
③ 구속 시험　　　　　　④ 슬립 측정

해설
유도 전동기 원선도 작성시 필요한 시험
• 권선저항 측정　　　• 무부하 시험　　　• 구속 시험

답 ④

원선도의 특성산출

35 유도 전동기 원선도에서 원의 지름은? (단, E를 1차 전압, r는 1차로 환산한 저항, x를 1차로 환산한 누설 리액턴스라 한다.)

① rE에 비례　　　　　　② rxE에 비례
③ $\dfrac{E}{r}$에 비례　　　　　　④ $\dfrac{E}{x}$에 비례

해설
유도 전동기는 부하에 의해 변화하는 전류 벡터의 궤적, 즉 원선도의 지름은 전압에 비례하고 리액턴스에 반비례한다.

답 ④

⑦　3상 유도전동기의 기동법

1. 농형 유도전동기의 기동법

농형유도전동기의 기동시 단자전압을 감소시켜 기동하면 기동전류를 감소시켜 안전하게 기동할 수 있다.

(1) 전전압 기동(직입 기동)

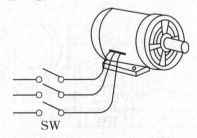

SW

5[kW]미만 이면서 단시간 기동인 소용량 농형 유도전동기에서는 기동전류가 정격전류의 4~6배 정도이지만 기기에 큰 영향을 미치지 않으므로 별도의 기동장치 없이 직접 전전압을 공급하여 기동한다.

■ Y기동시

기동전류 와 기동토크 $\frac{1}{3}$ 배 감소

■ 유도전동기 기동법

농형유도전동기	권선형유도전동기
① 전전압기동법	① 2차저항기동법
② Y - △기동법	② 2차임피던스법
③ 기동보상기법	③ 게르게스법
④ 리액터기동법	
⑤ 콘돌퍼기동법	

⑵ 감전압기동법

① Y - △ 기동

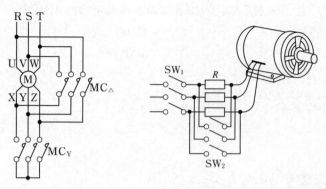

5~15[kW]미만의 용량에서 사용하며 기동시 Y 결선으로 기동하는 방법이다. 1상의 전압이 전전압의 $1/\sqrt{3}$ 배가 되도록 하여 △ 기동시에 비해 기동전류를 1/3배, 기동토크도 1/3배로 감소시키는 방법이며 기동이 끝난 후 운전시에는 △ 로 운전한다.

② 기동보상기 기동

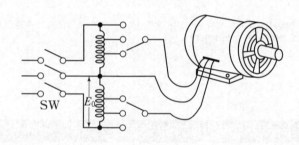

15[kW]이상 용량에서 사용하며 강압용 단권변압기로 공급전압을 낮추어 기동하는 방법으로 탭전압(50, 60, 80% 탭)을 전동기에 가하여 기동 전류를 제한하는 방법이다.

③ 리액터 기동법(1차)

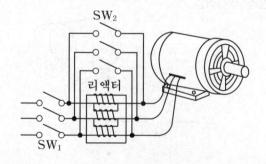

전동기의 단자 사이에 리액터를 삽입해서 기동하고, 기동 완료 후에 리액터를 단락하는 방법이다. 기동 때 스위치(SW_1)을 닫으면

직렬로 접속된 리액터의 전압강하에 의해 전동기에 가해지는 전압
이 내려가고 기동전류가 제한된다. 기동완료 후에는 스위치(SW_2)
를 닫아서 리액터를 단락시켜 전전압으로 기동한다.

④ 콘돌퍼기동

기동 보상기법과 리액터 기동 방식을 혼합한 방식이다.

기동시 단권변압기를 이용하여 기동한 후 전원으로 접속을 바꿀
때 큰 과도전류가 생기는 경우가 있는데 이를 억제하기 위해 리액
터를 이용하는 방식으로 원활한 기동이 가능하지만 가격이 비싸다
는 단점이 있다.

2. 권선형 유도전동기 기동법

(1) 2차 저항 기동법(기동 저항기법)

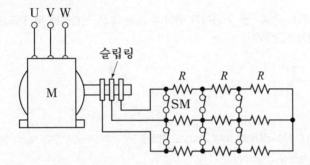

2차 외부저항을 증가시켰을 때 기동토크는 커지고 기동전류는 작아지
는 비례추이 특성을 이용한 기동법이다.

(2) 2차 임피던스 기동법

2차 저항에 리액터를 추가로 설치하여 기동전류를 제한하는 방식이다.

(3) 게르게스법

3상 권선형 유도전동기의 2차회로 중 한 선이 단선된 경우 슬립
$s = 50[\%]$ 부근에서 더 이상 가속되지 않는 게르게스 현상을 이용한
기동법이다.

예제문제 **농형유도전동기의 기동법**

36 농형 유도 전동기의 기동에 있어 다음 중 옳지 않은 방법은?

① $Y-\triangle$ 기동

② 2차 저항에 의한 기동

③ 전 전압 기동

④ 단권 변압기에 의한 기동

해설
2차 저항으로 특성을 조절하는 기동법은 권선형 유도 전동기에서 사용한다.

답 ②

예제문제   농형유도전동기의 기동법

37 10[kW]정도의 농형 유도전동기 기동에 가장 적당한 방법은?

① 기동보상기에 의한 기동
② Y-△기동
③ 저항 기동
④ 직접 기동

해설
5~15[kW]의 용량에 사용하는 기동법은 Y-△기동법이다.

답 ②

예제문제   Y-△기동법의 특성

38 유도 전동기를 기동하기 위하여 △를 Y로 전환했을 때 토크는 몇 배가 되는가?

① $\frac{1}{3}$ 배   ② $\frac{1}{\sqrt{3}}$ 배

③ $\sqrt{3}$ 배   ④ 3배

해설
△에서 Y로 전환하면 1상에 가해지는 전압은 $\frac{1}{\sqrt{3}}$ 배가 되므로 유도기에서 $T \propto V^2$ 이므로 토크는 $\frac{1}{3}$ 배가 된다

답 ①

예제문제   권선형 유도전동기의 기동법

39 유도전동기 기동 방식 중 권선형에만 사용할 수 있는 방식은?

① 리액터 기동
② Y-△기동
③ 2차 회로의 저항 삽입
④ 기동 보상기

해설
권선형 유도전동기의 기동법
• 2차 저항 기동법(기동저항기법)
• 2차 임피던스법
• 게르게스법

답 ③

유도전동기의 기동시 토크

40 3상 농형 유도전동기를 전전압 기동할 때의 토크는 전부하시의 $\frac{1}{\sqrt{2}}$ 배이다. 기동 보상기로 전전압의 $\frac{1}{\sqrt{3}}$ 배로 기동하면 전부하토크의 몇 배로 기동하게 되는가?

① $\frac{\sqrt{3}}{2}$ 배

② $\frac{1}{\sqrt{3}}$ 배

③ $\frac{2}{\sqrt{3}}$ 배

④ $\frac{1}{3\sqrt{2}}$ 배

해설
- 유도전동기의 토크 $T \propto V^2$ 관계이다.
- 토크가 전부하시의 $\frac{1}{\sqrt{2}}$ 배, 전압이 $\frac{1}{\sqrt{3}}$ 배 이므로

기동보상기 기동시 토크 $T' = \frac{1}{\sqrt{2}}T \times \left(\frac{1}{\sqrt{3}}\right)^2 = \frac{1}{3\sqrt{2}}$ 배

답 ④

(8) 유도전동기의 속도제어

유도 전동기는 운전과 취급이 쉽고 전부하에서도 정속도로 운전되는 우수한 전동기 이며 회전수 $N = (1-s)\frac{120f}{p}[\text{rpm}]$ 에 의해 ① 슬립(s) ② 주파수(f) ③ 극수(p)에 의해 제어된다.

1. 농형유도전동기 속도제어법 (1차측에 의한 속도제어)

(1) 주파수 변환법

극수 주파수	2	4	6	8	10	12
50[Hz]	3000	1500	1000	750	600	500
60[Hz]	3600	1800	1200	900	720	600

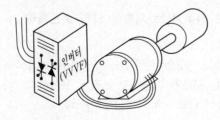

그러나 가변 주파수의 용량이 크므로 설비비가 많이 들어 인견(방직) 공장의 포트모터나 선박의 전기추진기용으로 사용하는 특수한 경우 사용한다.

■ 유도전동기 속도제어법

농형유도전동기	권선형유도전동기
• 주파수 변환법	• 2차저항법
• 극수변환법	• 2차여자법
• 전압제어법	• 종속법

■ 참고
자속을 일정하게 유지하기 위해 V/f는 일정해야 한다. 전원의 주파수를 변경시키면 연속적으로 원활하게 속도 제어를 할 수 있다.

(2) 극수변환법

$N_s = \dfrac{120f}{p}$ 에서 극수 p를 변환시켜 속도를 제어하는 방법이다.

연속적인 속도제어가 아닌 승강기와 같이 단계적인 속도제어에 사용한다.

(3) 전압제어법

유도전동기의 토크가 전압의 제곱에 비례하는 성질을 이용하여 부하시 운전하는 슬립을 변화시키는 방법이며 소형 선풍기의 속도제어에 사용한다.

■ 속도변동률 大 → 小
단상 유도기 → 3상 농형 → 3상 권선형

■ 속도제어법의 역률 大 → 小
주파수 제어 → 극수 변환법 → 전압제어 → 저항제어

예제문제 농형유도전동기의 속도제어법

41 다음 중 농형 유도 전동기에 주로 사용되는 속도 제어법은?

① 저항 제어법   ② 2차 여자법

③ 종속 접속법   ④ 극수 변환법

해설
농형유도전동기 속도제어법
•주파수 변환법 •극수 변환법 •전압 제어법

답 ④

예제문제 농형유도전동기의 속도제어법

42 인견 공업에 쓰여지는 포트 모터(pot motor)의 속도제어는?

① 주파수 변화에 의한 제어   ② 극수 변환에 의한 제어

③ 1차 회전에 의한 제어   ④ 저항에 의한 제어

해설
인견(방직)공장의 포트 모터나 선박의 전기 추진기 용등 특수한 용도로 사용하는 속도제어는 주파수제어법이다.

답 ①

---

2. 권선형 유도 전동기(2차저항에 의한 속도제어)

(1) 2차 저항법

2차외부저항을 이용한 비례추이를 응용한 방법으로 슬립을 변화시키는 방법이다. 구조가 간단하고 조작이 용이하나 2차 동손이 증가하기 때문에 효율이 나빠지며 가격이 고가이다.

(2) 2차 여자법

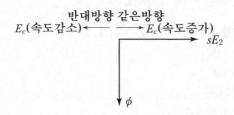

유도 전동기의 2차 전류의 크기는 2차 회로의 임피던스와 2차 유기기 전력으로 정해지므로 회전자 권선에 2차 기전력 sE_2와 같은 주파수의 전압 E_c를 가하면 합성 2차 전압은 $E_c + sE_2$가 되어 회전자 슬립을 제어할 수 있다.

따라서 권선형 회전자 슬립링에 외부에서 슬립주파수 전압을 인가시켜서 속도제어하는 방식을 2차 여자법이라 하며 셀비어스(정토크 제어) 방식, 크래머(정출력 제어) 방식이 있다.

(3) 종속법

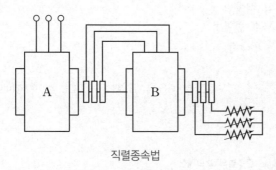

직렬종속법

극수가 다른 2대의 권선형 유도전동기를 서로 종속시켜서 전체 극수를 변화시켜 속도를 제어하는 방식으로 이때 변환되는 속도는 동기속도로 제어된다.

① 직렬종속법 : $N_s = \dfrac{120f}{P_1 + P_2}[\text{rpm}]$: 극수의 합만큼의 속도가 된다.

② 차동종속법 : $N_s = \dfrac{120f}{P_1 - P_2}[\text{rpm}]$: 극수의 차만큼의 속도가 된다.

③ 병렬종속법 : $N_s = \dfrac{120f}{P_1 + P_2} \times 2[\text{rpm}]$: 극수의 평균치로 속도가 된다.

■ 슬립주파수전압
  회전자에 유기되고 있는 주파수와 같은 전압

■ 슬립주파수 전압의 방향에 따른 속도와 역률변화
  $I_2 = \dfrac{sE_2 + E_c}{r_2}$ 에서 I_2 및 r_2가 일정하면 $sE_2 + E_c$도 일정하다. 이때, E_c를 증가시키면 sE_2는 감소, 즉, 슬립 s도 감소하게 되며, 속도는 증가(역률 증가)하게 된다.
  반대로 E_c를 감소시키면 sE_2는 증가, 즉, 슬립 s도 증가하게 되며 속도는 감소(역률감소)하게 된다.

예제문제 유도전동기의 속도제어법

43 유도전동기의 속도 제어법이 아닌 것은?

① 2차 저항법
② 2차 여자법
③ 1차 저항법
④ 주파수 제어법

해설
· 농형 유도전동기 속도제어법 : (1차)주파수 제어법
· 권선형 유도전동기 속도제어법 : 2차 저항법, 2차 여자법

답 ③

예제문제 유도전동기의 속도제어법

44 유도전동기의 회전자에 슬립 주파수의 전압을 공급하여 속도를 제어를 하는 방법은?

① 2차 저항법
② 직류 여자법
③ 주파수 변환법
④ 2차 여자법

해설
권선형 유도전동기의 슬립을 제어하여 속도를 제어하는 방법은 2차 여자법이다.

답 ④

예제문제 종속법의 속도계산

45 극수 p_1, p_2의 두 3상 유도 전동기를 종속 접속하였을 때 이 전동기의 동기 속도는 어떻게 되는가? (단, 전원 주파수는 $f_1[\text{Hz}]$이고 직렬 종속이다.)

① $\dfrac{120f_1}{p_1}$ 　　② $\dfrac{120f_1}{p_2}$

③ $\dfrac{120f_1}{p_1+p_2}$ 　　④ $\dfrac{120f_1}{p_1 \times p_2}$

해설
직렬 종속의 경우 극수의 합으로 속도제어가 된다.

답 ③

⑨ 유도전동기 이상 현상

1. 크로우링 현상

농형유도전동기에서 발생하는 현상으로 고조파에 의해 정격속도보다 낮은 속도에서 안정이 되어 더 이상 속도가 상승하지 않는 현상이다.

(1) 발생원인
  ① 공극이 불균일할 때
  ② 고조파가 유입될 때

(2) 방지책
  ① 공극을 균일하게 한다.
  ② 스큐 슬롯(사구)를 채용한다.

2. 게르게스현상

권선형 유도전동기에서 일어나는 현상으로 무부하 또는 경부하 운전 중 2차측 3상권선 중 한상이 결상이 되어도 전동기가 소손되지 않고 슬립이 50% 부근($s=0.5$)에서 (정격속도의 $1/2$배)운전되며 그 이상 가속되지 않는 현상을 말한다.

예제문제 농형유도전동기의 이상현상

46 크로우링 현상은 다음의 어느 것에서 일어나는가?

① 농형 유도 전동기   ② 직류 직권 전동기
③ 회전 변류기   ④ 3상 변압기

해설
크로우링 현상은 농형 유도전동기에서만 발생한다.

답 ①

예제문제 농형유도전동기의 구조

47 소형 유도 전동기의 슬롯을 사구(skew slot)로 하는 이유는?

① 토크 증가
② 게르게스 현상의 방지
③ 크로우링 현상의 방지
④ 제동 토크의 증가

해설
농형 유도전동기에서는 크로우링 현상을 경감하기 위해 회전자의 축방향에 대해 슬롯을 경사시켜(사구) 제작한다.

답 ③

⑩ 단상 유도전동기

유도전동기에 단상을 인가하면 회전자계가 발생하지 않기 때문에 기동하지 못한다. 따라서 단상 유도 전동기는 계자에 주권선과 90° 위상이 다른 곳에 기동 권선을 설치하여 2상 전류에 의한 회전자계를 발생시켜서 기동 토크를 얻게 된다. 다음은 단상 유도 전동기의 기동방법에 따른 분류이며 기동토크가 큰 순서이다.

1. 반발기동형

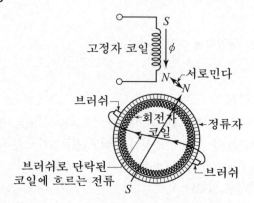

단상 반발전동기는 기동시 회전자 권선을 브러시로 단락하고 고정자 권선을 전원에 접속해서 회전자에 전원을 공급하는 직권형의 교류정류자 전동기이다. 이 전동기는 기동, 역전 및 속도제어를 브러시의 이동만으로 할 수 있으며 기동 토크가 매우 크다.

2. 반발유도형

농형 권선과 반발형 전동기 권선을 가져서 운전 중 그대로 사용한다. 반발 기동형과 비교하면 기동 토크는 반발 유도형이 작지만, 최대 토크는 크고 부하에 의한 속도의 변화는 반발 기동형보다 크다.

3. 콘덴서 기동형

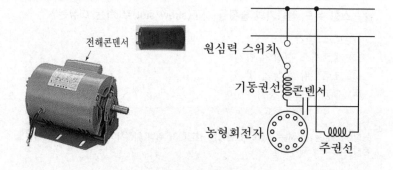

시동용 콘덴서는 전해 콘덴서가 많지만 단시간 정격이기 때문에 연속통전하면 펑크가 나기 때문에 기동 후 격리시킨다.

핵심 NOTE

• 특징

(1) 역률이 높고 효율이 좋다.

(2) 토크의 맥동이 작고, 진동·소음이 거의 없다.

(3) 기동토크는 크고 기동전류는 작다.

(4) 분상기동형의 일종이다.

   – 분상기동형에 저항 분상형과 콘덴서 분상형이 있다.

■ 단상유도전동기의 기동토크가 큰 순서
반발기동형 → 반발유도형 → 콘덴서 기동형 → 분상기동형 → 셰이딩 코일형

4. 분상 기동형(저항분상, 리액터 분상, 콘덴서 분상)

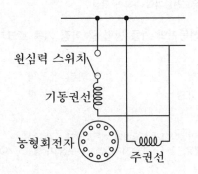

원심력 스위치

기동권선

농형회전자

주권선

단상 전동기에 보조 권선(기동 권선)을 설치하여 단상 전원에 주권선(운동권선)과 보조 권선에 위상이 다른 전류를 흘려서 불평형 2상 전동기로서 기동하는 방법이다. 시동권선은 저항을 크게, 리액턴스를 작게 하기 위해 선의 지름이 작고 권수가 적다. 이 때문에 전류 밀도가 크고 연속 통전하면 소손되므로 기동 후 원심력 스위치를 통해 개방시킨다.

5. 셰이딩 코일형

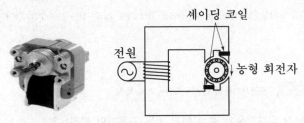

셰이딩 코일

전원

농형 회전자

돌극형의 자극의 고정자와 농형 회전자로 구성된 전동기로 자극에 슬롯을 만들어서 단락된 셰이딩 코일을 끼워 넣은 것이다. 구조가 간단하나 기동 토크가 매우 작고 효율과 역률이 떨어지며, 회전 방향을 바꿀 수 없는 단점이 있다.

6. 3상 유도전동기와 단상 유도전동기의 제동법

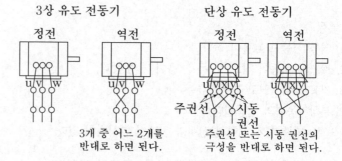

3상 유도 전동기

정전   역전

u v w   u v w

3개 중 어느 2개를
반대로 하면 된다.

단상 유도 전동기

정전   역전

u v x v   u v x v

주권선   시동
권선

주권선 또는 시동 권선의
극성을 반대로 하면 된다.

예제문제 단상유도전동기의 종류와 특성

48 단상 유도 전동기의 기동 방법 중 가장 기동 토크가 큰 것은 어느
것인가?

① 반발 기동형   ② 반발 유도형
③ 콘덴서 분상형   ④ 분상 기동형

해설
단상 유도전동기는 기동장치가 필요하며 기동토크가 큰순서는
반발기동형 → 반발유도형 → 콘덴서기동형 → 분상기동형 → 셰이딩코일형 순이다.

답 ①

예제문제 단상유도전동기의 종류와 특성

49 단상 유도 전동기의 기동 방법 중 가장 기동 토크가 작은 것은 어
느 것인가?

① 반발 기동형   ② 반발 유도형
③ 콘덴서 분상형   ④ 분상 기동형

해설 다음 보기의 단상 유도전동기의 종류중 가장 기동 토크가 작은 것은 분상기동형이다.

답 ④

예제문제 콘덴서기동형 단상유도전동기의 특징

50 단상 유도전동기 중 콘덴서 기동 전동기의 특징은?

① 기동토크가 크다.   ② 기동전류가 크다.
③ 소출력 것에 쓰인다.   ④ 정류자, 브러시 등을 이용한다.

해설
콘덴서 기동형
• 역율 및 효율 양호   • 기동토크 증가, 기동전류 감소   • 소음 감소

답 ①

예제문제 **분상기동형 단상유도전동기의 특징**

51 저항 분상 기동형 단상 유도 전동기의 기동 권선의 저항R및 리액
턴스 X의 주권선에 대한 대소 관계는?

① R : 대, X : 대   ② R : 대, X : 소

③ R : 소, X : 대   ④ R : 소, X : 소

해설
분상기동형 유도전동기는 기동권선에 흐르는 전류의 위상을 주권선에 흐르는 전류의 위
상보다 앞서게 하기 위해 저항은 크고 리액턴스를 작게 한다.

답 ②

⑪ 단상 및 삼상 유도 전압조정기

유도 전압 조정기는 유도전동기의 원리와 단권변압기 원리를 이용한 것
으로 단상과 3상용이 있다. 1차권선(분로권선)과 2차권선(직렬권선)이
분리되어 있으며 회전자의 위상각으로 스무스(Smooth)한 전압조정이
특징이다.

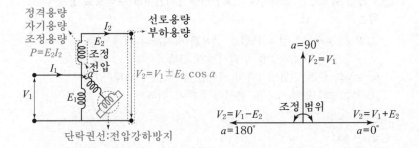

■ 권선의 역할
 ① 1차 권선 : 회전자
 ② 2차 권선 : 고정자

■ 용어정리
 • V_1:1차 전압
 • E_2:조정전압
 • α:회전자 위상각(0~180°)

1. 단상 유도 전압 조정기

분로권선과 직렬권선의 축이 이루는각 $\theta = 0°$ 일 때 분로권선이 만드는
교번자속 ϕ는 누설자속을 무시하면 모두가 직렬권선과 쇄교하기 때문
에 직렬권선의 유도전압은 가장 크며 그 값을 조정전압 E_2라 하면 출력
측 전압은 $V_2 = V_1 \pm E_2 \cos\alpha$ 에서 조정된다. 따라서 분로권선의 위치
를 연속적으로 조정하여 α를 변화 시키면 출력측 전압을 연속적으로
조정할 수 있다.

(1) 원리
교번자계의 전자 유도 이용

■ 단락권선
· 설치방법 : 1차권선(분로권선)과 수직으로 설치한다.
· 용도 : 2차측의 누설리액턴스에 의한 전압강하를 감소시킨다.

(2) 특징
① 입력전압과 출력전압의 위상차가 없다.
② 전압 조정범위 $V_2 = V_1 \pm E_2 \cos\alpha$
③ 정격(조정)용량 : $P = E_2 I_2 \times 10^{-3}[\text{kVA}]$
④ 단락권선이 필요하다.

예제문제 단상 유도전압조정기의 특징

52 단상 유도전압조정기에 대한 설명 중 옳지 않은 것은?
① 교번자계의 전자유도작용을 이용한다.
② 회전자계에 의한 유도작용을 한다.
③ 무단으로 스무스(smooth)하게 전압의 조정이 된다.
④ 전압, 위상의 변화가 없다.

해설
단상 유도전압조정기는 교번자계의 전자 유도작용을 이용한 장치이다.

답 ②

예제문제 단락권선의 역활

53 단상 유도전압 조정기에 단락권선을 1차권선과 수직으로 놓는 이유는?
① 2차 권선의 누설 리액턴스 강하를 방지하기 위해서
② 2차 권선의 주파수를 변환시키기 위해서
③ 2차의 단자 전압과 1차의 위상을 갖게 하기 위해서
④ 부하시의 전압 조정을 용이하게 하기 위해서

해설
단락권선 설치
1차권선(분로권선)에 수직으로 설치되어 직렬권선의 누설리액턴스를 방지하여 전압강하를 방지하는 역할이다.

답 ①

예제문제 단상 유도전압조정기의 조정범위

54 단상유도전압 조정기에서 1차 전원 전압을 V_1이라 하고 2차의 유도 전압을 E_2라고 할 때 부하 단자 전압을 연속적으로 가변할 수 있는 조정 범위는?
① $0 \sim V_1$까지
② $V_1 + E_2$까지
③ $V_1 - E_2$까지
④ $V_1 + E_2$에서 $V_1 - E_2$까지

해설
단상 유도전압조정기의 조정범위는 $V_1 + E_2 \cos\alpha = V_1 \pm E_2$ 이다.

답 ④

예제문제 단상 유도전압조정기의 조정용량

55 단상 유도전압기의 1차 전압 100[V], 2차 전압 100±30[V], 2차 전류는 50[A]이다. 이 유도 전압조정기의 정격용량[kVA]은?

① 1.5   ② 3.5

③ 15   ④ 50

해설
· 단상 유도전압조정기의 조정용량
  $P = E_2 I_2 \times 10^{-3} [kVA]$
· 조정범위 $V_1 \pm E_2 = 100 \pm 30$ 에서
  조정전압 $E_2 = 30[V]$
· $\therefore P = E_2 I_2 \times 10^{-3} [kVA] = 30 \times 50 \times 10^{-3} = 1.5[kVA]$

답 ①

2. 3상 유도 전압 조정기

3상 유도전동기의 원리를 이용한 것으로서 일정한 크기의 회전자계를 발생시키고 회전자와 고정자의 관계 위치의 변화에 따라 위상을 변화시키는 전압조정기이다.

(1) 원리 : 회전자계 이용

(2) 특징

① 입력전압과 출력전압의 위상차가 있다.

② 전압 조정 범위 : $V_2 = \sqrt{3}\,(V_1 \pm E_2)[V]$

③ 정격(조정)용량 : $P = \sqrt{3}\,E_2 I_2 \times 10^{-3}[kVA]$

④ 단락권선이 필요없다.

■참고
3상 유도 전압조정기에서는 직렬권선에 의한 기자력은 회전자의 위치에 관계없이 항상 1차 부하전류에 의한 분로권선 기전력에 의해 상쇄되므로 단상에서와 같은 단락권선을 필요로 하지 않는다.

예제문제 3상 유도전압조정기의 원리

56 3상 유도전압조정기의 원리는 어느 것을 응용한 것인가?

① 3상 동기 발전기

② 3상 변압기

③ 3상 유도 전동기

④ 3상 교류자 전동기

해설
3상 유도전압조정기는 3상 유도전동기의 원리를 응용하여 회전자계에 의한 유도작용을 이용하는 방법으로 회전자에 유도된 2차 전압의 위상조정에 따라 전압을 조정한다.

답 ③

단상, 3상 유도전압조정기의 차이점

57 단상 유도전압조정기와 3상 유도전압조정기의 비교 설명으로 옳지 않은 것은?

① 모두 회전자와 고정자가 있으며 한편에 1차 권선을, 다른편에 2차 권선을 둔다.
② 모두 입력 전압과 이에 대응한 출력 전압 사이에 위상차가 있다
③ 단상 유도전압조정기에는 단락 코일이 필요하나 3상에서는 필요 없다
④ 모두 회전자의 회전각에 따라 조정된다.

해설
단상유도전압조정기는 교번자계를 이용하기 때문에 입력과 출력의 위상차가 발생하지 않는다.

답 ②

3상 유도전압조정기의 조정범위

58 분로권선 및 직렬권선 1상에 유도되는 기전력을 각각 E_1, E_2[V]라 할 때, 회전자를 $0°$에서 $180°$까지 돌릴 때 3상 유도전압조정기 출력측 선간 전압의 조정 범위는?

① $\dfrac{(E_1 \pm E_2)}{\sqrt{3}}$

② $\sqrt{3}\,(E_1 \pm E_2)$

③ $\sqrt{3}\,(E_1 - E_2)$

④ $\sqrt{3}\,(E_1 + E_2)$

해설
3상 유도전압조정기의 조정범위
$\sqrt{3}\,(V_1 + E_2 \cos\alpha) = \sqrt{3}\,(V_1 \pm E_2)$

답 ②

⑫ 유도전동기의 슬립측정법

1. 직류밀리볼트계법

권선형유도전동기에서 사용하며 두 개의 슬립링 사이에는 전압강하가 약간 있으므로 직류밀리볼트계를 넣어서 2차 주파수의 1[Hz]마다 한 번씩 좌우로 흔들리는 수를 인가된 주파수와의 비율로 측정한다.

2. 수화기법

밀리볼트전압계 대신 전화의 수화기를 슬립링 사이에 대서 2차 주파수 동안 나는 소리를 1차주파수에 대해 비교하여 슬립을 측정한다.

3. 스트로브스코프법

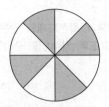

4극 스트로보판

반복 현상(물체의 회전과 진동)을 일정 위치에 온 순간만 보도록 한 장치로서 전동기의 축 끝에 전동기 극수와 같은 부채꼴이 그려진 원판을 운전시키고 네온램프 등으로 비추어 1분간 회전수를 계산할 수 있으며 이를 1차 주파수에 대해 비교하면 슬립을 측정할 수 있다.

예제문제 직류전동기의 토크T

59 유도 전동기의 슬립을 측정하려고 한다. 다음 중 슬립의 측정법이 아닌 것은?

① 직류 밀리볼트계 법　　　② 수화기 법
③ 스트로보스코프 법　　　④ 프로니 브레이크 법

해설
프로니 브레이크법은 중·소형 직류전동기의 토크측정 방법이다.

답 ④

---

⑬ 유도전동기의 고조파 차수

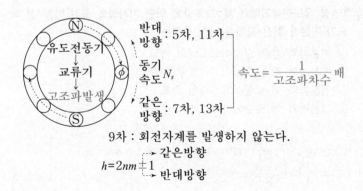

$$h = 2nm \pm 1 \begin{cases} \text{같은방향} \\ \text{반대방향} \end{cases}$$

■ 고조파 회전방향
• + : 기본파와 같은 방향의 회전자계로 $\frac{1}{h}$ 배의 속도로 회전(7차, 13차)
• − : 기본파와 반대 방향의 회전자계로 $\frac{1}{h}$ 배의 속도로 회전(5차, 11차)
• $h = 2nm$ ($h = 3n$, n : 홀수) (3차, 9차) 회전자계 발생 안함

예제문제 교류전동기의 고조파 차수

60 교류전동기에서 기본파 회전자계와 같은 방향으로 회전하는 공간 고조파 회전자계의 고조파 차수h를 구하면? (단, m은 상수, n은 정의 정수이다.)

① h = nm

② h = 2nm

③ h = 2nm + 1

④ h = 2nm − 1

해설

교류전동기에서 발생하는 고조파 차수는 다음과 같다.
• 기본파와 같은 방향 : h = 2nm + 1
• 기본파와 반대 방향 : h = 2nm − 1

답 ③

예제문제 고조파의 회전자계방향

61 3상 유도전동기에서 제5고조파에 의한 기자력의 회전 방향 및 속도가 기본파 회전 자계에 대한 관계는?

① 기본파와 같은 방향이고 5배의 속도

② 기본파와 역방향이고 5배의 속도

③ 기본파와 같은방향이고 1/5배의 속도

④ 기본파와 역방향이고 1/5배의 속도

해설

• 제 5고조파는 h = 2nm − 1 에 해당하므로 기본파의 역방향이다.
• 기본파의 $\frac{1}{5}$ 배의 속도로 진행한다.

답 ④

예제문제 고조파의 회전자계방향

62 3상 유도전동기에서 제7고조파에 의한 기자력의 회전 방향 및 속도가 기본파 회전 자계에 대한 관계는?

① 기본파와 같은 방향이고 7배의 속도

② 기본파와 같은 방향이고 1/7배의 속도

③ 기본파와 역 방향이고 7배의 속도

④ 기본파와 역 방향이고 1/7배의 속도

해설

• 제 7고조파는 h = 2nm + 1 에 해당하므로 기본파와 같은 방향이다.
• 기본파의 $\frac{1}{7}$ 배의 속도로 진행한다.

답 ②

고조파의 회전자계방향

63 9차 고조파에 의한 기자력의 회전 방향 및 속도는 기본파 회전 자계와 비교할 때 다음 중 적당한 것은?

① 기본파의 역방향이고 9배의 속도
② 기본파와 역방향이고 1/9배의 속도
③ 기본파와 동방향이고 9배의 속도
④ 회전 자계를 발생하지 않는다.

해설
제 9고조파는 $h = 2nm$에 해당하므로 회전자계를 발생하지 않는다.

답 ④

⑭ 2중 농형 유도전동기

 보통 농형
 이중 농형
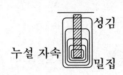 누설 자속 성김 밀집

■참고
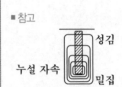 누설 자속 성김 밀집

1. 2중 농형 유도 전동기

슬롯을 깊게 하고 농형권선을 이중으로 넣은 유도전동기로서 슬롯 상부는 저항이 크고 리액턴스가 작은 기동용 농형 권선으로 하고 아래쪽은 저항이 작고 리액턴스가 큰 운전용 농형 권선을 가진 것으로 기동시 표피작용으로 인해 상부 도체부분에 대부분의 전류가 흘러 보통 농형유도 전동기에 비해 기동토크는 크고 기동전류는 작은 전동기이다.

(1) 외측도체 : 저항이 크고 리액턴스가 작은 황동 또는 동니켈 합금도체 사용

(2) 내측도체 : 저항이 작고 리액턴스가 큰 전기동 사용

2. 리니어 모터

회전기의 회전자 접속방향에 발생하는 전자력을 직선적인 기계 에너지로 변환시키는 장치이며 일반 회전형 유도전동기를 축방향으로 잘라놓은 형태로서 구동원리는 비슷하다.

(1) **장점**

• 기어, 벨트 등 동력 변환 기구가 필요없고 직접 직선 운동이 얻어진다.
• 마찰을 거치지 않고 추진력이 얻어진다.
• 모터 자체 구조가 간단하여 신뢰성이 높고 보수가 용이하다.
• 원심력에 의한 가속제한이 없고 고속을 쉽게 얻는다.

(2) 단점
- 회전형에 비해 역률, 효율이 낮다.
- 저속을 얻기 어렵다.
- 부하 관성의 영향이 크다.

예제문제　2중 농형유도전동기의 특징

64 2중 농형 전동기가 보통 농형 전동기에 비해서 다른 점은?
① 기동 전류가 크고, 기동 토크도 크다
② 기동 전류가 적고, 기동 토크도 적다
③ 기동 전류는 적고, 기동 토크는 크다
④ 기동 전류는 크고, 기동 토크는 적다.

해설
2중 농형의 권선은 기동시에는 저항이 높은 외측도체로 흐르는 전류에 의해 큰 기동 토크를 얻고 기동완료 후에는 저항이 적은 내측 도체로 전류가 흘러 우수한 운전 특성을 얻는 특수 전동기 이다.

답 ③

예제문제　2중 농형유도전동기의 특징

65 2중 농형 유도 전동기에서 외측(회전자 표면에 가까운 쪽)슬롯에 사용되는 전선으로 적당한 것은?
① 누설 리액턴스가 작고 저항이 커야 한다.
② 누설 리액턴스가 크고 저항이 작아야 한다.
③ 누설 리액턴스가 작고 저항이 작아야 한다.
④ 누설 리액턴스가 크고 저항이 커야 한다.

해설
2중 농형으로 되어있는 권선 중 바깥쪽 도체는 저항이 높은 도체가 사용하고 안쪽은 저항이 낮은 도체를 사용한다.

답 ①

출제예상문제

01 유도전동기의 여자전류(excitation current)는 극수가 많아지면 정격전류에 대한 비율이 어떻게 되는가?

① 적어진다.
② 원칙적으로 변화하지 않는다.
③ 거의 변화하지 않는다.
④ 커진다.

해설

부하변동이 없을 경우 정격 전류는 일정하지만 극수가 많아지면 증가된 극수만큼 여자가 더해져서 비율이 증가된다.

02 유도전동기의 특징 중 해당되지 않는 것은?

① 기동토크의 크기에 제한이 없다.
② 기동전류가 작다.
③ 원통형 회전자이므로 고속기의 제작이 쉽지 않다.
④ 기동시의 온도상승이 작다.

해설

유도전동기는 원통형 회전자를 사용하기 때문에 고속기로 제작이 되며 소형화 제작이 용이하다.

03 60[Hz], 슬립 3[%], 회전수 1164[rpm]인 유도전동기의 극수는?

① 4
② 6
③ 8
④ 10

해설

유도전동기의 극수를 구하려면 동기속도 N_s 공식을 이용한다.
• 회전자속도

$N = (1-s)N_s$ 에서, → 동기속도 $N_s = \dfrac{N}{(1-s)}$

• 회전수 $N = 1164[\text{rpm}]$, 슬립 $s = 3[\%]$, 주파수 $f = 60[\text{Hz}]$

→ 동기속도 $N_s = \dfrac{1164}{(1-0.03)} = 1200[\text{rpm}]$

• ∴ 동기속도 $N_s = \dfrac{120f}{p}$ 에서

→ $p = \dfrac{120f}{N_s} = \dfrac{120 \times 60}{1200} = 6$극 이다.

04 유도전동기로 동기전동기를 기동하는 경우, 유도전동기의 극수는 동기기의 극수보다 2극 적은 것을 사용한다. 그 이유는?(단, N_s는 동기속도, s는 슬립이다.)

① 같은 극수로는 유도기가 동기속도보다 sN_s 만큼 늦으므로
② 같은 극수로는 유도기가 동기속도보다 $(1-s)N_s$ 만큼 늦으므로
③ 같은 극수로는 유도기가 동기속도보다 sN_s 만큼 빠르므로
④ 같은 극수로는 유도기가 동기속도보다 $(1-s)N_s$ 만큼 빠르므로

해설

• 유도전동기의 회전자 속도
  $N = (1-s)N_s = N_s - sN_s$

• ∴ 동기속도보다 sN_s 만큼 느리기 때문에 2극만큼 작다.

05 60[Hz], 600[rpm]인 동기전동기에 직결하여 기동하는 경우, 유도전동기의 자극수로서 적당한 것은?

① 6
② 8
③ 10
④ 12

해설
- 유도전동기의 극수 = 동기기 극수-2
  ㉠ 동기기 극수
  $$N_s = \frac{120f}{p} \rightarrow p = \frac{120 \times 60}{600} = 12극$$
  ㉡ 유도기 극수(동기기 기동용)
  동기기극수-2=12-2극=10극

06 유도전동기의 슬립(slip) s의 범위는?

① $1 > s > 0$ ② $0 > s > -1$
③ $0 > s > 1$ ④ $-1 < s < 1$

해설
- 유도제동기의 슬립의 범위 : $1 < s$
- 유도전동기의 슬립의 범위 : $0 < s < 1$
- 유도발전기의 슬립의 범위 : $s < 0$

07 유도전동기의 제동방법 중 슬립의 범위를 1~2사이로 하여 3선 중 2선의 접속을 바꾸어 제동하는 방법은?

① 역상 제동 ② 직류 제동
③ 단상 제동 ④ 회생 제동

해설
유도전동기의 제동법 중 3선 중 2선의 접속을 바꾸면 역회전 토크가 발생하여 역상제동이 된다.

08 4극 60[Hz]인 3상 유도전동기가 1750[rpm]으로 회전하고 있을 때, 전원의 b상, c상을 바꾸면 이때의 슬립은?

① 2.03 ② 1.97
③ 0.029 ④ 0.028

해설
- 역상제동 슬립
  $$s = \frac{N_s - (-N)}{N_s} = \frac{N_s + N}{N_s}$$
- ㉠ 동기속도
  $$N_s = \frac{120f}{p} = \frac{120 \times 60}{4} = 1800 \, [rpm]$$
  ㉡ 회전자 속도 $N = 1750[rpm]$
- $$\therefore s = \frac{1800 + 1750}{1800} = 1.97$$
- 제동기의 슬립은 $1 < s < 2$ 값을 갖는다.

09 유도전동기의 회전자 슬립이 s로 회전할 때 2차 주파수를 $f_2[Hz]$, 2차측 유기전압을 $E_2[V]$라 하면 이들과 슬립 s와의 관계는?(단, 1차 주파수를 f라고 한다.)

① $E_2' \propto s, f_2 \propto (1-s)$ ② $E_2' \propto s, f_2 \propto \frac{1}{s}$
③ $E_2' \propto s, f_2 \propto \frac{f}{s}$ ④ $E_2' \propto s, f_2 \propto sf$

해설
유도전동기의 운전시 슬립관계
- 정지시
  $$E_2 = 4.44f_1\phi w_2 K_{w2}[V]$$
- 회전시
  $$E_2' = 4.44sf_1\phi w_2 K_{w2} = sE_2[V]$$

10 슬립 4[%]인 유도전동기의 정지시 2차 1상 전압이 150[V]이면 운전시 2차 1상 전압[V]은?

① 9 ② 8
③ 7 ④ 6

해설
- 유도전동기의 운전시 회전자 유기기전력
  $$E_{2s} = sE_2$$
- 2차 1상의 전압 $E_2 = 150[V]$, 슬립 $s = 4[\%]$
- $$\therefore E_{2s} = 0.04 \times 150[V] = 6[V]$$

11 1차 권수 N_1, 2차 권수 N_2, 1차 권선 계수 k_{w1}, 2차권선계수 k_{w2}인 유도전동기가 슬립s로 운전하는 경우 전압비는?

① $\frac{k_{w1}N_1}{k_{w2}N_2}$ ② $\frac{k_{w2}N_2}{k_{w1}N_1}$
③ $\frac{k_{w1}N_1}{s k_{w2}N_2}$ ④ $\frac{s k_{w1}N_2}{k_{w1}N_1}$

해설
회전시 전압비 : $a = \dfrac{E_1}{sE_2} = \dfrac{N_1 K_{w1}}{sN_2 K_{w2}} = \dfrac{\alpha}{s}$

12 6극, 3상 유도 전동기가 있다. 회전자도 3상이며 회전자 정지시의 1상의 전압은 200[V]이다. 전부하시의 속도가 1152[rpm]이면 2차 1상의 전압은 몇[V]인가? (단, 1차 주파수는 60[Hz]이다)

① 8.0   ② 8.3
③ 11.5   ④ 23.0

해설
• 유도전동기의 운전시 회전자 유기기전력
$E_{2s} = s E_2$

• – 정지시 1상의 전압 $E_2 = 200[V]$
– 슬립 $s = \dfrac{N_s - N}{N_s} = \dfrac{1200 - 1152}{1200} = 0.04$
회전자 속도 $N = 1152[rpm]$
동기속도 $N_s = \dfrac{120f}{p} = \dfrac{120 \times 60}{6} = 1200[rpm]$

• ∴ $E_{2s} = 0.04 \times 200 = 8[V]$

13 4극, 50[Hz]의 3상 유도전동기가 1410[rpm]으로 회전하고 있을 때, 회전자 전류의 주파수[Hz]는?

① 50   ② 25
③ 10   ④ 3

해설
• 유도전동기의 운전시 회전자 전류의 주파수
$$f_{2s} = s f_1$$
• – 1차 주파수 $f_1 = 50[Hz]$
– 슬립 $s = \dfrac{N_s - N}{N_s} = \dfrac{1500 - 1410}{1500} = 0.06$
회전자속도 $N = 1410[rpm]$
동기속도 $N_s = \dfrac{120f}{p} = \dfrac{120 \times 50}{4} = 1500[rpm]$

• $f_{2s} = 0.06 \times 50 = 3[Hz]$

14 3상 60[Hz], 4극 유도전동기가 어떤 회전 속도로 회전하고 있다. 회전자 주파수가 3[Hz]일 때, 이 전동기의 회전자 속도[rpm]는?

① 1800   ② 1710
③ 1720   ④ 1750

해설
• 유도전동기의 운전시 회전자 전류의 주파수
$f_{2s} = s f_1$에서, → 회전자의 슬립 $s = \dfrac{f_{2s}}{f_1} = \dfrac{3}{60} = 0.05$

• 동기속도 $N_s = \dfrac{120f}{p} = \dfrac{120 \times 60}{4} = 1800[rpm]$

• ∴ 회전자속도 $N = (1-s)N_s = (1 - 0.05) \times 1800$
$= 1710[rpm]$

15 220[V], 6극, 60[Hz], 10[kW]인 3상 유도전동기의 회전자 1상의 저항은 0.1[Ω], 리액턴스는 0.5[Ω]이다. 정격전압을 가했을 때 슬립이 4[%]이었다. 회전자전류[A]는 얼마인가? (단, 고정자와 회전자는 3각 결선으로서 각각 권수는 300회와 150회이며 각 권수계수는 같다.)

① 27   ② 36
③ 43   ④ 52

해설
• 회전시 회전자(2차)전류
$$I_{2s} = \dfrac{E_2}{\sqrt{(\dfrac{r_2}{s})^2 + x_2^2}} [A]$$

• 권수비 $a = \dfrac{300}{150} = 2$, $E_2 = \dfrac{E_1}{a} = \dfrac{220}{20} = 110[V]$
2차 저항 $r_2 = 0.1[Ω]$, $x_2 = 0.5[Ω]$
슬립 $s = 4[\%] = 0.04$

• $I_{1s} = \dfrac{110}{\sqrt{\left(\dfrac{0.1}{0.04}\right)^2 + 0.5^2}} = 43$

16 3상 권선형 유도전동기에서 1차와 2차간의 상수비, 권수비 β, α이고 2차 전류가 I_2일 때 1차 1상으로 환산한 $I_2{'}$는?

① $\dfrac{\alpha}{I_2\beta}$ ② $\alpha\beta I_2$
③ $\dfrac{\beta I_2}{\alpha}$ ④ $\dfrac{I_2}{\beta\alpha}$

해설
1차 1상으로 환산한 2차 전류 : $I_1 = I_2{'} = \dfrac{I_2}{\beta\alpha}$

정답   12 ①   13 ④   14 ②   15 ③   16 ④

17 다상 유도전동기의 등가회로에서 기계적 출력을 나타내는 정수는?

① $\dfrac{r_2'}{s}$ ② $(1-s)r_2'$

③ $\dfrac{s-1}{s}r_2'$ ④ $\left(\dfrac{1}{s}-1\right)r_2'$

해설

2차 외부저항

$R=\left(\dfrac{1}{s}-1\right)r_2'$

• 기계적 출력을 나타내는 정수
• 등가부하저항
• 기동저항기

18 슬립 5[%]인 유도 전동기의 등가 부하저항은 2차 저항의 몇 배인가?

① 19   ② 20

③ 29   ④ 40

해설

• 등가부하저항

$$R=\left(\dfrac{1}{s}-1\right)r_2$$

• 슬립 $s=5[\%]$ 이므로

$$\therefore R=\left(\dfrac{1}{s}-1\right)r_2=\left(\dfrac{1}{0.05}-1\right)r_2=19r_2$$

19 어떤 유도전동기가 부하시 슬립 $s=5[\%]$에서 한 상당 $I=10[A]$의 전류를 흘리고 있다. 한 상에 대한 회전자 유효저항이 $0.1[\Omega]$일 때 3상 회전자 출력은 얼마인가?

① 190[W]   ② 570[W]

③ 620[W]   ④ 830[W]

해설

• 유도전동기의 3상 회전자 출력
$P_{3\phi}=3I^2R$
(R:등가외부저항)

• $\therefore P_{3\phi}=3I^2R=3I^2\left(\dfrac{1}{s}-1\right)r_2$

$$=3\times10^2\times\left(\dfrac{1}{0.05}-1\right)\times0.1=570[W]$$

20 유도전동기에 있어서 2차 입력 P_2, 출력 P_0, 슬립 s 및 2차 동손 P_{c2}와의 관계를 선정하면?

① $P_2:P_0:P_{c2}=1:s:1-s$

② $P_2:P_0:P_{c2}=1-s:1:s$

③ $P_2:P_0:P_{c2}=1:1/s:1-s$

④ $P_2:P_0:P_{c2}=1:1-s:s$

해설

2차입력	2차출력(P_0)	2차동손(P_{c2})
P_2	$(1-s)P_2$	sP_2

$\therefore P_2:P_0=P_{02}=1:1-s:s$

21 200[V], 50[Hz], 8극, 15[kW]인 3상 유도전동기의 전부하 회전수가 720[rpm]이면 이 전동기의 2차 동손[W]은?

① 590   ② 600

③ 625   ④ 720

해설

• 2차동손 : $P_{c2}=sP_2$

• 슬립 $s=\dfrac{N_s-N}{N_s}=\dfrac{750-720}{750}=0.04$

회전자속도 $N=720[rpm]$

동기속도 $N_s=\dfrac{120f}{p}=\dfrac{120\times50}{8}=750[rpm]$

회전자 입력 $P_2=\dfrac{P_0}{1-s}=\dfrac{15\times10^3}{1-0.04}=15625[W]$

• $\therefore P_{c2}=0.04\times15625=625[W]$

22 정격출력이 7.5[kW]인 3상 유도전동기가 전부하 운전시 2차 저항손이 300[W]이다. 슬립은 몇 [%]인가?

① 18.9   ② 4.85

③ 23.6   ④ 3.85

해설

• 정격출력 $P_0=7.5[kW]$, 2차 동손 $P_{c2}=300[W]$

• 슬립 $s=\dfrac{P_{c2}}{P_2}\times100[\%]=\dfrac{P_{c2}}{P_0+P_{c2}}\times100[\%]$

$$=\dfrac{300}{7800}\times100[\%]≒3.85[\%]$$

23 4극, 7.5[kW], 200[V], 60[Hz]인 3상 유도전동기가 있다. 전부하에서의 2차 입력이 7950[W]이다. 이 경우의 슬립을 구하면? (단, 기계손은 130[W]이다.)

① 0.04　　　　② 0.05
③ 0.06　　　　④ 0.07

• 2차동손 $P_{c2} = P_2 - (P_0 + P_m)$
$\quad = 7950[W] - (7500[W] + 130[W])$
$\quad = 320[W]$
• 2차동손 $P_{2c} = sP_2$에서,
$\quad \to s = \dfrac{P_{2c}}{P_2} = \dfrac{320}{7950} = 0.04$
• 기계손(P_m)이 있을 경우 출력에 포함시킨다.

24 15[kW]인 3상 유도전동기의 기계손이 350[W], 전부하시의 슬립이 3[%]이다. 전부하시의 2차 동손[W]은?

① 395　　　　② 411
③ 475　　　　④ 524

• 2차동손 : $P_{c2} = sP_2$
• – 슬립 $s = 3[\%]$,
– 2차 입력 $P_2 = \dfrac{P_0}{1-s} = \dfrac{15350[W]}{1-0.03} = 15824[W]$
기계적출력 $P_0 = 15[kW] + 350[W] = 15350[W]$
(기계손이 있으면 출력에 포함시킨다)
• $\therefore P_{c2} = sP_2 = 0.03 \times 15824[W] = 475[W]$

25 20극의 권선형 유도전동기를 60[Hz]의 전원에 접속하고 전부하로 운전할 때 2차 회로의 주파수가 3[Hz]이었다. 또, 이때의 2차 동손이 500[W]이었다면 기계적 출력[kW]은?

① 8.5　　　　② 9.0
③ 9.5　　　　④ 10

• 기계적출력 : $P_0 = (1-s)P_2$
• 2차 주파수 $f_{2s} = sf_1$에서
$\quad \to$ 슬립 $s = \dfrac{f_{2s}}{f_1} = \dfrac{3}{60} = 0.05$
2차 동손 $P_{c2} = sP_2$에서
$\quad \to$ 2차입력 $P_2 = \dfrac{P_{c2}}{s} = \dfrac{500}{0.05} = 10[kW]$
• $\therefore P_0 = (1-0.05) \times 10[kW] = 9.5[kW]$

26 동기 각속도 ω_0, 회전자 각속도 ω인 유도전동기 2차 효율은?

① $\dfrac{\omega_0 - \omega}{\omega}$　　　② $\dfrac{\omega_0 - \omega}{\omega_0}$
③ $\dfrac{\omega_0}{\omega}$　　　④ $\dfrac{\omega}{\omega_0}$

2차효율
$\eta_2 = \dfrac{N}{N_s} = \dfrac{N_s(1-s)}{N_s} = (1-s) = \dfrac{\omega}{\omega_0}$

27 3상 유도전동기가 있다. 슬립 s일 때, 2차 효율은 얼마인가?

① $1-s$　　　② $2-s$
③ $3-s$　　　④ $4-s$

2차효율
$\eta_2 = \dfrac{2차출력}{2차입력} = \dfrac{P_0}{P_2} = \dfrac{(1-s)P_2}{P_2} = 1-s$

28 슬립 6[%]인 유도전동기의 2차측 효율[%]은?

① 94　　　　② 84
③ 90　　　　④ 88

2차효율
$\eta_2 = 1-s = 1-0.06 = 0.94 = 94[\%]$

29 15[kW], 380[V], 60[Hz]인 3상 유도전동기가 있다. 이 전동기가 전부하 일 때의 2차 입력은 15.5[kW]라 한다. 이 경우의 2차 효율[%]은?

① 약 95.5   ② 약 96.2
③ 약 96.8   ④ 약 97.3

해설
2차효율
$$\eta_2 = \frac{P_0}{P_2} \times 100 = \frac{15}{15.5} \times 100 \fallingdotseq 96.8[\%]$$

30 60[Hz], 4극, 3상 유도전동기의 2차 효율이 0.95일 때, 회전속도[rpm]는? (단, 기계손은 무시한다.)

① 1780   ② 1710
③ 1620   ④ 1500

해설
2차효율
$$\eta_2 = \frac{N}{N_s} \to N = N_s \times \eta_2 = 1800 \times 0.95 = 1710[rpm]$$

31 정격출력 50[kW]의 정격 전압 220[V], 주파수 60[Hz], 극수 4의 3상 유도 전동기가 있다. 이 전동기가 전부하에서 슬립 s=0.04, 효율 90[%]로 운전하고 있을 때 다음과 같은 값을 갖는다. 이 중 틀린 것은?

① 1차 입력= 55.56[kW]
② 2차 효율 = 96[%]
③ 회전자 입력= 47.9[kW]
④ 회전자 동손 = 2.08[kW]

해설
• 1차 입력 $P_1 = \frac{50[kW]}{0.9} \fallingdotseq 55.56[kW]$

• 2차 효율 $\eta_2 = (1-s) = (1-0.04) = 96[\%]$

• 회전자 입력 $P_2 = \frac{P_0}{1-s} = \frac{50[kW]}{1-0.04} \fallingdotseq 52.08[kW]$

• 회전자 동손 $P_{2c} = sP_2 = 0.04 \times 52.08 = 2.08[kW]$

32 3상 유도전동기의 전압이 10[%] 낮아졌을 때 기동 토크는 약 몇[%] 감소하는가?

① 5   ② 10
③ 20   ④ 30

해설
유도전동기의 토크는 단자전압의 제곱에 비례하므로
• $T \propto V^2$ 에서 $T \propto (0.9V)^2 = 0.81V^2$
• 토크는 약 20[%] 감소한다.

33 220[V], 3상 유도전동기의 전부하 슬립이 4[%]이다. 공급 전압이 10[%] 저하된 경우의 전부하 슬립[%]은?

① 4   ② 5
③ 6   ④ 7

해설
• 유도전동기의 슬립과 전압의 관계
$$s \propto (\frac{1}{V})^2$$
• 비례식관계를 이용하면
$$s : \frac{1}{V^2} = s' : \frac{1}{V'^2} \to 4 : \frac{1}{220^2} = s' : \frac{1}{(220 \times 0.9)^2}$$
• $s' = \frac{4}{(220 \times 0.9)^2} \times 220^2 \fallingdotseq 5[\%]$

34 20[HP], 4극 60[Hz]인 3상 유도전동기가 있다. 전부하 슬립이 4[%]이다. 전부하시의 토크[kg·m]는? (단, 1[HP]은 746[W]이다.)

① 8.41   ② 9.41
③ 10.41 ④ 11.41

해설
• 기계적 출력(P_0)과 회전자 속도(N)에 의한 토크
$$T = 0.975 \frac{P_0}{N}[kg·m]$$
• 2차 출력 $P_0 = 20 \times 746[W] = 14920[W]$,
동기속도 $N_s = \frac{120f}{p} = \frac{120 \times 60}{4} = 1800[rpm]$
회전자 속도 $N = (1-0.04) \times 1800 = 1728[rpm]$
• $T = 0.975 \times \frac{P_0}{N}[kg·m]$
$= 0.975 \times \frac{14920[W]}{1728} \fallingdotseq 8.41[kg·m]$

35 4극 60[Hz]의 유도 전동기가 슬립 5[%]로 전부하 운전하고 있을 때 2차 권선의 손실이 94.25[W]라고 하면 토크[N·m]는?

① 1.02 ② 2.04
③ 10.00 ④ 20.00

해설

- 유도전동기의 토크
$$T = 0.975 \frac{P_2}{N_s} [\text{kg·m}]$$

- 동기속도 $N_s = \frac{120f}{p} = \frac{120 \times 60}{4} = 1800 [\text{rpm}]$

2차 입력 $P_2 = \frac{P_{c2}}{s} = \frac{94.25[\text{W}]}{0.05} = 1885[\text{W}]$

- $T = 0.975 \times \frac{1885}{1800} [\text{kg·m}] = 1.02 [\text{kg·m}]$

단, 문제에서 단위가 [N·m]로 주어졌으므로
$$\rightarrow 1.02 \times 9.8 ≒ 10 [\text{N·m}]$$

36 8극 60[Hz]의 유도 전동기가 부하를 걸고 864[rpm]으로 회전할 때 54.134[kg·m]의 토크를 내고 있다. 이때의 동기 와트[kW]는?

① 약 48 ② 약 50
③ 약 52 ④ 약 54

해설

- 유도전동기의 토크
$$T = 0.975 \frac{P_2}{N_s} [\text{kg·m}] 에서,$$
$$\rightarrow 동기와트 \ P_2 = \frac{T \times N_s}{0.975} [\text{W}]$$

- 동기속도 $N_s = \frac{120f}{p} = \frac{120 \times 60}{8} = 900 [\text{rpm}]$

토크 $T = 54.134 [\text{kg·m}]$

- $\therefore P_2 = \frac{54.134 \times 900}{0.975} ≒ 50 [\text{kW}]$

37 전동기 축의 벨트 축 지름이 28[cm], 1140[rpm]에서 20[kW]를 전달하고 있다. 벨트에 작용하는 힘[kg]은?

① 약 234 ② 약 212
③ 약 168 ④ 약 122

해설

- 유도 전동기의 토크
$$T = 0.975 \times \frac{P_0}{N} = 0.975 \times \frac{20 \times 10^3}{1140} = 17.11 [\text{kg·m}]$$

- 유도전동기의 토크(반지름이 주어졌을시)
$$T = F(\text{힘}) \times r(\text{반지름})$$
$$\rightarrow F = \frac{T}{r} = \frac{17.11}{0.14} = 122.2 [\text{kg}]$$

38 횡축에 속도 n을, 종축에 토크 T를 취하여 전동기 및 부하의 속도 토크 특성 곡선을 그릴 때 그 교점이 안정 운전점인 경우에 성립하는 관계식은? (단, 전동기의 발생 토크를 T_M, 부하의 반항 토크를 T_L이라 한다.)

① $\dfrac{dT_M}{dT_L} > \dfrac{dT_L}{dn}$ ② $\dfrac{dT_M}{dn} = \dfrac{dT_L}{dn} = 0$

③ $\dfrac{dT_M}{dn} = \dfrac{dT_L}{dn}$ ④ $\dfrac{dT_M}{dn} < \dfrac{dT_L}{dn}$

해설

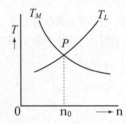

전동기의 발생토크 (T_M) 부하의 반항토크 (T_L) 일 때, 두 곡선이 만나는 교점이 안정점인경우
전동기의 운전이 안전하게 되려면 기동시 전동기의 발생토크 T_M이 부하의 반항토크 T_L보다 커야하며 그 이후에는 발생토크가 반항토크보다 작아야한다.

$$\therefore \frac{dT_M}{dn} < \frac{dT_L}{dn} \ (\text{안정운전})$$

$$\frac{dT_M}{dT_L} > \frac{dT_L}{dn} \ (\text{불안정운전})$$

39 3상 유도 전동기를 불평형 전압으로 운전하면 토크와 입력과의 관계는?

① 토크는 증가하고 입력은 감소
② 토크는 증가하고 입력도 증가
③ 토크는 감소하고 입력은 증가
④ 토크는 감소하고 입력도 감소

해설

전압 불평형이 되면 불평형 전류가 흘러서 전류(역상전류)는 증가하지만 토크는 감소한다.

40 3상 권선형 유도 전동기의 2차 회로에 저항을 삽입하는 목적이 아닌 것은?

① 속도는 줄어들지만 최대 토크를 크게 하기 위하여
② 속도 제어를 하기 위하여
③ 기동 토크를 크게 하기 위하여
④ 기동 전류를 줄이기 위하여

해설

권선형 유도전동기의 비례추이를 통해 기동토크를 크게하고 기동전류를 줄일수 있지만 최대토크는 변하지 않는다.

41 3상 유도전동기의 최대토크 T_m, 최대토크를 발생시키는 슬립 s_t, 2차 저항 r_2'의 관계는?

① $T_m \propto r_2'$, s_t=일정
② $T_m \propto r_2'$, $s_t \propto r_2'$
③ T_m=일정, $s_t \propto r_2'$
④ $T_m \propto \dfrac{1}{r_2'}$, $s_t \propto r_2'$

해설

권선형 유도전동기의 2차저항을 조절시 최대토크를 발생하는 슬립은 비례하고 최대토크의 크기는 변하지 않는다.

42 3상 유도 전동기의 2차 저항을 2배로 하면 2배로 되는 것은?

① 토크 　　　　② 전류
③ 역률 　　　　④ 슬립

해설

권선형 유도전동기의 2차저항을 2배로하면 슬립은 2배가 되어 기동토크를 크게할 수 있지만 최대토크는 변하지 않는다.

43 유도전동기의 최대토크를 발생시키는 슬립을 s_t, 최대출력을 발생시키는 슬립을 s_p라 하면 대소관계는?

① $s_p = s_t$ 　　　② $s_p > s_t$
③ $s_p < s_t$ 　　　④ 일정하지 않다.

해설

최대출력일 때 속도 > 최대토크일 때 속도이므로, 최대출력일 때 슬립 s_p < 최대토크일 때 슬립 s_t이다.

44 유도 전동기 토크 특성 곡선에서 2차 저항이 최대인 것은?

① 4
② 3
③ 2
④ 1

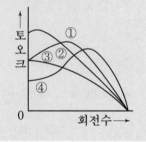

해설

2차저항이 클수록 최대토크로 기동하므로 기동시 최대인 3번이다.

45 슬립 S_t에서 최대 토크를 발생하는 3상 유도 전동기에서 2차 1상의 저항을 r_2라 하면 최대 토크로 기동하기 위한 2차 1상의 외부로부터 가해주어야 할 저항은?

① $\dfrac{1-s_t}{s_t}r_2$ ② $\dfrac{1+s_t}{s_t}r_2$

③ $\dfrac{r_2}{1-s_t}$ ④ $\dfrac{r_2}{s_t}$

해설

기동시 최대 토크와 같은 토크로 기동하기 위한 외부저항값

$R=\left(\dfrac{1}{s_t}-1\right)r_2=\left(\dfrac{1-s_t}{s_t}\right)r_2$

46 출력 22[kW], 8극 60[Hz]인 권선형 3상 유도 전동기의 전부하 회전자가 855[rpm]이라고 한다. 같은 부하 토크로 2차 저항 r_2를 4배로 하면 회전속도[rpm]는?

① 720   ② 730

③ 740   ④ 750

해설

• 저항이 증가하기 전 슬립

$s=\dfrac{N_s-N}{N_s}=\dfrac{900-855}{900}=0.05$

 – 회전자속도 $N=855[\mathrm{rpm}]$

 – 동기속도 $N_s=\dfrac{120f}{p}=\dfrac{120\times60}{8}=900[\mathrm{rpm}]$

• $s_t\propto r_2$ 이므로 2차 저항을 4배로 하면

→ 슬립도 4배로 증가한다.

• 변화된 회전속도 $N=(1-4s)N_s=(1-4\times0.05)\times900$

$=720[\mathrm{rpm}]$

47 4극, 50[Hz]인 권선형 3상 유도전동기가 있다. 전부하에서 슬립이 4[%]이다. 전부하 토크를 내고 1200[rpm]으로 회전시키려면 2차 회로에 몇[Ω]의 저항을 넣어야 하는가?(단, 2차 회로는 성형으로 접속하고 매상의 저항은 0.35[Ω]이다.)

① 1.2   ② 1.4

③ 0.2   ④ 0.4

해설

• 기동시 최대 토크와 같은 토크로 기동하기 위한 외부저항값 R

$\dfrac{r_2}{s}=\dfrac{r_2+R}{s'}$

• 슬립 $s=0.04,\ r_2=0.35[\Omega]$

전부하 토크를 낼 때 슬립

$s'=\dfrac{N_s-N}{N_s}=\dfrac{1500-1200}{1500}=0.2$

동기속도 $N_s=\dfrac{120f}{p}=\dfrac{120\times50}{4}=1500[\mathrm{rpm}]$

• $\dfrac{0.35}{0.04}=\dfrac{0.35+R}{0.2}$ →R$=1.4[\Omega]$

48 3상 권선형 유도전동기의 전부하 슬립이 5[%], 2차 1상의 저항 0.5[Ω]이다. 이 전동기의 기동 토크를 전부하 토크와 같도록 하려면 외부에서 2차에 삽입할 저항은 몇[Ω]인가?

① 10   ② 9.5

③ 9   ④ 8.5

해설

• 기동토크를 전부하토크와 같게 하기위한 외부저항

$R=\left(\dfrac{1}{s_t}-1\right)r_2$

• 슬립 $s_t=5[\%],\ r_2=0.5[\Omega]$

• $R=\left(\dfrac{1}{0.05}-1\right)\times0.5=9.5[\Omega]$

49 1차(고정자측) 1상단 저항이 $r_1[\Omega]$, 리액턴스 $x_1[\Omega]$이고 1차에 환산한 2차측(회전자측) 1상당 저항은 $r_2{}'[\Omega]$, 리액턴스 $x_2{}'[\Omega]$이 되는 권선형 유도전동기가 있다. 2차 회로는 Y로 접속되어 있으며, 비례추이를 이용하여 최대토크로 기동시키려고 하면 2차에 1상당 얼마의 외부저항(1차로 환산한 값)[Ω]을 연결하면 되는가?

① $\dfrac{r_2{}'}{\sqrt{r_1^2+(x_1+x_2{}')^2}}$

② $\sqrt{r_1^2+(x_1+x_2{}')^2}-r_2{}'$

③ $\sqrt{(r_1+r_2{}')^2+(x_1+x_2{}')^2}$

④ $\sqrt{r_1^2+(x_1+x_2{}')^2}+r_2{}'$

해설

기동시 토크를 얻기 위한 외부저항값(슬립없을 때)

$R = \sqrt{r_1^2 + (x_1 + x_2)^2} - r_2'$: 공식

$(r_1 \fallingdotseq 0) \rightarrow (x_1 + x_2') - r_2'$: 계산

50 권선형 3상 유도 전동기가 있다. 1차 및 2차 합성 리액턴스는 1.5[Ω]이고, 2차 회전자는 Y결선이며, 매상의 저항은 0.3[Ω]이다. 기동시에 있어서의 최대 토크 발생을 위하여 삽입해야하는 매상당 외부 저항[Ω]은 얼마인가? (단, 1차 저항은 무시한다.)

① 1.5   ② 1.2

③ 1   ④ 0.8

해설

• 기동시 토크를 얻기 위한 외부저항값(슬립 없을 때)

$(x_1 + x_2') - r_2$

$\therefore 1.5[\Omega] - 0.3[\Omega] = 1.2[\Omega]$

51 3상 유도전동기의 원선도를 그리는데 필요하지 않은 실험은?

① 정격부하시의 전동기 회전속도 측정

② 구속 시험

③ 무부하 시험

④ 권선저항 측정

해설

원선도 작도시 필요한 시험

• 권선저항 측정 시험

• 무부하시험

• 구속시험

52 유도전동기의 원선도에서 구할 수 없는 것은?

① 1차입력   ② 1차동손

③ 동기와트   ④ 기계적출력

해설

원선도는 전기적성분을 구하고 기계적성분은 구할 수 없다.

53 다음은 3상 유도전동기 원선도이다. 역률[%]은 얼마인가?

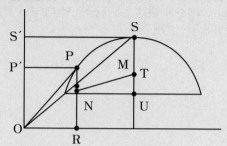

① $\dfrac{OS'}{OS} \times 100$ ② $\dfrac{SS'}{OS} \times 100$

③ $\dfrac{OP'}{OP} \times 100$ ④ $\dfrac{OS'}{OP} \times 100$

해설

원선도의 역률

$\cos\theta = \dfrac{OP'}{OP} \times 100$

54 그림과 같은 3상 유도전동기의 원선도에서 P 점과 같은 부하 상태로 운전할 때 2차 효율은?

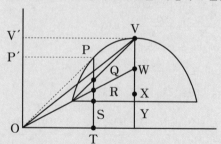

① $\dfrac{PQ}{PR}$ ② $\dfrac{PQ}{PT}$

③ $\dfrac{PR}{PT}$ ④ $\dfrac{PR}{PS}$

해설

2차 효율

$\eta_2 = \dfrac{P_0}{P_2} \times 100 = \dfrac{P_0}{P + P_{c2}} \times 100 = \dfrac{PQ}{PR} \times 100$

정답   50 ②   51 ①   52 ④   53 ③   54 ①

55 유도전동기의 기동법으로 사용되지 않는 것은?

① 단권 변압기형 기동보상기법
② 2차 저항조정에 의한 기동법
③ Y-△기동법
④ 1차 저항조정에 의한 기동법

해설
권선형 유도전동기의 기동법은 2차 저항 기동법이다.

56 3상 유도전동기의 기동법으로 사용되지 않는 것은?

① Y-△기동법
② 기동보상기법
③ 2차저항에 의한 기동법
④ 극수변환 기동법

해설
극수변환은 농형 유도전동기 속도제어법이다.

57 농형 유도전동기의 기동법이 아닌 것은?

① 전전압 기동법 ② 기동보상기법
③ 콘도르파법 ④ 기동저항기법

해설
기동저항기법은 비례추이 원리를 이용한 2차 저항 기동법으로 권선형 유도전동기의 기동법이다.

58 유도전동기의 기동에서 Y-△기동은 몇 [kW] 범위의 전동기에서 이용되는가?

① 5[kW]이하
② 5~15[kW]
③ 15[kW]이상
④ 용량에 관계없이 이용이 가능하다.

해설
Y-△기동법은 5~15[kW] 범위에 적용한다.

59 30[kW]인 농형 유도전동기의 기동에 가장 적당한 방법은?

① 기동보상기에 의한 기동
② △-Y기동
③ 저항 기동
④ 직접 기동

해설
기동보상기법 : 단권변압기를 이용하는 방법으로 15[kW]가 넘는 경우 적용한다.

60 어느 3상 유도 전동기의 전 전압 기동 토크는 전부하시의 1.8배이다. 전 전압의 2/3로 기동할 때 기동 토크는 전부하시의 몇배인가?

① 0.8배 ② 0.7배
③ 0.6배 ④ 0.4배

해설
• 유도전동기의 토크는 전압의 제곱에 비례한다. $T \propto V^2$
• 토크는 전부하전압의 1.8배이고 전압은 2/3배로 기동하므로 기동토크 $T' = 1.8T \times \left(\frac{2}{3}\right)^2 = 0.8T$

61 전압 220[V]에서의 기동 토크가 전부하 토크의 210[%]인 3상 유도 전동기가 있다. 기동 토크가 100[%]되는 부하에 대해서는 기동 보상기로 전압[V]을 얼마 공급하면 되는가?

① 약 105 ② 약 152
③ 약 319 ④ 약 462

해설
• 기동토크와 인가전압과의 관계
$$T \propto V^2$$
• 비례식으로 계산
$T : V^2 = T' : V'^2 \rightarrow 210 : 220^2 = 100 : V'^2$
$V'^2 = \frac{100}{210} \times 220^2 \rightarrow V' = \sqrt{\frac{100}{210}} \times 220 ≒ 152[V]$

62 유도전동기의 1차 접속을 △에서 Y로 바꾸면 기동시의 1차 전류는?

① $\frac{1}{3}$ 로 감소   ② $\frac{1}{\sqrt{3}}$ 로 감소

③ $\sqrt{3}$ 배로 증가   ④ 3배로 증가

해설

Y − △기동시

기동전류와 기동토크 $\frac{1}{3}$ 배 감소

63 유도전동기의 속도제어법이 아닌 것은?

① 2차 저항법   ② 2차 여자법
③ 1차 저항법   ④ 주파수 제어법

해설

권선형 유도전동기 속도 제어법은 2차 저항법이다.

64 유도전동기의 속도제어법 중 저항 제어와 무관한 것은?

① 농형 유도 전동기
② 비례 추이
③ 속도 제어가 간단하고 원활함
④ 속도 조정 범위가 적다

해설

농형유도전동기는 외부 전원공급장치를 이용하여 속도제어를 하기 때문에 저항제어와 무관하다.

65 선박 전기추진용 전동기의 속도제어에 가장 알맞은 것은?

① 주파수 변화에 의한 제어
② 극수 변환에 의한 제어
③ 1차 저항에 의한 제어
④ 2차 저항에 의한 제어

해설

농형 유도전동기의 주파수 변환법은 선박의 추진용 모터나 인견공장의 포트 모터에 이용하고 있다.

66 3상 권선형 유도전동기의 속도제어를 위해서 2차여자법을 사용하고자 할 때 그 방법은?

① 1차 권선에 가해주는 전압과 동일한 전압을 회전자에 가한다.
② 직류 전압을 3상 일괄해서 회전자에 가한다.
③ 회전자 기전력과 같은 주파수의 전압을 회전자에게 가한다.
④ 회전자에 저항을 넣어 그 값을 변화시킨다.

해설

2차 여자법 : 유도전동기의 회전자 권선에 회전자 기전력과 같은 주파수의 전압(슬립 주파수 전압)의 크기를 조절하여 속도를 제어하는 방법이다.

67 다음 그림의 sE_2는 권선형 3상 유도전동기의 2차 유기 전압이고 E_c는 2차 여자법에 의한 속도 제어를 하기 위하여 외부에서 회전자 슬립에 가한 슬립 주파수의 전압이다. 여기서 E_c의 작용 중 옳은 것은?

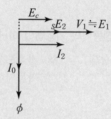

① 역률을 향상시킨다
② 속도를 강하게 한다
③ 속도를 상승하게 한다
④ 역률과 속도를 떨어뜨린다

해설

• E_c가 sE_2와 같은 방향일 경우 : 속도증가
• E_c가 sE_2와 반대 방향일 경우 : 속도감소

68 일정 토크 부하에 알맞은 유도 전동기의 주파수 제어에 의한 속도 제어 방법을 사용할 때 공급 전압과 주파수는 어떤 관계를 유지하여야 하는가?

① 공급 전압이 항상 일정하여야 한다.
② 공급 전압과 주파수는 반비례되어야 한다.
③ 공급 전압과 주파수는 비례되어야 한다.
④ 공급 전압의 제곱에 반비례하는 주파수를 공급하여야한다.

해설
유도전동기의 유기기전력
$E = 4.44 f \phi w k_w$ 에서 $E \propto f$ 관계이므로 비례되어야 한다.

69 극수 p_1, p_2의 두 3상 유도 전동기를 종속 접속하였을 때 이 전동기의 동기 속도는 어떻게 되는가? (단, 전원 주파수는 $f_1[\text{Hz}]$이고 직렬 종속이다.)

① $\dfrac{120f_1}{p_1}$
② $\dfrac{120f_1}{p_2}$
③ $\dfrac{120f_1}{p_1 + p_2}$
④ $\dfrac{120f_1}{p_1 \times p_2}$

해설
직렬 종속의 경우 극수의 합으로 속도제어가 된다.

70 권선형 유도전동기의 저항 제어법의 장점은?

① 부하에 대한 속도 변동이 크다.
② 구조가 간단하며 제어 조작이 용이하다.
③ 역률이 좋고 운전 효율이 양호하다.
④ 전부하로 장시간 운전하여도 온도 상승이 적다.

해설
권선형 유도전동기의 저항 제어법은 구조가 간단하며 제어 조작이 용이하다. 단, 저항으로 제어하기 때문에 효율이 나쁘고 제어용 저항의 가격이 비싸다.

71 8극과 4극 2개의 유도전동기를 종속법에 의한 직렬종속법으로 속도제어를 할 때 전원주파수가 60[Hz]인 경우 무부하속도[rpm]은?

① 600
② 900
③ 1200
④ 1800

해설
직렬종속법
• 2대 전동기 극수의 합으로 속도제어
• $N_0 = \dfrac{120f}{p_1 + p_2} = \dfrac{120 \times 60}{8 + 4} = 600[\text{rpm}]$

72 60[Hz]인 3상 8극 및 2극의 유도 전동기를 차동 종속으로 접속하여 운전할 때의 무부하 속도[rpm]은?

① 3600
② 1200
③ 900
④ 720

해설
차동종속법
• 2대 전동기 극수의 차로서 속도제어
• $N_0 = \dfrac{120f}{p_1 - p_2} = \dfrac{120 \times 60}{8 - 2} = 1200 \,[\text{rpm}]$

73 16극과 8극의 유도전동기를 병렬종속법으로 속도제어하면 전원주파수가 60[Hz]인 경우 무부하속도[rpm]는?

① 600
② 900
③ 300
④ 450

해설
병렬종속법
• 1대 발전기, 1대 전동기 극수 합으로 속도제어
• $N_0 = \dfrac{120f}{p_1 + p_2} \times 2 = \dfrac{120 \times 60}{16 + 8} = 600 \,[\text{rpm}]$

74 유도전동기 속도제어법에서 역률이 높은 순서를 쓰면 다음과 같다. 옳은 것은?

A : 1차 전압제어	B : 2차 저항제어
C : 극수변화	D : 주파수제어법

① CDAB
② DCAB
③ CDBA
④ ABCD

해설

역률이 큰 순서
주파수제어 → 극수변환 → 전압제어 → 저항제어

75 3상 유도전동기가 경부하로 운전 중 1선의 퓨즈가 끊어지면 어떻게 되는가?

① 속도가 증가하여 다른 퓨즈도 녹아 떨어진다.
② 속도가 낮아지고 다른 퓨즈도 녹아 떨어진다.
③ 전류가 감소한 상태에서 회전이 계속된다.
④ 전류가 증가한 상태에서 회전이 계속된다.

해설

게르게스 현상
3상중 1선의 퓨즈가 용단되면 단상 전동기가 되며
· 단상 $P_{1\phi} = VI \rightarrow I = \dfrac{P}{V}$,
· 3상 $P_{3\phi} = \sqrt{3}\,VI \rightarrow I = \dfrac{P}{\sqrt{3}\,V}$ 이므로 3상일 때보다
전류가 $\sqrt{3}$ 배 크게 흐르며 회전하며 이 상태로 계속 운전하게 되면 과열로 소손이 된다.

76 무부하의 전동기는 역률이 낮지만 부하가 늘면 역률이 커지는 이유는?

① 전류 증가
② 효율 증가
③ 전압 감소
④ 2차 저항 증가

해설

부하증가 시 유효성분의 전류가 증가하기 때문에 역률이 증가한다.

77 유도전동기에서 인가 전압이 일정하고 주파수가 정격값에서 감소할 때 다음 현상 중 해당 되지 않는 것은?

① 동기 속도가 감소한다.
② 철손이 증가한다.
③ 누설 리액턴스가 증가한다.
④ 효율이 나빠진다.

해설

누설리액턴스 $X_L = 2\pi fL$에서 주파수 감소시 누설리액턴스도 감소한다.

78 유도전동기의 보호 방식에 따른 종류가 아닌 것은?

① 방진형
② 방수형
③ 전개형
④ 방폭형

해설

전동기의 보호방식
방진형, 방적형, 방수형, 방폭형 등이 있다.

79 단상 유도전동기를 기동토크가 큰 순서로 배열한 것은?

① 반발 유도형, 반발 기동형, 콘덴서 기동형, 분상 기동형
② 반발 기동형, 반발 유도형, 콘덴서 기동형, 셰이딩 기동형
③ 반발 기동형, 콘덴서 기동형, 셰이딩 코일형, 분상 기동형
④ 반발 유도형, 모노사이클릭형, 셰이딩 코일형, 콘덴서 기동형

해설

단상 유도전동기는 기동장치가 필요하며 기동토크가 큰 순서는 반반콘분셰 순이다.
반발 기동형 → 반발 유도형 → 콘덴서기동형 → 분상 기동형 → 셰이딩 코일형

정답   74 ②   75 ④   76 ①   77 ③   78 ③   79 ②

80 4줄의 출구선이 나와 있는 분상 기동형 단상 유도 전동기가 있다. 이 전동기를 그림(도면)과 같이 결선했을 때 시계 방향으로 회전한다면, 반시계 방향으로 회전시키고자 할 경우 어느 결선이 옳은가?

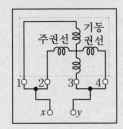

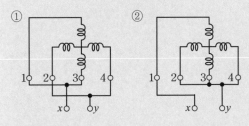

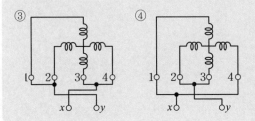

해설

운전권선(주권선)이나 기동권선 중 1개만을 전원에 대해 반대로 연결하면 역회전한다.

81 단상 유도전동기의 기동에 브러시를 필요로 하는 것은?

① 분상기동형
② 반발기동형
③ 콘덴서분상기동형
④ 셰이딩코일기동형

해설

반발기동형 특징 : 브러시 및 정류자편 부착하여 제어

82 3상 유도전압조정기의 동작 원리는?

① 회전자계에 의한 유도 작용을 이용하여 2차 전압의 위상 전압 조정에 따라 변화한다.
② 교번 자계의 전자 유도 작용을 이용한다.
③ 충전된 두 물체 사이에 작용하는 힘
④ 두 전류 사이에 작용하는 힘

해설

회전자계에 의한 유도 작용을 이용하여 2차 전압의 위상 전압 조정에 따라 변화한다.

83 단상 유도전압조정기에서 단락권선의 역할은?

① 철손경감   ② 전압강하 경감
③ 절연보호   ④ 전압조정 용이

해설 단락권선

1차권선(분로권선)에 수직으로 설치되어 직렬권선의 누설리액턴스를 방지하여 전압강하를 방지하는 역할이다.

84 단상 유도전압조정기의 권선이 아닌 것은?

① 분로권선   ② 직렬권선
③ 단락권선   ④ 유도권선

해설

단상 유도전압조정기의 권선
분로권선, 직렬권선, 단락권선 등이 있다.

85 단상 유도전압조정기에서 단락권선의 성질이 아닌 것은?

① 회전자에 2차 권선과 직각으로 감는다.
② 2차 권선의 기자력 중 1차 권선으로 소거되지 않는 기자력분을 소거한다.
③ 2차 권선의 리액턴스 전압강하를 감소한다.
④ 2차 철심의 철손증가를 억제한다.

해설

단상유도전압조정기의 단락권선은 1차권선(분로권선)과 직각으로 감아 2차권선(직렬권선)의 누설 리액턴스에 의한 전압강하를 경감시킨다.

정답   80 ④   81 ②   82 ①   83 ②   84 ④   85 ①

86 유도전압조정기에서 2차 회로의 전압을 V_2, 조정전압을 E_2, 직렬권선 전류를 I_2라 하면 3상 유도 전압 조정기의 정격출력[kVA]은?

① $\sqrt{3}\ V_2 I_2 \times 10^{-3}$
② $3 V_2 I_2 \times 10^{-3}$
③ $\sqrt{3}\ E_2 I_2 \times 10^{-3}$
④ $\sqrt{3}\,(E_1 + E_2)$

해설

유도전압조정기의 조정용량
• 단상 유도전압 조정기
  $E_2 I_2 \times 10^{-3}$[kVA]
• 3상 유도전압 조정기
  $\sqrt{3}\,E_2 I_2 \times 10^{-3}$[kVA]

87 220 ± 100[V], 5[kVA]의 3상 유도전압조정기의 정격 2차 전류는 몇[A]인가?

① 13.1
② 22.7
③ 28.8
④ 50

해설

• 유도전압조정기의 조정전압
  $V_1 \pm E_2 = 220 \pm 100$
• 조정용량 $P = \sqrt{3}\,E_2 I_2$[VA]에서
  $\rightarrow I_2 = \dfrac{P}{\sqrt{3}\,E_2} = \dfrac{5 \times 10^3}{\sqrt{3} \times 100} = 28.8$[A]

88 선로 용량 6600[kVA]의 회로에 사용하는 6600 ± 660[V]의 3상 유도 전압 조정기의 정격 용량[kVA]은 얼마인가?

① 300
② 600
③ 900
④ 1200

해설

• 유도전압조정기 조정용량(정격용량)계산
  $\dfrac{\text{조정용량}}{\text{부하용량}} = \dfrac{V_H - V_L}{V_H}$ 에서
  $\rightarrow$ 조정용량$= \dfrac{V_H - V_L}{V_H} \times$ 부하용량
• $V_H = 6600 + 660 = 7260$[V], $V_L = 6600$[V]
• 조정용량 $= \dfrac{V_H - V_L}{V_H} \times$부하용량
  $= \dfrac{7260 - 6600}{7260} \times 6600 = 600$[kVA]

정답   86 ③   87 ③   88 ②

정류기

Chapter 08

SECTION 08 정류기

① 전력변환기기

발생한 전원을 다른 형태의 전원으로 변환시켜주는 장치를 전력 변환장치라 하며 다이오드나 사이리스터 등 전력용 반도체 소자를 적절히 조합해서 사용한다.

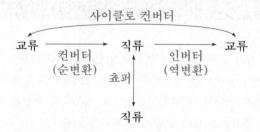

① 정류기(컨버터) : 교류(AC)를 직류(DC)로 변환하는 장치이다.
② 인버터 : 직류(DC)를 교류(AC)로 변환(주파수변환)하는 장치이다.
③ 사이클로 컨버터(주파수변환) : AC 전력을 증폭하는 장치이다.
   사이클로 컨버터란 정지 사이리스터 회로에 의해 전원 주파수와 다른 주파수의 전력으로 변환시키는 직접 회로장치이다.
④ 쵸퍼형 인버터 : 직류전압을 직접 제어하는 장치이다.

예제문제 전력변환기기의 종류

1 인버터(inverter)의 전력 변환은?

① 교류 → 직류로 변환
② 직류 → 직류로 변환
③ 교류 → 교류로 변환
④ 직류 → 교류로 변환

해설
인버터는 직류를 교류로 변환하는 기기이다.   🖺 ④

예제문제 전력변환기기의 종류

2 전력용 반도체를 사용하여 직류 전압을 직접 제어하는 것은?

① 단상 인버터
② 3상 인버터
③ 초퍼형 인버터
④ 브리지형 인버터

해설
직류전압의 파형을 제어하는 기기는 쵸퍼형 인버터이다.   🖺 ③

핵심 NOTE

■ 정류기
전원을 공급하고 제어하기 위해서는 60[Hz], 220[V]를 변환시킬 필요가 있다. 대부분의 전자기기는 직류에서 작동하는데 원동기로 직류발전기에 의해 직접 직류를 얻는 것은 적고 대개는 정류기를 사용해서 교류로부터 직류를 변환시키고 있다. 따라서 전자제품 안에는 정류기가 포함되어 있으며 전원장치에는 실리콘 다이오드가, 제어 정류기 부분에서는 사이리스터가 광범위하게 사용된다.

전력변환기기의 종류

3 전력변환기기가 아닌 것은?

① 변압기   ② 정류기

③ 유도전동기   ④ 인버터

해설
전동기는 전기적 입력을 기계적 출력으로 나오는 기계로 전력 변환기기에 해당하지 않는다.

답 ③

② 회전변류기

동기 전동기와 직류 발전기를 겸하고 있으며 전류를 바꾸는 역할을 한다. 직류 발전기는 여자를 가감하여 전압을 조정할 수 있으나 동기 전동기는 여자전류 변화시 역률만 변화하므로 직류측의 전압을 변경하려면 슬립링에 가해지는 교류측 전압을 변화시켜야 한다.

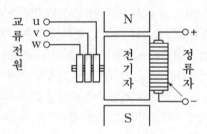

1. 직류측 전압 조정법

(1) 직렬 리액턴스에 의한 방법

(2) 유도전압 조정기에 의한 방법

(3) 부하시 전압 조정 변압기에 의한 방법

(4) 동기 승압기에 의한 방법

2. 회전 변류기의 난조원인

(1) 브러시의 위치가 중성점보다 늦은 위치에 있을 때

(2) 직류측 부하가 급변하는 경우

(3) 교류측 주파수가 주기적으로 변동하는 경우

(4) 역률이 몹시 나쁜 경우

(5) 전기자 회로의 저항이 리액턴스에 비하여 큰 경우

3. 난조방지 대책

(1) 제동 권선을 설치한다.

(2) 전기자 저항에 비하여 리액턴스를 크게 할 것

(3) 자극 수를 작게 하고 기하각과 전기각의 차이를 작게 한다.

(4) 역률을 개선한다.

4. 교류전압(E)과 직류전압(E_d)의 관계

(1) 전압비 : $\dfrac{E}{E_d} = \dfrac{1}{\sqrt{2}} \sin\dfrac{\pi}{m}$ (m : 상수)

(2) 전류비 : $\dfrac{I}{I_d} = \dfrac{2\sqrt{2}}{m \cdot \cos\theta}$

예제문제 회전변류기의 직류측 전압조정법

4 회전 변류기의 직류측 전압을 조정하려는 방법이 아닌 것은?

① 동기 승압기에 의한 방법

② 유도 전압 조정기를 사용하는 방법

③ 직렬 리액턴스에 의한 방법

④ 여자 전류를 조정하는 방법

해설

• 직렬 리액턴스에 의한 방법

• 유도전압 조정기에 의한 방법

• 부하시 전압 조정 변압기에 의한 방법

• 동기 승압기에 의한 방법

답 ④

예제문제 회전 변류기의 난조의 원인

5 회전 변류기의 난조의 원인이 아닌 것은?

① 직류측 부하의 급격한 변화

② 역률이 매우 나쁠 때

③ 교류측 전원 주파수의 주기적 변화

④ 브러시 위치가 전기적 중성축보다 앞설 때

해설

회전 변류기의 난조원인

• 브러시의 위치가 중성점보다 늦은 위치에 있을 때

• 직류측 부하가 급변하는 경우

• 교류측 주파수가 주기적으로 변동하는 경우

• 역률이 몹시 나쁜 경우

• 전기자 회로의 저항이 리액턴스에 비하여 큰 경우

답 ④

6 정격전압 250[V], 1000[kW]인 6상 회전 변류기의 교류측에 250[V]의 전압을 가할 때, 직류측의 유도기전력은 몇[V]인가?(단, 교류측 역률은 100[%]이고 손실은 무시한다)

① 약 815　　　　　　② 약 747

③ 약 707　　　　　　④ 약 684

해설

6상 회전변류기의 전압비

· $\dfrac{E_a}{E_d} = \dfrac{1}{\sqrt{2}} \sin \dfrac{\pi}{m}$ 식에서 상수 m = 6 이므로

· $\dfrac{E_a}{E_d} = \dfrac{1}{\sqrt{2}} \sin \dfrac{\pi}{6} = \dfrac{1}{2\sqrt{2}}$ 이다.

· $E_d = 2\sqrt{2}\,E_a = 2\sqrt{2} \times 250 = 707[V]$

답 ③

3 수은정류기

부하가 급변하는데 탁월하며, 기계적 열적으로 약하며 수리가 어려운 단점이 있다.(대전류용 전철, 방송국)

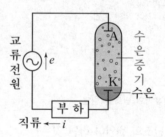

■ 수은 정류기 이상현상
· 역호 : 밸브 기능이 상실되는 현상
· 통호 : 아크가 방전되는 현상
· 실호 : 점호가 실패하는 현상
· 이상전압 : 리액턴스전압이 유도되어 절연이 파괴되는 현상

1. 직류측 출력 전압비

(1) 전압비 3상 : $E_d = 1.17E$,　6상: $E_d = 1.35E$

(2) 전류비 : $\dfrac{I}{I_d} = \dfrac{1}{\sqrt{m}}$

2. 수은정류기의 이상현상

(1) 역호의 원인

① 과전압, 과전류

② 증기밀도 과대

③ 내부 잔존 가스 압력 상승

④ 양극 재료의 불량 및 불순물 부착

(2) 역호 방지법
① 과열, 과냉을 피할 것
② 과부하를 피할 것
③ 진공도를 높일 것

(3) 대용량 수은 정류기 2차 결선법 : 6상 2중 성형 결선

예제문제 **수은정류기의 역호 방지책**

7 수은 정류기 이상 현상 또는 전기적 고장이 아닌 것은?

① 역호   ② 이상 전압
③ 점호   ④ 통호

해설
점호
수은정류기에 음극점을 만들어 양극의 아크 방전을 유발하는 것을 점호라 한다.

답 ③

예제문제 **수은 정류기의 결선방식**

8 일반적으로 전철이나 화학용과 같이 비교적 용량이 큰 수은 정류기용 변압기의 2차측 결선 방식으로 쓰이는 것은?

① 6상 2중 성형   ② 3상 반파
③ 3상 전파   ④ 3상 크로스파

해설
수은 정류기는 직류측 전압이 맥동이 있어 불안정한 특성을 갖기 때문에 상수를 많게 하여 이를 줄이고 있다. 대용량의 경우 주로 6상식이 쓰인다.

답 ①

예제문제 **수은 정류기의 이상현상**

9 수은정류기에 있어서 정류기의 밸브 작용이 상실되는 현상을 무엇이라 하는가?

① 점호   ② 역호
③ 실호   ④ 통호

해설
수은 정류기의 역호 현상
운전 중에는 양극이 음극에 대해 부전위로 되기 때문에 아크가 발생하지 않지만 어떤 원인으로 양극에 음극점이 생기게 되면 순간 전자가 방출되어 정류기의 밸브작용을 상실하게 되고 양극에 아크가 발생하는데 이를 역호라 한다.

답 ②

예제문제 수은정류기의 역호의 원인

10 수은정류기의 역호 발생의 큰 원인은?

① 내부저항의 저하   ② 전원주파수의 저하
③ 전원전압의 상승   ④ 과부하 전류

해설
수은정류기 역호의 원인
• 내부 잔존 가스 압력의 상승
• 양극에 불순물이 부착된 경우
• 양극 재료의 불량이나 과열
• 전압, 전류의 과대
• 증기 밀도의 과대

답 ④

예제문제 수은정류기의 역호 방지책

11 수은 정류기의 역호 방지법에 대해 옳은 것은?

① 정류기에 어느 정도 과부하 되도록 할 것
② 냉각장치에 주의하여 과냉각하지 말 것
③ 진공도를 적당히 할 것
④ 양극 부분은 항상 열을 가할 것

해설
수은정류기의 역호 방지대책
• 정류기가 과부하되지 않도록 할 것
• 냉각장치에 주의하여 과열, 과냉을 피할 것
• 진공도를 충분히 높일 것
• 양극에 수은 증기가 부착하지 않도록 할 것
• 양극 앞에 그리드를 설치할 것

답 ②

④ 다이오드(반도체 정류기)

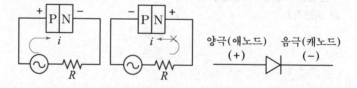

■참조

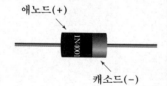

애노드(+)

캐소드(−)

1. 다이오드의 구조

(1) 순수(진성)반도체

4가 원소를 말한다. 반도체로 사용하는 원소 Si, Ge로 불순물을 혼합하지 않는 원소이며, 최외각 전자의 수가 4개인 원소이다.

(2) 불순물 반도체

① N(Negative)형 반도체 : 4족 원소(Si, Ge) + 5족 원소(P, As, Sb) 최외각전자 4개인 Si원소에 최외각전자 5개인 As를 첨가한 외인성 반도체를 말한다.

② P(Positive)형 반도체 : 4족 원소(Si, Ge) + 3족 원소(B, Ga, In) 최외각전자 4개인 Si원소에 최외각전자 3개인 In를 첨가한 외인성 반도체를 말한다.

2. 다이오드의 원리와 특성

순도가 높은 실리콘단 결정은 도전성을 갖지 않지만 여기에 3가의 금속원소인 알루미늄과 붕소를 미량 혼합하면 전자가 부족한 P형 반도체가 되고 5가의 금속원소인 비소나 인을 혼합하면 전자가 과잉한 N형 반도체가 된다. 이때 P형 반도체와 N형 반도체를 접합하여 P측을 (+)극 N측을 (-)측에 접속하면 전류가 흐르고(순방향) 역으로 연결되면 전류가 흐르지 않는다. 이와 같이 전류가 한쪽으로만 흐르는 정류작용을 이용한 것이 실리콘 정류기이다.

3. 기능

(1) 순방향 도통 상태

양극의 전압이 음극에 비하여 높을 때는 전압을 약간만 증가시켜도 전류가 크게 증가한다. 즉, 다이오드의 저항이 매우 낮은 상태가 되며 이 상태를 순방향 도통상태라고 한다.

(2) 역방향 저지 상태

양극의 전압이 음극에 비하여 낮을 때에는 상당한 큰 전압이 걸려도 전류가 흐르지 않는다. 즉, 다이오드의 저항이 매우 큰 상태가 되며 이 상태를 역방향 저지상태라고 한다.

(3) 누설전류

역방향 저지상태에서 역방향으로(음극에서 양극으로) 보통 수십[mA] 정도의 전류가 흐르는 경우가 있으며 이 전류를 누설전류라고 한다.

(4) 다이오드의 정격전류

다이오드가 파괴되지 않고 순방향으로 통과 시킬 수 있는 전류의 최댓값

(5) 다이오드의 정격전압

다이오드가 견딜 수 있는 최대 역전압

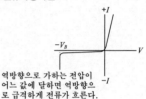

■ 전류특성곡선

역방향으로 가하는 전압이 어느 값에 달하면 역방향으로 급격하게 전류가 흐른다.

■ 실리콘 정류기의 특성
• 역방향 내전압이 크다.
• 전류 밀도가 크다.(게르마늄의 2~3배, 셀렌의 500~1000배)
• 온도에 의한 영향이 작다. (최고 허용 온도 140~200℃)
• 효율은 가장 좋다.(99[%])
• 대용량 정류기에 적합하다.

4. 다이오드 정류회로

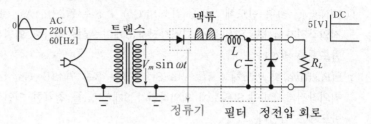

교류전원으로부터 정류기를 통해서 직류를 얻는 회로에는 상수에 따라 단상, 3상, 6상과 반파, 전파, 브리지회로 등 많은 종류가 있고 부하의 종류와 사용 장소에 따라 구분되어 쓰이고 있다.

(1) 단상 반파 정류회로

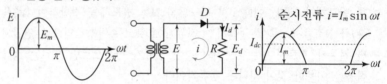

교류전원의 한단자에 다이오드 1개를 접속하고 정류된 직류전류를 부하에 흐르도록 한 것이 단상 반파 정류회로이다. 교류전원의 전압과 전류를 각각 $E = E_m \sin \omega t$, $I = I_m \sin \omega t$ 이라 하면 부하에는 다이오드에 의해 0~π까지의 주기만큼은 흐르고 π~2π까지의 반파는 저지되어 흐르지 않는다. 따라서 이때 정류된 직류의 값은 정현파 교류의 반파(0~π)의 평균값으로 나타낸다.

① 직류 평균전압 $E_d = \dfrac{\sqrt{2}\,E}{\pi} = 0.45E\,[V]$

   직류 평균전류 $I_d = \dfrac{\sqrt{2}\,I}{\pi} = 0.45I\,[A]$

$$\therefore \text{ 부하에 흐르는 직류전류 } I_d = \frac{E_d}{R} = \frac{0.45E}{R}[A]$$

② PIV(Peak Inverse Voltage) : 첨두역전압, 역전압 최댓값

$$PIV = \sqrt{2}\,E\,[V]$$

(2) 단상 전파정류회로

전원변압기의 2차 양단자에 정류소자 D_1, D_2를 접속하고 변압기 2차 측 중성점 사이에 부하를 잇는 회로이다.

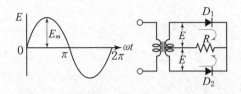 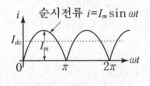

단상 전파의 파형은 부하의 단자전압(E_d), 및 부하전류(I_d)가 각각 단상 반파의 2배가 된다.

① 직류 평균전압 $E_d = \dfrac{2\sqrt{2}\,E}{\pi} = 0.9E\,[\mathrm{V}]$

　직류 평균전류 $I_d = \dfrac{2\sqrt{2}\,I}{\pi} = 0.9I\,[\mathrm{A}]$

② PIV(Peak Inverse Voltage) : 첨두역전압, 역전압 최댓값

$$PIV = 2\sqrt{2}\,E$$

■ 정류기 전압강하주어질 경우

$E_d = \dfrac{\sqrt{2}\,E}{\pi} - e = 0.45E - e$

(3) 브리지 정류회로

정류소자 4개를 이용하여 접속한 단상 브리지 정류회로는 부하회로에 같은 방향이 되고 부하전압 및 부하전류의 평균치를 그대로 적용한다.

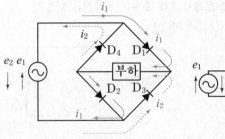 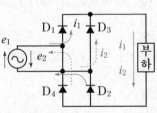

예제문제 단상 전파 정류회로의 직류전압

12 위상 제어를 하지 않은 단상 반파정류회로에서 소자의 전압 강하를 무시할 때 직류 평균값 E_d는? (단, E : 직류 권선의 상전압(실효값)이다.)

① $0.45E$　　　　　　② $0.90E$

③ $1.17E$　　　　　　④ $1.46E$

해설

단상 반파 정류회로의 직류전압 $E_d = 0.45E$ 이다.

답 ①

예제문제 단상 전파 정류회로의 직류전압

13 단상 브리지 전파정류회로의 저항부하의 전압이 $100[V]$이면 전원 전압[V]은?

① 111　　　　　　② 141

③ 100　　　　　　④ 90

해설

• 단상 전파일 때, 직류전압 $E_d = 0.9E$ 에서 $E = 1.11E_d$이다.

• 직류전압 $E_d = 100[V]$ 이므로 $E = 1.11 \times 100 = 111[V]$

답 ①

예제문제 단상 반파 정류 회로의 직류전류 계산

14 그림의 단상 반파정류회로에서 R에 흐르는 직류전류[A]는?

(단, $E=100[V]$, $R = 10\sqrt{2}\,[\Omega]$ 이다.)

① 2.28

② 3.2

③ 4.5

④ 7.07

해설

• 전원전압(교류) $E = 100[V]$

다이오드를 통한 직류전압 $E_d = 0.45E = 0.45 \times 100 = 45[V]$

• 부하(R)에 흐르는 직류전류 $I_d = \dfrac{E_d}{R} = \dfrac{45}{10\sqrt{2}} = 3.2[A]$

답 ②

예제문제 단상 반파 정류 회로의 전압 계산

15 반파정류회로에서 직류 전압 200[V]를 얻는 데 필요한 변압기 2차 상전압을 구하여라. (단, 부하는 순저항, 변압기 내 전압 강하를 무시하면 정류기 내의 전압 강하는 50[V]로 한다.)

① 68　　　　　　　② 113
③ 333　　　　　　④ 555

해설
• 단상 반파의 직류전압 $E_d = 0.45E - e$ (전압강하)
• 변압기 2차 상전압(교류전압) $E = \dfrac{1}{0.45}(E_d + e) = 2.22 \times (200 + 50)[V] = 555[V]$

답 ④

예제문제 단상전파 정류회로의 직류전류값

16 그림과 같은 정류 회로에서 정현파 교류전원을 가할 때 가동 코일형 전류계의 지시(평균값)는? (단, 전원 전류의 최댓값은 I_m이다.)

① $\dfrac{I_m}{\sqrt{2}}$　　　　② $\dfrac{2}{\pi}I_m$

③ $\dfrac{I_m}{\pi}$　　　　　④ $\dfrac{I_m}{2\sqrt{2}}$

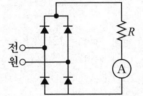

해설
• 단상 전파 정류회로이므로 $I_d = 0.9I = \dfrac{2\sqrt{2}}{\pi}I$ 이다.
• 단, 보기에서 최댓값 I_m으로 주어졌으므로 $I(실효값) = \dfrac{I_m}{\sqrt{2}}$
$\therefore I_d = \dfrac{2\sqrt{2}}{\pi}I_m \times \dfrac{1}{\sqrt{2}} = \dfrac{2}{\pi}I_m$

답 ②

예제문제 단상전파 정류회로의 직류전류값 계산

17 그림에서 밀리암페어계의 지시를 구하면? (단, 밀리암페어계는 가동 코일형이라 하고 정류기의 저항은 무시한다.)

① 2.5[mA]
② 1.8[mA]
③ 1.2[mA]
④ 0.8[mA]

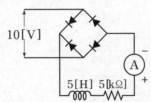

해설
• 단상 전파 정류회로이므로 $E_d = 0.9E = 0.9 \times 10 = 90[V]$ 이다.
• 밀리암페어계의 지시값은 직류전류 값이므로
$I_d = \dfrac{E_d}{R} = \dfrac{90}{5000} = 0.018[A] = 1.8[mA]$

답 ②

다이오드의 역전압 첨두값(PIV)

18 반파 정류 회로에서 직류 전압 100[V]를 얻는 데 필요한 변압기의 역전압 첨두값[v]은? (단, 부하는 순저항으로 하고 변압기 내의 전압강하는 무시하며 정류기 내의 전압 강하를 15[V]로 한다.)

① 약 181   ② 약 361
③ 약 512   ④ 약 722

해설
• 단상 전파 정류회로의 역전압 첨두값
$$PIV = \pi \cdot (E_d + e) = \pi \cdot (100 + 15) ≒ 361[V]$$

답 ②

4. 맥동률

$$맥동률 = \frac{교류분의 \ 크기}{직류분의 \ 크기} \times 100[\%]$$

■ 참고
상수가 크고 전파일수록 맥동률은 작아지고 맥동주파수는 증가한다.
맥동률 방지책 : 콘덴서를 병렬연결한다.(평활회로)

(1) 단상 반파 = 121[%]
(2) 단상 전파 = 48[%]
(3) 3상 반파 = 17[%]
(4) 3상 전파 = 4[%]

동기발전기의 출력 공식

19 사이리스터를 이용한 정류 회로에서 직류 전압의 맥동률이 가장 작은 정류 회로는?

① 단상 반파 정류 회로
② 단상 전파 정류 회로
③ 3상 반파 정류 회로
④ 3상 전파 정류 회로

해설

정류파형	맥동률
단상반파	121[%]
단상전파	48[%]
3상반파	17[%]
3상전파	4[%]

∴ 맥동률이 가장 작은 파형은 3상 전파 정류회로이다.

답 ④

예제문제 정류회로의 맥동률 비교

20 사이리스터(thyristor)단상 전파 정류 파형에서의 저항 부하시 맥동률[%]은?

① 17　　　　　　　② 48
③ 52　　　　　　　④ 83

[해설]
단상 전파 정류 파형의 맥동률은 48[%] 이다.

답 ②

예제문제 맥동률의 의미

21 어떤 정류 회로의 부하 전압이 200[V]이고 맥동률 4[%]이면 교류분은 몇[V] 포함되어 있는가?

① 18　　　　　　　② 12
③ 8　　　　　　　　④ 4

[해설]
- 맥동률 $= \dfrac{\text{교류분의 크기}}{\text{직류분의 크기}} \times 100[\%]$
- 교류분의 크기 = 맥동률×직류분의 크기 $= 0.04 \times 200[V] = 8[V]$

답 ③

5. 단상과 3상 정류의 비교

정류종류	직류와 교류	최대 역전압	맥동 주파수	정류 효율	맥동률
단상반파	$E_d = 0.45E = \dfrac{\sqrt{2}}{\pi}E$	$PIV=\sqrt{2}E$ ↓ $PIV=\pi E_d$	60[Hz]	40.5	121%
단상전파	$E_d = 0.9E = \dfrac{2\sqrt{2}}{\pi}E$ $E = 1.11E_d$	↑ $PIV=2\sqrt{2}E$	120[Hz]	81.1	48%
3상반파	$E_d = 1.17E = \dfrac{3\sqrt{6}}{2\pi}E$	$PIV=\sqrt{2}E$	180[Hz]	96.7	17%
3상전파 (6상반파)	$E_d = 1.35E = \dfrac{3\sqrt{2}}{\pi}E$		360[Hz]	99.8	4%

6. 정류기 보호방법

(1) 과전압에 대한 보호방법

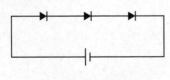

다이오드의 직렬연결

핵심 NOTE

■ 다이오드 종류
- 제너 다이오드

전원 전압을 일정하게 유지

- 바렉터 다이오드

공핍층의 두께를 변화시켜 정전용량의 값을 바꾼다.

- 발광다이오드(LED)

빛으로 에너지를 방출하는 다이오드

- 터널 다이오드

고주파 특성이 양호하므로 마이크로파의 발진·증폭·고속 스위칭에 이용된다.

(2) 과전류에 대한 보호방법

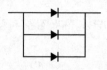

다이오드의 병렬연결

다이오드의 보호방법

22 다이오드를 사용한 정류 회로에서 여러 개를 직렬로 연결하여 사용할 경우 얻는 효과는?
① 다이오드를 과전류로부터 보호
② 다이오드를 과전압으로부터 보호
③ 부하 출력의 맥동률 감소
④ 전력 공급의 증대

해설
다이오드를 직렬연결시 전압분배에 의해 과전압으로부터 보호할 수 있다.

답 ②

⑤ 사이리스터

■ SCR의 특징

• 게이트 신호를 인가할 때부터 도통할 때까지의 시간이 짧다.
• 부성(-) 저항 영역을 갖는다.
• 직·교류 양용이다.
• 소형이고 대전력용 제어가 가능하다.
• 아크가 생기지 않으므로 열의 발생이 적다.
• 전류가 흐르고 있을 때 양극의 전압강하가 작다.
• 과전압에 약하다.
• 열용량이 적어 고온에 약하다.
• 역률각 이하에서는 제어가 되지 않는다.

사이리스터는 4층 이상의 PN접합을 갖고 전기자 회로의 ON, OFF를 할 수 있는 반도체 스위치의 총칭이다. 이 사이리스터 중에서 PNPN 4층으로 되어 게이트 단자를 갖는 실리콘반도체 제어정류소자(Silicon controlled rectifier)를 SCR이라 부르며 전력용으로 가장 널리 사용되고 있다.

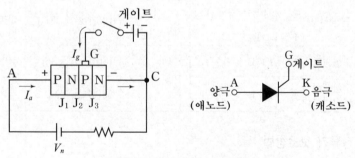

단방향(역저지) 3단자 사이리스터

1. SCR의 특징

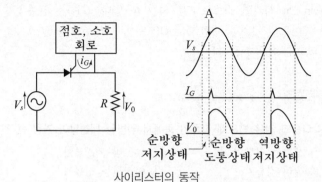

사이리스터의 동작

(1) SCR Turn On 조건

양극 단자를 A(anothe), 음극단자 K 및 또 하나의 단자로 게이트 단자 G를 설치한 구조이다. 이 사이리스터에서 P측에 (+)방향의 순방향 전압을 가하면 접합부 J_1, J_3은 순전압이 되지만 접합부 J_2는 역전압이 되며 전류의 저지작용에 의해 순전류가 거의 흐르지 않는데 이를 순방향저지상태라 한다. 이때 전압을 서서히 크게 할 경우 이 전압이 브레이크 오버 전압에 달하면 사이리스터의 전류저지작용은 파괴되고 전압이 급격히 저하하고 전류는 급증해서 On(도통상태)가 된다. 또한 사이리스터 도통상태가 되는 것을 턴온(Turn on)이라 한다.

① 래칭전류 : SCR이 Turn On 시키기 위한 최소전류를 말한다.
② 유지전류 : SCR이 Turn On 후 게이트에 전류가 흐르지 않더라도 On상태를 유지하기 위한 최소전류이다.

(2) SCR Turn Off 조건

SCR은 게이트 전류를 0으로 해도 차단되지 않는다. 따라서,
① SCR에 역전압을 인가하거나 유지전류 이하가 되면 off가 된다.
② 게이트 전압이 아닌 애노드 전압을 (0) 또는 (-)로 한다.

(3) SCR의 종류

① LASCR(감광사이리스터, Light activated SCR)
역저지 3단자 사이리스터의 일종으로 게이트 전류대신에 빛을 비춰서 Turn on 시킨다. 소전력을 직접 광에 의해 제어하거나 대전력회로의 보조회로에 사용해서 각종 광응용회로의 정지 스위치 등에 사용한다.
② GTO(Gate turn off)

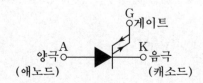

SCR은 단방향성 사이리스터이기 때문에 게이트 전류에 의해 한번 Turn On 시키면 스스로 Off 시킬 수 없다. GTO는 직류전압을 가해서 게이트에 펄스를 주면 On, Off 동작이 모두 가능한 소자로서 직류 스위치로 이용가능하다.

예제문제 반도체 정류기의 종류와 특징

23 다음과 같은 반도체 정류기 중에서 역방향 내전압이 가장 큰 것은?

① 실리콘 정류기　　　　② 게르마늄 정류기
③ 셀렌 정류기　　　　　④ 아산화동 정류기

해설
반도체 정류기(실리콘 정류기 : SCR)의 특징
• 대전류 제어 정류용으로 이용한다.
• 정류효율 및 역방향 내전압은 크고 도통시 양극 전압강하는 작다.
• 교류, 직류 전압을 모두 제어한다.
• 아크가 생기지 않으므로 열의 발생이 적다.
• 게이트 전류의 위상각으로 통전 전류의 평균값을 제어할 수 있다.
• 게이트에 신호를 인가할 때부터 도통시까지 시간이 짧다.

답 ①

예제문제 반도체 정류기의 특징

24 다음은 SCR에 관한 설명이다. 적당하지 않은 것은?

① 3단자 소자이다.
② 적은 게이트 신호로 대전력을 제어한다.
③ 직류 전압만을 제어한다.
④ 도통 상태에서 전류가 유지 전류 이하가 되면 비도통 상태가 된다.

해설
SCR은 교류, 직류 전압을 모두 제어한다.

답 ③

예제문제 SCR(실리콘 정류 소자)의 특징

25 SCR(실리콘 정류 소자)의 특징이 아닌 것은?

① 아크가 생기지 않으므로 열의 발생이 적다.
② 과전압에 약하다.
③ 게이트에 신호를 인가할 때부터 도통할 때까지의 시간이 짧다.
④ 전류가 흐르고 있을 때의 양극 전압 강하가 크다.

해설
SCR은 전압강하가 1[V]정도로 작다.

답 ④

예제문제 SCR(실리콘 정류 소자)의 특징

26 SCR의 설명으로 적당하지 않은 것은?

① 게이트 전류(I_G)로 통전 전압을 가변시킨다.

② 주전류를 차단하려면 게이트 전압을 (0)또는 (–)로 해야 한다.

③ 게이트 전류의 위상각으로 통전 전류의 평균값을 제어시킬 수 있다.

④ 대전류 제어 정류용으로 이용된다.

해설
SCR을 턴오프(비도통상태)시키는 방법
· 유지전류 이하의 전류를 인가한다.
· 역바이어스 전압을 인가한다. → 애노드에 (0) 또는 (–)의 전압을 인가한다.

답 ②

예제문제 사이리스터의 특징

27 사이리스터(thyristor)에서는 게이트 전류가 흐르면 순방향의 저지 상태에서 ( ) 상태로 된다. 게이트 전류를 가하여 도통 완료까지의 시간을 ( ) 시간이라고 하나 이 시간이 길면 ( ) 시의 ( )이 많고 사이리스터 소자가 파괴되는 수가 있다. 다음 ( ) 안에 알맞은 말의 순서는?

① 온, 턴온, 스위칭, 전력 손실

② 온, 턴온, 전력 손실, 스위칭

③ 스위칭, 온, 턴온, 전력 손실

④ 턴온, 스위칭, 온, 전력 손실

답 ①

2. 사이리스터의 종류와 특성

명칭			단자	신호	응용 예
사이리스터	단방향 사이리스터	SCR	3단자	게이트 신호	정류기 인버터
		LASCR		빛 또는 게이트 신호	정지스위치 및 응용 스위치
		GTO		게이트 신호 on, off	초퍼 직류 스위치
		SCS	4단자		
	쌍방향 사이리스터	SSS DIAC	2단자	과전압 또는 전압상승률	조광장치, 교류 스위치
		TRIAC	3단자	게이트 신호	조광장치, 교류 스위치
다이오드			2단자		정류기
트랜지스터			3단자		증폭기

(1) SSS(DIAC)

쌍방향 2단자(극)

SSS(Silicon Symmetrical switch)는 PNPNP의 5층으로 하여 게이트를 없앤 2단자 구조의 다이오드이다. 게이트 전류 대신에 양단자 간에 순시 과전압을 가하든가 상승률이 높은 전압을 가해서 break over 시켜 제어를 한다. 양방향으로 도통하는 성질을 갖고 있으며 교류스위치나 조광장치 등에 사용한다.

(2) SCS

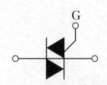

단방향(역저지) 4단자(극)

SCR과 같은 4층 구조이며 제어전극을 양극과 음극측으로 만든 4단자 구조이다. 한 쪽의 전극에 적당한 바이어스를 거는 것에 따라 다른 쪽의 제어감도를 바꿀 수 있다. 1방향성 사이리스터에서는 유지전류는 일정값이지만 SCS에서 이것을 대폭 바꿀 수 있다.

(3) TRIAC

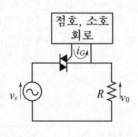

쌍방향 3단자(극)

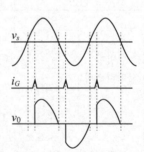

TRIAC의 동작

■ 전력용 트랜지스터

C컬렉터
B 베이스
E이미터

• 트랜지스터는 구성에 따라 npn형과 pnp형 두 가지가 있다.
• 도통시 전류는 컬렉터에서 이미터 쪽으로만 흐르고 역방향으로는 흐르지 않는다.
• 베이스 전류의 크기에 따라 전압 −전류 특성이 달라진다.
• 도통상태를 유지하기 위해서는 베이스 전류를 계속 흘려야 한다.

교류위상제어소자이며 SCR과 다이오드를 역병렬로 접속한 구조이다. 직류회로의 전압제어 인버터 등에 사용되고 있고 앞으로 널리 용도가 기대되는 특수성이 있는 사이리스터이다.

① SCR은 한 방향으로만 도통할 수 있는 데 반하여 이 소자는 양방향으로 도통할 수 있다.

② TRIAC은 기능상으로 2개의 SCR을 역병렬 접속한 것과 같다.

③ TRIAC의 게이트에 전류를 흘리면 그 상황에서 어느 방향이건 전압이 높은 쪽에서 낮은 쪽으로 도통한다.

④ 일단 도통하면 SCR과 같이 그 방향으로 전류가 더 이상 흐르지 않을 때 까지 도통한다. 따라서, 전류 방향이 바뀌려고 하면 소호되고 일단 소호되면 다시 점호시킬 때까지 차단 상태를 유지한다.

예제문제 사이리스터의 종류와 특징

28 2방향성 3단자 사이리스터는 어느 것인가?

① SCR   ② SSS
③ SCS   ④ TRIAC

해설
• SCR : 단방향 3단자 사이리스터
• SSS : 양방향 2단자 사이리스터
• SCS : 단방향 4단자 사이리스터
• TRIAC : 양방향 3단자 사이리스터

답 ④

예제문제 사이리스터의 종류와 특징

29 다음 사이리스터 중 3단자 사이리스터가 아닌 것은?

① SCR   ② GTO
③ TRIAC   ④ SCS

해설
• SCR : 단방향 3단자 사이리스터
• GTO : 단방향 3단자 사이리스터
• TRIAC : 양방향 3단자 사이리스터
• SCS : 단방향 4단자 사이리스터

답 ④

---

3. SCR의 위상제어

SCR의 위상제어 시 부하역률 각보다 큰 범위에서만 제어가 가능하다.

정류종류	직류와 교류
단상반파	$E_d = 0.45 E\left(\dfrac{1+\cos\alpha}{2}\right) = \dfrac{\sqrt{2}}{\pi} E\left(\dfrac{1+\cos\alpha}{2}\right)$
단상전파	$E_d = 0.9 E\left(\dfrac{1+\cos\alpha}{2}\right) = \dfrac{2\sqrt{2}}{\pi} E\left(\dfrac{1+\cos\alpha}{2}\right)$
3상반파	$E_d = 1.17 E\cos\alpha = \dfrac{3\sqrt{6}}{2\pi} E\cos\alpha$
3상전파 (6상반파)	$E_d = 1.35 E\cos\alpha = \dfrac{3\sqrt{2}}{\pi} E\cos\alpha$

출제예상문제

01 사이클로 컨버터(cycloconverter)란?

① 실리콘 양방향성 소자이다.
② 제어 정류기를 사용한 주파수 변환기이다.
③ 직류 제어 소자이다.
④ 전류 제어 소자이다.

해설

사이클로 컨버터란 정지 사이리스터 회로에 의해 전원 주파수와 다른 주파수의 전력으로 변환시키는 즉, 교류(AC) → 교류(AC) 변환을 하는 장치이다.

02 교류를 직류로 변환하는 기기로서 옳지 않은 것은?

① 인버터
② 전동 직류발전기
③ 셀렌정류기
④ 회전 변류기

해설

인버터는 직류를 교류로 변환하는 장치이다.

03 다음 중 교류를 직류로 변환하는 전기기기가 아닌 것은?

① 전동 발전기
② 회전 변류기
③ 단극 발전기
④ 수은 정류기

해설

교류를 직류로 변환하는 정류기기는 반도체 정류기, 회전 변류기, 수은 정류기, 전동발전기 등이 있으며
단극 발전기는 직류발전기의 일종으로 교류를 직류로 변환하는 장치가 아니다.

04 단중 중권 6상 회전 변류기의 직류측 전압 E_d와 교류측 슬립링간의 기전력 E_a에 대해 옳은 식은?

① $E_a = \dfrac{1}{2\sqrt{2}}E_d$

② $E_a = 2\sqrt{2}\,E_d$

③ $E_a = \dfrac{3}{2\sqrt{2}}E_d$

④ $E_a = \dfrac{1}{\sqrt{2}}E_d$

해설

• 회전변류기의 전압비

$$\frac{E_a}{E_d} = \frac{1}{\sqrt{2}}\sin\frac{\pi}{m}$$

• 상수 $m=6$ 이므로 $\sin\dfrac{\pi}{6} = \dfrac{1}{2}$

• $\therefore E_a = \dfrac{1}{2\sqrt{2}}E_d$

05 6상 회전 변류기에서 직류 600[V]를 얻으려면 슬립링 사이의 교류 전압을 몇[V]로 해야 하는가?

① 약 212
② 약 300
③ 약 424
④ 약 8484

해설

• 회전변류기의 전압비

$$\frac{E_a}{E_d} = \frac{1}{\sqrt{2}}\sin\frac{\pi}{m}$$

• 상수 $m=6$ 이므로 $\sin\dfrac{\pi}{6} = \dfrac{1}{2}$

• $E_a = \dfrac{1}{2\sqrt{2}}E_d = \dfrac{1}{2\sqrt{2}}\times 600 = 212[V]$

정답   01 ②   02 ①   03 ③   04 ①   05 ①

06 회전변류기의 난조방지대책으로 적당하지 않은 것은?

① 제동권선을 설치한다.
② 전기자회로의 리액턴스를 저항보다 작게 한다.
③ 자극수를 작게 한다.
④ 역률을 개선한다.

해설
• 제동 권선을 설치한다.
• 전기자 저항에 비하여 리액턴스를 크게 할 것
• 자극 수를 작게 하고 기하각과 전기각의 차이를 작게 한다.
• 역률을 개선한다.

07 회전 변류기의 교류측 선로 전류와 직류측 선로 전류의 실효값과의 비는 다음 중 어느 것인가?(단, m은 상수이다.)

① $\dfrac{2\sqrt{2}}{m\sin\theta}$ ② $\dfrac{m\cos\theta}{2\sqrt{2}}$

③ $\dfrac{2\sqrt{2}\sin\theta}{m}$ ④ $\dfrac{2\sqrt{2}}{m\cos\theta}$

해설
회전 변류기의 교류와 직류의 전류비
$$\frac{I_a}{I_d}=\frac{2\sqrt{2}}{m\cos\theta}$$

08 회전 변류기의 직류측 선로 전류와 교류측 선로 전류의 실효값과의 비는 다음 중 어느 것인가?(단, m은 상수이다.)

① $\dfrac{2\sqrt{2}}{m\sin\theta}$ ② $\dfrac{m\cos\theta}{2\sqrt{2}}$

③ $\dfrac{2\sqrt{2}\sin\theta}{m}$ ④ $\dfrac{2\sqrt{2}}{m\cos\theta}$

해설
회전 변류기의 직류와 교류의 전류비
$$\frac{I_d}{I_a}=\frac{m\cos\theta}{2\sqrt{2}}$$

09 회전 변류기의 전압 조정법이 아닌 것은?

① 기동 전동기에 의한 기동법
② 직렬 리액턴스에 의한 방법
③ 부하시 전압 조정 변압기를 사용하는 방법
④ 동기 승압기에 의한 방법

해설
회전변류기의 직류측 전압 조정법
• 직렬 리액턴스에 의한 방법
• 유도전압 조정기에 의한 방법
• 부하시 전압 조정 변압기에 의한 방법
• 동기 승압기의 의한 방법

10 다음에서 수은 정류기의 역호 발생 원인이 아닌 것은?

① 양극의 수은 부착
② 내부 잔존 가스 압력의 상승
③ 전압의 과대
④ 주파수 상승

해설
수은정류기 역호의 원인
• 내부 잔존 가스 압력의 상승
• 양극에 불순물이 부착된 경우
• 양극 재료의 불량이나 과열
• 전압, 전류의 과대
• 증기 밀도의 과대

11 수은 정류기의 역호를 방지하기 위해 운전상 주의할 사항으로 맞지 않은 것은?

① 과도한 부하 전류를 피할 것
② 진공도를 항상 양호하게 유지할 것
③ 철제 수은 정류기에서는 양극 바로 앞에 그리드를 설치할 것
④ 냉각 장치에 유의하고 과열되면 급히 냉각시킬것

해설
수은정류기의 역호 방지대책
• 정류기가 과부하 되지 않도록 할 것
• 냉각장치에 주의하여 과열, 과냉을 피할 것
• 진공도를 충분히 높일 것
• 양극에 수은 증기가 부착하지 않도록 할 것
• 양극 앞에 그리드를 설치할 것

정답 06 ② 07 ④ 08 ② 09 ① 10 ④ 11 ④

12 6상 수은 정류기의 점호극의 수는?

① 1
② 3
③ 6
④ 12

해설

수은정류기에 음극점을 만들어 양극의 아크 방전을 유발하는 것을 점호라 하며 이때 양극은 상수만큼 두고 음극(점호극)은 1개만 설치한다.

13 6상 수은 정류기의 직류측 전압이 $100[V]$였다. 이때 교류측 전압은 얼마를 공급하고 있는가?

① 64.5
② 74.1
③ 80
④ 83.6

해설

• 수은정류기의 직류측 출력 전압비

$E_d = 1.35E$에서 → $\dfrac{E_d}{1.35} = E$

(E_d: 직류전압, E: 교류전압)

• $\therefore \dfrac{100}{1.35} = 74.1[V]$

14 3상 수은정류기의 직류부하전류(평균)에 $100[A]$ 되는 1상 양극 전류 실효값 $[A]$은?

① $\dfrac{100\sqrt{3}}{\pi}$
② $\dfrac{100}{\sqrt{3}}$
③ $100\sqrt{3}$
④ $\dfrac{100}{3}$

해설

수은정류기 전류비

$\dfrac{I_a}{I_d} = \dfrac{1}{\sqrt{m}}$에서, → $I_a = \dfrac{I_d}{\sqrt{m}} = \dfrac{100}{\sqrt{3}}$

(m : 상수, I_d : 직류부하전류)

15 그림의 단상 반파 정류에서 얻을 수 있는 직류 전압 e_d의 평균값은? (단, $v = \sqrt{2}\,V\sin\omega t$이며 정류기 내의 전압강하는 무시한다.)

① V
② $0.65\,V$
③ $0.5\,V$
④ $0.45\,V$

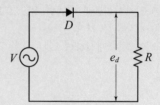

해설

단상 반파정류회로
인가되는 교류전압 $v[V]$에 대해 다이오드를 통해 출력되는 직류전압 $e_d = \dfrac{\sqrt{2}}{\pi}[V] = 0.45[V]$ 이다.

16 그림에서 V를 교류 전압 v의 실효값이라고 할 때 단상 전파 정류에서 얻을 수 있는 직류 전압 e_d의 평균값$[V]$은?

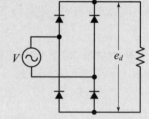

① $e_d = 0.45\,V$
② $e_d = 0.9\,V$
③ $e_d = 1.17\,V$
④ $e_d = 1.35\,V$

해설

단상전파정류회로
인가되는 교류전압 $V[V]$에 대해 다이오드를 통해 출력되는 직류전압 $e_d = \dfrac{2\sqrt{2}}{\pi}[V] = 0.9[V]$

17 단상 전파정류에서 공급 전압이 E일 때, 무부하 직류전압의 평균값$[V]$은?

① $0.90E$
② $0.45E$
③ $0.75E$
④ $1.17E$

해설

단상 전파정류회로
• 직류전압(E_d)

$$E_d = \frac{2\sqrt{2}}{\pi}E = 0.9E[V]$$

• 최대역전압(PIV)

$$PIV = 2\sqrt{2}E = 2\sqrt{2}\times\frac{\pi}{2\sqrt{2}}\cdot E_d = \pi\cdot E_d$$

18 단상 전파 정류로 직류 450[V]를 얻는 데 필요한 변압기 2차 권선의 전압은 몇[V]인가?

① 525
② 500
③ 475
④ 465

해설

• 단상전파정류회로

$E_d = 0.9E$ 에서 변압기 2차 권선의 전압 $E = \dfrac{E_d}{0.9}$

• 얻어진 직류전압 $E_d = 450[V]$

∴ 변압기 2차 권선의 전압(상전압)

$$E = \frac{450}{0.9} = 500[V]$$

19 그림은 일반적인 반파 정류회로이다. 변압기 2차 전압의 실효값을 E[V]라 할 때 직류 전류 평균값은? (단, 정류기의 전압 강하는 무시한다.)

① $\dfrac{E}{R}$

② $\dfrac{1}{2}\dfrac{E}{R}$

③ $\dfrac{2\sqrt{2}\,E}{\pi R}$

④ $\dfrac{\sqrt{2}\,E}{\pi R}$

해설

단상반파 정류회로의 전류계산

직류전류 $I_d = \dfrac{E_d}{R} = \dfrac{\dfrac{\sqrt{2}}{\pi}E}{R} = \dfrac{\sqrt{2}E}{\pi R}[A]$

정류종류	직류(E_d)와 교류(E)관계
단상반파	$E_d = 0.45E = \dfrac{\sqrt{2}}{\pi}E$
단상전파	$E_d = 0.9E = \dfrac{2\sqrt{2}}{\pi}E$

20 반파정류회로에서 입력이 최댓값 E_m의 교류정현파라면 저항부하 양단의 전압 실효값은? (단, 정류기의 전압강하는 무시한다.)

① E_m

② $\dfrac{1}{\sqrt{2}}E_m$

③ $\dfrac{1}{\pi}E_m$

④ $\dfrac{1}{2}E_m$

해설

단상반파 정류회로(최댓값 E_m 일 때)

$$E_d = \frac{\sqrt{2}}{\pi}E = \frac{\sqrt{2}}{\pi}E_m \times \frac{1}{\sqrt{2}} = \frac{1}{\pi}E_m$$

21 단상 반파 정류 회로에서 변압기 2차 전압의 실효값 E[V]라 할 때 직류 전류 평균값[A]은 얼마인가? (단, 정류기의 전압 강하는 e[V]이다.)

① $\left(\dfrac{\sqrt{2}}{\pi}E - e\right)/R$

② $\dfrac{1}{2}\cdot\dfrac{E-e}{R}$

③ $\dfrac{2\sqrt{2}}{\pi}\cdot\dfrac{E}{R}$

④ $\dfrac{\sqrt{2}}{\pi}\cdot\dfrac{E-e}{R}$

해설

단상반파 정류회로의 전류계산(전압강하 e[V] 존재시)

직류전류 $I_d = \dfrac{E_d - e}{R} = \dfrac{\dfrac{\sqrt{2}}{\pi}E - e}{R}[A]$

정류종류	직류(E_d)와 교류(E)관계
단상반파	$E_d = 0.45E = \dfrac{\sqrt{2}}{\pi}E$
단상전파	$E_d = 0.9E = \dfrac{2\sqrt{2}}{\pi}E$

22 전원 200[V], 부하 20[Ω]인 단상 반파정류회로의 부하전류[A]는?

① 125
② 4.5
③ 17
④ 8.2

해설

단상 반파정류회로의 부하전류(직류전류)

$$I_d = \frac{E_d}{R} = \frac{0.45E}{R} = \frac{0.45\times200}{20} = 4.5[A]$$

정답 18 ② 19 ④ 20 ③ 21 ① 22 ②

23 단상 브리지 전파정류회로에 있어서 저항 부하의 전압이 100[V]일 때, 전원 전압[V]은?

① 약 141 ② 약 111
③ 약 100 ④ 약 90

해설

단상 브리지(전파)정류회로
$E = 1.11E_d = 1.11 \times 100[V] = 111[V]$

정류종류	직류(E_d)와 교류(E)관계
단상반파	$E_d = 0.45E = \dfrac{\sqrt{2}}{\pi}E$
단상전파	$E_d = 0.9E = \dfrac{2\sqrt{2}}{\pi}E$ $E = 1.11E_d$

24 1000[V]의 단상 교류를 전파정류해서 150[A]의 직류를 얻는 정류기의 교류측 전류는 몇 [A]인가?

① 125 ② 116
③ 166 ④ 86.6

해설

단상전파 정류회로
교류측 전류 $I = 1.11I_d = 1.11 \times 150 ≒ 166[A]$

정류종류	직류(I_d)와 교류(I)관계
단상반파	$I_d = 0.45I = \dfrac{\sqrt{2}}{\pi}I$
단상전파	$I_d = 0.9I = \dfrac{2\sqrt{2}}{\pi}I$ $I = 1.11I_d$

25 단상 반파 정류로 직류 전압 150[V]를 얻으려고 한다. 최대 역전압 몇 [V]이상의 다이오드를 사용해야 하는가?(단, 정류 회로 및 변압기의 전압 강하는 무시한다.)

① 약 150 ② 약 166
③ 약 333 ④ 약 470

해설

최대 역전압 PIV(Peak Inverse Voltage)
다이오드에 걸리는 최대 역전압값이다.

단상반파 PIV$= \sqrt{2}\,E$
↓
PIV$= \pi E_d$
↑
단상전파 PIV$= 2\sqrt{2}\,E$

∴ 직류전압 $E_d = 150[V]$ 이므로
$PIV = \pi \cdot E_d = \pi \cdot 150 ≒ 470[V]$

26 반파정류회로의 직류전압이 220[V]일 때, 정류기의 역방향 첨두 전압[V]은?

① 691 ② 628
③ 536 ④ 314

해설

단상 반파정류회로
• 역방향 첨두전압 $PIV = \sqrt{2}\,E = \pi \cdot E_d[V]$
• $PIV = \pi \cdot 220[V] = 691[V]$

27 반파 정류회로에서 직류전압 100[V]를 얻는 데 필요한 변압기의 역전압 첨두값[V]은? (단, 부하는 순저항으로 하고 변압기 내의 전압강하는 무시하며 정류기 내의 전압강하를 15[V]로 한다.)

① 약 181 ② 약 361
③ 약 512 ④ 약 722

해설

단상 반파정류회로(전압강하 e[V] 존재시)
• 역방향 첨두전압 $PIV = \pi \cdot (E_d + e)[V]$
• $PIV = \pi \cdot (100 + 15)[V] ≒ 361[V]$

28 그림과 같은 단상 전파 정류 회로에서 첨두 역전압[V]는 얼마인가?(단, 변압기 2차측 a, b간 전압은 200[V]이고 정류기의 전압 강하는 20[V]이다.)

① 20
② 200
③ 262
④ 282

- 첨두 역전압 $PIV = 2\sqrt{2}\,E - e$
- $PIV = 2\sqrt{2} \times 100 - 20 = 262[V]$

※ E : 다이오드와 부하 간에 인가되는 전압

29 그림과 같은 단상 전파정류에서 직류전압 $100[V]$를 얻는데 필요한 변압기 2차 1상의 전압$[V]$은 약 얼마인가? (단, 부하는 순저항으로 하고 변압기 내의 전압강하는 무시하고 정류기의 전압강하는 $10[V]$로 한다.)

① 156
② 144
③ 122
④ 100

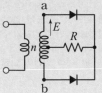

단상전파정류회로(전압강하 $e[v]$주어진 경우)
$E_d = 0.9E - e$ 에서,

$$\to E = \frac{E_d + e}{0.9} = \frac{100 + 10}{0.9} = 122[V]$$

30 권수비가 $1:2$인 변압기(이상적인 변압기)를 사용하여 교류 $100[V]$의 입력을 가했을 때, 전파 정류하면 출력 전압의 평균값$[V]$은?

① $\dfrac{400\sqrt{2}}{\pi}$
② $\dfrac{300\sqrt{2}}{\pi}$
③ $\dfrac{600\sqrt{2}}{\pi}$
④ $\dfrac{200\sqrt{2}}{\pi}$

단상전파정류회로
- 권수비가 $1:2$인 변압기를 사용하여 1차측에 입력 $100[V]$를 인가하면 변압기 2차측 교류분은 $200[V]$가 된다.
- 이를 전파정류하면, 출력 되는 직류값은

$$E_d = \frac{2\sqrt{2}}{\pi}E = \frac{2\sqrt{2}}{\pi} \times 200[V] = \frac{400\sqrt{2}}{\pi}[V]$$

31 그림과 같이 6상 반파 정류 회로에서 $750[V]$의 직류 전압을 얻는 데 필요한 변압기 직류 권선의 전압은?

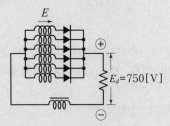

① 약 $525[V]$
② 약 $543[V]$
③ 약 $556[V]$
④ 약 $567[V]$

3상전파 = 6상반파

- 직류전압 $E_d = 1.35E \to E = \dfrac{E_d}{1.35}[V]$

- $\therefore E = \dfrac{750}{1.35} \fallingdotseq 555[V]$

32 다이오드를 사용한 정류 회로에서 과대한 부하 전류에 의해 다이오드가 파손될 우려가 있을 때의 조치로서 적당한 것은?

① 다이오드 양단에 적당한 값의 콘덴서를 추가한다.
② 다이오드 양단에 적당한 값의 저항을 추가한다.
③ 다이오드를 직렬로 추가한다.
④ 다이오드를 병렬로 추가한다.

정류기의 보호방법
다이오드를 직렬연결 → 과전압보호
다이오드를 병렬연결 → 과전류보호

33 단상 반파의 정류 효율은?

① $\dfrac{4}{\pi^2} \times 100[\%]$
② $\dfrac{\pi^2}{4} \times 100[\%]$
③ $\dfrac{8}{\pi^2} \times 100[\%]$
④ $\dfrac{\pi^2}{8} \times 100[\%]$

해설

단상 반파 효율

$$\eta = \frac{(I_m/\pi)^2 R}{(I_m/2)^2 R} \times 100 = \frac{4}{\pi^2} \times 100 = 40.6[\%]$$

34 다음 중 SCR의 기호가 맞는 것은? (단, A는 anode의 약자, K는 cathode의 약자이며 G는 gate의 약자이다.)

①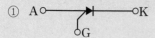

②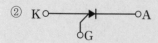

③

④

해설

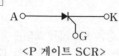
<P 게이트 SCR>

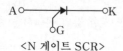
<N 게이트 SCR>

SCR은 양극(전원)을 애노드(A)라 하며 음극(부하)을 캐소드(K)라 한다. 그 사이에 양극과 음극을 도통시켜 주는 단자를 게이트(G)라 하여 게이트의 위치에 따라 P게이트 SCR과 N게이트 SCR로 구분되며 현재는 P게이트 SCR이 사용되고 있다.

35 유도 전동기의 1차 전압 변화에 의한 속도 제어에서 SCR을 사용하는 경우 변화시키는 것은?

① 위상각   ② 주파수
③ 역상분 토크   ④ 전압의 최댓값

해설

유도 전동기의 1차측에 SCR(사이리스터)를 접속하고 주기마다 위상각이 변하는 것에 의해 전압을 바꾸는 방법이다.

36 SCR의 특성에 대한 설명으로 잘못된 것은?

① 브레이크 오버(break over) 전압은 게이트 바이어스 전압이 역으로 증가함에 따라서 감소된다.
② 부성 저항의 영역을 갖는다.
③ 양극과 음극간에 바이어스 전압을 가하면 pn 다이오드의 역방향 특성과 비슷하다.
④ 브레이크 오버 전압 이하의 전압에서도 역포화 전류와 비슷한 낮은 전류가 흐른다.

해설

SCR은 순방향 게이트 전류의 크기가 증가함에 따라 순방향의 브레이크오버 전압이 감소되어 도통이 된다. SCR에서 전압을 높이면 갑자기 전류가 증가하여 끝없이 흐르게 할 때 이 전압을 브레이크 오버 전압이라고 한다. 이때, 게이트 바이어스 전압이 순방향으로 증가함에 따라 감소한다.

37 다음은 다이리스터의 래칭(latching)전류에 관한 설명이다. 옳은 것은?

① 게이트를 개방한 상태에서 사이리스터 도통 상태를 유지하기 위한 최소 전류
② 게이트 전압을 인가한 후에 급히 제거한 상태에서 도통 상태가 유지되는 최소의 순전류
③ 사이리스터의 게이트를 개방한 상태에서 전압이 상승하면 급히 증가하게 되는 순전류
④ 사이리스터가 턴온하기 시작하는 전류

해설

게이트 개방 상태에서 SCR이 도통되고 있을 때 그 상태를 유지하기 위한 최소의 순전류를 유지전류(holding current)라 하고, 턴온(Turn On)되려고 할 때는 이 이상의 순전류가 필요하며, 확실히 턴온시키기 위해서 필요한 최소의 순전류를 래칭전류라 한다.

38 반도체 사이리스터에 의한 속도 제어에서 제어되지 않는 것은?

① 토크   ② 위상
③ 전압   ④ 주파수

해설

최근 이용되고 있는 반도체 사이리스터에 의한 속도제어는 전압, 위상, 주파수에 따라 제어하며 주로 위상각 제어를 이용한다.

39 반도체 사이리스터로 속도 제어를 할 수 없는 제어는?

① 정지형 레너드 제어
② 일그너 제어
③ 초퍼 제어
④ 인버터 제어

해설

일그너 방식은 축에 큰 플라이휠을 붙여 전동기 부하가 급변하여도 전원에서 공급되는 전력의 변동을 적게 한 것으로 반도체 사이리스터 제어를 할 수 없다.

40 SCR을 이용한 인버터 회로에서 SCR이 도통 상태에 있을 때 부하 전류가 20[A]흘렀다. 게이트 동작 범위 내에서 전류를 $\frac{1}{2}$로 감소시키면 부하 전류는 몇[A]가 흐르는가?

① 0
② 10
③ 20
④ 40

해설

SCR이 일단 ON상태일 경우 유지전류 이상으로 전류가 흐르는 이상, 게이트전류와 관계없이 일정한 전류가 흐른다.

41 도통(on)상태에 있는 SCR을 차단(off)상태로 만들기 위해서는?

① 전원 전압이 부(−)가 되도록 한다.
② 게이트 전압이 부(−)가 되도록 한다.
③ 게이트 전류를 증가시킨다.
④ 게이트 펄스 전압을 가한다.

해설

SCR을 턴오프(비 도통)시키는 방법
• 유지 전류 이하의 전류를 인가한다.
• 역바이어스 전압을 인가한다.
  (애노드에 (0) 또는 (−) 전압을 인가한다.)

42 사이리스터가 기계적인 스위치보다 유효한 특성이 될 수 없는 것은?

① 내충격성
② 소형 경량
③ 무소음
④ 고온에 강하다

해설

열용량이 작기 때문에 온도상승에 약하다.

43 전원 전압 100[V]인 단상 전파 제어 정류에서 점호각이 30°일 때 직류 평균 전압[V]는?

① 84
② 87
③ 92
④ 98

해설

• 단상전파제어정류(위상제어시)
$$E_d = 0.9E\left(\frac{1+\cos\alpha}{2}\right)$$

• 전원전압 $E = 100[V]$, 점호각 $a = 30°$

• $\therefore E_d = 0.9 \times 100\left(\frac{1+\cos 30°}{2}\right) ≒ 84[V]$

44 단상 전파 정류 회로에서 교류측 공급 전압 $628\sin 314t$[V] 직류측 부하 저항 20[Ω]일 때의 직류측 부하 전압의 평균값 E_d[V]는?

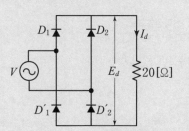

① 약 200
② 약 400
③ 약 600
④ 약 800

해설

• 공급전압의 실효값은 $E = \dfrac{628}{\sqrt{2}} = 444[V]$
• $E_d = 0.9E = 0.9 \times 444 ≒ 400[V]$

45 그림과 같은 단상 전파 제어 회로에서 전원 전압은 2300[V]이고 부하 저항은 2.3[Ω], 출력 부하는 2300[kW]이다. 사이리스터의 최대 전류 값은?

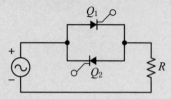

① 450[A]　　　　　② 707[A]
③ 1000[A]　　　　④ 2000[A]

해설

출력 $P = I^2 R \rightarrow I = \sqrt{\dfrac{P}{R}} = \sqrt{\dfrac{2300 \times 10^3}{2.3}} = 1000[A]$

46 그림과 같은 정류회로에서 I_s(실효값)의 값은?

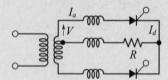

① $1.11 I_d$　　　　② $0.707 I_d$
③ I_d　　　　　　④ $\sqrt{\dfrac{\pi - a}{\pi}} \cdot I_d$

해설

단상 전파정류회로
· (직류분)$I_d = 0.9 I_s$(교류분)
· (교류분)$I_s = \dfrac{1}{0.9} I_d = 1.11 I_d$

47 사이리스터 2개를 사용한 단상 전파 정류회로에서 직류 전압 100[V]를 얻으려면 1차에 몇[V]의 교류 전압이 필요하며, PIV가 몇[V]인 다이오드를 사용하면 되는가?

① 11, 222　　　　② 111, 314
③ 166, 222　　　　④ 166, 314

해설

· 단상 전파 정류회로
　$E_d = 0.9E$ 에서 $E = 1.11 \times E_d = 1.11 \times 100 = 111[V]$
· $PIV = \pi \cdot E_d = \pi \times 100 = 314[V]$

48 그림과 같은 단상 전파 제어 회로에서 부하의 역률각 ϕ가 60°의 유도부하일 때 제어각 α를 0°에서 180°까지 제어하는 경우에 전압 제어가 불가능한 범위는?

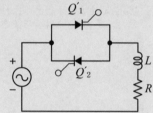

① $\alpha \leq 30°$
② $\alpha \leq 60°$
③ $\alpha \leq 90°$
④ $\alpha \leq 120°$

해설

단상 전파정류회로의 전압제어가 가능한 범위는 부하시 제어각 α가 부하임피던스각 γ보다 커야한다. 따라서 부하의 역률각이 60°이므로 제어각 α가 60°보다 작은 범위에 있으면 제어가 불가능해진다.

49 오른쪽 그림과 같은 단상 전파 제어 회로의 전원 전압의 최댓값이 2300[V]이다. 저항 2.3[Ω], 유도 리액턴스가 2.3[Ω]인 부하에 전력을 공급하고자 한다. 제어 범위는?

① $\dfrac{\pi}{4} \leq \alpha \leq \pi$

② $\dfrac{\pi}{2} \leq \alpha \leq \pi$

③ $0 \leq \alpha \leq \pi$

④ $0 \leq \alpha \leq \dfrac{\pi}{2}$

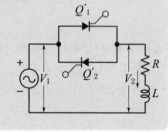

해설

· 단상 전파정류회로의 전압제어가 가능한 범위는 부하시 제어각 α가 부하임피던스각 γ보다 커야 한다.

· $R = 3[\Omega]$, $X_L = 2.3[\Omega]$ 일 때
　$\gamma = \tan^{-1}\left(\dfrac{X_L}{R}\right) = \tan^{-1}\left(\dfrac{2.3}{3}\right) = 37°$

· $\therefore \gamma \leq \alpha \leq \pi$ 이므로 $\dfrac{\pi}{4} \leq \alpha \leq \pi$

Engineer Electricity
ustrial Engineer Electricity

특수 전동기

Chapter 09

특수 전동기

❶ 교류 정류자 전동기

교류정류자전동기는 교류전원에 의해 동작하며 직류전동기와 같이 정류자를 부착한 회전자를 가진 교류전동기이다. 정류자의 주파수 변환 작용에 의해 동기속도를 광범위하게 조정할 수 있으며 단상에는 만능전동기(유니버설 모터)와 같이 소형 전기 드릴이나 전기 재봉틀 등에 사용되는 단상직권형, 브러시의 이동으로 속도 조정 및 역회전이 가능한 단상반발형이 있다.

1. 교류 정류자 전동기의 속도기전력

교류정류자전동기에서는 직류전동기와 같은 원리로써 전기자 권선이 회전하면서 자속을 쇄교하기 때문에 기전력이 발생하는데 이를 속도기전력이라 한다.

(1) 속도기전력의 최댓값 $E_m = \dfrac{PZ\phi_m N}{60a}$

(2) 속도기전력의 실효값

$$E = \frac{1}{\sqrt{2}}\,\frac{PZ\phi_m N}{60a}$$

2. 교류 정류자 전동기의 분류

(1) 단상식 : 단상 직권전동기, 단상 반발전동기
(2) 3상식 : 3상 직권전동기, 3상 분권전동기

예제문제 교류 정류자기의 속도기전력

1 교류 정류자기의 전기자 기전력은 회전으로 발생하는 기전력으로서 속도 기전력이라고도 하는데 그 식은 다음 것 중 어느 것인가?

① $E = \dfrac{a}{p}Z\dfrac{N}{60}\phi$ ② $E = \dfrac{1}{a}Z\dfrac{60}{N}\phi$

③ $E = \dfrac{p}{a}Z\dfrac{N}{60}\phi$ ④ $E = \dfrac{p}{a}Z\dfrac{N}{60Z}\phi$

해설
속도기전력의 실효치(주자속이 정현파인 경우)
$E_r = \dfrac{E_m}{\sqrt{2}} = \dfrac{1}{\sqrt{2}} \cdot \dfrac{pZ\sqrt{2}\,\phi N}{60a} = \dfrac{pZ\phi N}{60a}[V]$

답 ③

예제문제   교류 정류자기의 속도기전력(최대자속인 경우)

2 단상직권 정류자전동기에서 주자속의 최댓값을 ϕ_m, 극수를 p, 회전자의 병렬 회로수를 $2a$, 회전자의 전도체수를 Z, 회전자의 속도를 $n[rpm]$이라 하면 속도기전력의 실효값 $E_r[V]$는? (단, 주자속은 정현파 변화를 한다.)

① $E_r = \dfrac{1}{\sqrt{2}}\dfrac{p}{a}Z\dfrac{n}{60}\phi_m$ ② $E_r = \sqrt{2}\dfrac{p}{a}Z\dfrac{n}{60}\phi_m$

③ $E_r = \dfrac{1}{\sqrt{2}}\dfrac{p}{a}Z\,n\phi_m$ ④ $E_r = \dfrac{p}{a}Z\,n\phi_m$

해설
속도기전력의 실효치(주자속이 정현파인 경우)
$$E_r = \frac{E_m}{\sqrt{2}} = \frac{1}{\sqrt{2}} \cdot \frac{pZ}{60a}\phi_m N$$

답 ①

② 단상 직권 정류자 전동기

1. 단상 직권 정류자 전동기의 원리와 구조

(1) 원리

단상 직권정류자 전동기는 계자권선과 전기자권선이 직렬연결되어 있으며 교류전압이 가해질 때 계자의 극성과 전기자 전류의 방향이 모두 반대가 되어 회전방향이 변하지 않는 특성이 있으므로 직류와 교류 모두 사용가능한 만능 전동기(universal motor) 이다.

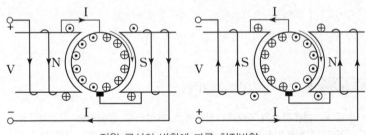

전원 극성의 변환에 따른 회전방향

예제문제 교류 정류자기의 속도기전력

3 직류 교류 양용에 사용되는 만능 전동기는?

① 직권정류자전동기　　② 복권전동기

③ 유도전동기　　　　　④ 동기전동기

해설
단상 직권정류자전동기의 특징
교류 및 직류 양용으로 만능 전동기라 칭한다.

답 ①

(2) 구조

직류용 직권전동기를 교류용으로 사용하게 될 경우 철심이 가열되고 역률과 효율이 낮아지며 정류가 좋지 않게 되므로 다음과 같은 구조를 갖는다.

① 계자극에서 교번자속으로 인한 철손을 줄이기 위해 성층철심으로 한다.

② 계자권선의 리액턴스 영향으로 역률이 낮아지므로 권수를 적게 하여 주 자속을 줄이고 이에 따른 토크감소를 보상하기 위해 전기자 권수를 많이 감는다. 이를 약계자, 강전기자형이라 하며 동일 정격의 직류기에 비해 전기자가 크고 정류 자편수도 많아진다.

③ 전기자 권수가 증가함으로써 전기자 반작용이 커지므로 이로 인한 역률개선을 위해 보상권선을 설치한다.

④ 전기자 코일과 정류자편 사이의 접속에 고저항의 도선을 사용하여 단락 전류를 제한한다.

⑤ 단상 직권 정류자 전동기는 회전 속도에 비례하는 기전력이 전류와 동상으로 유기되어 속도가 증가할수록 역률이 개선되므로 회전 속도를 증가시킨다.

(3) 단상 직권 정류자 전동기의 용도

기동토크와 회전수가 크기 때문에 가정용 미싱, 소형 공구 및 치과 의료용기기 등에 많이 사용된다. 다만 정류자로 인해 크게 제작이 어렵다.

① 회전속도 증가 → 역률개선

② 종류 : 직권형, 보상형, 유도보상형

■ 전동기 결선도

직권형

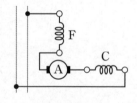

보상직권형

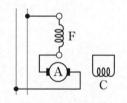

유도보상직권형

A : 전기자
C : 보상권선
F : 계자

예제문제 단상 직권 정류자 전동기의 보상권선의 역활

4 단상 정류자 전동기에 보상 권선을 사용하는 가장 큰 이유는?

① 정류 개선　　　　　② 기동 토크 조절

③ 속도 제어　　　　　④ 역률 개선

해설
단상 직권 전동기의 보상 권선은 직류 직권 전동기와 달리 전기자 반작용으로 생기는 필요 없는 자속을 상쇄하도록 하여, 무효 전력의 증대에 따르는 역률의 저하를 방지한다.

답 ④

단상 직권 정류자 전동기의 특징

5 단상 직권 정류자 전동기의 회전 속도를 높이는 이유는?

① 리액턴스 강하를 크게 한다.
② 전기자에 유도되는 역기전력을 적게 한다.
③ 역률을 개선한다.
④ 토크를 증가시킨다.

해설
단상 보상 직권형에서는 회전 속도에 비례하는 기전력이 전류와 동상으로 유기되어 속도가 커질수록 역률을 개선한다. 　답 ③

예제문제 단상 직권 정류자 전동기의 특징

6 다음은 단상 정류자 전동기에서 보상 권선과 저항 도선의 작용을 설명한 것이다. 옳지 않은 것은?

① 저항 도선은 변압기 기전력에 의한 단락전류를 작게 한다.
② 변압기 기전력을 크게 한다.
③ 역률을 좋게 한다.
④ 전기자 반작용을 제거해 준다.

해설
보상 권선은 전기자 반작용을 상쇄하여 역률을 좋게 할 수 있고 변압기 기전력을 작게 해서 정류 작용을 개선한다. 저항 도선은 변압기 기전력에 의한 단락 전류를 작게 하여 정류를 좋게 한다. 　답 ②

예제문제 단상 직권 정류자 전동기의 특징

7 단상 직권 정류자 전동기는 전기자 권선의 권선수를 계자 권수에 비해서 특히 많게 하고 있다. 다음은 그 이유를 설명한 것이다. 옳지 않은 것은?

① 주자속을 작게 하기 위하여
② 속도 기전력을 크게 하기 위하여
③ 변압기 기전력을 크게 하기 위하여
④ 역률 저하를 방지하기 위하여

해설
변압기 기전력은 도체에 자속이 쇄교하면서 시간적 변화에 따라 생기는 기전력을 말하며 교류기에서 전력과 동력의 변환에는 필요하지 않은 성분이다. 　답 ③

2. 단상 반발전동기

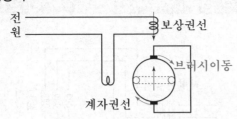

전원 보상권선
브러시이동
계자권선

회전자 권선을 브러시로 단락하고 고정자 권선을 전원에 접속하여 회전
자에 유도 전류를 공급하는 직권형 교류 정류자 전동기이다.

(1) 특징
① 기동토크가 매우 크다
② 브러시를 이동하여 연속적인 속도제어가 가능하다.

(2) 종류
① 아트킨손형 ② 톰슨형 ③ 데리형

예제문제 반발 전동기의 특징

8 단상 정류자전동기의 일종인 단상 반발전동기에 해당되지 않는 것은?

① 아트킨손 전동기   ② 시라게 전동기
③ 데리 전동기   ④ 톰슨 전동기

해설
단상 반발전동기의 종류
• 아트킨손형 • 톰슨형 • 데리형

답 ②

예제문제 반발 전동기의 특징

9 브러시를 이용하여 회전 속도를 제어하는 전동기는?

① 직류 직권전동기
② 단상 직권전동기
③ 반발 전동기
④ 반발 기동형 단상 유도 전동기

해설
브러시의 이동으로 속도제어를 할 수 있는 전동기는 반발 전동기이다.

답 ③

③ 3상 직권 정류자 전동기

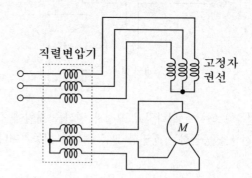

1. 3상 직권 정류자 전동기의 특징

(1) $T \propto I^2 \propto 1/N^2$의 관계로 변속도 특성을 지니며 기동토크가 매우 크고 브러시의 이동으로 속도 제어를 할 수 있다. 직렬(중간)변압기를 접속시켜 전동기의 특성을 조정한다.

(2) 변속도 전동기로 기동토크가 매우 크지만 저속에서는 효율과 역률이 좋지 않다.

2. 중간변압기를 사용하는 이유

(1) 고정자 권선에 직렬 변압기를 접속시켜 실효 권수비를 조정하여 전동기의 특성을 조정하고, 정류 전압 조정을 한다.

(2) 직권특성이기 때문에 경부하시 속도상승이 우려되나 중간변압기를 사용하여 철심을 포화하면 속도 상승을 제한할 수 있다.

예제문제 3상 직권 정류자 전동기의 특징

10 3상 직권 정류자전동기의 중간변압기의 사용 목적은?

① 실효 권수비의 조정
② 역회전을 위하여
③ 직권 특성을 얻기 위하여
④ 역회전의 방지

해설
고정자 권선에 직렬 변압기(중간변압기)를 접속시켜 실효 권수비를 조정하여 전동기의 특성을 조정하고, 속도의 이상상승을 방지한다.

답 ①

❹ 교류 분권 정류자 전동기(시라게)

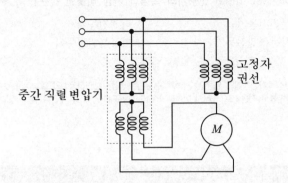

중간 직렬 변압기

고정자
권선

M

교류 분권 정류자 전동기는 토크의 변화에 대한 속도의 변화가 매우 작아 분권 특성의 정속도 전동기인 동시에 교류 가변 속도 전동기로서 널리 사용되며 분권식인 시라게(Schrage) 전동기를 가장 많이 사용한다. 이 전동기는 동기속도의 0.5~1.5 범위에서 미세한 속도 조정이 가능하며, 효율·역률 모두 우수하나 브러시수가 많고 가격이 비싸다.

① 역률, 효율이 좋다.
② 브러시의 이동으로 간단하게 속도를 제어한다.
③ 직류 분권전동기 특성과 비슷한 정속도 및 가변속도 전동기다.

예제문제 교류 분권 정류자 전동기의 특징

11 교류 분권 정류자 전동기는 다음 중 어느 때에 가장 적당한 특성을 가지고 있는가?
① 속도의 연속 가감과 정속도 운전을 아울러 요하는 경우
② 속도를 여러 단으로 변화시킬 수 있고 각 단에서 정속도 운전을 요하는 경우
③ 부하 토크에 관계없이 완전 일정 속도를 요하는 경우
④ 무부하와 전부하의 속도 변화가 적고 거의 일정 속도를 요하는 경우

해설
교류 분권 정류자 전동기(시라게 전동기)는 직류 분권전동기와 특성이 비슷하여 정속도 및 가변속도 전동기로 브러시 이동에 의해 속도제어와 역률개선을 할 수 있다.
답 ①

시라게 전동기의 특징

12 시라게(Schrage) 전동기의 특성과 가장 비슷한 것은?

① 분권전동기   ② 직권전동기

③ 차동복권전동기   ④ 가동복권전동기

해설

3상 분권정류자전동기의 일종인 시라게 전동기는 직류 분권전동기와 특성이 비슷하여 정속도 및 가변속도 전동기로 브러시 이동에 의하여 속도제어와 역률 개선을 할 수 있다.

답 ①

⑤ 특수 회전기

- DC 서보모터의 기계적 시정수

$$\frac{JR}{K_e K_f}$$

J: 관성모멘트, R: 권선저항
K_e: 유기전압, K_f: 도체정수

1. 서보모터

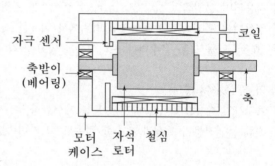

(1) 서보모터의 개요

DC모터는 회전자에 전원을 공급하기 위해 정류자와 브러시를 사용하는데 운전시 서로 간에 마찰이 일어나서 마모가 되면 모터의 수명이 다하게 될 뿐만 아니라, 모터의 과정에서 소음과 진동, 그리고 전자파가 발생하는 단점이 있다. DC모터의 브러시와 정류자를 트랜지스터와 SCR등으로 변환한 모터이며 회전자에 영구자석을 사용하고 브러시를 사용하지 않는다. 세밀한 속도 및 위치제어에 많이 쓰이며 기동, 정지, 제동과 정·역 회전이 연속적으로 이루어지는 제어에 적합하도록 설계된 전동기이며 직류 전동기를 대신하여 로봇 제어용 전동기로 많이 사용한다.

(2) 서보모터의 특징

① 기동 토크가 크다.
② 회전자 관성 모멘트가 작다.
③ 제어권선 전압이 0에서 신속히 정지한다.
④ 직류 서보 모터의 기동토크가 교류 서보 모터보다 크다.
⑤ 속응성이 좋고 시정수가 짧으며 기계적 응답이 좋다.
⑥ 회전자 팬에 의한 냉각 효과를 기대할 수 없다.

- 동기 주파수 변환기

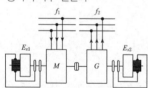

(1) 특징
동기발전기와 동기전동기를 직결 연결한 주파수 변환기로서 50[Hz]와 60[Hz]의 계통 사이의 전력변환에 사용되는 방식이다.

(2) 주파수와 극수와의 관계

$$N_s = \frac{120f_1}{P_1} = \frac{120f_2}{P_2} 에서,$$

주파수와 극수와의 관계

$$\frac{f_1}{f_2} = \frac{P_1}{P_2}$$

브러시레스 DC서보 모터의 특징

13 브러시레스 DC서보 모터의 특징으로 틀린 것은?

① 단위 전류당 발생 토크가 크고 효율이 좋다.
② 토크 맥동이 작고, 안정된 제어가 용이하다.
③ 기계적 시간 상수가 크고 응답이 느리다.
④ 기계적 접점이 없고 신뢰성이 높다.

해설
서보모터의 특징
• 기동 토크가 크다.
• 회전자 관성 모멘트가 작다.
• 제어권선 전압이 0에서 신속히 정지한다.
• 직류 서보 모터의 기동토크가 교류 서보 모터보다 크다.
• 속응성이 좋고 시정수가 짧으며 기계적 응답이 좋다.
• 회전자 팬에 의한 냉각 효과를 기대할 수 없다.

답 ③

예제문제 서보모터의 특성

14 다음 중 서보 모터가 갖추어야 할 조건이 아닌 것은?

① 기동 토크가 클 것
② 토크 속도 곡선이 수하 특성을 가질 것
③ 회전자를 굵고 짧게 할 것
④ 전압이 0이 되었을 때 신속하게 정지할 것

해설
서보 모터는 속응성이 좋고, 회전자의 관성 모멘트가 적어야 하므로 회전자의 직경을 작게 한다.

답 ③

예제문제 브러시레스 DC서보 모터의 특징

15 자동 제어장치에 쓰이는 서보모터의 특징을 나타낸 것 중 옳지 않은 것은?

① 발생 토크는 입력신호에 비례하고, 그 비가 클 것
② 시동 토크는 크나 회전부의 관성 모멘트가 작고, 전기적 시정수가 짧을 것
③ 빈번한 시동, 정지, 역전 등의 가혹한 상태에 견디도록 견고하고, 큰 돌입전류에 견딜 것
④ 직류 서보모터에 비하여 교류 서보모터의 시동 토크가 매우 크다.

해설
서보모터의 특징
• 기동 토크가 크다.
• 회전자 관성 모멘트가 작다.
• 제어권선 전압이 0에서 신속히 정지한다.
• 직류 서보 모터의 기동토크가 교류 서보 모터보다 크다.
• 속응성이 좋고 시정수가 짧으며 기계적 응답이 좋다.
• 회전자 팬에 의한 냉각 효과를 기대할 수 없다.

답 ④

■ 반작용용 전동기(reaction motor)

(1) 특징
   돌극형 회전자의 계자권선이 없이 회전자 철심에 돌극부를 가지고 동기속도로 회전하는 전동기이다. 전기자에 지상전류가 흐르면 그 전기자 반작용에 의해 계자 자속이 만들어지고 전기자 전류 유효분과 상호작용에 의해 회전 토크가 발생한다.

(2) 장·단점
   • 장점
   구조가 간단하고 직류여자를 필요로 하지 않으므로 구조가 간단하여 전기시계, 각종 측정 장치용으로 사용한다.
   • 단점
   토크가 비교적 작고 역률이 대단히 나쁘다.

■ 초동기 전동기
기동토크가 작은 것이 단점인 동기 전동기를 전기자 부분도 회전자 주위를 회전할 수 있도록 2중 베어링 구조로 되어 있는 고정자 회전기동형 기기로서 중부하에서도 기동이 되도록 한 특징이 있다.

2. 스테핑 모터

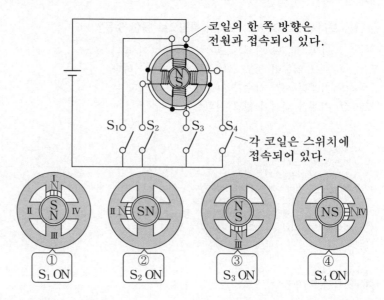

(1) 스테핑모터의 특징

스텝 모터(Stepping motor)는 하나의 입력 펄스 신호에 대하여 일정한 각도만큼 회전하는 모터이다. 입력되는 각 전기신호(펄스 주파수)에 따라 규정된 각도만큼 회전하며 입력신호에 의한 회전 이동의 양은 입력되는 연속신호에 따라 정확하게 반복되며 피드백 없이 모터의 동작을 쉽게 제어할 수 있다. 때문에 공작 기계, 수치 제어 장치, 로봇 등의 모터에서 프린터, 사무기기의 소형 모터 등 넓은 분야에서 사용된다.

(2) 스테핑 모터의 장 · 단점

① 장점
- 피드백루프가 필요 없어 손쉽게 속도 및 위치제어를 할 수 있다.
- 디지털 신호로 직접제어 할 수 있으므로 별도의 컨버터가 필요없다.
- 가속, 감속이 용이하며 정 · 역전 및 변속이 용이하다.
- 속도제어 범위가 광범위하며, 초 저속에서 큰 토크를 얻을 수 있다.
- 위치제어를 할 때 각도오차가 적고 누적되지 않는다.
- 브러시 등의 특별한 유지 보수가 필요없어 유지보수가 용이하다.

② 단점
- 분해조립, 또는 정지위치가 한정된다.
- DC, AC 서보에 비해 효율이 나쁘다.
- 큰 관성부하에 적용하기는 부적합하다.
- 마찰 부하의 경우 위치오차가 크다.(단, 오차가 누적되지는 않는다)
- 오버 슈트 및 진동의 문제가 있고 공진이 일어나면 전체 시스템이 불안정하게 될 수도 있다.
- 대용량기는 제작이 어렵다.

예제문제   스테핑모터의 특징

16 다음은 스텝모터(step motor)의 장점을 나열한 것이다. 틀린 것은?

① 피드백 루프가 필요 없이 오픈 루프로 손쉽게 속도 및 위치제어를 할 수 있다.
② 디지털 신호를 직접 제어할 수 있으므로 컴퓨터 등 다른 디지털 기기와 인터페이스가 쉽다.
③ 가속, 감속이 용이하며 정·역전 및 변속이 쉽다.
④ 위치제어를 할 때 각도 오차가 있고 누적된다.

해설
스텝 모터는 각도 오차가 매우 적은 전동기이며 자동 제어장치에 주로 사용된다.

답 ④

예제문제   스테핑모터의 특징

17 스테핑 모터의 특징 중 잘못된 것은?

① 모터의 가동부분이 없으므로 보수가 용이하고, 신뢰성이 높다.
② 피드백이 필요치 않아 제어계가 간단하고 염가이다.
③ 회전각 오차는 스테핑마다 누적되지 않는다.
④ 모터의 회전각과 속도는 펄스 수에 반비례한다.

해설
스테핑 모터(Stepping motor)는 하나의 입력 펄스 신호에 대하여 일정한 각도만큼 회전하는 모터이다.

답 ④

출제예상문제

교류 단상 직권정류자전동기의 특징
역률 및 정류개선을 위해 약계자 강전기자형으로 한다. 전기자 권선수를 계자권선수보다 많이 감음으로서 주자속을 감소하면 직권 계자권선의 인덕턴스가 감소하여 역률이 좋아진다.

01 다음 중 가정용 재봉틀, 소형공구, 영사기, 치과의료용, 엔진 등에 사용하고 있으며, 교류, 직류 양쪽 모두에 사용되는 만능전동기는?

① 3상 유도 전동기
② 차동 복권 전동기
③ 단상 직권 정류자 전동기
④ 전기 동력계

해설

직류 직권 전동기는 전원의 극성이 바뀌어도 회전방향이 변하지 않기 때문에 교류 전압을 가해 주어도 전동기는 항상 같은 방향으로 회전한다. 직·교류 양용 전동기는 이와 같은 원리를 이용한 전동기로서 단상 직권 정류자 전동기라고 한다.

04 교류 단상 직권전동기의 구조를 설명한 것 중 옳은 것은?

① 역률 개선을 위해 고정자와 회전자의 자로를 성층 철심으로 한다.
② 정류 개선을 위해 강계자 약전기자형으로 한다.
③ 전기자 반작용을 줄이기 위해 약계자 강전기자형으로 한다.
④ 역률 및 정류 개선을 위해 약계자 강전기자형으로 한다.

02 다음은 직류 직권전동기를 단상 정류자전동기로 사용하기 위하여 교류를 가했을 때 발생하는 문제점을 열거한 것이다. 옳지 않은 것은?

① 철손이 크다.
② 역률이 나쁘다.
③ 계자 권선이 필요없다.
④ 정류가 불량하다.

해설

직류 직권 전동기를 단상 정류자전동기로 사용하기 위해 교류를 가하면 주파수의 영향으로 철손이 증가하게 되고 계자 및 전기자 권선의 리액턴스 증가로 효율과 역률이 모두 나빠진다. 또한 브러시에 의해 단락된 전기자 권선에 단락전류가 흐르게 되어 정류불량의 원인이 된다.

05 다음 각 항은 단상 직권 정류자전동기의 전기자권선과 계자 권선에 대한 설명이다. 틀린 것은?

① 계자 권선의 권수를 적게 한다.
② 전기자 권선의 권수를 크게 한다.
③ 변압기 기전력을 적게 하여 역률 저하를 방지한다.
④ 브러시로 단락되는 코일 중의 단락 전류를 많게 한다.

해설

교류 단상 직권정류자전동기의 특징
정류개선을 위하여 고저항 리드선(저항도선)을 설치하면 단락전류를 줄일 수 있다.

03 단상 정류자전동기에서 전기자 권선수를 계자 권선수에 비하여 특히 크게 하는 이유는?

① 전기자 반작용을 작게 하기 위해서
② 리액턴스 전압을 작게 하기 위하여
③ 토크를 크게 하기 위하여
④ 역률을 좋게 하기 위하여

06 그림은 단상 직권전동기의 개념도이다. C를 무엇이라고 하는가

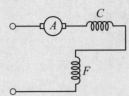

① 제어권선　　　② 보상권선
③ 보극권선　　　④ 단층권선

해설
　A : 전기자, C : 보상권선, F : 계자권선

07 단상 직권 전동기의 종류가 아닌 것은?

① 직권형　　　② 아트킨손형
③ 보상직권형　　　④ 유도보상직권형

해설
　단상 정류자전동기
　• 직권특성
　　– 단상 직권 정류자 전동기
　　　직권형, 보상직권형, 유도보상 직권형
　　– 단상 반발 전동기
　　　아트킨손형, 톰슨형, 데리형
　• 분권특성 – 현재 실용화 되지 않고 있음

08 다음은 단상정류자전동기에서 보상권선과 저항도선의 작용을 설명한 것이다. 옳지 않은 것은?

① 저항도선은 변압기기전력에 의한 단락전류를 작게 한다.
② 변압기기전력을 크게 한다.
③ 역률을 좋게 한다.
④ 전기자반작용을 제거해 준다.

해설
　보상권선과 저항도선의 작용
　• 보상권선을 설치하여 전기자 기자력을 상쇄시켜 전기자 반작용을 억제하고 누설리액턴스를 감소시켜 변압기 기전 력을 적게 하여 역률을 좋게 한다.
　• 저항도선을 설치하여 단락전류를 줄인다.

09 단상 직권 정류자 전동기의 회전 속도를 높이는 이유는?

① 리액턴스 강하를 크게 한다.
② 전기자에 유도되는 역기전력을 적게한다.
③ 역률을 개선한다.
④ 토크를 증가시킨다.

해설
　회전속도 증가 → 속도기전력이 증가되어 전류와 동위상이 되면 역률이 좋아진다.

10 다음은 직권 정류자 전동기의 브러시에 의하여 단락되는 코일 내의 변압기 전압[e_t]과 리액턴스 전압[e_r]의 크기가 부하 전류의 변화에 따라 어떻게 변화하는가를 설명한 것이다. 옳은 것은?

① e_t는 I가 증가하면 감소한다.
② e_t는 I가 증가하면 증가한다.
③ e_t는 I가 증가하면 감소한다.
④ e_t는 I가 증가하면 증가한다.

해설
　변압기 기전력(e_t)은 $4.44 f \phi N[\mathrm{V}]$ 이므로 직권 특성에서 $\phi \propto I$ 가 성립하여 $e_t \propto I$ 임을 알 수 있다. 따라서 e_t는 I가 증가 하면 함께 증가한다.

11 도체수 Z, 내부 회로 대수 a인 교류 정류자 전동기의 1내부 회로의 유효 권수 w_a는? (단, 분포권 계수는 $2/\pi$라고 한다.)

① $w_a = \dfrac{Z}{2a\pi}$　　　② $w_a = \dfrac{Z}{4a\pi}$

③ $w_a = \dfrac{Z}{2a}$　　　④ $w_a = \dfrac{aZ}{2}$

해설
　교류 정류자전동기의 유효권수(w_e)
　내부회로의 권수는 $\dfrac{Z}{2a} \times \dfrac{1}{2} = \dfrac{Z}{4a}$ 이므로
　$\therefore w_e = \dfrac{2}{\pi} \cdot \dfrac{Z}{4a} = \dfrac{Z}{2\pi a}$

정답　06 ②　07 ②　08 ②　09 ③　10 ②　11 ①

12 단상 정류자전동기의 일종인 단상 반발전동기에 해당되는 것은?

① 시라게 전동기
② 아트킨손형 전동기
③ 단상 직권 정류자 전동기
④ 반발 유도 전동기

해설

단상 반발전동기의 종류
• 아트킨손형
• 톰슨형
• 데리형

13 3상 직권정류자 전동기에 중간(직입) 변압기가 쓰이고 있는 이유가 아닌 것은?

① 정류자 전압의 조정
② 회전자 상수의 감소
③ 전부하 때 속도의 이상 상승 방지
④ 실효 권수비 산정 조정

해설

고정자 권선에 직렬 변압기(중간변압기)를 접속시켜 실효 권수비를 조정하여 전동기의 특성을 조정하고, 속도의 이상 상승을 방지한다.

14 3상 직권 정류자 전동기에서 중간변압기를 사용하는 이유가 아닌 것은?

① 고정자 권선과 병렬로 접속해서 사용하며 동기 속도 이상에서 역률을 100[%]로 할 수 있다.
② 전원전압의 크기에 관계없이 회전자 전압을 정류에 알맞은 값으로 선정할 수 있다.
③ 중간변압기의 권수비를 바꾸어 전동기 특성을 조정할 수 있다.
④ 중간변압기의 철심을 포화하면 경부하시 속도 상승을 억제할 수 있다.

해설

3상 직권 정류자 전동기의 중간 변압기는 고정자 권선과 회전자 권선사이에 직렬로 접속된다.

15 속도 변화에 편리한 교류 전동기는?

① 농형 전동기
② 2중 농형 전동기
③ 동기 전동기
④ 시라게 전동기

해설

3상 분권정류자전동기
• 3상 분권 정류자 전동기로 시라게 전동기를 가장 많이 사용한다.
• 시라게 전동기는 직류 분권 전동기와 특성이 비슷하여 정속도 및 가변속도 전동기로 브러시 이동에 의하여 속도제어와 역률을 개선 할 수 있다.

정답   12 ②   13 ②   14 ①   15 ④

Engineer Electricity
ustrial Engineer Electricity

과년도 기출문제

Chapter 10

2019~2023

01 3상 비돌극형 동기발전기가 있다. 정격출력 5000[kVA], 정격전압 6000[V], 정격역률 0.8이다. 여자를 정격상태로 유지할 때 이 발전기의 최대출력은 약 몇 [kW]인가? (단, 1상의 동기리액턴스는 0.8[P.U]이며 저항은 무시한다.)

① 7500
② 10000
③ 11500
④ 12500

해설

$$P = \frac{\sqrt{\cos^2\theta + (\sin\theta + x_s)^2}}{x_s} \times P_m$$
$$= \frac{\sqrt{0.8^2 + (0.6 + 0.8)^2}}{0.8} \times 5000$$
$$= 10000[\text{kW}]$$

02 직류기의 손실 중에서 기계손으로 옳은 것은?

① 풍손
② 와류손
③ 표류 부하손
④ 브러시의 전기손

해설

기계손
전기자 회전에 따라 생기는 풍손과 베어링 부분 및 브러시의 접촉에 의한 마찰손이다.

03 다음 ( )에 알맞은 것은?

직류발전기에서 계자권선이 전기자에 병렬로 연결된 직류기는 (ⓐ) 발전기라 하며, 전기자권선과 계자권선이 직렬로 접속된 직류기는 (ⓑ) 발전기라 한다.

① ⓐ 분권,   ⓑ 직권
② ⓐ 직권,   ⓑ 분권
③ ⓐ 복권,   ⓑ 분권
④ ⓐ 자여자,   ⓑ 타여자

해설

직류 발전기
계자권선이 병렬로 연결 : 분권 발전기
계자권선이 직렬로 연결 : 직권 발전기

04 1차 전압 6600[V], 2차 전압 220[V], 주파수 60[Hz], 1차 권수 1200[회]인 경우 변압기의 최대 자속[Wb]은?

① 0.36
② 0.63
③ 0.012
④ 0.021

해설

$E = 4.44 f \Phi N = 6600$ $f = 60Hz$ $N = 1200$이므로
$$\Phi = \frac{6600}{4.44 \times 60 \times 1200} \fallingdotseq 0.021[\text{wb}]$$

05 직류발전기의 정류 초기에 전류변화가 크며 이때 발생되는 불꽃정류로 옳은 것은?

① 과정류
② 직선정류
③ 부족정류
④ 정현파정류

해설

정류 초기 불꽃 발생 : 부족정류
정류 말기 불꽃 발생 : 과정류

06 3상 유도전동기의 속조제어법으로 틀린 것은?

① 1차 저항법
② 극수 제어법
③ 전압 제어법
④ 주파수 제어법

해설

3상 유도 전동기 속도제어법
• 주파수 반환법   • 극수 변환법
• 전압 제어법   • 2차 저항법
• 2차 여자법   • 종속법

07 60[Hz]의 변압기에 50[Hz]의 동일전압을 가했을 때의 자속밀도는 60[Hz] 때와 비교하였을 경우 어떻게 되는가?

① $\frac{5}{6}$로 감소
② $\frac{6}{5}$으로 증가
③ $(\frac{5}{6})^{1.6}$로 감소
④ $(\frac{6}{5})^2$으로 증가

해설

$E=4.44f\Phi N$에서 E가 일정하므로 f와 Φ는 반비례 관계이다. 따라서 60[Hz]에서 50[Hz]로 변하면 자속밀도는 $\frac{6}{5}$ 증가하게 된다.

08 2대의 변압기로 V결선하여 3상 변압하는 경우 변압기 이용률은 약 몇 [%]인가?

① 57.8
② 66.6
③ 86.6
④ 100

해설

V결선 변압기 이용률

$\frac{V결선\ 변압기\ 용량}{2대\ 변압기\ 용량} = \frac{\sqrt{3}P}{2P}\times100 ≒ 86.6[\%]$

09 3상 유도전동기의 기동법 중 전전압 기동에 대한 설명으로 틀린 것은?

① 기동 시에 역률이 좋지 않다.
② 소용량으로 기동 시간이 길다.
③ 소용량 농형 전동기의 기동법이다.
④ 전동기 단자에 직접 정격전압을 가한다.

해설

전전압 기동법(직입 기동)
5[kW] 미만 이면서 단시간 기동인 소용량 농형 유도전동기에 별도의 기동장치 없이 직접 전접압을 공급하여 기동하는 방법이다.

10 동기발전기의 전기자 권선법 중 집중권인 경우 매극 매상의 홈(slot) 수는?

① 1개
② 2개
③ 3개
④ 4개

해설

집중권은 매극매상의 홈(slot)수는 1개이며, 분포권은 2개 이상이다.

11 유도전동기의 속도제어를 인버터방식으로 사용하는 경우 1차 주파수에 비례하여 1차 전압을 공급하는 이유는?

① 역률을 제어하기 위해
② 슬립을 증가시키기 위해
③ 자속을 일정하게 하기 위해
④ 발생토크를 증가시키기 위해

12 3상 유도전압조정기의 원리를 응용한 것은?

① 3상 변압기
② 3상 유도전동기
③ 3상 동기발전기
④ 3상 교류자전동기

해설

유도 전압조정기란 회전부의 위치를 바꾸면 출력측의 전압을 자유로이 바꾸는 기기로 회전자계원리를 이용한 것으로 3상 유도전동기를 응용한 것이다.

13 전류회로에서 상의 수를 크게 했을 경우 옳은 것은?

① 맥동 주파수와 맥동률이 증가한다.
② 맥동률과 맥동 주파수가 감소한다.
③ 맥동 주파수는 증가하고 맥동률은 감소한다.
④ 맥동률과 주파수는 감소하나 출력이 증가한다.

해설
상의 수를 크게 하면 한 주기에 나오는 파형이 많아져서, 맥동 주파수는 증가하게 되고, 맥동률은 감소하여 파형이 개선된다.

14 동기전동기의 위상특성곡선(V곡선)에 대한 설명으로 옳은 것은?
① 출력을 일정하게 유지할 때 부하전류와 전기자전류의 관계를 나타낸 곡선
② 역률을 일정하게 유지할 때 계자전류와 전기자전류의 관계를 나타낸 곡선
③ 계자전류를 일정하게 유지할 때 전기자전류와 출력사이의 관계를 나타낸 곡선
④ 공급전압 V와 부하가 일정할 때 계자전류의 변화에 대한 전기자전류의 변화를 나타낸 곡선

해설
위상특성곡선(V곡선)
공급전압과 부하가 일정할 때 계자전류의 변화에 대한 전기자 전류의 변화를 나타낸 곡선

15 유도전동기의 기동 시 공급하는 전압을 단권변압기에 의해서 일시 강하시켜서 기동전류를 제한하는 기동방법은?
① Y-△기동
② 저항기동
③ 직접기동
④ 기동 보상기에 의한 기동

해설
기동보상기 기동
15[kW] 이상 용량에서 사용하며 강압용 단권변압기로 공급전압을 낮추어 기동하는 방법으로 탭전압을 전동기에 가하여 기동전류를 제한하는 방법이다.

16 그림과 같은 회로에서 V(전원전압의 실효치) $=100[\text{V}]$, 점호각 $a=30°$인 때의 부하 시의 직류전압 $E_{da}[\text{V}]$는 약 얼마인가?
(단, 전류가 연속하는 경우이다.)

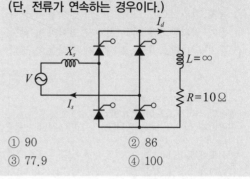

① 90
② 86
③ 77.9
④ 100

해설
$$E_{ds}=0.9E\times\cos a=0.9\times100\times\frac{\sqrt{3}}{2}=77.9[\text{V}]$$

17 직류 분권전동기가 전기자 전류 100[A]일 때 50[kg·m]의 토크를 발생하고 있다. 부하가 증가하여 전기자 전류가 120[A]로 되었다면 발생 토크[kg·m]는 얼마인가?
① 60
② 67
③ 88
④ 160

해설
$T=\dfrac{60EI_a}{2\pi N}$ 에서 T(토크)와 I_a(전기자 전류)는 서로 비례한다. 따라서 부하전류가 120[A]가 되면 토크는
$$50\times\frac{100}{120}=60[\text{kg}\cdot\text{m}]$$

18 비례추이와 관계있는 전동기로 옳은 것은?
① 동기전동기
② 농형 유도전동기
③ 단상정류자전동기
④ 권선형 유도전동기

해설
비례추이 : 권선형 유도전동기는 2차저항을 증감시키기 위해 외부회로에 가변저항기(기동저항기)를 접속하여 토크 및 속도제어를 하며 이를 비례추이라 한다.

19 동기발전기의 단락비가 적을 때의 설명으로 옳은 것은?

① 동기 임피던스가 크고 전기자 반작용이 작다.
② 동기 임피던스가 크고 전기자 반작용이 크다.
③ 동기 임피던스가 작고 전기자 반작용이 작다.
④ 동기 임피던스가 작고 전기자 반작용이 크다.

해설

단락비가 작은 기계의 특성
· 철손이 작아져 효율이 좋아진다.
· 단락비가 작아서 동기 임피던스가 크고 전압 변동률이 크다.
· 안정도가 떨어진다.
· 전기자 반작용이 크다.
· 선로의 충전용량이 작다.

20 3/4 부하에서 효율이 최대인 주상변압기의 전부하 시 철손과 동손의 비는?

① 8 : 4   ② 4 : 4
③ 9 : 16   ④ 16 : 9

해설

부하율 $\dfrac{1}{m} = \sqrt{\dfrac{동손}{철손}} = \dfrac{4}{3}$ 동손×9 = 철손×16

따라서 철손과 동손의 비는 9 : 16이다.

19 ② 20 ③

6 제3과목 · 전기기기

19 과년도기출문제(2019. 4. 27 시행)

01 100[V], 10[A], 1500[rpm]인 직류 분권발전기의 정격 시의 계자전류는 2[A]이다. 이때 계자 회로에는 10[Ω]의 외부저항이 삽입되어 있다. 계자권선의 저항[Ω]은?

① 20
② 40
③ 80
④ 100

[해설]

$I_f = \dfrac{V}{R_f} = 2[\text{A}]$, $V = 100[\text{V}]$이고 계자회로에 외부저항

10[Ω]이 삽입 되어 있으므로 $I_f = \dfrac{100}{R_f + 10} = 2[\text{A}]$

$\therefore R_f = 40$

02 직류발전기의 외부 특성곡선에서 나타내는 관계로 옳은 것은?

① 계자전류와 단자전압
② 계자전류와 부하전류
③ 부하전류와 단자전압
④ 부하전류와 유기기전력

[해설]

발전기 특성곡선의 종류

구분	횡축-종축
부하 특성곡선	$I_f - E$
무부하 특성곡선	$I_f - V$
외부 특성곡선	$I - E$

03 가정용 재봉틀, 소형공구, 영사기, 치과의료용, 엔진 등에 사용하고 있으며, 교류, 직류 양쪽 모두에 사용되는 만능전동기는?

① 전기 동력계
② 3상 유도전동기
③ 차동 복권전동기
④ 단상 직권정류자전동기

[해설]

단상 직권 정류자 전동기
단상 직권 정류자 전동기는 계자권선과 전기자권선이 직렬연결되어 있으며 교류전압이 가해질 때 계자의 극성과 전기자 전류의 방향이 모두 반대가 되어 회전방향이 변하지 않는 특성이 있으므로 직류와 교류 모두 사용가능한 만능 전동기이다.

04 동기발전기에 회전계자형을 사용하는 경우에 대한 이유로 틀린 것은?

① 기전력의 파형을 개선한다.
② 전기자가 고정자이므로 고압 대전류용에 좋고, 절연하기 쉽다.
③ 계자가 회전자지만 저압 소용량의 직류이므로 구조가 간단하다.
④ 전기자보다 계자극을 회전자로 하는 것이 기계적으로 튼튼하다.

[해설]

회전 계자형으로 사용하는 이유
• 회전시 기계적으로 튼튼하다.
• 원동기 측에서 볼 때 출력이 더 증대하게 된다.
• 회전시 위험성이 적다.
• 절연하는데 용이하다.

정답 01 ② 02 ③ 03 ④ 04 ①

05 전력용 변압기에서 1차에 정현파 전압을 인가하였을 때, 2차에 정현파 전압이 유기되기 위해서는 1차에 흘러들어가는 여자전류는 기본파 전류 외에 주로 몇 고조파 전류가 포함되는가?

① 제2고조파   ② 제3고조파
③ 제4고조파   ④ 제5고조파

해설

변압기 여자전류에는 제 3고조파가 가장 많이 포함되어 있으며 이는 철심의 자기포화와 히스테리시스 현상 때문이다.

06 동기발전기의 병렬 운전 중 위상차가 생기면 어떤 현상이 발생하는가?

① 무효 횡류가 흐른다.
② 무효 전력이 생긴다.
③ 유효 횡류가 흐른다.
④ 출력이 요동하고 권선이 가열된다.

해설

동기 발전기의 병렬운전 시 위상차가 생기면 동기화전류(유효순환전류)가 흘러 위상이 앞선 발전기는 위상이 뒤진 발전기로 동기화력을 발생시켜 위상을 동일하게 한다.

07 변압기에서 사용되는 변압기유의 구비 조건으로 틀린 것은?

① 점도가 높을 것   ② 응고점이 낮을 것
③ 인화점이 높을 것   ④ 절연 내력이 클 것

해설

변압기유 구비조건
• 절연내력이 클 것
• 비열이 커서 냉각효과가 크고, 점도가 작을 것
• 인화점이 높고, 응고점이 낮을 것
• 고온에서 산화하지 않고, 석출물이 생기지 않을 것

08 상전압 200[V]의 3상 반파정류회로의 각 상에 SCR을 사용하여 정류제어 할 때 위상각을 $\pi/6$로 하면 순 저항부하에서 얻을 수 있는 직류전압[V]은?

① 90   ② 180
③ 203   ④ 234

해설

3상 반파정류회로의 직류전압
$$E_d = 1.17 \times V \times \cos\theta$$
$$= 1.17 \times 200 \times \cos\frac{\pi}{6} \fallingdotseq 203[\text{V}]$$

09 그림은 전원전압 및 주파수가 일정할 때의 다상 유도전동기의 특성을 표시하는 곡선이다. 1차 전류를 나타내는 곡선은 몇 번 곡선인가?

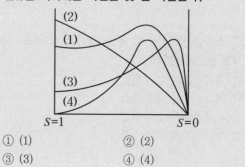

① (1)   ② (2)
③ (3)   ④ (4)

해설

$s = 1$일 때 회전하기 전에는 1차전류가 전부 들어가기 때문에 가장 크고, $s = 0$일 때 속도 같으므로 1차, 2차 전류의 크기는 동일하지만 반대로 흐르므로 0이 된다.

10 동기전동기가 무부하 운전 중에 부하가 걸리면 동기전동기의 속도는?

① 정지한다.
② 동기속도와 같다.
③ 동기속도보다 빨라진다.
④ 동기속도 이하로 떨어진다.

정답   05 ②   06 ③   07 ①   08 ③   09 ②   10 ②

동기전동기 동기 속도 $N = \dfrac{120}{p} \times f$ 이므로, 부하에 상관없이 전동기 속도는 일정하다.

11 직류기발전기에서 양호한 정류(整流)를 얻는 조건으로 틀린 것은?

① 정류주기를 크게 할 것
② 리액턴스 전압을 크게 할 것
③ 브러시의 접촉저항을 크게 할 것
④ 전기자 코일의 인덕턴스를 작게 할 것

해설

직류발전기에서 양호한 정류 얻는 조건
• 리액턴스전압을 작게 한다.
• 보극을 설치한다.
• 탄소브러시를 사용한다.
• 브러시 접촉면 전압강하 〉 평균 리액턴스 전압
• 단절권을 사용한다.
• 정류주기를 길게 한다.

12 스텝각이 2°, 스테핑주파수(pulse rate)가 1800[pps]인 스테핑모터의 축속도[rps]는?

① 8 　　　　　　② 10
③ 12 　　　　　　④ 14

해설

스텝 속도(rps) = (스텝각/360도) × 펄스속도(주파수 : Hz)
= (2/360) × 1800 = 10[rps]

13 직류기에 관련된 사항으로 잘못 짝지어진 것은?

① 보극 - 리액턴스 전압 감소
② 보상권선 - 전기자 반작용 감소
③ 전기자 반작용 - 직류전동기 속도 감소
④ 정류기간 - 전기자 코일이 단락되는 기간

해설

전기자 반작용 - 주 자속이 감소하여 $N = k\dfrac{V - I_a R_a}{\Phi}$
직류전동기 속도는 증가한다.

14 단상 변압기의 병렬운전 시 요구사항으로 틀린 것은?

① 극성이 같을 것
② 정격출력이 같을 것
③ 정격전압과 권수비가 같을 것
④ 저항과 리액턴스의 비가 같을 것

해설

단상 변압기 병렬운전 조건
• 극성이 같을 것
• 정격전압과 권수비가 같을 것
• %임피던스 강하가 같으며 저항과 리액턴스 비가 같을 것
• 부하분담 시 용량에는 비례하고 %Z에는 반비례 할 것

15 변압기의 누설리액턴스를 나타낸 것은? (단, N은 권수이다.)

① N에 비례 　　　② N^2에 반비례
③ N^2에 비례 　　　④ N에 반비례

해설

변압기 누설리액턴스 $L \propto \dfrac{\mu A N^2}{l}$ 이다.

16 3상 동기발전기의 매극 매상의 슬롯수를 3이라 할 때 분포권 계수는?

① $6\sin\dfrac{\pi}{18}$ 　　　② $3\sin\dfrac{\pi}{36}$
③ $\dfrac{1}{6\sin\dfrac{\pi}{18}}$ 　　④ $\dfrac{1}{12\sin\dfrac{\pi}{36}}$

해설

동기 발전기의 분포권 계수 $k_d = \dfrac{\sin\dfrac{\pi}{2m}}{q\sin\dfrac{\pi}{2mq}}$ 에서

상수 $m = 3$ 매극매상의 슬롯수 $q = 3$을 대입하면

$k_d = \dfrac{\sin\dfrac{\pi}{6}}{3\sin\dfrac{\pi}{18}} = \dfrac{1}{6\sin\dfrac{\pi}{18}}$

정답　11 ②　12 ②　13 ③　14 ②　15 ③　16 ③

17 정격전압 220[V], 무부하 단자전압 230[V], 정격출력이 40[kW]인 직류 분권발전기의 계자저항이 22[Ω], 전기자 반작용에 의한 전압강하가 5[V]라면 전기자 회로의 저항[Ω]은 약 얼마인가?

① 0.026 ② 0.028
③ 0.035 ④ 0.042

해설

- 직류 분권 발전기 기전력 $E = V + I_a R_a + e = 230[V]$
- 단자전압 $V = 230[V]$
  계자저항 $R_f = 2[\Omega]$
  전압강하 $e = 5[V]$

전기자 전류 $I_a = I + I_f = \dfrac{P}{V} + \dfrac{V}{R_f}$

$\qquad = \dfrac{40000}{220} + \dfrac{220}{22} ≒ 191.82[A]$

$\therefore R_a = \dfrac{E - V - e}{I_a} = \dfrac{230 - 220 - 5}{191.82} ≒ 0.026[\Omega]$

18 유도전동기로 동기전동기를 기동하는 경우, 유도전동기의 극수는 동기전동기의 극수보다 2극 적은 것은 사용하는 이유로 옳은 것은? (단, s는 슬립이며 N_s는 동기속도이다.)

① 같은 극수의 유도전동기는 동기속도보다 sN_S만큼 늦으므로
② 같은 극수의 유도전동기는 동기속도보다 sN_S만큼 빠르므로
③ 같은 극수의 유도전동기는 동기속도보다 $(1-s)N_S$만큼 늦으므로
④ 같은 극수의 유도전동기는 동기속도보다 $(1-s)N_S$만큼 빠르므로

해설

유도 전동기의 회전자 속도 $N = (1-s)N_s = N_s - sN_s$
$\therefore$ 동기속도보다 $s \times N_s$만큼 느리기 때문에 2극만큼 작다.

19 50[Hz]로 설계된 3상 유도전동기를 60[Hz]에 사용하는 경우 단자전압을 110[%]로 높일 때 일어나는 현상으로 틀린 것은?

① 철손불변
② 여자전류감소
③ 온도상승증가
④ 출력이 일정하면 유효전류 감소

해설

손실이 감소하고 회전 속도가 증가하면서 냉각 팬의 속도가 증가하여 전체적으로 온도가 감소한다.

20 단상 유도전동기의 토크에 대한 2차 저항을 어느 정도 이상으로 증가시킬 때 나타나는 현상으로 옳은 것은?

① 역회전 가능   ② 최대토크 일정
③ 기동토크 증가 ④ 토크는 항상 (+)

해설

2차 저항이 증감하면 슬립은 변화하지만 최대토크는 불변(일정)하다.

19 과년도기출문제 (2019. 8. 4 시행)

01 터빈 발전기의 냉각을 수소냉각방식으로 하는 이유로 틀린 것은?

① 풍손이 공기 냉각 시의 양 1/10로 줄어든다.
② 열전도율이 좋고 가스냉각기의 크기가 작아진다.
③ 절연물의 산화작용이 없으므로 절연열화가 작아서 수명이 길다.
④ 반폐형으로 하기 때문에 이물질의 침입이 없고 소음이 감소한다.

해설
터빈발전기는 수소 누출로 인한 폭발을 방지하기 위해 밀폐형으로 제작한다.

02 전력변환기기로 틀린 것은?

① 컨버터
② 정류기
③ 인버터
④ 유도전동기

해설
전동기는 전기적 입력을 기계적 출력으로 나오는 기계로 전력 변환기기에 해당하지 않는다.

03 동기방전기의 돌발 단락 시 발생되는 현상으로 틀린 것은?

① 큰 과도전류가 흘러 권선 소손
② 단락전류는 전기자 저항으로 제한
③ 코일 상호간 큰 전자력에 의한 코일 파손
④ 큰 단락전류 후 점차 감소하여 지속 단락전류 유지

해설
동기발전기의 돌발 단락시 누설리액턴스에 의해 제한되며, 이후에는 지속단락전류가 흐르고 동기 리액턴스에 의해 제한된다.

04 정류자형 주파수변환기의 회전자에 주파수 f_1의 교류를 가할 때 시계방향으로 회전자계가 발생하였다. 정류자 위의 브러시 사이에 나타나는 주파수 f_c를 설명한 것 중 틀린 것은? (단, n : 회전자의 속도, n_s : 회전자계의 속도, s : 슬립이다.)

① 회전자를 정지시키면 $f_c = f_1$인 주파수가 된다.
② 회전자를 반시계방향으로 $n = n_s$의 속도로 회전시키면, $f_c = 0[\text{Hz}]$가 된다.
③ 회전자를 반시계방향으로 $n < n_s$의 속도로 회전시키면, $f_c = sf_1[\text{Hz}]$가 된다.
④ 회전자를 시계방향으로 $n < n_s$의 속도로 회전시키면, $f_c < f_1$인 주파수가 된다.

해설
회전자를 시계방향으로 $n < n_s$의 속도로 회전시키면, $f_c < f + f_1$인 주파수가 된다.

05 E를 전압, r을 1차로 환산한 저항, x를 1차로 환산한 리액터스라고 할 때 유도전동기의 원선도에서 원의 지름을 나타내는 것은?

① $E \cdot r$
② $E \cdot x$
③ $\dfrac{E}{x}$
④ $\dfrac{E}{r}$

해설
유도 전동기는 부하에 의해 변화하는 전류 벡터의 궤적, 즉 원선도의 지름은 전압에 비례하고 리액턴스에 반비례한다.

06 변압기의 백분율 저항강하가 3[%], 백분율 리액턴스 강하가 4[%]일 때 뒤진 역률 80[%]인 경우의 전압변동률[%]은?

① 2.5
② 3.4
③ 4.8
④ -3.6

정답   01 ④   02 ④   03 ②   04 ④   05 ③   06 ③

$p = 3[\%]$, $q = 4[\%]$, 역률 $\cos\theta = 0.8$

무효율 $\sin\theta = \sqrt{1 - \cos^2\theta} = \sqrt{1 - 0.8^2} = 0.6$

변압기의 전압변동률 $\varepsilon = p\cos\theta + q\sin\theta$

$\qquad\qquad = 3 \times 0.8 + 4 \times 0.6 = 4.8[\%]$

단상 유도 전동기의 특징
- 기동토크가 0이다.
- 2차 저항이 증가하면 토크는 감소한다.
- 비례추이할 수 없다.
- 슬립이 0일 때는 토크가 부(-)가 된다.

---

07 직류발전기에 직결한 3상 유도전동기가 있다. 발전기의 부하 100[kW], 효율 90[%]이며 전동기 단자전압 3300[V], 효율 90[%], 역률 90[%]이다. 전동기에 흘러들어가는 전류는 약 몇 [A]인가?

① 2.4 ② 4.8
③ 19 ④ 24

전류 $I = \dfrac{P}{\sqrt{3}\, V\cos\theta n_1 n_2}$

$\qquad = \dfrac{100000}{\sqrt{3} \times 3300 \times 0.8 \times 0.9 \times 0.9} = 24[A]$

---

08 농형 유도전동기에 주로 사용되는 속도제어법은?

① 극수 변환법 ② 종속 접속법
③ 2차 저항제어법 ④ 2차 여자제어법

농형 속도제어법 : 주파수 변환법, 극수 변환법, 전압제어법

---

09 단상 유도전동기의 특징을 설명한 것으로 옳은 것은?

① 기동 토크가 없으므로 기동장치가 필요하다.
② 기계손이 있어도 무부하 속도는 동기속도보다 크다.
③ 권선형은 비례추이가 불가능하며, 최대 토크는 불변이다.
④ 슬립은 $0 > S > -1$ 이고, 2보다 작고 0이 되기 전에 토크가 0이 된다.

---

10 유도전동기의 회전속도를 $N[\text{rpm}]$, 동기속도를 $N_s[\text{rpm}]$ 이라 하고 순방향 회전자계의 슬립을 s 라고 하면, 역방향 회전자계에 대한 회전자 슬립은?

① $s - 1$ ② $1 - s$
③ $s - 2$ ④ $2 - s$

역회전시(제동시)슬립

$s = \dfrac{N_s - (-N)}{N_s} \times 100[\%] = 1 + (1 - s) = 2 - s$

---

11 그림은 여러 직류전동기의 속도 특성곡선을 나타낸 것이다. 1부터 4까지 차례로 옳은 것은?

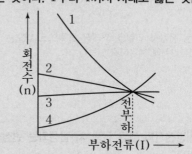

① 차동복권, 분권, 가동복권, 직권
② 직권, 가동복권, 분권, 차동복권
③ 가동복권, 차동복권, 직권, 분권
④ 분권, 직권, 가동복권, 차동복권

직류 전동기중 부하가 증가 할 때 회전수가 급격히 감소하며 기동 토크가 증가하는 전동기의 순서는 다음과 같다.
직권전동기→가동복권전동기→분권전동기→차동복권전동기

---

12 동기발전기의 3상 단락곡선에서 단락전류가 계자전류에 비례하여 거의 직선이 되는 이유로 가장 옳은 것은?

① 무부하 상태이므로
② 전기자 반작용으로
③ 자기포화가 있으므로
④ 누설 리액턴스가 크므로

해설
철심이 포화되면 전기자 반작용에 의해 감자작용이 발생하여 철심의 자기포화가 되지 않아 단락전류는 직선으로 상승한다.

13 그림과 같은 변압기 회로에서 부하 R_2에 공급되는 전력이 최대로 되는 변압기의 권수비 a는?

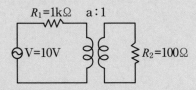

$R_1 = 1k\Omega$ $a:1$
$V = 10V$ $R_2 = 100\Omega$

① $\sqrt{5}$
② $\sqrt{10}$
③ 5
④ $\ell\,10$

해설
변압기의 권수비 $a = \sqrt{\dfrac{Z_1}{Z_2}} = \sqrt{\dfrac{R_1}{R_2}} = \sqrt{\dfrac{1000}{100}} = \sqrt{10}$

14 1차 전압 V_1, 2차 전압 V_2인 단권변압기를 Y결선했을 때, 등가용량과 부하용량의 비는?
(단, $V_1 > V_2$이다.)

① $\dfrac{V_1 - V_2}{\sqrt{3}\,V_1}$
② $\dfrac{V_1 - V_2}{V_1}$
③ $\dfrac{V_1^2 - V_2^2}{\sqrt{3}\,V_1 V_2}$
④ $\dfrac{\sqrt{3}\,(V_1 - V_2)}{2\,V_1}$

해설
단권 변압기 Y결선시, 등가용량과 부하용량의 비
$\dfrac{\text{자기용량}}{\text{부하용량}} = \dfrac{V_1 - V_2}{V_1}$

15 몰드변압기의 특징으로 틀린 것은?

① 자기 소화성이 우수하다.
② 소형 경량화가 가능하다.
③ 건식변압기에 비해 소음이 적다.
④ 유입변압기에 비해 절연레벨이 낮다.

해설
몰드 변압기

장점	단점
• 난연성, 효율이 우수하고, 절연의 신뢰성이 있다.	• 유입식에 비해 기준충격절연강도(BIL)이 약하다.
• 관리가 용이하고 소형, 경량이다.	• 폐기시 환경문제가 높다.
• 내습, 내구성이 강하고 내진성이 우수하다.	• 옥내에서만 사용이 가능하고 대형제작이 곤란하다.
• 장시간 정지 후 사용이 가능하다.	• 가격이 고가이다.

16 정격전압 100[V], 정격전류 50[A]인 분권발전기의 유기기전력은 몇 [V]인가? (단, 전기자 저항 0.2[Ω], 계자전류 및 전기자 반작용은 무시한다.)

① 110
② 120
③ 125
④ 127.5

해설
분권발전기의 유기기전력 $E = V + I_a R_a$
$R_a = 0.2$, $I_a = 50$, $V = 100$ 이므로
$E = 100 + 0.2 \times 50 = 110[V]$

17 단상 변압기를 병렬 운전하는 경우 각 변압기의 부하분담이 변압기의 용량에 비례하려면 각각의 변압기의 %임피던스는 어느 것에 해당되는가?

① 어떠한 값이라도 좋다.
② 변압기 용량에 비례하여야 한다.
③ 변압기 용량에 반비례하여야 한다.
④ 변압기 용량에 관계없이 같아야 한다.

해설
변압기의 부하분담은 용량에는 비례, 퍼센트 임피던스에 반비례하므로 퍼센트 임피던스는 변압기 용량에 반비례한다.

18 SCR의 특징으로 틀린 것은?

① 과전압에 약하다.
② 열용량이 적어 고온에 약하다.
③ 전류가 흐르고 있을 때의 양극 전압강하가 크다.
④ 게이트에 신호를 인가할 때부터 도통할 때까지의 시간이 짧다.

해설
SCR은 전압강하가 1[V]정도로 작다.

19 유도발전기의 동작특성에 관한 설명 중 틀린 것은?

① 병렬로 접속된 동기발전기에서 여자를 취해야 한다.
② 효율과 역률이 낮으며 소출력의 자동수력발전기와 같은 용도에 사용된다.
③ 유도발전기의 주파수를 증가하려면 회전속도를 동기속도 이상으로 회전시켜야 한다.
④ 선로에 단락이 생긴 경우에는 여자가 상실되므로 단락전류는 동기발전기에 비해 적고 지속시간도 짧다.

해설
유도발전기에서 주파수는 회전속도와 관계없다.

20 변압기의 보호에 사용되지 않는 것은?

① 온도계전기   ② 과전류계전기
③ 임피던스계전기   ④ 비율차등계전기

해설
변압기 보호장치 종류
• 과전류 계전기   • 비율차동 계전기
• 부흐홀쯔 계전기   • 가스검출 계전기
• 압력계전기   • 온도 계전기

정답   18 ③   19 ③   20 ③

20 과년도기출문제 (2020. 6. 6 시행)

01 전원전압이 100[V]인 단상 전파정류제어에서 점호각이 30°일 때 직류 평균전압은 약 몇 [V]인가?

① 54 ② 64
③ 84 ④ 94

해설

단상 전파 정류제어
$E = 100[V]$
$\theta = 30°$
직류전압
$E_d = 0.9E\left(\dfrac{1+\cos\theta}{2}\right)[V] = 0.9 \times 100 \times \left(\dfrac{1+\cos 30°}{2}\right)$
$\fallingdotseq 84[V]$

02 단상 유도전동기의 기동시 브러시를 필요로 하는 것은?

① 분상 기동형
② 반발 기동형
③ 콘덴서 분상 기동형
④ 셰이딩 코일 기동형

해설

반발 기동형
기동시 회전자 권선을 브러시로 단락하고 고정자 권선을 전원에 저속해서 회전자에 전원을 공급하는 직권형의 교류 정류자 전동기이다. 기동, 역전 및 속도제어를 브러시의 이동만으로 할 수 있으며 기동 토크가 매우 크다.

03 3선 중 2선의 전원 단자를 서로 바꾸어서 결선하면 회전방향이 바뀌는 기기가 아닌 것은?

① 회전변류기
② 유도전동기
③ 동기전동기
④ 정류자형 주파수 변환기

해설

정류자형 주파수 변환기는 회전방향 바뀌는 것과 관계없다.

04 단상 유도전동기의 분상 기동형에 대한 설명으로 틀린 것은?

① 보조권선은 높은 저항과 낮은 리액턴스를 갖는다.
② 주권선은 비교적 낮은 저항과 높은 리액턴스를 갖는다.
③ 높은 토크를 발생시키려면 보조권선에 병렬로 저항을 삽입한다.
④ 전동기가 기동하여 속도가 어느 정도 상승하면 보조권선을 전원에서 분리해야 한다.

해설

분상 기동형
단상 전동기에 보조 권선(기동 권선)을 설치하여 단상 전원에 주권선(운동 권선)과 보조 권선에 위상이 다른 전류를 흘려서 불평형 2상 전동기로서 기동하는 방법이다.
보조 권선은 저항을 크게, 리액턴스를 작게 해줘야 되며, 상대적으로 주 권선은 낮은 저항과 높은 리액턴스를 갖게 됩니다. 높은 토크를 발생시키기 위해서는 저항을 크게 해줘야 되므로 병렬로 저항을 삽입하면 안된다.

05 변압기의 %Z가 커지면 단락전류는 어떻게 변화하는가?

① 커진다. ② 변동 없다.
③ 작아진다. ④ 무한대로 커진다.

해설

단락전류 $I_s = I \times \dfrac{100}{\%Z}$

%Z가 커지면 단락전류는 작아지게 된다.

정답 01 ③ 02 ② 03 ④ 04 ③ 05 ③

06 정격전압 6600[V]인 3상 동기발전기가 정격출력(역률=1)으로 운전할 때 전압변동률이 12%이었다. 여자전류와 회전수를 조정하지 않은 상태로 무부하 운전하는 경우 단자전압[V]은?

① 6433　　　　② 6943
③ 7392　　　　④ 7842

해설

전압변동률 $\varepsilon = \dfrac{V_0 - V}{V} \times 100$

$V_0 = V \times (1+\varepsilon) = 6600 \times (1+0.12) = 7392[V]$

---

07 계자 권선이 전기자에 병렬로만 연결된 직류기는?

① 분권기　　　　② 직권기
③ 복권기　　　　④ 타여자기

해설

계자 권선과 전기자가 병렬로만 연결된 직류기는 분권기이다.

---

08 3상 20000[kVA]인 동기발전기가 있다. 이 발전기는 60[Hz]일 때는 200[rpm], 50[Hz]일 때는 약 167[rpm]으로 회전한다. 이 동기발전기의 극수는?

① 18극　　　　② 36극
③ 54극　　　　④ 72극

해설

동기속도 $N_s = \dfrac{120}{p} \times f$, $p = \dfrac{120}{N_s} \times f$

$f = 60Hz$일 때 $N_s = 200[rpm]$ 이므로 대입해주면

$p = \dfrac{120}{200} \times 60 = 36$극

---

09 1차 전압 6600[V], 권수비 30인 단상변압기로 전등부하에 30[A]를 공급할 때의 입력[kW]은? (단, 변압기의 손실은 무시한다.)

① 4.4　　　　② 5.5
③ 6.6　　　　④ 7.7

해설

단상변압기 입력 $P = V_1 \times I_1$

$V_1 = 6600[V]$

전등부하= I_2

권수비 $a = 30$이므로 $I_1 = I_2 \times \dfrac{1}{a} = 30 \times \dfrac{1}{30} = 1[A]$

$P = V_1 \times I_1 = 6600 \times 1 = 6600[W] = 6.6[kW]$

---

10 스텝 모터에 대한 설명으로 틀린 것은?

① 가속과 감속이 용이하다.
② 정·역 및 변속이 용이하다.
③ 위치제어시 각도 오차가 작다.
④ 브러시 등 부품수가 많아 유지보수 필요성이 크다.

해설

스테핑 모터(스텝 모터)
스테핑 모터는 각도 오차가 매우 적은 전동기이며, 정밀제어에 사용된다. 스테핑 모터는 브러시 등의 특별한 유지보수가 필요 없어 유지보수가 용이하다.

---

11 출력이 20[kW]인 직류발전기의 효율이 80%이면 전 손실은 약 몇 [kW]인가?

① 0.8　　　　② 1.25
③ 5　　　　④ 45

해설

효율 $\eta = \dfrac{출력}{출력+손실} \times 100 = 80[\%]$

이때 출력이 20[kW] 이므로 손실로 식을 정리하면

손실$= \dfrac{출력-0.8\times출력}{0.8} = \dfrac{20-0.8\times20}{0.8} = 1.25[kW]$

---

12 동기 전동기의 공급 전압과 부하를 일정하게 유지하면서 역률을 1로 운전하고 있는 상태에서 여자 전류를 증가시키면 전기자 전류는?

① 앞선 무효전류가 증가
② 앞선 무효전류가 감소
③ 뒤진 무효전류가 증가
④ 뒤진 무효전류가 감소

해설

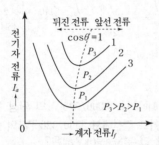

여자 전류(계자 전류)가 증가되면 전기자 전류는 증가하게 되며, 이때 앞선 무효전류가 증가하게 된다.

13 전압변동률이 작은 발전기의 특성으로 옳은 것은?

① 단락비가 크다.
② 속도변동률이 크다.
③ 동기 리액턴스가 크다.
④ 전기자 반작용이 크다.

해설

종류	돌극기(철기계)	비돌극기(동기계)
용도	수차발전기	터빈발전기
속도	저속기	고속기
축	짧고 굵다	길고 가늘다
극수	많다. 6극 이상	적다. 2~4
속도	공기	수소
단락비	크다. 0.9~1.2	작다. 0.6~0.9

14 직류발전기에 $P[\mathrm{N \cdot m/s}]$ 의 기계적 동력을 주면 전력은 몇 W로 변환되는가? (단, 손실은 없으며, i_a는 전기자 도체의 전류, e는 전기자 도체의 유도기전력, Z는 총도체수이다.)

① $P = i_a e Z$
② $P = \dfrac{i_a e}{Z}$
③ $P = \dfrac{i_a Z}{e}$
④ $P = \dfrac{e Z}{i_a}$

해설

직류발전기에서 토크(기계적 동력) $P = E \times i_a$
이때 E는 전체 유기기전력으로 $E = e \times Z$로 구할 수 있다.
식을 정리하면 $P = E \times i_a = e \times Z \times i_a$

15 도통(on) 상태에 있는 SCR을 차단(off)상태로 만들기 위해서는 어떻게 하여야 하는가?

① 게이트 펄스전압을 가한다.
② 게이트 전류를 증가시킨다.
③ 게이트 전압이 부(-)가 되도록 한다.
④ 전원전압의 극성이 반대가 되도록 한다.

해설

SCR을 차단(off)상태로 만들기 위한 방법
• SCR에 역전압을 인가하거나 유지전류 이하가 되면 off가 된다.
• 게이트 전압이 아닌 애노드 전압을 (0) 또는 (-)로 한다.

16 직류전동기의 워드레오나드 속도제어 방식으로 옳은 것은?

① 전압제어
② 저항제어
③ 계자제어
④ 직병렬제어

해설

직류 전동기 속도 제어 방법
• 전압제어(워드 레오너드 방식, 일그너 방식, 직·병렬 방식)
• 저항제어
• 계자제어

17 단권변압기의 설명으로 틀린 것은?

① 분로권선과 직렬권선으로 구분된다.

② 1차 권선과 2차 권선의 일부가 공통으로 사용된다.

③ 3상에는 사용할 수 없고 단상으로만 사용한다.

④ 분로권선에는 누설자속이 없기 때문에 전압변동률이 작다.

[해설]

단권변압기는 분로권선(병렬권선)과 직렬권선으로 구분되며, 1차 권선과 2차 권선의 일부가 공통으로 사용된다. 단상 뿐만 아니라 3상에서도 사용이 가능하며, 전압변동률이 작다는 특징이 있다.

18 유도전동기를 정격상태로 사용 중, 전압이 10% 상승할 때 특성변화로 틀린 것은? (단, 부하는 일정 토크라고 가정한다.)

① 슬립이 작아진다.

② 역률이 떨어진다.

③ 속도가 감소한다.

④ 히스테리시스손과 와류손이 증가한다.

[해설]

문제에서 일정 토크라고 가정했다.

이때 토크 $T=0.975\dfrac{P}{N}$ 에서 토크가 일정하다고 했을 때, 전압이 증가했으므로 2차 입력 또한 증가된다. 토크가 일정하므로, 회전자 속도 또한 증가된다.

19 단자전압 110[V], 전기자 전류 15[A], 전기자 회로의 저항 2[Ω], 정격속도 1800[rpm]으로 전부하에서 운전하고 있는 직류 분권전동기의 토크는 약 몇 [N·m]인가?

① 6.0

② 6.4

③ 10.08

④ 11.14

[해설]

토크

$$T=\frac{E \times I_a}{2\pi\dfrac{N}{60}}=\frac{(V-I_a R_a) \times I_a}{2\pi\dfrac{N}{60}}=\frac{(110-15\times2)\times15}{2\pi\times\dfrac{1800}{60}}$$

$$\fallingdotseq 6.4[\text{N}\cdot\text{m}]$$

20 용량 1[kVA], 3000/200[V]의 단상 변압기를 단권변압기로 결선해서 3000/3200[V]의 승압기로 사용할 때 그 부하용량[kVA]은?

① $\dfrac{1}{16}$

② 1

③ 15

④ 16

[해설]

부하용량

$$=\text{자기용량}\times\frac{V_h}{V_h-V_l}=1\times\frac{3200}{3200-3000}=16[\text{kVA}]$$

20 과년도기출문제(2020. 8. 22 시행)

01 서브모터의 특징에 대한 설명을 틀린 것은?

① 발생토크는 입력신호에 비례하고, 그 비가 클 것
② 직류 서브모터에 비하여 교류 서보모터의 시동 토크가 매우 클 것
③ 시동 토크는 크나 회전부의 관성모멘트가 작고, 전기적 시정수가 짧을 것
④ 빈번한 시동, 정지, 역전, 등의 가혹한 상태에 견디도록 견고하고, 큰 돌입전류에 견딜 것

해설
직류 서브모터에 비해서 교류 서보모터의 시동 토크가 작다.

02 3300/220[V] 변압기 A, B의 정격용량이 각각 400[kVA], 300[kVA]이고, %임피던스 강하가 각각 2.4%와 3.6%일 때 그 2대의 변압기에 걸 수 있는 합성부하용량은 몇 [kVA]인가?

① 550   ② 600
③ 650   ④ 700

해설
합성 부하용량

$$P = P_{大} + P_{小} \times \frac{\%Z_{小}}{\%Z_{大}} = 400 + 300 \times \frac{2.4}{3.6} = 600[\text{kVA}]$$

03 정격출력 50[kW], 4극 220[V], 60[Hz]인 3상 유도전동기가 전부하 슬립 0.04, 효율 90%로 운전되고 있을 때 다음 중 틀린 것은?

① 2차 효율 = 92%
② 1차 입력 = 55.56kW
③ 회전자 동손 = 2.08kW
④ 회전자 입력 = 52.08kW

해설
1차 입력 $P_1 = \dfrac{50[\text{kW}]}{0.9} \fallingdotseq 55.56[\text{kW}]$

2차 효율 $\eta_2 = (1-s) = (1-0.04) = 96[\%]$

회전자 입력 $P_2 = \dfrac{P_0}{1-s} = \dfrac{50[\text{kW}]}{1-0.04} \fallingdotseq 52.08[\text{kW}]$

회전자 동손 $P_{2c} = sP_2 = 0.04 \times 52.08 = 2.08[\text{kW}]$

04 3상 유도전동기에서 2차측 저항을 2배로 하면 그 최대토크는 어떻게 변하는가?

① 2배로 커진다.
② 3배로 커진다.
③ 변하지 않는다.
④ $\sqrt{2}$ 배로 커진다.

해설
유도전동기에서 2차측 저항을 2배로 변해도 최대토크는 변하지 않는다.

05 단상 유도전동기를 2전동기설로 설명하는 경우 정방향 회전자계의 슬립이 0.2이면, 역방향 회전자계의 슬립은 얼마인가?

① 0.2   ② 0.8
③ 1.8   ④ 2.0

해설
역방향일 경우 $S' = 2 - s = 2 - 0.2 = 1.8$

06 동기발전기를 병렬운전 하는데 필요하지 않은 조건은?

① 기전력의 용량이 같을 것
② 기전력의 파형이 같을 것
③ 기전력의 크기가 같을 것
④ 기전력의 주파수가 같을 것

해설

동기발전기 병렬운전 조건
• 기전력의 크기가 같을 것
• 기전력의 위상이 같을 것
• 기전력의 주파수가 같을 것
• 기전력의 파형이 같을 것
• 상회전이 같을 것

07 IGBT에 대한 설명으로 틀린 것은?

① MOSFET와 같이 전압제어 소자이다.
② GTO 사이리스터와 같이 역방향 전압저지 특성을 갖는다.
③ 게이트와 에미터 사이의 입력 임피던스가 매우 낮아 BJT보다 구동하기 쉽다.
④ BJT처럼 on-drop이 전류에 관계없이 낮고 거의 일정하며, MOSFET보다 훨씬 큰 전류를 흘릴 수 있다.

해설

게이트와 에미터 사이의 입력 임피던스가 매우 크다.

08 3[kVA], 3000/200[V]의 변압기의 단락시험에서 임피던스전압 120[V], 동손 150[W]라 하면 % 저항 강하는 몇 %인가?

① 1   ② 3
③ 5   ④ 7

해설

$$\%R = \frac{동손}{변압기\ 용량} \times 100 = \frac{150}{3 \times 10^3} \times 100 = 5[\%]$$

09 직류 가동복권발전기를 전동기로 사용하면 어느 전동기가 되는가?

① 직류 직권 전동기
② 직류 분권 전동기
③ 직류 가동복권 전동기
④ 직류 차동복권 전동기

해설

• 직류 가동복권 발전기 → 직류 차동복권 전동기
• 직류 차동복권 발전기 → 직류 가동복권 전동기

10 동기 발전기에 설치된 제동권선의 효과로 틀린 것은?

① 난조 방지
② 과부하 내량의 증대
③ 송전선의 불평형 단락 시 이상전압 방지
④ 불평형 부하 시의 전류, 전압 파형의 개선

해설

제동권선의 효과
• 난조 방지
• 송전선의 불평형 단락 시 이상전압 방지
• 불평형 부하 시의 전류, 전압 파형의 개선

11 직류 전동기의 속도제어법이 아닌 것은?

① 계자 제어법   ② 전력 제어법
③ 전압 제어법   ④ 저항 제어법

해설

직류 전동기의 속도제어법
• 전압제어
• 계자제어
• 저항제어

12 유도전동기에서 공급 전압의 크기가 일정하고 전원 주파수만 낮아질 때 일어나는 현상으로 옳은 것은?

① 철손이 감소한다.
② 온도상승이 커진다.
③ 여자전류가 감소한다.
④ 회전속도가 증가한다.

해설

주파수와 히스테리시스손은 반비례이고, 와류손하고는 관계 없다. 주파수가 낮아지면 히스테리시스손이 커지게 되며, 철손이 커져 손실이 증가하게 된다. 손실이 증가하며, 주파수가 작아져 냉각기 회전속도가 감소되어 온도가 상승하게 된다.

13 3상 변압기 2차측의 E_W상만을 반대로 하고 Y−Y 결선을 한 경우, 2차 상전압이 $E_U = 70[\text{V}]$, $E_V = 70[\text{V}]$, $E_W = 70[\text{V}]$라면 2차 선간전압은 약 몇 [V]인가?

① $V_{U-V} = 121.2[\text{V}]$, $V_{V-W} = 70[\text{V}]$,
  $V_{w-U} = 70[\text{V}]$
② $V_{U-V} = 121.2[\text{V}]$, $V_{V-W} = 210[\text{V}]$,
  $V_{w-U} = 70[\text{V}]$
③ $V_{U-V} = 121.2[\text{V}]$, $V_{V-W} = 121.2[\text{V}]$,
  $V_{w-U} = 70[\text{V}]$
④ $V_{U-V} = 121.2[\text{V}]$, $V_{V-W} = 121.2[\text{V}]$,
  $V_{w-U} = 121.2[\text{V}]$

해설

상전압 $V_U = 70\angle 0°$, $V_V = 70\angle 240°$, $V_w = 70\angle 120°$일 때 W상을 반대로 접속하게 되면 $V_w = -70\angle 120°$로 바뀐다.
선간 전압 $V_{U-V} = 70\angle 0° - 70\angle 240° = 121\angle 30°[\text{V}]$
$V_{V-W} = 70\angle 240° + 70\angle 120° = 70[\text{V}]$
$V_{w-U} = -70\angle 120° - 70\angle 0° = 70\angle -120°[\text{V}]$

14 용접용으로 사용되는 직류 발전기의 특성중에서 가장 중요한 것은?

① 과부하에 견딜 것
② 전압변동률이 적을 것
③ 경부하일 때 효율이 좋을 것
④ 전류에 대한 전압특성이 수하특성일 것

해설

용접용 발전기
• 누설리액턴스가 크다.
• 전압 변동률이 크다.
• 전압특성이 수하특성이다.

15 단상 유도 전동기에 대한 설명으로 틀린 것은?

① 반발 기동형 : 직류전동기와 같이 정류자와 브러시를 이용하여 기동한다.
② 분상 기동형 : 별도의 보조권선을 사용하여 회전자계를 발생시켜 기동한다.
③ 커패시터 기동형 : 기동전류에 비해 기동토크가 크지만, 커패시터를 설치해야 한다.
④ 반발 유도형 : 기동 시 농형권선과 반발전동기의 회전자 권선을 함께 이용하나 운전 중에는 농형권선만을 이용한다.

해설

반발 유도형은 기동시 뿐만 아니라 운전 중에도 농형권선과 회전자 권선을 함께 사용한다.

16 정격전압 120[V], 60[Hz]인 변압기의 무부하 입력 80[W], 무부하 전류 1.4[A]이다. 이 변압기의 여자 리액턴스는 약 몇 Ω인가?

① 97.6
② 103.7
③ 124.7
④ 180

해설

무부하 전류 = 자화전류 + 철손 전류
철손전류 $I_{철} = \dfrac{80\text{W}}{120\text{V}} = 0.66[\text{A}]$
자화전류 $I_{자} = \sqrt{I^2_{무} - I^2_{철}} = \sqrt{1.4^2 - 0.66^2} = 1.23[\text{A}]$
이때 자화전류는 무효분이다.
그렇기 때문에 $I_{자} = \dfrac{V}{X} = \dfrac{120}{X} = 1.23[\text{A}]$
따라서 $X = \dfrac{120}{1.23} = 97.56[\Omega]$

정답   12 ②   13 ①   14 ④   15 ④   16 ①

17 동작모드가 그림과 같이 나타나는 혼합브리지는?

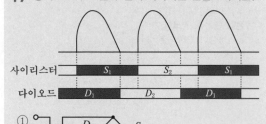

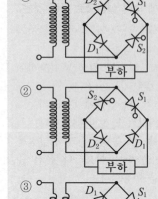

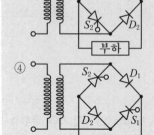

첫 번째 파형은 S_1과 D_1을 통해서 나가야 된다.
즉 위 +, 아래 -일 경우에 S_1과 D_1을 통해서 나가야 된다. 두 번째 파형은 위에 -, 아래 +일 경우에는 S_2와 D_2를 통해서 나가야 된다. 이러한 그림은 1번이다.

18 동기기의 전기자 저항을 r, 전기자 반작용 리액턴스를 X_a, 누설 리액턴스를 X_l 라고 하면 동기 임피던스를 표현한 식은?

① $\sqrt{r^2 + \left(\dfrac{X_a}{X_l}\right)^2}$ ② $\sqrt{r^2 + X_l^2}$

③ $\sqrt{r^2 + X_a^2}$ ④ $\sqrt{r^2 + (X_a + X_l)^2}$

해설

동기 임피던스 = 전기자 저항 + j동기 리액턴스
동기 리액턴스 = 전기자 반작용 리액턴스 + 누설 리액턴스
동기 임피던스 $= \sqrt{r^2 + X^2} = \sqrt{r^2 + (X_a + X_l)^2}$

19 극수 8, 중권 직류기의 전기자 총 도체 수 960, 매극 자속 0.04[Wb], 회전수 400[rpm]이라면 유기기전력은 몇 [V]인가?

① 256 ② 327
③ 425 ④ 625

해설

유기기전력 $E = \dfrac{pZ\Phi N}{60a}$[V]
극수 $p = 8$
총 도체수 $Z = 960$
매극 자속 $\Phi = 0.04$
회전수 $N = 400$
중권이기 때문에 병렬회로 수 $a = p = 8$
각각의 값을 대입하면
$E = \dfrac{pZ\Phi N}{60a}$[V] $= \dfrac{8 \times 960 \times 0.04 \times 400}{60 \times 8} = 256$[V]

20 동기전동기에 일정한 부하를 걸고 계자전류를 0[A]에서부터 계속 증가시킬 때 관련 설명으로 옳은 것은? (단, I_a는 전기자 전류이다.)

① I_a는 증가하다가 감소한다.
② I_a가 최소일 때 역률이 1이다.
③ I_a가 감소상태일 때 앞선 역률이다.
④ I_a가 증가상태일 때 뒤진 역률이다.

해설

동기 전동기에서 계자전류를 0[A]에서 계속 증가될 경우 전기자 전류는 감소하다가 역률이 1이 되는 지점에서 최소가 된다. 그 이후에 계자전류를 증가할 경우 전기자 전류가 다시 증가하게 된다.

정답   17 ①   18 ④   19 ①   20 ②

과년도기출문제(2020. 9. 26 시행)

01 동기발전기 단절권의 특징이 아닌 것은?

① 코일 간견이 극 간격보다 작다.
② 전절권에 비해 합성 유기기전력이 증가한다.
③ 전절권에 비해 코일 단이 짧게 되므로 재료가 절약된다.
④ 고조파를 제거해서 전절권에 비해 기전력의 파형이 좋아진다.

해설

단절권의 특징
• 전절권에 비해 동량이 감소된다.
• 코일 간격이 극 간격보다 작다.
• 고조파를 제거해 전절권에 비해 파형이 개선된다.
• 전절권에 비해 합성유기기전력이 작다.

02 3상 변압기의 병렬운전 조건으로 틀린 것은?

① 각 군의 임피던스가 용량에 비례할 것
② 각 변압기의 백분율 임피던스 강하가 같을 것
③ 각 변압기의 권수비가 같고 1차와 2차의 정격전압이 같을 것
④ 각 변압기의 상회전 방향 및 1차와 2차 선간 전압의 위상 변위가 같을 것

해설

변압기의 병렬운전 조건
• 극성이 같아야 한다.(단상, 3상)
• %임피던스강하가 같아야 한다.(단상, 3상)
• 저항과 리액턴스비가 같아야 한다.(단상, 3상)
• 1차, 2차 정격전압이 같고 권수비가 같아야 한다.(단상, 3상)
• 상회전 방향과 위상변위가 같아야 한다.(3상)

03 210/105[V]의 변압기를 그림과 같이 결선하고 고압측에 200[V]의 전압을 가하면 전압계의 지시는 몇 [V]인가? (단, 변압기는 가극성이다.)

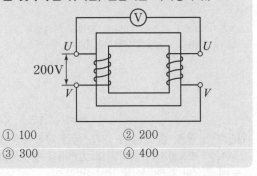

① 100　　　　　　② 200
③ 300　　　　　　④ 400

해설

가극성시 측정 전압 = 200 + 100 = 300[V]
감극성시 측정 전압 = 200 − 100 = 100[V]

04 직류기의 권선을 단중 파권으로 감으면 어떻게 되는가?

① 저압 대전류용 권선이다.
② 균압환을 연결해야 한다.
③ 내부 병렬 회로수가 극수만큼 생긴다.
④ 전기자 병렬 회로수가 극수에 관계없이 언제나 2이다.

해설

	중권(병렬권)	파권(직렬권)
전기자 병렬회로수(a)	극수(p)	2
브러시 수(b)	극수(p)	2 또는 극수(p)
용도	저전압 대전류	고전압 소전류
균압환	4극 이상	불필요

05 2상 교류 서보모터를 구동하는데 필요한 2상 전압을 얻는 방법으로 널리 쓰이는 방법은?

① 2상 전원을 직접 이용하는 방법
② 환상 결선 변압기를 이용하는 방법
③ 여자권선에 리액터를 삽입하는 방법
④ 증폭기 내에서 위상을 조정하는 방법

해설

증폭기 내에서 위상을 조정하는 방법을 이용해서 2상 교류 서보전동기 구동에 필요한 2상 전압을 얻는다.

06 4극, 중권, 총 도체 수 500, 극당 자속이 0.01[Wb]인 직류발전기 100[V]의 기전력을 발생시키는데 필요한 회전수는 몇 [rpm]인가?

① 800   ② 1000
③ 1200   ④ 1600

해설

직류발전기 유기기전력 $E = \dfrac{pz\phi N}{60a}$[V]이므로

속도는 $N = \dfrac{60a \times E}{pz\phi}$[rpm]이다.

이때, $N = \dfrac{60 \times 4 \times 100}{4 \times 500 \times 0.01} = 1200$[rpm]

07 3상 분권 정류자 전동기에 속하는 것은?

① 톰슨 전동기   ② 데리 전동기
③ 시라게 전동기   ④ 애트킨슨 전동기

해설

시라게 전동기(Schrage Motor) : 3상 권선형 유도 전동기의 일종

08 동기기 안정도를 증진시키는 방법이 아닌 것은?

① 단락비를 크게 할 것
② 속응여자방식을 채용할 것
③ 정상 리액턴스를 크게 할 것
④ 영상 및 역상 임피던스를 크게 할 것

해설

동기기 안정도를 증진방법은
• 정상 리액턴스는 작게 할 것
• 영상 및 역상 임피던스를 크게 할 것
• 단락비를 크게 할 것
• 속응여자방식을 채용할 것

09 3상 유도전동기의 기계적 출력 P[kW], 회전수 N[rpm]인 전동기의 토크[N·m]는?

① $0.46\dfrac{P}{N}$ ② $0.855\dfrac{P}{N}$

③ $975\dfrac{P}{N}$ ④ $9549.3\dfrac{P}{N}$

해설

3상 유도전동기 토크
$T = 0.975\dfrac{P[\text{W}]}{N} = 975\dfrac{P[\text{kW}]}{N}$[kg · m]이다.
단위 변환시 9.8[N · m] = 1[kg · m]이므로 위의 식에 9.8을 곱한다.
$T = 975 \times 9.8 \times \dfrac{P(\text{kW})}{N} = 9549.3\dfrac{P}{N}$[N · m]

10 취급이 간단하고 기동시간이 짧아서 섬과 같이 전력계통에서 고립된 지역, 선박 등에 사용되는 소용량 전원용 발전기는?

① 터빈 발전기   ② 엔진 발전기
③ 수차 발전기   ④ 초전도 발전기

해설

엔진 발전기
엔진 발전기는 전기를 사용할 수 없는 지역이나 일시적으로 필요한 곳에서 전기를 공급하는데 사용된다.

정답   05 ④   06 ③   07 ③   08 ③   09 ④   10 ②

11 평형 6상 반파정류회로에서 297[V]의 직류전압을 얻기 위한 입력 측 각 상전압은 약 몇 [V]인가? (단, 부하는 순수 저항부하이다.)

① 110   ② 220
③ 380   ④ 440

해설

평형 6상 반파 정류 회로는 3상 전파 정류회로
($E_d = 1.35 \times E$)이므로, 이때 $E_d = 297[V]$이므로 입력전압
$E = \dfrac{297}{1.35} = 220[V]$ 이다.

12 단면적 $10[\text{cm}^2]$인 철심에 200회의 권선을 감고, 이 권선에 60[Hz], 60[V]인 교류전압을 인가하였을 때 철심의 최대자속밀도는 약 몇 $[\text{Wb/m}^2]$인가?

① 1.126×10^{-3} ② 1.126
③ 2.252×10^{-3} ④ 2.252

해설

유기기전력 $E = 4.44 \times f \times B_m \times A \times N[V]$ 이므로,

최대 자속밀도 $B_m = \dfrac{E}{4.44 \times f \times A \times N}[\text{Wb/m}^2]$이다.

따라서,

$B_m = \dfrac{60}{4.44 \times 60 \times 10 \times 10^{-4} \times 200} = 1.126[\text{Wb/m}^2]$이다.

13 전력의 일부를 전원 측에 반환할 수 있는 유도전동기의 속도제어법은?

① 극수 변환법
② 크레머 방식
③ 2차 저항 가감법
④ 세르비우스 방식

해설

셀비어스 방식
권선형 유도 전동기의 회전자 출력을 3상 전파 정류한 후 얻어진 전지 에너지를 사이리스터에 의해 3상 전원측으로 회생시켜 되돌려 주는 방식이지만, 장치의 가격 상승과 무게의 증가 및 설치 공간의 문제점이 있다.

14 직류발전기를 병렬운전 할 때 균압모선이 필요한 직류기는?

① 직권발전기, 분권발전기
② 복권발전기, 직권발전기
③ 복권발전기, 분권발전기
④ 분권발전기, 단극발전기

해설

직류 발전기 병렬운전시 균압모선이 필요한 직류발전기는 계자 직권권선이 감겨있는 발전기이므로 복권 발전기와 직권 발전기이다.

15 전부하로 운전하고 있는 50[Hz], 4극의 권선형 유도전동기가 있다. 전부하에서 속도를 1440[rpm]에서 1000[rpm]으로 변화시키자면 2차에 약 몇 [Ω]의 저항을 넣어야 하는가? (단, 2차 저항은 0.02[Ω]이다.)

① 0.147   ② 0.18
③ 0.02   ④ 0.024

해설

권선형 유도전동기는 슬립은 $\dfrac{s}{r_2} = \dfrac{s'}{r_2 + R}$이다.

$r_2 = $ 2차 내부저항, $R = $ 2차 외부저항, $s = $ 외부저항 삽입전 슬립, $s' = $ 외부저항 삽입 슬립이다.

$N_s = \dfrac{120f}{P} = \dfrac{120 \times 50}{4} = 1500[\text{rpm}]$ 이고,

$r_2 = 0.02[Ω]$이므로

$s = \dfrac{N_s - N}{N_s} = \dfrac{1500 - 1440}{1500} = 0.04$,

$s' = \dfrac{1500 - 1000}{1500} ≒ 0.33$이다.

주어진 값들을 이용해서 위의 식을 정리하면

$\dfrac{0.04}{0.02} = \dfrac{0.33}{0.02 + R}$이다.

이때 R로 식을 정리하면 $R = 0.147[Ω]$이다.

16 권선형 유도전동기 2대를 직렬종속으로 운전하는 경우 그 동기속도는 어떤 전동기의 속도와 같은가?

① 두 전동기 중 적은 극수를 갖는 전동기
② 두 전동기 중 많은 극수를 갖는 전동기
③ 두 전동기의 극수의 합과 같은 극수를 갖는 전동기
④ 두 전동기의 극수의 합의 평균과 같은 극수를 갖는 전동기

해설
- 직렬종속법 : 전체 극수가 두 전동기 극수의 합인 속도가 된다. $\left(N_s = \dfrac{120f}{p_1+p_2}[\text{rpm}]\right)$
- 차동종속법 : 전체 극수가 두 전동기 극수의 차만큼의 속도가 된다. $\left(N_s = \dfrac{120f}{p_1-p_2}[\text{rpm}]\right)$
- 병렬종속법 : 전체 극수가 두 전동기 극수의 평균치로 속도가 된다. $\left(N_s = \dfrac{120f}{\dfrac{p_1+p_2}{2}}[\text{rpm}]\right)$

17 GTO 사이리스터의 특징으로 틀린 것은?

① 각 단자의 명칭은 SCR 사이리스터와 같다.
② 온(On) 상태에서는 양방향 전류특성을 보인다.
③ 온(On) 드롭(Drop)은 약 2~4V가 되어 SCR 사이리스터 보다 약간 크다.
④ 오프(Off) 상태에서는 SCR 사이리스터처럼 양방향 전압저지능력을 갖고 있다.

해설
GTO(Gate Turn Off)사이리스터의 기본 특성은 SCR과 거의 동일하며 단방향성 3단자 소자이다.

18 포화되지 않은 직류발전기의 회전수가 4배로 증가되었을 때 기전력을 전과 같은 값으로 하려면 자속을 속도 변화 전에 비해 얼마로 하여야 하는가?

① $\dfrac{1}{2}$
② $\dfrac{1}{3}$
③ $\dfrac{1}{4}$
④ $\dfrac{1}{8}$

해설
직류 발전기 유기기전력 $E = K\phi N\,[\text{V}]$이고, 기전력이 일정할 때 속도와 자속은 반비례 $\left(N \propto \dfrac{1}{\phi}\right)$이므로 속도가 4배 증가되면 자속은 $\dfrac{1}{4}$배 된다.

19 동기발전기의 단자부근에서 단락 시 단락전류는?

① 서서히 증가하여 큰 전류가 흐른다.
② 처음부터 일정한 큰 전류가 흐른다.
③ 무시할 정도의 작은 전류가 흐른다.
④ 단락된 순간은 크나, 점차 감소한다.

해설
초기 돌발 단락전류 $\left(I_s = \dfrac{E}{x_\ell}[\text{A}]\right)$가 흐를 때 누설리액턴스만 작용하여 큰 단락전류가 발생하나, 지속 단락전류 $\left(I_s = \dfrac{E}{x_a+x_\ell}\right)$로 변화하면 반작용 리액턴스도 작용하게 되어 점차 단락 전류의 크기가 감소하게 된다.

20 단권변압기에서 1차 전압 100[V], 2차 전압 110[V]인 단권변압기의 자기용량과 부하용량의 비는?

① $\dfrac{1}{10}$
② $\dfrac{1}{11}$
③ 10
④ 11

해설
단권 변압기
$$\frac{\text{자기용량}}{\text{부하용량}} = \frac{V_H - V_L}{V_H}.$$
$V_H = 110[\text{V}]$, $V_L = 100[\text{V}]$이므로,
$$\frac{\text{자기용량}}{\text{부하용량}} = \frac{110-100}{110} = \frac{1}{11}\ \text{이다.}$$

21 과년도기출문제(2021. 3. 7 시행)

01 전류계를 교체하기 위해 우선 변류기 2차측을 단락시켜야 하는 이유는?

① 측정오차 방지
② 2차측 절연 보호
③ 2차측 과전류 보호
④ 1차측 과전류 방지

해설

변류기 2차측 개방시 CT에 고전압이 유기되어 절연파괴될 수 있다.

02 BJT에 대한 설명으로 틀린 것은?

① Bipolar Junction Thyristor의 약자이다.
② 베이스 전류로 컬렉터 전류를 제어하는 전류 제어 스위치이다.
③ MOSFET, IGBT 등의 전압제어 스위치보다 훨씬 큰 구동전력이 필요하다.
④ 회로기호 B, E, C는 각각 베이스(Base), 에미터(Emitter), 컬렉터(Collerctor)이다.

해설

BJT는 Bipolar Junction Transistor 의 약자이다.

03 단상 변압기 2대를 병렬 운전할 경우, 각 변압기의 부하전류를 I_a, I_b, 1차측으로 환산한 임피던스를 Z_a, Z_b, 백분율 임피던스 강하를 Z_a, Z_b, 정격용량을 P_{an}, P_{bn} 이라 한다. 이때 부하 분담에 대한 관계로 옳은 것은?

① $\dfrac{I_a}{I_b} = \dfrac{Z_a}{Z_b}$

② $\dfrac{I_a}{I_b} = \dfrac{P_{bn}}{P_{an}}$

③ $\dfrac{I_a}{I_b} = \dfrac{Z_b}{Z_a} \times \dfrac{P_{an}}{P_{bn}}$

④ $\dfrac{I_a}{I_b} = \dfrac{Z_a}{Z_b} \times \dfrac{P_{an}}{P_{bn}}$

해설

부하분담은 용량(P)에 비례하고 퍼센트(누설)임피던스(Z)에 반비례한다.

04 사이클로 컨버터(Cyclo Converter)에 대한 설명으로 틀린 것은?

① DC-DC Buck 컨버터와 동일한 구조이다.
② 출력주파수가 낮은 영역에서 많은 장점이 있다.
③ 시멘트공장의 분쇄기 등과 같이 대용량 저속 교류전동기 구동에 주로 사용된다.
④ 교류를 교류로 직접변환하면서 전압과 주파수를 동시에 가변하는 전력변환기이다.

해설

사이클로 컨버터는 교류의 전압과 주파수를 변환하는 장치이다.

05 극수 4이며 전기자 권선은 파권, 전기자 도체수가 250인 직류발전기가 있다. 이 발전기가 1,200[rpm]으로 회전할 때 600[V]의 기전력을 유기하려면 1극당 자속은 몇 [Wb]인가?

① 0.04
② 0.05
③ 0.06
④ 0.07

해설

$$\phi = \frac{60a}{pZN}E = \frac{60 \times 2}{4 \times 250 \times 1200} \times 600$$
$$\phi = 0.06[\text{Wb}]$$

06 직류발전기의 전기자 반작용에 대한 설명으로 틀린 것은?

① 전기자 반작용으로 인하여 전기적 중성축을 이동시킨다.
② 정류자 편간 전압이 불균일하게 되어 섬락의 원인이 된다.
③ 전기자 반작용이 생기면 주자속이 왜곡되고 증가하게 된다.
④ 전기자 반작용이란, 전기자 전류에 의하여 생긴 자속이 계자에 의해 발생되는 주자속에 영향을 주는 현상을 말한다.

정답 01 ② 02 ① 03 ③ 04 ① 05 ③ 06 ③

전기자 반작용의 감자 작용에 의해 주자속이 감소한다.

07 기전력(1상)이 E_o이고, 동기임피던스(1상)가 Z_s인 2대의 3상 동기발전기를 무부하로 병렬 운전시킬 때 각 발전기의 기전력 사이에 δ_s의 위상차가 있으면 한쪽 발전기에서 다른 쪽 발전기로 공급되는 1상당의 전력 [W]은?

① $\dfrac{E_o}{Z_s}\sin\delta_s$ ② $\dfrac{E_o}{Z_s}\cos\delta_s$

③ $\dfrac{E_o^2}{2Z_s}\sin\delta_s$ ④ $\dfrac{E_o^2}{2Z_s}\cos\delta_s$

해설
수수전력 : $P_s = \dfrac{E_0}{2Z_s}\sin\delta$

08 60[Hz], 6극의 3상 권선형 유도전동기가 있다. 이 전동기의 정격 부하 시 회전수는 1,140[rpm]이다. 이 전동기를 같은 공급전압에서 전부하 토크로 기동하기 위한 외부저항은 몇 Ω인가? (단, 회전자 권선은 Y결선이며 슬립링 간의 저항은 0.1[Ω]이다.)

① 0.5   ② 0.85
③ 0.95   ④ 1

해설
$N_s = \dfrac{120f}{p} = \dfrac{120\times60}{6} = 1200[\mathrm{rpm}]$

$s = \dfrac{N_s - N}{N_s} = \dfrac{1200-1140}{1200} = 0.05$

슬립링간의 저항이 0.1[Ω]이므로 회전자 한상의 저항은 0.05[Ω]이다. 따라서

$\dfrac{r_2}{s} = \dfrac{r_2+R}{s'} \Rightarrow \dfrac{0.05}{0.05} = \dfrac{0.05+R}{1}$

$R = 1 - 0.05 = 0.95[\Omega]$

09 발전기 회전자에 유도자를 주로 사용하는 발전기는?

① 수차발전기
② 엔진발전기
③ 터빈발전기
④ 고주파발전기

해설
회전자가 유도자인 발전기는 고주파 발전기이다.

10 3상 권선형 유도전동기 기동 시 2차측에 외부 가변저항을 넣는 이유는?

① 회전수 감소
② 기동전류 증가
③ 기동토크 증가
④ 기동전류 감소와 기동토크 증가

해설
3상 권선형 유도전동기는 비례추이를 통해 기동 전류의 감소와 기동토크를 증가 시킬 수 있다.

11 1차 전압은 3,300[V]이고, 1차측 무부하 전류는 0.15[A], 철손은 330[W]인 단상 변압기의 자화전류는 약 몇 A인가?

① 0.112   ② 0.145
③ 0.181   ④ 0.231

해설
자화전류는 $I_\phi = \sqrt{I_0^2 - I_i^2}$ 이고

철손전류 $I_i = \dfrac{P_i}{V_1} = 0.1[\mathrm{A}]$이므로

$I_\phi = \sqrt{0.15^2 - 0.1^2} \fallingdotseq 0.112[\mathrm{A}]$이다.

12 유도전동기의 안정 운전의 조건은? (단, T_m : 전동기 토크, T_L : 부하 토크, n : 회전수)

① $\dfrac{dT_m}{dn} < \dfrac{dT_L}{dn}$ ② $\dfrac{dT_m}{dn} < \dfrac{dT_L^2}{dn}$

③ $\dfrac{dT_m}{dn} > \dfrac{dT_L}{dn}$ ④ $\dfrac{dT_m}{dn} \neq \dfrac{dT_L^2}{dn}$

해설

유도전동기의 안정 상태에서는 전동기 토크가 부하토크 보다 작아야한다.

13 전압이 일정한 모선에 접속되어 역률 1로 운전하고 있는 동기전동기를 동기조상기로 사용하는 경우 여자전류를 증가시키면 이 전동기는 어떻게 되는가?

① 역률은 앞서고, 전기자 전류는 증가한다.
② 역률은 앞서고, 전기자 전류는 감소한다.
③ 역률은 뒤지고, 전기자 전류는 증가한다.
④ 역률은 뒤지고, 전기자 전류는 감소한다.

해설

동기조상기를 과여자 운전 할 경우에는 역률은 앞(진상)서고 전기자 전류는 증가하게 된다.

14 직류기에서 계자자속을 만들기 위하여 전자석의 권선에 전류를 흘리는 것을 무엇이라 하는가?

① 보극   ② 여자
③ 보상권선   ④ 자화작용

해설

여자란 전자석(계자)의 권선에 전류를 흘려주는 것을 말한다.

15 동기리액턴스 $X_s = 10[\Omega]$, 전기자 권선저항 $ra = 0.1[\Omega]$, 3상 중 1상의 유도기전력 $E = 6,400[V]$, 단자전압 $V = 4,000[V]$, 부하각 $\delta = 30°$ 이다. 비철극기인 3상 동기발전기의 출력은 약 몇 [kW]인가?

① 1,280   ② 3,840
③ 5,560   ④ 6,650

해설

3상 비돌극기 발전기를 출력 공식은

$P_{3\phi} = 3 \times \dfrac{EV}{x_s} \sin\delta = 3 \times \dfrac{6400 \times 4000}{10} \sin 30° \times 10^{-3}$

$P_{3\phi} = 3,840[kW]$

16 히스테리시스 전동기에 대한 설명으로 틀린 것은?

① 유도전동기와 거의 같은 고정자이다.
② 회전자 극은 고정자 극에 비하여 항상 각도 δh 만큼 앞선다.
③ 회전자가 부드러운 외면을 가지므로 소음이 적으며, 순조롭게 회전시킬 수 있다.
④ 구속 시부터 동기속도만을 제외한 모든 속도 범위에서 일정한 히스테리시스 토크를 발생한다.

해설

히스테리시스 전동기는 회전자의 히스테리시스손실로 인해 유도된 회전자 자속이 고정자 자속보다 뒤진다.

17 단자전압 220[V], 부하전류 50[A]인 분권발전기의 유도 기전력은 몇 V인가? (단, 여기서 전기자 저항은 0.2[Ω]이며, 계자전류 및 전기자 반작용은 무시한다.)

① 200   ② 210
③ 220   ④ 230

해설

분권 발전기의 유기 기전력은
$E = V + I_a R_a = 220 + 50 \times 0.2 = 230[V]$

18 단상 유도전압조정기에서 단락권선의 역할은?

① 철손 경감   ② 절연 보호

③ 전압강하 경감   ④ 전압조정 용이

해설

단상 유도전압조정기의 단락권선은 누설리액턴스에 의한 전압강하를 감소시킨다.

19 3상 유도전동기에서 회전자가 슬립 s로 회전하고 있을 때 2차 유기전압 E_{2s} 및 2차 주파수 f_{2s}와 s와의 관계는? (단, E_2는 회전자가 정지하고 있을 때 2차 유기기전력이며 f_1은 1차 주파수이다.)

① $E_{2s} = s E_2$, $f_{2s} = s f_1$

② $E_{2s} = s E_2$, $f_{2s} = \dfrac{f_1}{s}$

③ $E_{2s} = \dfrac{E_2}{s}$, $f_{2s} = \dfrac{f_1}{s}$

④ $E_{2s} = (1-s) E_2$, $f_{2s} = (1-s) f_1$

해설

유도전동기의 회전자에 걸리는 2차 유기기전력과 2차 주파수는 슬립에 비례한다.

20 $3300/220[\mathrm{V}]$의 단상 변압기 3대를 $\triangle - Y$ 결선하고 2차측 선간에 $15[\mathrm{kW}]$의 단상 전열기를 접속하여 사용하고 있다. 결선을 $\triangle - \triangle$로 변경하는 경우 이 전열기의 소비전력은 몇 kW로 되는가?

① 5   ② 12

③ 15   ④ 21

해설

$\triangle - Y$ 결선시에 부하 저항은

$R = \dfrac{V^2}{P} = \dfrac{(220\sqrt{3})^2}{15000} = 9.68[\Omega]$ 이므로,

$\triangle - \triangle$ 결선시에 같은 저항 연결시

$P = \dfrac{V^2}{R} = \dfrac{220^2}{9.68} \times 10^{-3} = 5[\mathrm{kW}]$ 이 된다

정답   18 ③   19 ①   20 ①

21 과년도기출문제(2021. 5. 15 시행)

01 부하전류가 크지 않을 때 직류 직권전동기 발생 토크는? (단, 자기회로가 불포화인 경우이다.)

① 전류에 비례한다.
② 전류에 반비례한다.
③ 전류의 제곱에 비례한다.
④ 전류의 제곱에 반비례한다.

해설

직권 전동기의 토크는 $T \propto I_a^2$ 이므로 부하전류의 제곱에 반비례한다.

02 동기전동기에 대한 설명으로 틀린 것은?

① 동기전동기는 주로 회전계자형이다.
② 동기전동기는 무효전력을 공급할 수 있다.
③ 동기전동기는 제동권선을 이용한 기동법이 일반적으로 많이 사용된다.
④ 3상 동기전동기의 회전방향을 바꾸려면 계자권선의 전류의 방향을 반대로 한다.

해설

3상 동기전동기의 고정자(전기자)권선의 3상 전류의 방향을 바꾸어 회전방향을 바꿀수 있다.

03 동기발전기에서 동기속도와 극수와의 관계를 옳게 표시한 것은? (단, N : 동기속도, P : 극수이다.)

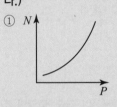
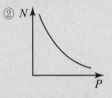
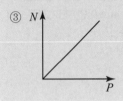
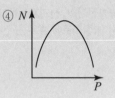

해설

동기속도는 $N_s = \dfrac{120f}{p}$ 이므로 극수와 반비례 관계이다.

04 어떤 직류전동기가 역기전력 200[V], 매분 1200회전으로 토크 158.76[N·m]를 발생하고 있을 때의 전기자 전류는 약 몇 A인가? (단, 기계손 및 철손은 무시한다.)

① 90
② 95
③ 100
④ 105

해설

$$T = \frac{60EI_a}{2\pi N}[\text{Nm}] \text{이므로}$$
$$I_a = \frac{2\pi \times N}{60 \times E}T = \frac{2\pi \times 1200}{60 \times 200} \times 158.76 = 99.751$$

05 일반적인 DC 서보모터의 제어에 속하지 않는 것은?

① 역률제어   ② 토크제어
③ 속도제어   ④ 위치제어

해설
서보모터는 위치, 자세, 토크 등을 제어하는 모터로 직류 서보모터에서 역률을 제어하지 않는다.

06 극수가 4극이고 전기자권선이 단중 중권인 직류발전기의 전기자전류가 40A 이면 전기자권선의 각 병렬회로에 흐르는 전류 [A]는?

① 4   ② 6
③ 8   ④ 10

해설
병렬회로수는 4개이므로 각 병렬회로에서 흐르는 전류는 $\dfrac{I_a}{a} = \dfrac{40}{4} = 10[\mathrm{A}]$ 이다.

07 부스트(Boost)컨버터의 입력전압이 45[V]로 일정하고, 스위칭 주기가 20[kHz], 듀티비(Duty ratio)가 0.6, 부하저항이 10[Ω]일 때 출력전압은 몇 V인가? (단, 인덕터에는 일정한 전류가 흐르고 커패시터 출력전압의 리플성분은 무시한다.)

① 27   ② 67.5
③ 75   ④ 112.5

해설
부스트 컨버터는 DC−DC 승압 장치이고 출력전압의 크기는 $V_0 = \dfrac{V_i}{1-D} = \dfrac{45}{1-0.6} = 112.5[\mathrm{V}]$ 이다.

08 8극, 900[rpm] 동기발전기와 병렬 운전하는 6극 동기발전기의 회전수는 몇 rpm 인가?

① 900   ② 1000
③ 1200   ④ 1400

해설
8극 발전기의 주파수 $f = \dfrac{p \times N_s}{120} = \dfrac{8 \times 900}{120} = 60[\mathrm{Hz}]$ 이다.

6극 발전기의 속도 $N_s = \dfrac{120f}{p} = \dfrac{120 \times 60}{6} = 1200[\mathrm{rpm}]$ 이다.

09 변압기 단락시험에서 변압기의 임피던스 전압이란?

① 1차 전류가 여자전류에 도달했을 때의 2차측 단자전압
② 1차 전류가 정격전류에 도달했을 때의 2차측 단자전압
③ 1차 전류가 정격전류에 도달했을 때의 변압기 내의 전압강하
④ 1차 전류가 2차 단락전류에 도달했을 때의 변압기 내의 전압강하

해설
변압기의 임피던스 전압이란 1차 전류가 정격전류가 흐를 때 변압기 내에서 발생하는 전압 강하이다.

10 단상 정류자전동기의 일종인 단상 반발전동기에 해당되는 것은?

① 시라게전동기
② 반발유도전동기
③ 아트킨손형전동기
④ 단상 직권 정류자전동기

해설
단상 반발 전동기는 아트킨손형과 톰슨형과 데리형이 있다.

11 와전류 손실을 패러데이 법칙으로 설명한 과정 중 틀린 것은?

① 와전류가 철심 내에 흘러 발열 발생
② 유도기전력 발생으로 철심에 와전류가 흐름
③ 와전류 에너지 손실량은 전류밀도에 반비례
④ 시변 자속으로 강자성체 철심에 유도기전력 발생

해설
와전류의 에너지 손실량은 전류의 크기에 비례한다.

12 10[kW], 3상 380[V]유도전동기의 전부하 전류는 약 몇 A인가? (단, 전동기의 효율은 85[%], 역률은 85[%]이다.)

① 15   ② 21
③ 26   ④ 36

해설
유도전동기의 입력 전력은

$$P_1 = \frac{P_o}{\eta \times \cos\theta} = \frac{10000}{0.85 \times 0.85} = 13840.83[VA]$$

$$I_1 = \frac{P_1}{\sqrt{3}\ V_1} = \frac{13840.83}{\sqrt{3} \times 380} = 21.02[A]\ \text{이다.}$$

13 변압기의 주요시험 항목 중 전압변동률 계산에 필요한 수치를 얻기 위한 필수적인 시험은?

① 단락시험   ② 내전압시험
③ 변압비시험   ④ 온도상승시험

해설
전압 변동률은 단락시험을 통해 측정할 수 있다.

14 2전동기설에 의하여 단상 유도전동기의 가상적 2개의 회전자 중 정방향에 회전하는 회전자 슬립이 s이면 역방향에 회전하는 가상적 회전자의 슬립은 어떻게 표시되는가?

① 1+s   ② 1-s
③ 2-s   ④ 3-s

해설
유도전동기의 역회전 슬립은 2-s이다.

15 3상 농형 유도전동기의 전전압 기동토크는 전부하토크의 1.8배이다. 이 전동기에 기동보상기를 사용하여 기동전압을 전전압의 2/3로 낮추어 기동하면, 기동토크는 전부하 토크 T와 어떤 관계인가?

① 3.0T   ② 0.8T
③ 0.6T   ④ 0.3T

해설
기동전압을 2/3으로 낮출 경우 $T' \propto V^2$이므로 4/9T'이므로 기동토크는 전부하 토크의 $T' = 1.8T$이므로 기동보상기를 이용한 전부하 토크는 $T' = \frac{4}{9} \times 1.8T = 0.8T$이 된다.

16 변압기에서 생기는 철손 중 와류손(Eddy Current Loss)은 철심의 규소강판 두께와 어떤 관계가 있는가?

① 두께에 비례
② 두께의 2승에 비례
③ 두께의 3승에 비례
④ 두께의 $\frac{1}{2}$승에 비례

해설
와류손 $P_e = (fBt)^2$이므로 두께에 제곱에 비례한다.

17 50[Hz], 12극의 3상 유도전동기가 10[HP]의 정격 출력을 내고 있을 때, 회전수는 약 몇 rpm 인가? (단, 회전자 동손은 350[W]이고, 회전자 입력은 회전자 동손과 정격 출력의 합이다.)

① 468 ② 478
③ 488 ④ 500

해설

2차 동손은 $P_{c2} = 350[\mathrm{W}]$,
2차 출력은 $P_o = 10 \times 746 = 7460[\mathrm{W}]$,
2차 입력은 $P_2 = P_o + P_{c2} = 7460 + 350 = 7810[\mathrm{W}]$,
슬립 $s = \dfrac{P_{c2}}{P_2} = \dfrac{350}{7810} = 0.0448$일때

$N_s = \dfrac{120f}{p} = 500[\mathrm{rpm}]$ 이므로
전동기 회전수는
$N = (1-s)N_s = (1-0.0448)500 \fallingdotseq 478[\mathrm{rpm}]$ 이다

18 변압기의 권수를 N이라고 할 때 누설리액턴스는?

① N에 비례한다. ② N^2에 비례한다.
③ N에 반비례한다. ④ N^2에 반비례한다.

해설

변압기의 누설리액턴스는 $L \propto N^2$ 이다.

19 동기발전기의 병렬운전 조건에서 같지 않아도 되는 것은?

① 기전력의 용량 ② 기전력의 위상
③ 기전력의 크기 ④ 기전력의 주파수

해설

동기발전기의 병렬운전 조건은 기전력의 크기, 위상, 파형, 주파수가 같아야 한다.

20 다이오드를 사용하는 정류회로에서 과대한 부하전류로 인하여 다이오드가 소손될 우려가 있을 때 가장 적절한 조치는 어느 것인가?

① 다이오드를 병렬로 추가한다.
② 다이오드를 직렬로 추가한다.
③ 다이오드 양단에 적당한 값의 저항을 추가한다.
④ 다이오드 양단에 적당한 값의 커패시터를 추가한다.

해설

과전류 발생시 다이오드를 병렬로 연결하여 보호한다.

21 과년도기출문제(2021. 8. 14 시행)

01 3상 변압기를 병렬 운전하는 조건으로 틀린 것은?
① 각 변압기의 극성이 같을 것
② 각 변압기의 %임피던스 강하가 같을 것
③ 각 변압기의 1차와 2차 정격전압과 변압비가 같을 것
④ 각 변압기의 1차와 2차 선간전압의 위상변위가 다를 것

해설
변압기 병렬운전
각 변압기의 1차와 2차 선간전압의 위상변위가 같을 것

02 직류 직권전동기에서 분류 저항기를 직권권선에 병렬로 접속해 여자전류를 가감시켜 속도를 제어하는 방법은?
① 저항 제어
② 전압 제어
③ 계자 제어
④ 직·병렬 제어

해설
직권전동기 특성
계자 제어법 : 직권전동기의 속도제어를 위해 분류 저항기를 통해 계자에 흐르는 전류를 변경하게 되면 속도를 제어할 수 있다.

03 직류발전기의 특성곡선에서 각 축에 해당하는 항목으로 틀린 것은?
① 외부특성곡선 : 부하전류와 단자전압
② 부하특성곡선 : 계자전류와 단자전압
③ 내부특성곡선 : 무부하전류와 단자전압
④ 무부하특성곡선 : 계자전류와 유도기전력

해설
발전기의 특성곡선
내부특성곡선은 부하전류와 유기기전력의 관계이다.

04 60[Hz], 600[rpm]의 동기전동기에 직결된 기동용 유도전동기의 극수는?
① 6
② 8
③ 10
④ 12

해설
동기전동기의 특성
$p = \dfrac{120f}{N_s} = \dfrac{120 \times 60}{600} = 12$[극]이므로 동기전동기보다 2극 적은 10극 유도전동기로 기동한다.

05 다이오드를 사용한 정류회로에서 다이오드를 여러 개 직렬로 연결하면 어떻게 되는가?
① 전력공급의 증대
② 출력전압의 맥동률을 감소
③ 다이오드를 과전류로부터 보호
④ 다이오드를 과전압으로부터 보호

해설
전력용 반도체 소자
다이오드 직렬 연결하여 다이오드 과전압을 보호한다.

06 4극, 60[Hz]인 3상 유도전동기가 있다. 1725[rpm]으로 회전하고 있을 때, 2차 기전력의 주파수 [Hz]는?
① 2.5
② 5
③ 7.5
④ 10

해설
유도전동기의 원리와 종류
$N_s = \dfrac{120f}{p} = \dfrac{120 \times 60}{4} = 1800$[rpm] 이므로
$1 - s = \dfrac{N}{N_s} = \dfrac{1725}{1800} = 0.9583$이다.
주파수는 $f_2' = sf_1 = (1 - 0.9583) \times 60 = 2.5$[Hz]이다.

정답 01 ④ 02 ③ 03 ③ 04 ③ 05 ④ 06 ①

07 직류 분권전동기의 전압이 일정할 때 부하토크가 2배로 증가하면 부하전류는 약 몇 배가 되는가?

① 1
② 2
③ 3
④ 4

해설

직류분권전동기의 특징

$T \propto I_a$ 이므로 토크와 부하는 비례관계이다. 토크와 같이 전류도 2배로 증가한다.

08 유도전동기의 슬립을 측정하려고 한다. 다음 중 슬립의 측정법이 아닌 것은?

① 수화기법
② 직류밀리볼트계법
③ 스트로보스코프법
④ 프로니브레이크법

해설

유도 전동기 시험

유도전동기 슬립 측정법 : 회전계법, 직류 밀리볼트계법, 수화기법, 스트로보스코프법

09 정격출력 10000[kVA], 정격전압 6600[V], 정격역률 0.8인 3상 비돌극 동기발전기가 있다. 여자를 정격상태로 유지할 때 이 발전기의 최대 출력은 약 몇 kW인가? (단, 1상의 동기 리액턴스를 0.9[P.U]라고 하고 저항은 무시한다.)

① 17089
② 18889
③ 21259
④ 23619

해설

$$P_m = \frac{\sqrt{\cos^2\theta + (\sin\theta + x_s)^2}}{x_s} P$$

$$= \frac{\sqrt{0.8^2 + (0.6 + 0.9)^2}}{0.9} \times 10000 = 18889[kW]$$

10 단상 반파정류회로에서 직류전압의 평균값 210[V]를 얻는데 필요한 변압기 2차 전압의 실효값은 약 몇 V인가? (단, 부하는 순 저항이고, 정류기의 전압강하 평균값은 15[V]로 한다.)

① 400
② 433
③ 500
④ 566

해설

정류회로

$E_d = 0.45E - e$ 이므로 $E = \frac{E_d + e}{0.45} = \frac{210 + 15}{0.45} = 500[V]$

이다.

11 변압기유에 요구되는 특성으로 틀린 것은?

① 점도가 클 것
② 응고점이 낮을 것
③ 인화점이 높을 것
④ 절연 내력이 클 것

해설

변압기유의 구조와 원리
변압기유는 점도가 작아야 한다.

12 100[kVA], 2300/115[V], 철손 1[kW], 전부하동손 1.25[kW]의 변압기가 있다. 이 변압기는 매일 무부하로 10시간, $\frac{1}{2}$ 정격부하 역률 1에서 8시간, 전부하 역률 0.8(지상)에서 6시간 운전하고 있다면 전일효율은 약 몇 %인가?

① 93.3
② 94.3
③ 95.3
④ 96.3

해설

변압기의 효율

전일 출력 $P = \frac{1}{2} \times 100 \times 8 + 100 \times 0.8 \times 6 = 880[kW]$

전일 철손 $P_i = 24 \times 1 = 24[kW]$

전일 동손 $P_c = (\frac{1}{2})^2 \times 1.25 \times 8 + 1.25 \times 6 = 10[kW]$

전일 효율

$$\eta = \frac{P}{P + P_i + P_c} \times 100 = \frac{880}{880 + 24 + 10} \times 100 = 96.3[\%]$$

13 3상 유도전동기에서 고조파 회전자계가 기본파 회전방향과 역방향인 고조파는?

① 제3고조파   ② 제5고조파

③ 제7고조파   ④ 제13고조파

해설

유도전동기의 원리와 종류

제 5고조파는 기본파의 역방향 회전자계이다

14 직류 분권전동기의 기동 시에 정격전압을 공급하면 전기자 전류가 많이 흐르다가 회전속도가 점점 증가함에 따라 전기자전류가 감소하는 원인은?

① 전기자반작용의 증가

② 전기자권선의 저항증가

③ 브러시의 접촉저항증가

④ 전동기의 역기전력상승

해설

직류 분권 전동기의 속도특성

역기전력은 속도에 비례하므로 역기전력이 증가하여 전기자 전류도 점점 감소하게 된다.

15 변압기의 전압변동률에 대한 설명으로 틀린 것은?

① 일반적으로 부하변동에 대하여 2차 단자전압의 변동이 작을수록 좋다.

② 전부하시와 무부하시의 2차 단자전압이 서로 다른 정도를 표시하는 것이다.

③ 인가전압이 일정한 상태에서 무부하 2차단자전압에 반비례한다.

④ 전압변동률은 전등의 광도, 수명, 전동기의 출력 등에 영향을 미친다.

해설

변압기의 전압 변동률

$\varepsilon = \dfrac{V_{20} - V_{2n}}{V_{2n}}$ 이므로 무부하 2차 단자 전압에 크기 변화에 비례한다.

16 1상의 유도기전력이 6000[V]인 동기발전기에서 1분간 회전수를 900[rpm]에서 1800[rpm]으로 하면 유도기전력은 약 몇 V 인가?

① 6000   ② 12000

③ 24000   ④ 36000

해설

동기발전기의 유기기전력

유기기전력 $E = 4.44 f \phi w K_w$ 은 주파수와 비례관계이다.

또한, $N_s = \dfrac{120f}{p}$ 이므로 속도는 주파수와 비례관계이므로 속도가 증가시 기전력은 비례하여 2배가 된다.

17 변압기 내부고장 검출을 위해 사용하는 계전기가 아닌 것은?

① 과전압 계전기   ② 비율차동 계전기

③ 부흐홀츠 계전기   ④ 충격 압력 계전기

해설

변압기 보호계전기 및 측정시험

전기적인 고장 보호장치 : 비율차동계전기, 차동계전기

기계적인 고장 보호장치 : 부흐홀츠 계전기, 충격압력 계전기, 가스 검출 계전기

18 권선형 유도전동기의 2차 여자법 중 2차단자에서 나오는 전력을 동력으로 바꿔서 직류전동기에 가하는 방식은?

① 회생방식   ② 크레머방식

③ 플러깅방식   ④ 세르비우스방식

해설

유도전동기의 속도제어

크레머 방식은 권선형 유도 전동기의 회전자 출력을 3상 전파 정류한 다음 권선형 유도 전동기의 기계적인 구동부와 동일축 상에 연결되어 있는 직류 전동기의 정류자에 연결하여 유도 전동기의 회전자 출력 전력을 직류 전동기의 기계적 출력으로 변환하여 기계적인 힘으로 권선형 유도 전동기의 출력을 도와주는 방식이다.

정답   13 ②   14 ④   15 ③   16 ②   17 ①   18 ②

19 동기조상기의 구조상 특징으로 틀린 것은?

① 고정자는 수차발전기와 같다.
② 안전 운전용 제동권선이 설치된다.
③ 계자 코일이나 자극이 대단히 크다.
④ 전동기 축은 동력을 전달하는 관계로 비교적 굵다.

해설

동기조상기
동기조상기는 무부하 운전을 하기 때문에 전동기 축을 통해 동력을 전달할 필요가 없다.

20 75[W]이하의 소출력 단상 직권정류자 전동기의 용도로 적합하지 않은 것은?

① 믹서   ② 소형공구
③ 공작기계   ④ 치과의료용

해설

교류정류자기
단상직권정류자 전동기는 미싱, 믹서, 소형공구, 치과 의료용 등에서 사용된다.

22 과년도기출문제(2022. 3. 5 시행)

01 SCR을 이용한 단상 전파 위상제어 정류회로에서 전원전압은 실효값이 220[V], 60[Hz]인 정현파이며, 부하는 순 저항으로 10[Ω]이다. SCR의 점호각 a를 60°라 할 때 출력전류의 평균값 [A]은?

① 7.54   ② 9.73
③ 11.43   ④ 14.86

해설

$$I_d = \frac{E_d}{R}(\frac{1+\cos\alpha}{2}) = \frac{0.9E}{R}(\frac{1+\cos\alpha}{2})$$
$$= \frac{0.9\times220}{10}(\frac{1+\cos60°}{2}) = 14.85[A]$$

02 직류발전기가 90[%] 부하에서 최대효율이 된다면 이 발전기의 전부하에 있어서 고정손과 부하손의 비는?

① 0.81   ② 0.9
③ 1.0   ④ 1.1

해설

최대효율조건은 고정손 = 부하손이 된다.

고정손=부하손$(\frac{1}{m})^2$

$(\frac{1}{m})^2 = (0.9)^2 \rightarrow \frac{1}{m} = 0.81$

03 정류기의 직류측 평균전압이 2000[V] 이고 리플률이 3[%]일 경우, 리플전압의 실효값[V]은?

① 20   ② 30
③ 50   ④ 60

해설

맥동률(리플률) = $\frac{교류분(리플전압)}{직류분}$

리플전압=맥동률×직류분전압
       $= 0.03\times2000 = 60[V]$

04 단상 직권 정류자전동기에서 보상권선과 저항도선의 작용에 대한 설명으로 틀린 것은?

① 보상권선은 역률을 좋게 한다.
② 보상권선은 변압기의 기전력을 크게 한다.
③ 보상권선은 전기자 반작용을 제거해 준다.
④ 저항도선은 변압기 기전력에 의한 단락전류를 작게 한다.

해설

단상 직권 정류자 전동기의 특징
• 계자극에서 교번자속으로 인한 철손을 줄이기 위해 성층 철심으로 한다.
• 계자권선의 리액턴스 영향으로 역률이 낮아지므로 권수를 적게 하여 주 자속을 줄이고 이에 따른 토크감소를 보상하기 위해 전기자 권수를 많이 감는다. 이를 약계자, 강전기자 형이라 하며 동일 정격의 직류기에 비해 전기자가 크고 정류 자편수도 많아진다.
• 전기자 권수가 증가함으로써 전기자 반작용이 커지므로 이로 인한 역률 감소를 방지하기 위해 보상권선을 설치한다.

05 3상 동기발전기에서 그림과 같이 1상의 권선을 서로 똑같은 2조로 나누어 그 1조의 권선전압을 E[V], 각 권선의 전류를 I[A]라 하고 지그재그 Y형(Zigzag Star)으로 결선하는 경우 선간전압[V], 선전류[A], 및 피상전력[VA]은?

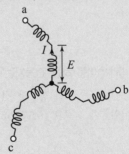

① $3E, \ I, \ \sqrt{3}\times3E\times I = 5.2EI$
② $\sqrt{3}\,E, \ 2I, \ \sqrt{3}\times\sqrt{3}\,E\times2I = 6EI$
③ $E, 2\sqrt{3}\,I, \ \sqrt{3}\times E\times2\sqrt{3}\,I = 6EI$
④ $\sqrt{3}\,E, \ \sqrt{3}\,I, \ \sqrt{3}\times\sqrt{3}\,E\times\sqrt{3}\,I = 5.2EI$

정답   01 ④   02 ①   03 ④   04 ②   05 ①

해설

3상 동기발전기 권선의 종류

접속	선간전압	선전류	피상전력
Y결선	$2\sqrt{3}E$	I	$6EI$
2중 Y결선	$\sqrt{3}E$	$2I$	$6EI$
지그재그 Y결선	$3E$	I	$5.19EI$
△결선	$2E$	$\sqrt{3}I$	$6EI$
2중 △결선	E	$2\sqrt{3}I$	$6EI$
지그재그 △결선	$\sqrt{3}E$	$\sqrt{3}I$	$5.19EI$

06 비돌극형 동기발전기 한 상의 단자전압을 V, 유도기전력을 E, 동기리액턴스를 X_s, 부하각이 δ 이고, 전기자저항을 무시할 때 한 상의 최대출력 [W]은?

① $\dfrac{EV}{X_s}$ ② $\dfrac{3EV}{X_s}$

③ $\dfrac{E^2 V}{X_s}$ ④ $\dfrac{EV^2}{X_s}$

해설

비돌극형 동기발전기의 한 상의 출력

$P_{1\phi} = \dfrac{EV}{x_s}\sin\theta$ 이고 $\sin\theta = 90°$ 일 때 최대이다.

$\therefore P_{1\phi} = \dfrac{EV}{x_s}$

07 다음 중 비례추이를 하는 전동기는?

① 동기 전동기   ② 정류자 전동기
③ 단상 유도전동기   ④ 권선형 유도전동기

해설

비례추이란 권선형 유도전동기는 2차 저항을 증감시키기 위해 외부회로에 가변저항기(기동저항기)를 접속하여 토크 및 속도제어를 하며 이를 비례추이라 한다.

08 단자전압 200[V], 계자저항 50[Ω], 부하전류 50[A], 전기자저항 0.15[Ω], 전기자 반작용에 의한 전압강하 3[V]인 직류 분권발전기가 정격속도로 회전하고 있다. 이 때 발전기의 유도기전력은 약 몇 [V] 인가?

① 211.1   ② 215.1
③ 225.1   ④ 230.1

해설

$I_a = I + I_f = I + \dfrac{V}{R_f} = 50 + \dfrac{200}{50} = 54[A]$

$E = V + I_a R_a + e_a$(반작용 전압강하)

$E = 200 + 54 \times 0.15 + 3 = 211.1[V]$

09 동기기의 권선법 중 기전력의 파형을 좋게 하는 권선법은?

① 전절권, 2층권   ② 단절권, 집중권
③ 단절권, 분포권   ④ 전절권, 집중권

해설

동기기의 전기자 권선법으로 사용하는 것은
고상권 - 폐로권 - 2층권 - 중권(분포권, 단절권)이다.

10 변압기에 임피던스전압을 인가할 때의 입력은?

① 철손   ② 와류손
③ 정격용량   ④ 임피던스와트

해설

변압기의 저압 측을 단락하고 고압 측에 정격 전류를 흘렸을 때의 전력.

정답   06 ①   07 ④   08 ①   09 ③   10 ④

11 불꽃 없는 정류를 하기 위해 평균 리액턴스전압(A)과 브러시 접촉면 전압강하(B) 사이에 필요한 조건은?

① A 〉 B

② A 〈 B

③ A = B

④ A, B에 관계없다.

해설

탄소브러시를 사용하여 브러시 접촉저항을 증가시켜 브러시 접촉 저항강하를 평균 리액턴스 전압보다 크게 하면 리액턴스의 영향을 줄일 수 있다.

12 유도전동기 1극의 자속 Φ, 2차 유효전류 $I_2\cos\theta_2$, 토크 τ의 관계로 옳은 것은?

① $\tau \propto \Phi \times I_2\cos\theta_2$

② $\tau \propto \Phi \times (I_2\cos\theta_2)^2$

③ $\tau \propto \dfrac{1}{\Phi \times I_2\cos\theta_2}$

④ $\tau \propto \dfrac{1}{\Phi \times (I_2\cos\theta_2)^2}$

해설

유도전동기 토크 특성

$$T = \frac{60\,P}{2\pi\,N} = \frac{60\,P_2}{2\pi\,N_s} = \frac{60\,P_{c2}}{2\pi\,s\,N_s}$$ 이므로

$T \propto P_2 = E_2 I_2 \cos\theta_2$, $E_2 = 4.44 f\phi w K_w$ 의 관계가 되므로 $T \propto \phi I_2 \cos\theta_2$ 관계식이 성립하게 된다.

13 회전자가 슬립 s로 회전하고 있을 때 고정자와 회전자의 실효 권수비를 α라 하면 고정자 기전력 E_1과 회전자 기전력 E_{2s}의 비는?

① $s\alpha$

② $(1-s)\alpha$

③ $\dfrac{\alpha}{s}$

④ $\dfrac{\alpha}{1-s}$

해설

유도전동기 회전시 특성

회전시 전압비 $a = \dfrac{E_1}{s E_2} = \dfrac{\alpha}{s}$

14 직류 직권전동기의 발생 토크는 전기자전류를 변화시킬 때 어떻게 변하는가? (단, 자기포화는 무시한다.)

① 전류에 비례한다.

② 전류에 반비례한다.

③ 전류의 제곱에 비례한다.

④ 전류의 제곱에 반비례한다.

해설

직권전동기의 토크는 $T \propto I_a^2$ 이므로 부하전류의 제곱에 비례한다.

15 동기발전기의 병렬운전 중 유도기전력의 위상차로 인하여 발생하는 현상으로 옳은 것은?

① 무효전력이 생긴다.

② 동기화전류가 흐른다.

③ 고조파 무효순환전류가 흐른다.

④ 출력이 요동하고 권선이 가열된다.

해설

동기발전기의 병렬운전조건 중 원동기의 출력 변화로 발전기의 위상차가 발생하게 되면 동기화전류(유효순환전류) 흐르게 된다.

16 3상 유도기의 기계적 출력(P_o)에 대한 변환식으로 옳은 것은? (단, 2차 입력은 P_2, 2차 동손은 P_{2c}, 동기속도는 N_s, 회전속도는 N, 슬립은 s이다.)

① $P_o = P_2 + P_{2c} = \dfrac{N}{N_s}P_2 = (2-s)P_2$

② $(1-s)P_2 = \dfrac{N}{N_s}P_2 = P_o - P_{2c} = P_o - sP_2$

③ $P_o = P_2 - P_{2c} = P_2 - sP_2 = \dfrac{N}{N_s}P_2 = (1-s)P_2$

④ $P_o = P_2 + P_{2c} = P_2 + sP_2 = \dfrac{N}{N_s}P_2 = (1+s)P_2$

해설

$$P_o = P_2 - P_{c2} = P_2 - sP_2 = (1-s)P_2 = \frac{N}{N_s}P_2$$

정답   11 ②   12 ①   13 ③   14 ③   15 ②   16 ③

17 변압기의 등가회로 구성에 필요한 시험이 아닌 것은?

① 단락시험
② 부하시험
③ 무부하시험
④ 권선저항 측정

해설
등가회로 작성시 필요한 시험과 측정가능한 성분
(1) 권선저항측정시험
(2) 무부하시험(개방시험) : 철손, 여자(무부하)전류, 여자어드미턴스
(3) 단락시험 : 동손, 임피던스와트(전압), 단락전류

18 단권변압기 두 대를 V결선하여 전압을 2000 [V]에서 2200[V]로 승압한 후 200[kVA]의 3상 부하에 전력을 공급하려고 한다. 이때 단권변압기 1대의 용량은 약 몇[kVA]인가?

① 4.2
② 10.5
③ 18.2
④ 21

해설
단권변압기

$$\frac{\text{자기용량}}{\text{부하용량}} = \frac{2}{\sqrt{3}} \frac{V_H - V_L}{V_H}$$

$$\text{자기용량} = \frac{2}{\sqrt{3}} \frac{2200 - 2000}{2200} \times 200 \text{이므로}$$

자기용량 $= 20.99$[kVA] 이다.

단, 해당 용량은 단권 변압기 변압기 두 대분의 용량이다. 따라서 $\frac{1}{2}$의 크기인 10.5[kVA]가 단권변압기의 용량이 된다.

19 권수비 $a = \frac{6600}{220}$, 주파수 60[Hz], 변압기의 철심 단면적 0.02[m²], 최대자속밀도 1.2[Wb/m²]일 때 변압기의 1차측 유도기전력은 약 몇[V]인가?

① 1407
② 3521
③ 42198
④ 49814

해설

$$E_1 = 4.44 f \phi_m N_1 = 4.44 f B_m A N_1$$
$$= 4.44 \times 60 \times 1.2 \times 0.02 \times 6600$$
$$= 42197.76$$

20 회전형전동기와 선형전동기(Linear Motor)를 비교한 설명으로 틀린 것은?

① 선형의 경우 회전형에 비해 공극의 크기가 작다.
② 선형의 경우 직접적으로 직선운동을 얻을 수 있다.
③ 선형의 경우 회전형에 비해 부하관성의 영향이 크다.
④ 선형의 경우 전원의 상 순서를 바꾸어 이동방향을 변경한다.

해설
선형전동기(Linear Motor)의 특징
1. 회전운동을 직선운동으로 바꿔주기 때문에 직접직선운동을 할 수 있다.
2. 원심력에 의한 가속제한이 없기 때문에 고속운전이 가능하다.
3. 마찰없이 추진력을 얻을 수 있기 때문에 효율이 높다.
4. 기어 벨트 등의 동력 변환기구가 필요없기 때문에 구조가 간단하고 신뢰성이 높다.
5. 전원의 상 순서를 바꾸어 이동방향을 변경할 수 있다.
6. 회전형에 비해 공극의 크기가 크고 부하관성의 영향이 크다.

01 단상 변압기의 무부하 상태에서
$V_1 = 200\sin(\omega t + 30°)$[V]의 전압이 인가되었을 때 $I_0 = 3\sin(\omega t + 60°) + 0.7\sin(3\omega t + 180°)$[A]의 전류가 흘렀다. 이때 무부하손은 약 몇 [W]인가?

① 150
② 259.8
③ 415.2
④ 512

해설

무부하손 $P_0 = V_1 I_0 \cos\theta$[W]
같은 성분끼리 고려하여 계산하여야 하므로
$P_i = V_1 I_0$(기본파성분)$\cos\theta$
$= \dfrac{200}{\sqrt{2}} \times \dfrac{3}{\sqrt{2}} \cos 30°$
$= 259.8$[W]

02 단상 직권 정류자 전동기의 전기자 권선과 계자 권선에 대한 설명으로 틀린 것은?

① 계자권선의 권수를 적게 한다.
② 전기자 권선의 권수를 크게 한다.
③ 변압기 기전력을 적게 하여 역률 저하를 방지한다.
④ 브러시로 단락되는 코일 중의 단락전류를 크게 한다.

해설

교류 단상 직권정류자전동기의 특징
(1) 와전류를 적게 하기 위해 고정자 및 회전자 철심을 전부 성층 철심으로 한다.
(2) 역률 및 정류개선을 위해 약계자 강전기자형으로 한다. 여기서 약계자 강전기자형이란 전기자 권선수를 계자권선수보다 더 많이 감는다는 뜻이며 주자속을 감소하면 직권계자권선의 인덕턴스가 감소하여 역률이 좋아진다.
(3) 회전속도를 증가시킨다. – 속도기전력이 증가되어 전류와 동위상이 되면 역률이 좋아진다.
(4) 보상권선을 설치하여 전기자기자력을 상쇄시켜 전기자 반작용 억제하고 누설리액턴스를 감소시켜 변압기 기전력을 적게 하여 역률을 좋게 한다.

03 전부하시의 단자전압이 무부하시의 단자전압보다 높은 직류발전기는?

① 분권발전기
② 평복권발전기
③ 과복권발전기
④ 차동복권발전기

해설

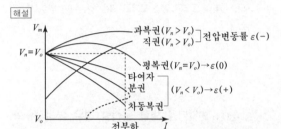

전부하시 단자전압이 무부하시 보다 높은 직류발전기는 직권 및 과복권 발전기이다.

04 직류기의 다중 중권 권선법에서 전기자 병렬 회로 수 a와 극수 P 사이의 관계로 옳은 것은? (단, m은 다중도이다.)

① $a = 2$
② $a = 2m$
③ $a = P$
④ $a = mP$

해설

비교항목	중권(병렬권)	파권(직렬권)
병렬회로수(a)	p	2
다중도(m)	mp	2m

05 슬립 s_t에서 최대 토크를 발생하는 3상 유도 전동기에 2차측 한상의 저항을 r_2라 하면 최대 토크로 기동하기 위한 2차측 한 상에 외부로부터 가해 주어야 할 저항[Ω]은?

① $\dfrac{1-s_t}{s_t}r_2$ 　　② $\dfrac{1+s_t}{s_t}r_2$

③ $\dfrac{r_2}{1-s_t}$ 　　④ $\dfrac{r_2}{s_t}$

해설

유도전동기의 비례추이
기동시 최대 토크와 같은 토크로 기동하기 위한 외부저항 값
$$R=\left(\frac{1}{S_t}-1\right)r_2=\left(\frac{1-S_t}{S_t}\right)r_2$$

06 단상 변압기를 병렬 운전할 경우 부하전류의 분담은?

① 용량에 비례하고 누설 임피던스에 비례
② 용량에 비례하고 누설 임피던스에 반비례
③ 용량에 반비례하고 누설 리액턴스에 비례
④ 용량에 반비례하고 누설 리액턴스의 제곱에 비례

해설

변압기의 부하분담은 용량에는 비례하고 누설 임피던스에는 반비례한다.
$$\frac{I_A}{I_B}=\frac{P_A}{P_B}\times\frac{\%Z_B}{\%Z_A}$$

07 스텝 모터(step motor)의 장점으로 틀린 것은?

① 회전각과 속도는 펄스 수에 비례한다.
② 위치제어를 할 때 각도 오차가 적고 누적된다.
③ 가속, 감속이 용이하며 정·역전 및 변속이 쉽다.
④ 피드백 없이 오픈 루프로 손쉽게 속도 및 위치제어를 할 수 있다.

해설

스테핑 모터의 장점
• 유지보수 용이
• 가속, 감속이 용이하며 정·역 및 변속이 용이함
• 위치제어를 할 대 각도오차가 적고 누적되지 않음
• 속도제어 범위가 광범위하며, 초저속에서 큰 토크를 갖음
• 디지털 신호로 직접제어가 가능하여 별도의 컨버터가 필요 없음
• 피드백 루프가 필요없어 오픈루트로 손쉽게 속도 및 위치제어 가능

08 380[V], 60[Hz], 4극, 10[kW]인 3상 유도전동기의 전부하 슬립이 4[%]이다. 전원 전압을 10[%] 낮추는 경우 전부하 슬립은 약 몇 [%]인가?

① 3.3 　　② 3.6
③ 4.4 　　④ 4.9

해설

유도전동기 회전시 특성
$V_1=380V\to s_1=4\%,\ V_2=0.9V_1\to s_2=?$
$s\propto\dfrac{1}{V^2}$ 이므로
$$s_2=\left(\frac{V_1}{V_2}\right)^2 s_1=\left(\frac{V_1}{0.9V_1}\right)^2\times4=4.9\%$$ 이 된다.

09 3상 권선형 유도전동기의 기동 시 2차측 저항을 2배로 하면 최대토크 값은 어떻게 되는가?

① 3배로 된다. 　　② 2배로 된다.
③ 1/2로 된다. 　　④ 변하지 않는다.

해설

권선형 유도전동기의 최대토크는 항상 일정하다.

10 직류 분권전동기에서 정출력 가변속도의 용도에 적합한 속도제어법은?

① 계자제어 ② 저항제어
③ 전압제어 ④ 극수제어

해설
직류전동기의 속도제어법 중 계자제어법은 정출력 가변속도의 특징을 가지고 있는 속도제어법이다.

11 직류 분권전동기의 전기자전류가 10[A]일 때 5[N·m]의 토크가 발생하였다. 이 전동기의 계자자속이 80[%]로 감소되고, 전기자전류가 12[A]로 되면 토크는 약 몇 [N·m]인가??

① 3.9 ② 4.3
③ 4.8 ④ 5.2

해설
직류 전동기 종류 및 특성
$T = K\phi I_a$
$I_{a1} = 10[A] \rightarrow T_1 = 5[N\cdot m]$
$I_{a2} = 12[A] \rightarrow T_2 = ?$으로
$\phi_2 = 0.8\phi_1$ 일때
$T_2 = 0.8 \times 1.2 \times 5 = 4.8[N\cdot m]$

12 권수비가 a인 단상변압기 3대가 있다. 이것을 1차에 △, 2차에 Y로 결선하여 3상 교류평형 회로에 접속할 때 2차측의 단자전압을 V [V], 전류를 I [A]라고 하면 1차측의 단자전압 및 선전류는 얼마인가? (단, 변압기의 저항, 누설리액턴스, 여자전류는 무시한다.)

① $\dfrac{aV}{\sqrt{3}}$ [V], $\dfrac{\sqrt{3}\,I}{a}$ [A]

② $\sqrt{3}\,aV$ [V], $\dfrac{I}{\sqrt{3}\,a}$ [A]

③ $\dfrac{\sqrt{3}\,V}{a}$ [V], $\dfrac{aI}{\sqrt{3}}$ [A]

④ $\dfrac{V}{\sqrt{3}\,a}$ [V], $\sqrt{3}\,aI$ [A]

해설
변압기의 △−Y결선
$\therefore V_1 = V_{1l} = V_{1p} = aV_{2p} = a\dfrac{V_{2l}}{\sqrt{3}} = a\dfrac{V}{\sqrt{3}}[V]$

$\therefore I_1 = I_{1l} = \sqrt{3}\,I_{1p} = \sqrt{3}\,\dfrac{I_{2p}}{a} = \sqrt{3}\,\dfrac{I_{2l}}{a} = \sqrt{3}\,\dfrac{I}{a}[A]$

13 3상 전원전압 220[V]를 3상 반파정류회로의 각 상에 SCR을 사용하여 정류제어 할 때 위상각을 60°로 하면 순 저항부하에서 얻을 수 있는 출력전압 평균값은 약 몇 [V]인가?

① 128.65 ② 148.55
③ 257.3 ④ 297.1

해설
$E_d = 1.17E(\cos\alpha)$
$= 1.17 \times 220 \times \cos 60° = 128.7[V]$

14 유도자형 동기 발전기의 설명으로 옳은 것은?

① 전기자만 고정되어 있다.
② 계자극만 고정되어 있다.
③ 회전자가 없는 특수 발전기이다.
④ 계자극과 전기자가 고정되어 있다.

해설

분류	고정자	회전자	용도
유도자형	계자, 전기자	유도자	고주파발전기

15 3상 동기발전기의 여자전류 10[A]에 대한 단자전압이 $1000\sqrt{3}$ [V], 3상 단락전류가 50[A]인 경우 동기임피던스는 몇 [Ω] 인가?

① 5 ② 11
③ 20 ④ 34

해설
동기발전기 특성
$Z_s = \dfrac{V}{\sqrt{3}\,I_s} = \dfrac{1000\sqrt{3}}{\sqrt{3}\times 50} = 20[\Omega]$

정답   10 ①   11 ③   12 ①   13 ①   14 ④   15 ③

16 동기발전기에서 무부하 정격전압일 때의 여자전류를 I_{fo}, 정격부하 정격전압일 때의 여자전류를 I_{f1}, 3상 단락 정격전류에 대한 여자전류를 I_{fs}라 하면 정격속도에서의 단락비 K는?

① $K = \dfrac{I_{fs}}{I_{fo}}$ ② $K = \dfrac{I_{fo}}{I_{fs}}$

③ $K = \dfrac{I_{fs}}{I_{f1}}$ ④ $K = \dfrac{I_{f1}}{I_{fs}}$

해설

단락비

$K_s = \dfrac{\text{무부하 개방시험에서 정격전압시계자전류}(I_{f0})}{\text{단락시험에서 정격전류시계자전류}(I_{fs})}$

17 변압기의 습기를 제거하여 절연을 향상시키는 건조법이 아닌 것은?

① 열풍법 ② 단락법
③ 진공법 ④ 건식법

해설

변압기 건조법 : 열풍법, 단락법, 진공법

18 극수 20, 주파수 60[Hz]인 3상 동기발전기의 전기자권선이 2층 중권, 전기자 전 슬롯 수 180, 각 슬롯 내의 도체 수 10, 코일피치 7 슬롯인 2중 성형결선으로 되어 있다. 선간전압 3300[V]를 유도하는데 필요한 기본파 유효자속은 약 몇 [Wb] 인가?

(단, 코일피치와 자극피치의 비 $\beta = \dfrac{7}{9}$이다.)

① 0.004 ② 0.062
③ 0.053 ④ 0.07

해설

w(한상의 권선수)

$= \dfrac{180(\text{슬롯수}) \times 10(\text{슬롯내 도체수})}{2(\text{권수계산}) \times 3(\text{상수}) \times 2(\text{2중성형})} = 150\text{회}$

$K_p = \sin\dfrac{\beta\pi}{2} = \sin\dfrac{\frac{7}{9}\pi}{2} = 0.94$

$K_d = \dfrac{\sin\dfrac{\pi}{2m}}{q\sin\dfrac{\pi}{2mq}} = \dfrac{\sin\dfrac{\pi}{6}}{3\sin\dfrac{\pi}{2\times3\times3}} = 0.96$

$q(\text{매극매상의 슬롯수}) = \dfrac{180(\text{슬롯수})}{20(\text{극수}) \times 3(\text{상수})} = 3$

$K_w(\text{권선계수}) = K_p(\text{단절계수}) \times K_d(\text{분포계수})$

$E = 4.44 f \phi w K_w$ 이므로

$\phi = \dfrac{E}{4.44 f w K_w} = \dfrac{\dfrac{3300}{\sqrt{3}}}{4.44 \times 60 \times 150 \times 0.94 \times 0.96} = 0.053$

19 2방향성 3단자 사이리스터는 어느 것인가?

① SCR ② SSS
③ SCS ④ TRIAC

해설

TRIAC은 2방향성 3단자 소자이다.

20 일반적인 3상 유도전동기에 대한 설명으로 틀린 것은?

① 불평형 전압으로 운전하는 경우 전류는 증가하나 토크는 감소한다.
② 원선도 작성을 위해서는 무부하시험, 구속시험, 1차 권선저항 측정을 하여야한다.
③ 농형은 권선형에 비해 구조가 견고하며 권선형에 비해 대형전동기로 널리 사용된다.
④ 권선형 회전자의 3선 중 1선이 단선되면 동기속도의 50%에서 더 이상 가속되지 못하는 현상을 게르게스현상이라 한다.

해설

3상 농형 유도전동기	3상 권선형 유도전동기
• 회전자의 구조가 간단하고 튼튼하며 효율이 좋다.	• 회전자에 2차권선 r_2과 슬립링을 가진 감은 구조로서 농형에 비해 구조가 복잡하고 효율이 나쁘다.
• 별도의 장치가 없기 때문에 속도 조정이 어렵다.	• 2차 회로에 저항을 삽입하여 비례추이가 가능하여 기동이나, 속도제어가 용이하다.
• 고조파 제거나 소음 경감을 위해 홈이 사선이다. (사슬롯, skew slot)	• 기동토크가 크기 때문에 대형 유도전동기에 적합하다.
• 기동토크가 작아 중·소형 유도전동기에 널리 사용된다.	

정답 16 ② 17 ④ 18 ③ 19 ④ 20 ③

22 과년도기출문제(2022. 7. 2 시행)

※ 본 기출문제는 수험자의 기억을 바탕으로 하여 복원한 문제이므로 실제 문제와 다를 수 있음을 미리 알려드립니다.

01 출력 50[MVA], 정격전압 11[kV]의 3상 교류 발전기에서 무부하 단자전압이 11[kV]일 때, 단락전류는 1,987[A]이다. 단위법 [P.U]으로 표시한 동기임피던스는 약 얼마인가?

① 0.76   ② 0.98
③ 1.32   ④ 1.57

해설

$$\%Z_s[\text{P.U}] = \frac{I_n}{I_s} = \frac{\dfrac{P}{\sqrt{3}\,V}}{I_s} = \frac{\dfrac{50 \times 10^6}{\sqrt{3} \times 11 \times 10^3}}{1987} = 1.32$$

02 직류발전기의 부하특성곡선은 어느 관계를 표시한 것인가?

① 단자전압과 부하전류
② 출력과 부하전력
③ 단자전압과 계자전류
④ 부하전류와 계자전류

해설

• 외부특성곡선 : 부하전류와 단자전압
• 부하특성곡선 : 계자전류와 단자전압
• 내부특성곡선 : 부하전류와 유기기전력
• 무부하특성곡선 : 계자전류와 유도기전력

03 직류기의 전기자 반작용에 관한 설명으로 옳지 않은 것은?

① 보상권선은 계자극면의 자속분포를 수정할 수 있다.
② 전기자 반작용을 보상하는 효과는 보상권선 보다 보극이 유리하다.
③ 고속기나 부하변화가 큰 직류기에는 보상권선이 적당하다.
④ 보극은 바로 밑의 전기자 권선에 의한 기자력을 상쇄한다.

해설

직류기의 전기자 반작용

• 보상권선 : 계자극 표면에 설치하여 전기자 전류와 반대 방향의 자속을 발생시켜 전기자 반작용을 크게 줄인다.
• 보극 : 중성축 부근의 반작용만을 줄인다.

04 직류 직권전동기의 회전수를 반으로 줄이면 토크는 약 몇 배인가?

① $\dfrac{1}{4}$ ② $\dfrac{1}{2}$

③ 4   ④ 2

해설

직권전동기 토크 관계식 $T \propto I_a^2 \propto \dfrac{1}{N^2}$ 이므로 회전수가 반이 되면 토크는 4배가 된다.

05 반도체 사이리스터로 속도 제어를 할 수 없는 것은?

① 정지형 레너드 제어
② 일그너 제어
③ 초퍼 제어
④ 인버터 제어

해설

일그너 방식은 전동발전기와 플라이 휠을 이용한 제어 방식으로 반도체 소자와 관계가 없다.

정답   01 ③   02 ③   03 ②   04 ③   05 ②

06 변압기 결선에서 제3고조파 전압이 발생하는 결선은?

① Y – Y
② △ – △
③ △ – Y
④ Y – △

해설
Y – Y결선은 제3고조파 순환전류가 흐르지 않아 기전력의 파형이 제3고조파를 포함하여 왜형파가 된다.

07 3상 권선형 유도전동기의 기동 시 2차측 저항을 2배로 하면 최대토크 값은 어떻게 되는가?

① 3배로 된다.
② 2배로 된다.
③ $\frac{1}{2}$로 된다.
④ 변하지 않는다.

해설
권선형 유도전동기의 최대토크는 항상 일정하다.

08 반발 기동형 단상유도전동기의 회전 방향을 변경하려면?

① 전원의 2선을 바꾼다.
② 주권선의 2선을 바꾼다.
③ 브러시의 접속선을 바꾼다.
④ 브러시의 위치를 조정한다.

해설
반발 기동형 단상 유도전동기는 브러시의 위치를 조정하여 회전방향을 바꿀 수 있다.

09 다음 중 DC서보모터의 제어 기능에 속하지 않는 것은?

① 역률 제어 기능
② 전류 제어 기능
③ 속도 제어 기능
④ 위치 제어 기능

해설
제어용 기기
서보모터는 위치, 자세, 토크 등을 제어하는 모터로 직류 서보모터에서 역률을 제어하지 않는다.

10 직류발전기의 정류 초기에 전류변화가 크며 이때 발생되는 불꽃정류로 옳은 것은?

① 과정류
② 직선정류
③ 부족정류
④ 정현파정류

해설
직류기의 정류
• 정류 초기 불꽃 발생 : 과정류
• 정류 말기 불꽃 발생 : 부족정류

11 3상 변압기 2차측의 Ew 상만을 반대로 하고, Y – Y 결선을 한 경우, 2차 상전압이 Eu = 70[V], Ev = 70[V], Ew = 70[V] 라면 2차 선간전압은 약 몇 [V]인가?

① $V_{u-v} = 121.2[V]$, $V_{v-w} = 70[V]$,
$V_{w-u} = 70[V]$
② $V_{u-v} = 121.2[V]$, $V_{v-w} = 210[V]$,
$V_{w-u} = 70[V]$
③ $V_{u-v} = 121.2[V]$, $V_{v-w} = 121.2[V]$,
$V_{w-u} = 70[V]$
④ $V_{u-v} = 121.2[V]$, $V_{v-w} = 121.2[V]$,
$V_{w-u} = 121.2[V]$

해설
상전압 $V_U = 70\angle 0°$, $V_V = 70\angle 240°$, $V_w = 70\angle 120°$일 때 W상을 반대로 접속하게 되면 $V_w = -70\angle 120°$로 바뀐다.
선간 전압 $V_{U-v} = 70\angle 0° - 70\angle 240° = 121\angle 30°[V]$
$V_{V-w} = 70\angle 240° + 70\angle 120° = 70[V]$
$V_{w-U} = -70\angle 120° - 70\angle 0° = 70\angle -120°[V]$

12 정격출력 50[kW], 4극 220[V], 60[Hz]인 3상 유도전동기가 전부하 슬립 0.04, 효율 90[%]로 운전되고 있을 때 다음 중 틀린 것은?

① 2차 효율=92[%]
② 1차 입력=55.56[kW]
③ 회전자 동손=2.08[kW]
④ 회전자 입력=52.08[kW]

해설

2차 효율 $\eta_2 = 1 - s = 1 - 0.04 = 96[\%]$

1차 입력 $P_1 = \dfrac{P_o}{\eta} = \dfrac{50[\text{kW}]}{0.9} \fallingdotseq 55.56[\text{kW}]$

회전자 동손 $P_{c2} = sP_2 = 0.04 \times 52.08 = 2.08[\text{kW}]$

회전자 입력 $P_2 = \dfrac{P_o}{1-s} = \dfrac{50[\text{kW}]}{1-0.04} \fallingdotseq 52.08[\text{kW}]$

13 20극, 11.4[kW], 60[Hz], 3상 유도전동기의 슬립이 5[%]일 때 2차 동손이 0.6[kW]이다. 전부하 토크[N·m]는?

① 523   ② 318
③ 276   ④ 189

해설

$T = 0.975\dfrac{P}{N} = 0.975\dfrac{P_{c2}/s}{N_s}$

$= 0.975\dfrac{600/0.05}{360} = 32.5[\text{kg}\cdot\text{m}]$

$T = 32.5[\text{kg}\cdot\text{m}] = 9.8 \times 32.5 = 318.5[\text{N}\cdot\text{m}]$

14 동기발전기에서 기전력의 파형을 좋게 하는데 필요한 권선은?

① 전절권, 집중권
② 단절권, 집중권
③ 집중권, 분포권
④ 분포권, 단절권

해설

동기발전기의 전기자 권선법을 분포권과 단절권으로 하면 고조파를 감소시켜 기전력의 파형을 좋게 할수 있다.

15 단상 유도 전동기중 기동 토크가 가장 큰 것은?

① 콘덴서 기동형
② 반발 기동형
③ 콘덴서 전동기
④ 셰이딩 코일형

해설

단상 유도전동기에서 기동 토크가 가장 큰 기동방법은 반발 기동형이다.

16 변압기의 임피던스 전압이란?

① 정격 전류 시 2차측 단자전압이다.
② 변압기의 1차를 단락, 1차에 1차 정격전류와 같은 전류를 흐르게 하는데 필요한 1차 전압이다.
③ 정격 전류가 흐를 때의 변압기 내의 전압 강하이다.
④ 변압기의 2차를 단락, 2차에 2차 정격전류와 같은 전류를 흐르게 하는데 필요한 2차 전압이다.

해설

임피던스 전압이란 변압기의 2차를 단락하고 1차에 1차 정격전류와 같은 전류를 흐를 때 변압기 내의 전압강하이다.

17 3300[V], 60[Hz]용 변압기의 와류손이 360[W]이다. 이 변압기를 2750[V], 50[Hz]에서 사용할 때 이 변압기의 와류손은 약 몇 [W]가 되는가?

① 250   ② 330
③ 418   ④ 518

해설

와류손은 단자전압의 제곱에 비례하므로
$(\dfrac{2750}{3300})^2 \times 360 = 250[\text{W}]$이다.
와류손은 주파수에 무관하고 전압의 제곱에 비례한다.

18 60[Hz], 12극, 회전자 외경 2[m]의 동기 발전기에 있어서 자극면의 주변속도 [m/s]는 약 얼마인가?

① 34 ② 43
③ 59 ④ 62

해설

회전자 주변속도

$$v = \pi D \frac{N_s}{60} = \pi \times 2 \times \frac{\dfrac{120 \times 60}{12}}{60} = 62.83 [\text{m/s}]$$

19 병렬 운전 중의 A, B 두 동기 발전기 중 A 발전기의 여자를 B보다 강하게 하면 A 발전기는?

① 부하 전류가 흐른다.
② 90도 지상 전류가 흐른다.
③ 동기화 전류가 흐른다.
④ 90도 진상 전류가 흐른다.

해설

동기발전기의 병렬운전 중 A발전기의 여자를 B발전기 보다 강하게 하면 A발전기에서는 90도 지상전류가 흐른다.

20 단상 전파 정류회로에서 저항부하일 때의 맥동률 [%]은 약 얼마인가?

① 0.45 ② 0.17
③ 17 ④ 48

해설

단상과 3상의 맥동률
단상반파 = 121[%]
단상전파 = 48[%]
3상 반판 = 17[%]
3상 전파 = 4%

정답 18 ④ 19 ② 20 ④

CBT시험 복원문제

전기기사과년도

23 과년도기출문제(2023. 3. 1 시행)

※ 본 기출문제는 수험자의 기억을 바탕으로 하여 복원한 문제이므로 실제 문제와 다를 수 있음을 미리 알려드립니다.

01 직류기의 전기자 반작용에 의한 영향이 아닌 것은?

① 자속이 감소하므로 유기기전력이 감소한다.
② 발전기의 경우 회전방향으로 기하학적 중성축이 형성된다.
③ 전동기의 경우 회전방향과 반대방향으로 기하학적 중성축이 형성된다.
④ 브러시에 의해 단락된 코일에는 기전력이 발생하므로 브러시 사이의 유기기전력이 증가한다.

해설

직류기의 전기자반작용
• 자속이 감소하므로 유기기전력이 감소한다.
• 발전기의 회전방향으로 기하학적 중성축이 이동한다.
• 발전기의 회전방향의 반대방향으로 기하학적 중성축이 이동한다.

02 정격속도로 회전하고 있는 무부하의 분권발전기가 있다. 계자저항 40[Ω], 계자전류 3[A], 전기자 저항이 2[Ω]일 때 유기기전력[V]은?

① 126
② 132
③ 156
④ 185

해설

$V = I_f R_f [V] \ E = V + I_a R_a = I_f R_f + I_a R_a = 3 \times 40 + 3 \times 2$
$= 126 [V]$

03 직류발전기를 병렬 운전할 때 균압선이 필요한 직류기는?

① 분권발전기, 직권발전기
② 분권발전기, 복권발전기
③ 직권발전기, 복권발전기
④ 분권발전기, 단극발전기

해설

직류발전기의 병렬 운전시 직권, 복권 발전기는 안정 운전을 위해 균압선이 필요하다.

04 직류 전동기의 속도 제어법이 아닌 것은?

① 계자제어법
② 전압 제어법
③ 저항제어법
④ 2차 여자법

해설

직류 전동기의 속도 제어법 $N = k \dfrac{V - I_a R_a}{\phi}$ 이다.

• 전압 제어법
• 저항 제어법
• 계자 제어법

05 동기기의 전기자 저항을 r, 반작용 리액턴스를 x_a, 누설 리액턴스를 x_l이라 하면 동기 임피던스는?

① $\sqrt{r^2 + \left(\dfrac{X_a}{X_l}\right)^2}$
② $\sqrt{r^2 + x_l^2}$
③ $\sqrt{r^2 + x_a^2}$
④ $\sqrt{r^2 + (x_a + x_l)^2}$

해설

Z_s(동기 임피던스) $= r_a$(전기자 저항) $+ jx_s$(동기 리액턴스)
x_s(동기 리액턴스) $= x_a$(반작용 리액턴스) $+ x_l$(누설 리액턴스)
$Z_s = \sqrt{r^2 + X^2} = \sqrt{r^2 + (X_a + X_l)^2}$

정답   01 ④   02 ①   03 ③   04 ④   05 ④

06 동기발전기의 단자부근에서 단락시 단락전류는?

① 서서히 증가하여 큰전류가 흐른다.
② 처음은 크나, 점차로 감소한다.
③ 처음부터 일정한 큰전류가 흐른다.
④ 무시할 정도의 작은 전류가 흐른다.

해설

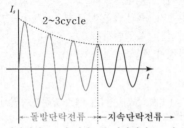

(누설리액턴스 x_l가 제한) **(누설리액턴스 x_s가 제한)**

동기발전기의 단자 부근에서 단락시 처음은 큰 전류가 흐르나 점차로 감소된다.

07 2대의 동기발전기가 병렬운전하고 있을 때 동기화 전류가 흐르는 경우는?

① 기전력의 크기에 차가 있을 때
② 기전력의 위상에 차가 있을 때
③ 기전력의 파형에 차가 있을 때
④ 분담에 차가 있을 때

해설

동기발전기 병렬운전시 기전력의 위상에 차가 있을 때 동기화 전류(유효순환전류)가 흐른다.

08 동기 전동기의 공급전압, 주파수 및 부하가 일정할 때 여자전류를 변화시키면 어떤 현상이 생기는가?

① 속도가 변한다.
② 회전력이 변한다.
③ 역률만 변한다.
④ 전기자 전류와 역률이 변한다.

해설

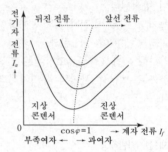

동기기 여자전류의 변화시 전기자 전류와 역률이 변한다.

09 변압기의 임피던스 전압이란?

① 정격 전류 시 2차측 단자전압이다.
② 변압기의 1차를 단락, 1차에 1차 정격전류와 같은 전류를 흐르게 하는데 필요한 1차 전압이다.
③ 정격 전류가 흐를 때의 변압기 내의 전압 강하이다.
④ 변압기의 2차를 단락, 2차에 2차 전격전류와 같은 전류를 흐르게 하는데 필요한 2차 전압이다.

해설

변압기의 임피던스 전압이란 1차 전류가 정격전류가 흐를 때 변압기 내에서 발생하는 전압강하이다.

정답   06 ②   07 ②   08 ④   09 ③

10 와류손이 200[W]인 3300/210[V], 60[Hz]용 단상 변압기를 50[Hz], 3000[V]의 전원에 사용하면 이 변압기의 와류손은 약 몇 [W]로 되는가?

① 85.4
② 124.2
③ 165.3
④ 248.5

해설

변압기의 와류손 $P_e \propto V^2$ 의 전압의 제곱에 비례한다.
$3300^2 : 200 = 3000^2 : P_e'$ 이므로
$$P_e' = \left(\frac{3000}{3300}\right)^2 \times 200 = 165.3[\text{W}]$$

11 전력용 변압기에서 1차에 정현파 전압을 인가하였을 때, 2차에 정현파 전압이 유기되기 위해서는 1차에 흘러 들어가는 여자전류는 기본파 전류 외에 주로 몇 고조파 전류가 포함되는가?

① 제2고조파
② 제3고조파
③ 제4고조파
④ 제5고조파

해설

변압기 여자전류에는 제 3고조파가 가장 많이 포함되어 있으며 이는 철심의 자기포화와 히스테리시스 현상 때문이다.

12 권선비 a : 1인 3개의 단상변압기를 △−Y라 하고, 1차 단자전압 V_1, 1차 전류 I_1이라 하면 2차의 단자 전압 V_2 및 2차전류 I_2값은? (단, 저항 리액턴스 및 여자전류는 무시한다.)

① $V_2 = \sqrt{3}\,\dfrac{V_1}{a}$ $I_2 = I_1$

② $V_2 = V_1$ $I_2 = I_1\dfrac{a}{\sqrt{3}}$

③ $V_2 = \sqrt{3}\,\dfrac{V_1}{a}$ $I_2 = I_1\dfrac{a}{\sqrt{3}}$

④ $V_2 = \sqrt{3}\,\dfrac{V_1}{a}$ $I_2 = \sqrt{3}\,aI_1$

해설

2차 단자전압(2차 선간전압)
$$V_{2(l)} = \sqrt{3}\,V_{2p} = \sqrt{3}\,\frac{V_{1p}}{a} = \sqrt{3}\,\frac{V_{1(l)}}{a}$$

2차 전류(2차 선전류) $I_{2(l)} = I_{2p} = \dfrac{I_{1p}}{a} = \dfrac{\sqrt{3}\,I_{1(l)}}{a}$

13 어떤 변압기의 전압비는 무부하에서 14.5 : 1, 어떤 역률의 정격부하에서 15 : 1이다. 이 역률에서의 전압 변동률[%]은 약 얼마인가?

① 2.45
② 3.45
③ 4.45
④ 5.45

해설

무부하전압비 $a = \dfrac{V_1}{V_{20}}$ 이므로 $V_{20} = \dfrac{V_1}{a} = \dfrac{V_1}{14.5}$

정격전압비 $a = \dfrac{V_1}{V_{2n}}$ 이므로 $V_{2n} = \dfrac{V_1}{a} = \dfrac{V_1}{15}$

$$\varepsilon = \frac{V_{20} - V_{2n}}{V_{2n}} = \frac{\dfrac{V_1}{14.5} - \dfrac{V_1}{15}}{\dfrac{V_1}{15}} = 0.03448 = 3.45[\%]$$

14 4극, 7.5[kW], 200[V], 60[Hz]인 3상 유도전동기가 있다. 전부하에서 2차 입력이 7950[W]이다. 이 경우에 2차 효율 [%]은 얼마인가? (단, 기계손은 130[W]이다.)

① 93
② 94
③ 95
④ 96

해설

$$\eta_2 = \frac{P_0}{P_2} \times 100 = \frac{P + P_0}{P_2} \times 100$$
$$= \frac{7500 + 130}{7950} \times 100 = 96[\%]$$

정답   10 ③   11 ②   12 ③   13 ②   14 ④

15 권선형 유도 전동기 기동 시 2차측에 저항을 넣는 이유는?

① 회전수 감소
② 기동전류 증대
③ 기동 토크 감소
④ 기동전류 감소와 기동 토크 증대

해설

3상 권선형 유도전동기는 비례추이를 통해 기동 전류의 감소와 기동토크를 증가 시킬 수 있다.

16 유도전동기의 안정 운전의 조건은? (단, T_m : 전동기 토크, T_L : 부하토크, n : 회전수)

① $\dfrac{dT_m}{dn} < \dfrac{dT_L}{dn}$ ② $\dfrac{dT_m}{dn} = \dfrac{dT_L^2}{dn}$

③ $\dfrac{dT_m}{dn} > \dfrac{dT_L}{dn}$ ④ $\dfrac{dT_m}{dn} \neq \dfrac{dT_L^2}{dn}$

해설

전동기 토크의 기울기는 −, 부하 토크의 기울기가 +가 되었을 때 해당 교차 지점에서 전동기는 안정운전이 됩니다. 따라서 안정 운전의 조건은 부하 토크의 기울기가 전동기 토크의 기울기보다 커야 합니다.

17 3상 전압조정기의 원리는 어느 것을 응용한 것인가?

① 3상 동기 발전기
② 3상 변압기
③ 3상 유도 전동기
④ 3상 교류자 전동기

해설

유도 전압조정기란 회전부의 위치를 바꾸면 출력측의 전압을 자유로이 바꾸는 기기로 회전자계의 원리를 이용한 것으로 3상 유도전동기를 응용한 것이다.

18 농형 유도 전동기의 기동법이 아닌 것은?

① 전전압 기동
② Y − △ 기동
③ 기동 보상기에 의한 기동
④ 2차 저항에 의한 기동

해설

농형 유도전동기 기동법
전전압 기동, Y − △ 기동, 기동 보상기에 의한 기동, 리액터 기동, 콘돌퍼 기동

19 교류 전동기에서 브러시 이동으로 속도 변화가 용이한 전동기는?

① 동기 전동기
② 시라게 전동기
③ 3상 농형 유도 전동기
④ 2중 농형 유도 전동기

해설

교류전동기에서 브러시 이동으로 속도변화가 용이한 전동기는 시라게 전동기이다.

20 단상 정류자 전동기의 일종인 단상반발 전동기에 해당되는 것은?

① 시라게 전동기
② 아트킨손형 전동기
③ 단상 직권 정류가 전동기
④ 반발 유도전동기

해설

단상 반발 전동기의 종류로는 아트킨손형과 톰슨형과 데리형이 있다.

정답 15 ④ 16 ① 17 ③ 18 ④ 19 ② 20 ②

23 과년도기출문제(2023. 5. 13 시행)

※ 본 기출문제는 수험자의 기억을 바탕으로 하여 복원한 문제이므로 실제 문제와 다를 수 있음을 미리 알려드립니다.

01 발생된 전원주파수를 다른 주파수로 변환기는?

① 인버터
② 사이클로 컨버터
③ 컨버터
④ 회전변류기

해설

• 인버터 : 교류를 직류로 변환
• 컨버터 : 직류를 교류로 변환
• 초퍼 : 직류를 직접 변환
• 사이클로 컨버터 : 교류의 주파수 변환

02 직류발전기의 유기기전력이 206[V]일 때 부하 저항 1.5[Ω] 연결시 단자전압이 195[V]이다. 직류 발전기의 전기자 저항 [Ω]은 얼마인가?

① 0.85
② 7.33
③ 0.085
④ 2.6

해설

• 부하전류 $I_a = I = \dfrac{V}{R} = \dfrac{195}{1.5} = 130[A]$

• 직류 발전기 $E = V + I_a R_a$

• 전기자 저항 $R_a = \dfrac{E - V}{I_a} = \dfrac{206 - 195}{130} = 0.085[\Omega]$

03 동기조상기의 여자전류를 감소시키면?

① 콘덴서 역할
② 리액터 역할
③ 전기자 전류 감소
④ 역률은 앞선다.

해설

동기조상기의 부족여자시 지상전류가 발생하여 리액터 역할을 한다.

04 동기조상기를 과여자로 사용시 설명으로 틀린 것은?

① 콘덴서 역할
② 역률이 앞선다.
③ 전기자 전류 증가한다.
④ 위상이 뒤진 전류가 흐른다.

해설

동기조상기의 과여자시 역률이 앞선 진상전류가 발생하여 전기자전류가 증가하고 콘덴서 역할을 한다.

05 변압기 철심 사용시 자장의 세기가 감소되고 철심의 철손을 감소시키기 위한 설명으로 옳은 것은?

① 철심의 전도도전도를 감소시킨다.
② 철심의 두께를 크게 한다.
③ 철심을 알루미늄을 사용한다.
④ 투자율을 작게 한다.

해설

전도도전도를 감소시키면 전기저항이 커져 전류가 감소하게 되어 자기장의 세기가 감소하고 철손이 감소한다.

06 50[Hz]용 변압기에 60[Hz]의 동일 전압을 인가하여 자속밀도(A) 및 손실 (B)의 변화는?

① (A) 감소, (B) 증가
② (A) 감소, (B) 감소
③ (A) 증가, (B) 증가
④ (A) 감소, (B) 일정

해설

$E = 4.44fBAN$이므로 전압이 일정할 때 $B \propto \dfrac{1}{f}$ 의 관계를 가진다. 또한 철손도 $P_i \propto \dfrac{1}{f}$ 반비례하므로 자속밀도는 감소하게 되고, 철손도 감소하게 하게 된다.

정답 01 ② 02 ③ 03 ② 04 ④ 05 ① 06 ②

07 유도전동기에 게르게스 현상이 생기는 슬립은 대략 얼마인가?

① 0.25　　　　　② 0.5
③ 0.7　　　　　④ 0.8

해설

유도전동기 게르게스현상
권선형 유도 전동기에서 무부하 또는 경부하로 운전 중 한 상이 단선되어 결상되더라도 전동기가 슬립이 0.5(정격속도의 약 50[%])에서 더 이상 가속되지 않는 현상

08 직류발전기의 전기자 권선법은?

① 환상권　　　　② 개로권
③ 2층권　　　　　④ 단층권

해설

직류발전기의 전기자 권선법
고상권, 폐로권, 2층권

09 어떤 직류 전동기의 역기전력이 200[V], 매분 회전수 1500[rpm]일 때 전기자 전류 100[A]일 때, 발생토크[kg·m]는?

① 10　　　　　② 11
③ 12　　　　　④ 13

해설

• 토크　$T = \dfrac{60EI_a}{2\pi N} = \dfrac{60 \times 200 \times 100}{2\pi \times 1500} = 127.324[\text{N} \cdot \text{m}]$

• 토크　$T = 127.324 \times \dfrac{1}{9.8} = 13[\text{kg} \cdot \text{m}]$

10 3상 권선형 유도전동기의 2차측 저항을 2배로 증가시 그 최대 토크는 몇 배가 되는가?

① 2배　　　　　② 변화하지 않는다.
③ $\sqrt{2}$ 배　　　　④ 1/2배

해설

3상 권선형 유도전동기의 2차측 저항을 2배로 변화시키더라도 최대토크는 변화하지 않는다.

11 단상직권 전동기의 종류가 아닌 것은?

① 직권형　　　　　② 계자형
③ 유도보상직권형　④ 보상직권형

해설

단상직권 전동기의 종류
직권형, 유도보상직권형, 보상직권형

12 동기발전기를 회전계자형으로 하는 이유가 아닌 것은?

① 계자회로는 직류의 저압회로이며, 소요전력이 적다.
② 기계적으로 튼튼하게 만드는데 용이하다.
③ 고전압에 견딜수 있게 전기자 권선을 절연하기가 쉽다.
④ 파형을 개선할 수 있다.

해설

회전계자형 계자는 철의 분포가 많아 튼튼하고 직류저전압 소전류를 인가하므로 절연이 용이하다.
전기자 권선에는 고전압이 발생하므로 고정자로 사용하는게 절연이 용이하다.

13 변압기의 임피던스 전압이란?

① 정격전류가 흐를 때의 2차측 단자전압
② 정격전류가 흐를 때의 변압기 내의 전압강하
③ 여자전류가 흐를 때의 2차측 단자 전압
④ 2차단락 전류가 흐를 때의 변압기 내의 전압 강하

해설

임피던스 전압이란
변압기의 2차측을 단락시 1차측에서 정격전류가 흐를 때
변압기 내의 임피던스에서 발생하는 전압강하를 말한다.

14 자속밀도가 0.6[Wb/m²], 도체의 길이 0.3[m]일 때, 10[m/s]의 속도로 이동시 유기전압[V]은?

① 30   ② 18
③ 1.3   ④ 1.8

해설

$e = Blv = 0.6 \times 0.3 \times 10 = 1.8[\text{V}]$

15 3상 동기발전기의 전기자권선을 2중 성형결선으로 했을 때 발전기의 용량[VA]은?

① $\sqrt{3}\,EI$ ② $2\sqrt{3}\,EI$
③ $3EI$ ④ $6EI$

해설

성형결선이므로 선간전압 $= \sqrt{3}\,E$
2중(병렬)이므로 선전류$=2I$
3상이므로 피상전력 $= \sqrt{3} \times \sqrt{3}\,E \times 2I = 6EI$

16 권수비 30의 10[kVA]변압기가 있다. 2차 임피던스가 10[Ω]일 때 1차로 환산한 임피던스[kΩ]는?

① 3000   ② 3
③ 9000   ④ 9

해설

권수비 $a = \sqrt{\dfrac{R_1}{R_2}}$ 이므로
$R_1 = a^2 R_2 = 30^2 \times 10 = 9000 = 9[\text{Ω}]$

17 다음과 같은 반도체 정류기 중에서 역방향 내전압이 가장 큰 것은?

① 실리콘 정류기   ② 게르마늄 정류기
③ 셀렌 정류기   ④ 아산화동 정류기

해설

실리콘 정류기는 실리콘판과 다른 금속판을 겹쳐서 여러처리하여 만든 소자로서 대전류용의 제작이 가능하며 역방향 내전압이 크다.

18 변압기의 1차측을 Y결선, 2차측을 △결선으로 한 경우 1차와 2차간의 전압의 위상 변위는?

① 0°   ② 30°
③ 45°   ④ 60°

해설

Y−△결선의 1, 2차 선간전압 사이에는 30°의 위상차가 발생한다.

19 스테핑 모터의 일반적인 특징으로 틀린 것은?

① 위치제어를 하는 분야에 주로 사용된다.
② 입력된 펄스 신호에 따라 특정 각도 만큼 회전하도록 설계된 전동기이다.
③ 스텝각이 클수록 1회전당 스텝수가 많아지고 축위치의 정밀도는 높아진다.
④ 양방향 회전이 가능하고 설정된 여러 위치에 정지하거나 해당 위치로부터 기동할 수 있다.

정답   13 ②   14 ④   15 ④   16 ④   17 ①   18 ②   19 ③

해설

스테핑 모터의 특징

위치 및 각도 제어를 위한 모터로 입력 펄스신호에 따라 회전하는 전동기이다. 스텝각이 작을수록 1회전당 스텝수가 많아지고 축위치의 정밀도는 높아진다.

---

20 일반적인 3상 유도전동기에 대한 설명으로 틀린 것은?

① 불평형 전압으로 운전하는 경우 전류는 증가하나 토크는 감소한다.

② 원선도 작성을 위해서는 무부하시험, 구속시험, 1차 권선저항 측정을 하여야 한다.

③ 농형은 권선형에 비해 구조가 견고하며 권선형에 비해 대형 전동기에 널리 사용된다.

④ 권선형 회전자의 3선 중 1선이 단선되면 동기속도의 50%에서 더 이상 가속되지 못하는 현상을 게르게스 현상이라 한다.

해설

농형 유도전동기의 특징

• 농형유도전동기 : 주로 중소형으로 사용된다.
• 권선형유도전동기 : 주로 대형에서 사용된다.

23 과년도기출문제(2023. 7. 8 시행)

※ 본 기출문제는 수험자의 기억을 바탕으로 하여 복원한 문제이므로 실제 문제와 다를 수 있음을 미리 알려드립니다.

01 전기철도에 주로 사용되는 직류전동기는?

① 직권 전동기
② 타여자 전동기
③ 자여자 분권전동기
④ 가동 복권전동기

해설
직권전동기는 전동차, 기중기, 크레인 등에서 사용된다.

02 다음 중 비례추이를 하는 전동기는?

① 직권 전동기
② 3상 권선형 유도전동기
③ 3상 동기 전동기
④ 복권 전동기

해설
3상권선형 유도전동기는 2차 저항을 제어하여 비례추이를 하고 속도와 토크 등을 제어할 수 있다.

03 유도 전동기의 속도 제어법이 아닌 것은?

① 2차 저항법　　② 2차 여자법
③ 1차 저항법　　④ 주파수 제어법

해설
유도전동기의 속도제어법
• 농형 유도전동기 : 주파수 제어법, 극수 제어법, 전압 제어법
• 권선형 유도전동기 : 2차 저항법, 2차 여자법, 종속법

04 동기 전동기에서 감자작용을 할 때는 어떤 경우인가?

① 공급 전압보다 앞선 전류가 흐를 때
② 공급 전압보다 뒤진 전류가 흐를 때
③ 공급 전압과 동상 전류가 흐를 때
④ 공급 전압에 상관없이 전류가 흐를 때

해설
동기전동기 전기자반작용

	동상	지상	진상
동기발전기	교차자화작용	감자작용	증자작용
동기전동기	교차자화작용	증자작용	감자작용

05 동기발전기의 무부하 포화곡선은 그림 중 어느 것인가? (단, V는 단자전압, I_f는 여자전류이다.)

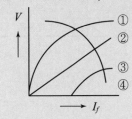

① 곡선 ①　　② 곡선 ②
③ 곡선 ③　　④ 곡선 ④

해설
무부하 포화 곡선

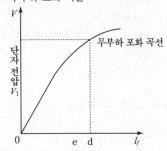

06 유도전동기의 극수가 6극 일 때 토오크가 τ인 경우 극수가 12인 경우의 토오크는?

① τ
② 2τ
③ 3τ
④ 4τ

해설

$$T = 0.975\frac{P}{N} = 0.975\frac{P}{120f/p} \propto p(극수)$$

유도전동기 토크는 극수와 비례하므로 6극에서 12극이 되면 2배가 되어 토크도 2배가 된다.

07 전기자 도체의 굵기, 권수가 모두 같을 때 단중 중권에 비해 단중 파권 권선의 이점은?

① 전류는 커지며 저전압이 이루어진다.
② 전류는 적으나 저전압이 이루어진다.
③ 전류는 적으나 고전압이 이루어진다.
④ 전류가 커지며 고전압이 이루어진다.

해설

	중권(병렬권)	파권(직렬권)
전기자 병렬회로수	극수	2
특징	저전압 대전류	고전압 소전류

08 "직류기의 회전속도가 위험한 상태가 되지 않으려면 직권 전동기는 (㉠) 상태로, 분권 전동기는 (㉡) 상태가 되지 않도록 하여야 한다." ( ) 안에 알맞은 내용은?

① ㉠ 무부하, ㉡ 무여자
② ㉠ 무여자, ㉡ 무부하
③ ㉠ 무여자, ㉡ 경부하
④ ㉠ 무부하, ㉡ 경부하

해설

"직류기의 회전속도가 위험한 상태가 되지 않으려면 직권 전동기는 (무부하) 상태로, 분권 전동기는 (무여자) 상태가 되지 않도록 하여야 한다."

09 다음 사이리스터 중 3단자 사이리스터가 아닌 것은?

① SCS
② SCR
③ GTO
④ TRIAC

해설

• SCS : 단방향성 4단자 소자
• SCR : 단방향성 3단자 소자
• GTO : 단방향성 3단자 소자
• TRIAC : 양방향성 3단자 소자

10 단상 유도전압 조정기의 1차 전압 100[V], 2차 100±30[V], 2차 전류는 6[A]이다. 이 조정기의 정격은 몇 [VA]인가?

① 600
② 180
③ 780
④ 420

해설

$$P = E_2 \times I_2 \times 10^{-3}[\text{kVA}] = 30 \times 6 \times 10^{-3} = 180[\text{VA}]$$

11 전력용 변압기에서 1차에 정현파 전압을 인가하였을 때, 2차에 정현파 전압이 유기되기 위해서는 1차에 흘러 들어가는 여자전류는 기본파 전류 외에 주로 몇 고조파 전류가 포함되는가?

① 제2고조파
② 제3고조파
③ 제4고조파
④ 제5고조파

해설

변압기에 2차 측에 정현파 전압 유기되기 위해서 1차에 들어가는 여자전류는 기본파 전류 외에 3고조파 전류가 포함되었을 때 2차측에 유기되는 전압이 정현파가 된다.

정답 06 ② 07 ③ 08 ① 09 ① 10 ② 11 ②

12 5[kVA], 2000/200[V]의 단상변압기가 있다. 2차에 환산한 등가저항과 등가리액턴스는 각각 0.14[Ω], 0.16[Ω]이다. 이 변압기에 역률 0.8(뒤짐)의 정격부하를 걸었을 때의 전압변동률[%]은 약 얼마인가?

① 0.026   ② 0.26

③ 2.6   ④ 26

해설

$P=5[\text{kVA}], \ V_1=2000[\text{V}], \ V_2=200[\text{V}],$

$R_{12}=0.14[\Omega], \ X_{12}=0.16[\Omega], \ \cos\theta=0.8(지상),$

$I_2=\dfrac{P}{V_2}=\dfrac{5000}{200}=25[\text{A}],$

$\%R=p=\dfrac{I_2 R_{12}}{V_2}\times100=1.75[\%]$

$\%X=q=\dfrac{I_2 X_{12}}{V_2}\times100=2[\%]$

$\varepsilon=p\cos\theta+q\sin\theta=1.75\times0.8+2\times0.6=2.6[\%]$

13 사이리스터(Thyristor)에서는 게이트 전류가 흐르면 순방향의 저지상태에서 (   )상태로 된다. 게이트 전류를 가하여 도통완료까지의 시간을 (   )시간이라고 하나 이 시간이 길면 (   )시의 (   )이 많고 사이리스터 소자가 파괴되는 수가 있다. (   ) 안에 알맞은 내용을 순서대로 나열한 것은?

① 온(On), 턴온(Turn on), 스위칭, 전력손실

② 온(On), 턴온(Turn on), 전력손실, 스위칭

③ 스위칭, 온(On), 턴온(Turn on), 전력손실

④ 턴온(Turn on), 스위칭, 온(On), 전력손실

해설

사이리스터(Thyristor)에서는 게이트 전류가 흐르면 순방향의 저지상태에서 (온(on))상태로 된다. 게이트 전류를 가하여 도통완료까지의 시간을 (턴온(Turn on)시간이라고 하나 이 시간이 길면 (스위칭)시의 (전력손실)이 많고 사이리스터 소자가 파괴되는 수가 있다.

14 자기누설변압기의 특징은?

① 단락전류가 크다.   ② 전압변동률이 크다.

③ 역률이 좋다.   ④ 표유부하손이 작다.

해설

자기누설 변압기는 누설리액턴스와 전압강하가 커서 전압변동률이 크다. 주로 용접기로 사용된다.

15 직류발전기의 유기기전력과 반비례하는 것은?

① 자속   ② 회전수

③ 병렬회로수   ④ 도체수

해설

유기기전력 $E=\dfrac{pZ\phi N}{60a}\propto\dfrac{1}{a(병렬회로수)}$ 이므로 병렬회로수에 반비례한다.

16 비돌극형 동기 발전기의 최대 출력시 부하각 δ 는 몇 도°인가?

① 0°   ② 30°

③ 60°   ④ 90°

해설

비돌극기의 출력 $P=\dfrac{EV}{X_s}\sin\delta$이므로 $\sin\delta(90°)=1$일 때 최대가 된다.

17 다음 중 VVVF(Variable Voltage Variable Frequency)제어방식에 가장 적당한 속도 제어는?

① 동기 전동기의 속도제어

② 유도 전동기의 속도제어

③ 직류 직권전동기의 속도제어

④ 직류 분권전동기의 속도제어

해설
농형 유도전동기의 속도제어시 사용되는 방법 중 인버터 (VVVF) 제어방법 등이 있다.

해설
동기발전기에서 병렬운전시 A발전기의 여자를 크게 하면 기전력이 증가하게 되어 A발전기에서 B발전기로 무효순환 전류가 흐르게 된다. 이때 흐르는 전류는 90도 지상전류가 A발전기에서 흐르게 된다.

18 단상 변압기 3대를 △−Y로 결선했을 때의 1차, 2차의 전압 위상차는?

① 0°   ② 30°
③ 60°   ④ 90°

해설
변압기 결선에서 △−Y, Y−△결선은 1차와 2차 전압 사이에 30° 위상차가 발생한다.

19 용량 1[kVA], 3000/200[V]의 단상 변압기를 단권변압기로 결선하여 3000/3200[V]의 승압기로 사용할 때 그 부하용량[kVA]은?

① 16   ② 15
③ 1.5   ④ 0.6

해설

$V_H = 3200$, $V_L = 3000$, $\dfrac{\text{자기용량}}{\text{부하용량}} = \dfrac{V_H - V_L}{V_H}$ 이므로

부하용량 $= \dfrac{V_H}{V_H - V_L} \times \text{자기용량} = \dfrac{3200}{3200 - 3000} \times 1$
$= 16[\text{kVA}]$ 이다.

20 병렬 운전 중의 A, B 두 동기 발전기 중 A발전기의 여자를 B보다 강하게 하면 A 발전기는?

① 부하 전류가 흐른다.
② 90도 지상 전류가 흐른다.
③ 동기화 전류가 흐른다.
④ 90도 진상 전류가 흐른다.

정답   18 ②   19 ①   20 ②

19 과년도기출문제 (2019. 3. 3 시행)

01 정격 150[kVA], 철손 1[kW], 전부하 동손이 4[kW]인 단상변압기의 최대 효율[%]과 최대효율 시의 부하[kVA]는? (단, 부하 역률은 1이다.)

① 96.8[%], 125[kVA]

② 97[%], 50[kVA]

③ 97.2[%], 100[kVA]

④ 97.4[%], 75[kVA]

해설

변압기 부하지점 $\dfrac{1}{m} = \sqrt{\dfrac{P_i}{P_c}} = \sqrt{\dfrac{1}{4}} = \dfrac{1}{2}$ 이다.

효율은

$$\dfrac{\dfrac{1}{m}출력}{\dfrac{1}{m}출력+철손+\left(\dfrac{1}{m}\right)^2동손} \times 100$$

$$= \dfrac{\dfrac{1}{2} \times 150}{\dfrac{1}{2} \times 150 + 1 + \left(\dfrac{1}{2}\right)^2 \times 4} \times 100 = 97.4[\%]$$

이고 최대효율 시의 부하는 75[kVA]이다.

02 사이리스터에 의한 제어는 무엇을 제어하여 출력전압을 변환시키는가?

① 토크

② 위상각

③ 회전수

④ 주파수

해설

최근 이용되고 있는 반도체 사이리스터에 의한 속도제어는 전압, 위상, 주파수에 따라 제어하며 주로 위상각 제어를 이용한다.

03 전동력 응용기기에서 GD^2의 값이 적은 것이 바람직한 기기는?

① 압연기

② 송풍기

③ 냉동기

④ 엘리베이터

해설

GD^2=관성 모먼트

엘리베이터는 관성 모먼트가 작아야 된다.

04 온도 측정장치 중 변압기의 권선온도 측정에 가장 적당한 것은?

① 탐지코일

② dial온도계

③ 권선온도계

④ 봉상온도계

해설

변압기 권선의 온도측정시 권선온도계를 이용해서 권선의 온도를 측정한다.

05 어떤 변압기의 백분율 저항강하가 2[%], 백분율 리액턴스강하가 3[%]라 한다. 이 변압기로 역률이 80[%]인 부하에 전력을 공급하고 있다. 이 변압기의 전압변동률은 몇 [%]인가?

① 2.4

② 3.4

③ 3.8

④ 4.0

해설

전압변동률$(\varepsilon) = p\cos\theta + q\sin\theta$

$= 2 \times 0.8 + 3 \times 0.6 = 3.4[\%]$

06 직류 및 교류 양용에 사용되는 만능 전동기는?

① 복권전동기

② 유도전동기

③ 동기전동기

④ 직권 정류자전동기

해설

단상 직권정류자전동기의 특징

교류 및 직류 양용으로 만능 전동기라 칭한다.

정답 01 ④ 02 ② 03 ④ 04 ③ 05 ② 06 ④

07 어떤 IGBT의 열용량은 $0.02[\text{J}/℃]$, 열저항은 $0.625[℃/\text{W}]$이다. 이 소자에 직류 $25[\text{A}]$가 흐를 때 전압강하는 $3[\text{V}]$이다. 몇 $[℃]$의 온도상승이 발생하는가?

① 1.5   ② 1.7

③ 47   ④ 52

해설

열저항 $= 0.625[℃/\text{W}]$
$P = VI = 3 \times 25 = 75[\text{W}]$
$75 \times 0.625 = 46.875℃$

08 직류전동기의 속도제어법 중 정지 워드레오나드 방식에 관한 설명으로 틀린 것은?

① 광범위한 속도제어가 가능하다.
② 정토크 가변속도의 용도에 적합하다.
③ 제철용 압연기, 엘리베이터 등에 사용된다.
④ 직권전동기의 저항제어와 조합하여 사용한다.

해설

직류 전동기의 속도제어법 중 정지 워드레오나드 방식은 전압을 조정해서 속도를 제어하며, 광범위한 속도제어가 가능하고, 정토크제어 한다.

09 권수비 30인 단상변압기의 1차에 $6600[\text{V}]$를 공급하고, 2차에 $40[\text{kW}]$, 뒤진 역률 $80[\%]$의 부하를 걸 때 2차 전류 I_2 및 1차 전류 I_1은 약 몇 $[\text{A}]$인가? (단, 변압기의 손실은 무시한다.)

① $I_2 = 145.5$, $I_1 = 4.85$
② $I_2 = 181.8$, $I_1 = 6.06$
③ $I_2 = 227.3$, $I_1 = 7.58$
④ $I_2 = 321.3$, $I_1 = 10.28$

해설

$I_1 = \dfrac{40 \times 10^3}{6600 \times \cos\theta} = 7.58[\text{A}]$

$I_2 = aI_1 = 30 \times 7.58 = 227.3[\text{A}]$

10 동기전동기에서 $90°$ 앞선 전류가 흐를 때 전기자 반작용은?

① 감자작용   ② 증자작용
③ 편자작용   ④ 교차자화작용

해설

동기전동기 $90°$ 앞선전류(진상전류) : 감자작용
동기전동기 $90°$ 뒤진전류(지상전류) : 증자작용

11 일정 전압으로 운전하는 직류전동기의 손실이 $x + yI^2$으로 될 때 어떤 전류에서 효율이 최대가 되는가? (단, x, y는 정수이다.)

① $I = \sqrt{\dfrac{x}{y}}$ ② $I = \sqrt{\dfrac{y}{x}}$

③ $I = \dfrac{x}{y}$ ④ $I = \dfrac{y}{x}$

해설

x : 전류와 관계없는 고정손
yI^2 : 전류의 제곱에 비례하는 가변손
전류의 최대효율 조건 : 고정손=가변손
$x = yI^2$이므로 $I = \sqrt{\dfrac{x}{y}}$ 이다.

12 T-결선에 의하여 $3300[\text{V}]$의 3상으로부터 $200[\text{V}]$, $40[\text{kVA}]$의 전력을 얻는 경우 T좌 변압기의 권수비는 약 얼마인가?

① 10.2   ② 11.7
③ 14.3   ④ 16.5

해설

T변압기 권수비
$a_T = a \times \dfrac{\sqrt{3}}{2} = \dfrac{3300}{200} \times \dfrac{\sqrt{3}}{2} = 14.3$

정답   07 ③   08 ④   09 ③   10 ①   11 ①   12 ③

13 유도전동기 슬립 s의 범위는?

① $1 < s$ ② $s < -1$

③ $-1 < s < 0$ ④ $0 < s < 1$

해설

유도제동기의 슬립의 범위 : $1 < s$

유도전동기의 슬립의 범위 : $0 < s < 1$

유도발전기의 슬립의 범위 : $s < 0$

14 전기자 총 도체수 500, 6극, 중권의 직류전동기가 있다. 전기자 전 전류가 100[A]일 때의 발생토크는 약 몇 [kg·m] 인가? (단, 1극당 자속수는 0.01[Wb]이다.)

① 8.12 ② 9.54

③ 10.25 ④ 11.58

해설

$T = \dfrac{pz\phi I_a}{2\pi a} = \dfrac{6 \times 500 \times 0.01 \times 100}{2\pi \times 6} = 79.58[\text{N} \cdot \text{m}]$

$= \dfrac{79.58}{9.8}[\text{kg} \cdot \text{m}] = 8.12[\text{kg} \cdot \text{m}]$

15 3상 동기발전기 각 상의 유기기전력 중 제3고조파를 제거하려면 코일간격/극간격을 어떻게 하면 되는가?

① 0.11 ② 0.33

③ 0.67 ④ 0.34

해설

동기발전기에서 $\beta = \dfrac{\text{코일간격}}{\text{극간격}}$

5고조파 제거 $\beta = 0.8$

3고조파 제거 $\beta = 0.67$

16 3상 유도전동기의 토크와 출력에 대한 설명으로 옳은 것은?

① 속도에 관계가 없다.

② 동일 속도에서 발생한다.

③ 최대 출력은 최대 토크보다 고속도에서 발생한다.

④ 최대 토크가 최대 출력보다 고속도에서 발생한다.

해설

출력 $P = w \cdot T$이므로 토크와 출력은 비례하며, 최대 출력은 최대 토크보다 고속도에서 발생한다.

17 단자전압 220[V], 부하전류 48[A], 계자전류 2[A], 전기자 저항 0.2[Ω]인 직류분권발전기의 유도기전력[V]은? (단, 전기자 반작용은 무시한다.)

① 210 ② 220

③ 230 ④ 240

해설

직류 분권발전기에서의 유도기전력은

$E = V + I_a R_a$이다.

$V = 220$, $I_a = I + I_r = 48 + 2 = 50[\text{A}]$, $R_a = 0.2[\Omega]$이므로 대입하면, $E = 220 + 50 \times 0.2 = 230[\text{V}]$

18 200[kW], 200[V]의 직류 분권발전기가 있다. 전기자 권선의 저항이 0.025[Ω]일 때 전압변동률은 몇 [%]인가?

① 6.0 ② 12.5

③ 20.5 ④ 25.0

해설

무부하시 $V_0 = E$

부하시 $V = E - I_a R_a$

전압변동률 $= \dfrac{(200 + \frac{200 \times 10^3}{200} \times 0.025) - 200}{200} \times 100$

$= 12.5[\%]$

19 동기발전기에서 전기자 전류를 I, 역률을 $\cos\theta$라 하면 횡축 반작용을 하는 성분은?

① $I\cos\theta$　　　　② $I\cot\theta$

③ $I\sin\theta$　　　　④ $I\tan\theta$

해설

　동기 발전기에서 횡축 반작용은 전류와 전압이 동위상(R 부하)일 때 발생하며, 이때의 전기자전류 성분은 $I\cos\theta$이다.

20 단상 유도전동기와 3상 유도전동기를 비교했을 때 단상 유도전동기의 특징에 해당되는 것은?

① 대용량이다.

② 중량이 작다.

③ 역률, 효율이 좋다.

④ 기동장치가 필요하다.

해설

단상유도전동기의 특징

• 기동토크가 0이다.

• 2차 저항이 증가하면 토크는 감소한다.

• 비례 추이할 수 없다.

• 슬립이 0일 때는 토크가 부(-)가 된다.

01 자극수 4, 전기자 도체수 50, 전기자저항 0.1[Ω]의 중권 타여자전동기가 있다. 정격전압 105[V], 정격전류 50[A]로 운전하던 것을 전압 106[V] 및 계자회로를 일정히 하고 무부하로 운전했을 때 전기자전류가 10[A]이라면 속도변동률[%]은? (단, 매극의 자속은 0.05[Wb]라 한다.)

① 3   ② 5

③ 6   ④ 8

해설

전동기 속도 $N = k\dfrac{V - I_a R_a}{\Phi}$

$N = \dfrac{105 - 50 \times 0.1}{0.05} = 2000$, $N_0 = \dfrac{106 - 10 \times 0.1}{0.05} = 2100$

속도 변동률 $= \dfrac{N_0 - N}{N} \times 100 = \dfrac{2100 - 2000}{2000} \times 100 = 5\%$

02 동기발전기의 권선을 분포권으로 하면?

① 난조를 방지한다.

② 파형이 좋아진다.

③ 권선의 리액턴스가 커진다.

④ 집중권에 비하여 합성 유도 기전력이 높아진다.

해설

분포권은 집중권에 비해 합성 유도기전력은 낮아지지만 고조파를 감소시켜 파형을 좋게 한다.

03 직류 분권발전기가 운전 중 단락이 발생하면 나타나는 현상으로 옳은 것은?

① 과전압이 발생한다.

② 계자저항선이 확립된다.

③ 큰 단락전류로 소손된다.

④ 작은 단락전류가 흐른다.

해설

직류 분권발전기의 부하전류가 어느 값 이상으로 증가하게 되면 단자전압이 감소하여 부하전류는 소전류가 흐른다.

04 단락비가 큰 동기발전기에 대한 설명 중 틀린 것은?

① 효율이 나쁘다.

② 계자전류가 크다.

③ 전압변동률이 크다.

④ 안정도와 선로 충전용량이 크다.

해설

단락비가 큰 기계(철기계)의 특성

• 효율이 떨어진다.

• 선로 충전용량이 크다.

• 전압변동률이 작다.

• 안정도가 높다.

05 어떤 변압기의 부하역률이 60[%]일 때 전압변동률이 최대라고 한다. 지금 이 변압기의 부하역률이 100[%]일 때 전압변동률을 측정 했더니 3[%]였다. 이 변압기의 부하역률이 80[%]일 때 전압변동률은 몇 [%]인가?

① 2.4   ② 3.6

③ 4.8   ④ 5.0

해설

전압변동률 $\varepsilon = p\cos\theta + q\sin\theta$

$\cos\theta = 1$일 때 전압변동률이 3[%]이므로 $p = 3$

전압변동률이 최대일 때 $\cos\theta = \dfrac{p}{\sqrt{p^2 + q^2}} = 0.60$이므로 $q = 4$이다.

$\cos\theta = 0.8$일 때 전압변동률은 $3 \times 0.8 + 4 \times 0.6 = 4.8$[%]

정답   01 ②   02 ②   03 ④   04 ③   05 ③

06 직류발전기에서 기하학적 중성축과 θ만큼 브러시의 위치가 이동되었을 감자기자력[AT/극]은? (단, $K=\dfrac{I_a Z}{2Pa}$)

① $K\dfrac{\theta}{\pi}$

② $K\dfrac{2\theta}{\pi}$

③ $K\dfrac{3\theta}{\pi}$

④ $K\dfrac{4\theta}{\pi}$

해설
감자기자력 $AT_d = \dfrac{2\theta}{\pi} \cdot \dfrac{ZI_a}{2ap}$[AT/극]에서

$K=\dfrac{I_a Z}{2Pa}$ 이므로 $AT_d = \dfrac{2\theta}{\pi} \cdot k$이다.

07 동기 주파수변환기의 주파수 f_1 및 f_2 계통에 접속되는 양극을 P_1, P_2라 하면 다음 어떤 관계가 성립되는가?

① $\dfrac{f_1}{f_2} = P_2$

② $\dfrac{f_1}{f_2} = \dfrac{P_2}{P_1}$

③ $\dfrac{f_1}{f_2} = \dfrac{P_1}{P_2}$

④ $\dfrac{f_2}{f_1} = P_1 \cdot P_2$

해설
$N_s = \dfrac{120f}{p}$[rpm]에서 N_s가 일정할때에는 $p \propto f$ 이므로

$\dfrac{f_1}{f_2} = \dfrac{p_1}{p_2}$이다.

08 다음은 직류 발전기의 정류곡선이다. 이 중에서 정류 말기에 정류의 상태가 좋지 않은 것은?

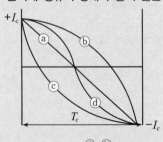

① ⓐ

② ⓑ

③ ⓒ

④ ⓓ

해설
• 불꽃 없는 양호한 정류 곡선 ⓐ, ⓓ
• 정류초기 불꽃 발생 ⓒ
• 정류말기 불꽃 발생 ⓑ

09 직류전압의 맥동률이 가장 작은 정류회로는? (단, 저항부하를 사용한 경우이다.)

① 단상전파

② 단상반파

③ 3상반파

④ 3상전파

해설
단상과 3상의 맥동률
단상반파 = 121%   단상전파 = 48%
3상 반판 = 17%   3상 전파 = 4%

10 권선형 유도전동기의 저항제어법의 장점은?

① 부하에 대한 속도변동이 크다.

② 역률이 좋고, 운전효율이 양호하다.

③ 구조가 간단하며, 제어조작이 용이하다.

④ 전부하로 장시간 운전하여도 온도 상승이 적다.

해설
2차저항법은 2차외부저항을 이용한 비례추이를 응용한 방법으로 구조가 간단하고 조작이 용이하나 2차 동손이 증가하기 때문에 효율이 나빠지며 가격이 고가이다.

11 권선형 유도전동기에서 비례추이를 할 수 없는 것은?

① 토크

② 출력

③ 1차 전류

④ 2차 전류

해설
• 비례추이가 가능한 특성
  토크, 1, 2차전류, 1차입력, 역률
• 비례추이가 불가능한 특성
  동기속도, 2차동선, 출력, 2차효율, 저항

정답   06 ②   07 ③   08 ②   09 ④   10 ③   11 ②

12 직류 직권전동기의 속도제어에 사용되는 기기는?

① 초퍼　　　　　② 인버터
③ 듀얼 컨버터　　④ 사이클로 컨버터

해설
전압제어법의 일종으로 초퍼를 이용해서 직류 직권전동기의 속도를 제어한다.

13 6극 유도전동기 의 고정자 슬롯(slot)홈 수가 36이라면 인접한 슬롯 사이의 전기각은?

① 30°　　　　　② 60°
③ 120°　　　　④ 180°

해설
$$기계각 = \frac{360}{전슬롯수} = \frac{360}{36} = 10°$$
$$전기각 = 기계각 \times \frac{p}{2} = 10 \times \frac{6}{2} = 30°$$

14 그림은 복권발전기의 외부특성곡선이다. 이 중 과복권을 나타내는 곡선은?

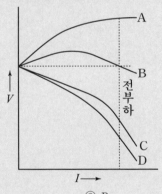

① A　　　　　② B
③ C　　　　　④ D

해설
과복권, 직권($V_n > V_0$)= A
평복권($V_n = V_0$)= B
타여자, 분권, 차동복권($V_n < V_0$)= C, D

15 누설 변압기에 필요한 특성은 무엇인가?

① 수하특성　　　② 정전압특성
③ 고저항특성　　④ 고임피던스특성

해설
누설변압기는 급격한 부하증가시 누설리액턴스로 인해 전압강하를 발생시켜 일정한 전류를 만드는 수하특성을 지닌 변압기이다.

16 단상변압기 3대를 이용하여 △-△ 결선하는 경우에 대한 설명으로 틀린 것은?

① 중성점을 접지할 수 없다.
② Y-Y결선에 비해 상전압이 선간전압의 $\frac{1}{\sqrt{3}}$ 배이므로 절연이 용이하다.
③ 3대 중 1대에서 고장이 발생하여도 나머지 2대로 V결선하여 운전을 계속할 수 있다.
④ 결선 내에 순환전류가 흐르나 외부에는 나타나지 않으므로 통신장애에 대한 염려가 없다.

해설
△-△ 결선은 상전압과 선간전압이 같다.

17 직류전동기의 속도제어 방법에서 광범위한 속도제어가 가능하며, 운전효율이 가장 좋은 방법은?

① 계자제어
② 전압제어
③ 직렬 저항제어
④ 병렬 저항제어

해설
외부단자에서 전압을 조절하는 전압제어법이 가장 좋다.

18 200[V]의 배전선 전압을 220[V]로 승압하여 30[kVA]의 부하에 전력을 공급하는 단권변압기가 있다. 이 단권변압기의 자기용량은 약 몇 [kVA]인가?

① 2.73 　　　② 3.55

③ 4.26 　　　④ 5.25

해설

$$P_{자기} = \frac{V_h - V_l}{V_h} \times P_{부하} = \frac{220 - 200}{220} \times 30 ≒ 2.73[kVA]$$

19 동기발전기의 단락시험, 무부하시험에서 구할 수 없는 것은?

① 철손 　　　② 단락비

③ 동기리액턴스 　　　④ 전기자 반작용

해설

무부하시험(개방시험) : 철손, 여자(무부하)전류, 여자어드미턴스

단락시험 : 동손, 임피던스와트(전압), 단락전류

20 유도전동기에서 공간적으로 본 고정자에 의한 회전자계와 회전자에 의한 회전자계는?

① 항상 동상으로 회전한다.

② 슬립만큼의 위상각을 가지고 회전한다.

③ 역률각만큼의 위상각을 가지고 회전한다.

④ 항상 180°만큼의 위상각을 가지고 회전한다.

해설

고정자에서 발생한 회전자계는 회전자에 와전류를 발생시키며 프레밍의 왼손법칙에 의해 전자력에 따른 토크를 발생시킨다. 따라서 회전자에 의한 회전자계와 고정자에 의한 회전자계와 방향이 같으며 위상도 같게 된다.

정답　　18 ①　　19 ④　　20 ①

19 과년도기출문제(2019. 8. 4 시행)

01 동기발전기에 회전계자형을 사용하는 이유로 틀린 것은?

① 기전력의 파형을 개선한다.
② 계자가 회전자이지만 저전압 소용량의 직류이므로 구조가 간단하다.
③ 전기자가 고정자이므로 고전압 대전류용에 좋고 절연이 쉽다.
④ 전기자보다 계자극을 회전자로 하는 것이 기계적으로 튼튼하다.

해설
동기기 회전계자형 사용 이유
• 기계적으로 더 튼튼하다.
• 출력이 증대된다.
• 회전시 위험성이 적다
• 절연에 용이하다

02 60[Hz], 12극, 회전자 외경 2[m]의 동기발전기에 있어서 자극면의 주변속도[m/s]는 약 얼마인가?

① 34
② 43
③ 59
④ 63

해설
동기발전기 주변속도 $v = \pi D \dfrac{N}{60}$,

$N = \dfrac{120}{p} \times f = \dfrac{120}{12} \times 60 = 600[\mathrm{rpm}]$,

$D = 2$ 이므로

$v = \pi \times 2 \times \dfrac{600}{60} = 63[\mathrm{m/s}]$

03 단상 전파정류회로를 구성한 것으로 옳은 것은?

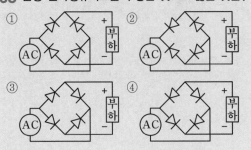

해설
정류소자 4개를 이용하여 접속한 단상 브리지 정류회로는 부하회로에 같은 방향이 되고 부하전압 및 부하전류의 평균치를 그래도 적용한다.

04 동기전동기의 전기자반작용에서 전기자전류가 앞서는 경우 어떤 작용이 일어나는가?

① 증자작용
② 감자작용
③ 횡축반작용
④ 교차자화작용

해설
동기전동기에서 전기자 반작용에서 앞선전류가 흐를 때는 C부하로 감자작용이 발생한다.

05 3상 유도전동기의 원선도 작성에 필요한 기본량이 아닌 것은?

① 저항 측정
② 슬립 측정
③ 구속 시험
④ 무부하 시험

해설
원선도 작도시 필요한 시험
• 권선저항측정시험
• 무부하시험
• 구속시험

정답 01 ① 02 ④ 03 ① 04 ② 05 ②

06 유도전동기 원선도에서 원의 지름은?
(단, E를 1차 전압, r는 1차로 환산한 저항, χ를 1차로 환산한 누설 리액턴스라 한다.)

① rE에 비례
② $r\chi E$의 비례
③ $\dfrac{E}{r}$에 비례
④ $\dfrac{E}{x}$에 비례

해설

유도 전동기는 부하에 의해 변화하는 전류 벡터의 궤적. 즉 원선도의 지름은 전압에 비례하고 리액턴스에 반비례한다.

07 단상 직권정류자전동기에 관한 설명 중 틀린 것은? (단, A : 전기자, C : 보상권선, F : 계자권선이라 한다.)

① 직권형은 A와 F가 직렬로 되어 있다.
② 보상 직권형은 A, C 및 F가 직렬로 되어있다.
③ 단상 직권정류자전동기에서는 보극권선을 사용하지 않는다.
④ 유도 보상 직권형은 A와 F가 직렬로 되어 있고 C는 A에서 분리한 후 단락되어 있다.

해설

단상 직권정류자전동기에서 전기자 반작용을 줄이기 위해서 보극권선을 사용한다.

08 PN 접합 구조로 되어 있고 제어는 불가능하나 교류를 직류로 변환하는 반도체 정류 소자는?

① IGBT
② 다이오드
③ MOSFET
④ 사이리스터

해설

다이오드는 PN접합 구조로 이루어져있으며 교류를 직류로 변환 가능한 소자이다.

09 3상 분권정류자전동기의 설명으로 틀린 것은?

① 변압기를 사용하여 전원전압을 낮춘다.
② 정류자권선은 저전압 대전류에 적합하다.
③ 부하가 가해지면 슬립의 발생 소요 토크는 직류전동기와 같다.
④ 특성이 가장 뛰어나고 널리 사용되고 있는 전동기는 시라게 전동기이다.

해설

부하가 가해지면 슬립의 발생 소요 토크는 유도전동기와 같다.

10 유도전동기의 회전자에 슬립 주파수의 전압을 공급하여 속도를 제어하는 방법은?

① 2차 저항법
② 2차 여자법
③ 직류 여자법
④ 주파수 변환법

해설

권선형 유도전동기의 슬립s을 제어하여 속도를 제어하는 방법은 2차 여자법이다.

11 권선형 유도전동기의 속도-토크 곡선에서 비례추이는 그 곡선이 무엇에 비례하여 이동하는가?

① 슬립
② 회전수
③ 공급전압
④ 2차 저항

해설

2차 저항이 증가할 때 비례추이 특징
• 최대토크를 발생하는 슬립이 증가하여 기동토크가 증가하고 기동전류가 감소하며 최대토크는 변하지 않는다.
• 기동역률이 좋아진다.
• 전부하 효율이 저하되고 속도가 감소한다.

정답   06 ④   07 ③   08 ②   09 ③   10 ②   11 ④

12 정격전압 200[V], 전기자 전류 100[A]일 때 100[rpm]으로 회전하는 직류 분권전동기가 있다. 이 전동기의 무부하 속도는 약 몇 [rpm]인가? (단, 전기자 저항은 0.15[Ω], 전기자 반작용은 무시한다.)

① 981   ② 1081

③ 1100   ④ 1180

해설

기전력 $E = k\Phi n$에서 $E \propto n$이다.

$$\frac{E}{V} = \frac{N}{N_0} = \frac{200 - I_a R_a}{200} = \frac{200 - 100 \times 0.15}{200} = \frac{1000}{N_0}$$

$$N_0 = \frac{200 \times 1000}{185} = 1081[rpm]$$

13 이상적인 변압기에서 2차를 개방한 벡터도 중 서로 반대 위상인 것은?

① 자속, 여자, 전류

② 입력 전압, 1차 유도기전력

③ 여자 전류, 2차 유도기전력

④ 1차 유도기전력, 2차 유도기전력

해설

변압기에서 입력전압과 1차 유도기전력 사이에는 180

14 동일 정격의 3상 동기발전기 2대를 무부하로 병렬 운전하고 있을 때, 두 발전기의 기전력 사이에 30°의 위상차가 있으면 한 발전기에서 다른 발전기에 공급되는 유효전력은 몇 [kW]인가? (단, 각 발전기의(1상의) 기전력은 1000[V], 동기 리액턴스는 4[Ω]이고, 전기차 저항은 무시한다.)

① 62.5   ② $62.5 \times \sqrt{3}$

③ 125.5   ④ $125.5 \times \sqrt{3}$

해설

동기발전기 2대 병렬운전시 서로 주고받는 수수전력

$$P = \frac{E^2}{2Z} \times \sin\theta = \frac{1000^2}{2 \times 4} \times 0.5 = 62500[W] = 62.5[kW]$$

15 어떤 단상 변압기의 2차 무부하전압이 240[V] 이고 정격 부하시의 2차 단자전압이 230[V]이다. 전압변동률은 약 몇 [%]인가?

① 2.35   ② 3.35

③ 4.35   ④ 5.35

해설

전압변동률

$$\varepsilon = \frac{V_0 - V_n}{V_n} = \frac{240 - 230}{230} = 0.04347 = 4.35[\%]$$

16 정격전압 6000[V], 용량 5000[kVA]의 Y결선 3상 동기발전기가 있다. 여자전류 200[A]에서의 무부하 단자전압 6000[V], 단락전류 600[A]일 때, 발전기의 단락비는 약 얼마인가?

① 0.25   ② 1

③ 1.25   ④ 1.5

해설

정격전류 $I_n = \frac{5000 \times 1000}{\sqrt{3} \times 6000} = 481.13[A]$

단락비 $k_s = \frac{I_s}{I_n} = \frac{600}{481.13} = 1.25$

17 다음은 직류 발전기의 정류 곡선이다. 이 중에서 정류 초기에 정류의 상태가 좋지 않은 것은?

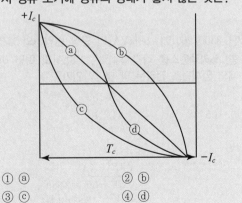

① ⓐ   ② ⓑ

③ ⓒ   ④ ⓓ

해설
정류 초기에 상태가 좋지 않은 것 : ⓒ
정류 말기에 상태가 좋지 않은 것 : ⓑ
양호한 정류 : ⓐ, ⓓ

18 2대의 변압기로 V결선하여 3상 변압하는 경우 변압기 이용률[%]은?

① 57.8 ② 66.6
③ 86.6 ④ 100

해설
V결선시 변압기 이용률 $= \dfrac{\sqrt{3} \times 1대의\ 용량}{2대\ 변압기\ 용량}$

$= \dfrac{\sqrt{3}\,P_1}{2P_1} = \dfrac{\sqrt{3}}{2} = 86.6[\%]$

19 직류기의 전기자에 일반적으로 사용되는 전기자 권선법은?

① 2층권 ② 개로권
③ 환상권 ④ 단층권

해설
직류기의 전기자 권선법 : 고상권, 폐로권, 2층권

20 3300/200[V], 50[kVA]인 단상 변압기의 %저항, %리액턴스를 각각 2.4[%], 1.6[%]라 하면 이 때의 임피던스 전압은 약 몇 [V]인가?

① 95 ② 100
③ 105 ④ 110

해설
퍼센트 임피던스 $\%Z = \sqrt{\%R^2 + \%X^2}$
$\qquad\qquad = \sqrt{2.4^2 + 1.6^2} = 2.88[\%]$
임피던스 전압 $V_s = \dfrac{\%Z \times V_{1n}}{100} = \dfrac{2.88 \times 3300}{100} = 95[V]$

20 과년도기출문제(2020. 6. 13 시행)

01 단상다이오드 반파 정류회로인 경우 정류 효율은 약 몇 [%]인가? (단, 저항부하인 경우이다.

① 12.6
② 40.6
③ 60.6
④ 81.2

해설

정류 종류	직류와 교류	정류 효율	맥동률
단상반파	$E_d = 0.45 E = \dfrac{\sqrt{2}}{\pi} E$	40.5	121%
단상전파	$E_d = 0.9 E = \dfrac{2\sqrt{2}}{\pi} E$ $E = 1.11 E_d$	81.1	48%
3상반파	$E_d = 1.17 E = \dfrac{3\sqrt{6}}{2\pi} E$	96.7	17%
3상전파 (6상반파)	$E_d = 1.35 E = \dfrac{3\sqrt{2}}{\pi} E$	99.8	4%

02 직류발전기의 병렬운전에서 균압모선을 필요로 하지 않는 것은?

① 분권발전기
② 직권발전기
③ 평복권발전기
④ 과복권발전기

해설

직류 발전기 병렬운전시 균압모선이 필요한 경우
• 복권발전기
• 직권 발전기

03 3상 유도전동기의 전원측에서 임의의 2선을 바꾸어 접속하여 운전하면?

① 즉각 정지된다.
② 회전방향이 반대가 된다.
③ 바꾸지 않았을 때와 동일하다.
④ 회전방향은 불변이나 속도가 약간 떨어진다.

해설

유도 전동기의 전원측에서 임의의 2선을 접속하여 운전하면 회전방향이 반대가 된다. 이를 이용한 제동법이 역상제동(플러깅)이다.

04 직류 분권전동기의 정격전압 220[V], 정격전류 105[A], 전기자저항 및 계자회로의 저항이 각각 0.1[Ω] 및 40[Ω]이다. 기동전류를 정격전류의 150[%]로 할 때의 기동저항은 약 몇 [Ω]인가?

① 0.46
② 0.92
③ 1.21
④ 1.35

해설

$$I_f = \frac{V}{R_f} = \frac{220}{40} = 5.5[A]$$

기동전류는 정격의 150%이므로
기동전류 = 105 × 1.5 = 157.5[A]
전기자전류 $I_a = I - I_f = 157.5 - 5.5 = 152[A]$

$$R_a + R = \frac{V}{I_a} = \frac{220}{152} = 1.45[\Omega]$$

기동저항 $R = 1.44 - 0.1 = 1.35[\Omega]$

05 전기자저항과 계자저항이 각각 0.8[Ω]인 직류 직권전동기가 회전수 200[rpm], 전기자전류 30[A]일 때 역기전력은 300[V]이다. 이 전동기의 단자전압을 500[V]로 사용한다면 전기자전류가 위와 같은 30[A]로 될 때의 속도[rpm]는? (단, 전기자반작용, 마찰손, 풍손 및 철손은 무시한다.)

① 200   ② 301
③ 452   ④ 500

해설

$E = k\phi N \propto N$
처음 역기전력 $E = 300$[V]이다.
이때 단자전압을 500V로 변경했으므로
역기전력 $E' = V - I_a R_a = 500 - 30 \times (0.8 + 0.8) = 452$[V]
역기전력과 회전수는 비례하므로
$N' = N \times \dfrac{452}{300} = 200 \times \dfrac{452}{300} ≒ 301$[rpm]

06 수은 정류기에 있어서 정류기의 밸브작용이 상실되는 현상을 무엇이라고 하는가?

① 통호   ② 실호
③ 역호   ④ 점호

해설

역호 : 밸브 기능이 상실되는 현상

07 3상 유도전동기의 전원주파수와 전압의 비가 일정하고 정격속도 이하로 속도를 제어하는 경우 전동기의 출력 P와 주파수 f와의 관계는?

① $P \propto f$ ② $P \propto \dfrac{1}{f}$
③ $P \propto f^2$ ④ P는 f에 무관

해설

출력 $P = w \cdot T = 2\pi n T = \dfrac{4\pi f}{p}(1-s)T$ 에서
출력 P와 주파수 f는 비례하는 것을 확 할 수 있다.

08 SCR에 대한 설명으로 옳은 것은?

① 증폭기능을 갖는 단방향성 3단자 소자이다.
② 제어기능을 갖는 양방향성 3단자 소자이다.
③ 정류기능을 갖는 단방향성 3단자 소자이다.
④ 스위칭기능을 갖는 양방향성 3단자 소자이다.

해설

SCR은 정류기능을 갖는 단방향성 3단자 소자이다.

09 유도전동기의 주파수가 60[Hz]이고 전부하에서 회전수가 매분 1164회이면 극수는? (단, 슬립은 3[%]이다.)

① 4   ② 6
③ 8   ④ 10

해설

$s = 0.03$, $N = 1164$이다.
이때 동기속도 $N_s = \dfrac{N}{1-s} = \dfrac{1164}{1-0.03} = 1200$[rpm]
$N_s = \dfrac{120}{p}f$, $p = \dfrac{120}{N_s}f = \dfrac{120}{1200} \times 60 = 6$[극]

10 동기기의 과도 안정도를 증가시키는 방법이 아닌 것은?

① 속응 여자방식을 채용한다.
② 동기 탈조계전기를 사용한다.
③ 동기화 리액턴스를 작게 한다.
④ 회전자의 플라이휠 효과를 작게 한다.

해설

동기기의 과도 안전도를 증가시키는 방법
• 속응 여자방식 채용
• 동기 탈조계전기 사용
• 동기화 리액턴스를 작게
• 회전자의 플라이휠 효과 증대
• 정상분 리액턴스 작게
• 영상, 역상분 임피던스 크게

정 답   05 ②   06 ③   07 ①   08 ③   09 ②   10 ④

11 전압비 3300/110[V] 1차 누설 임피던스 $Z_1 = 12+j13[\Omega]$, 2차 누설 임피던스 $Z_2 = 0.015+j0.013[\Omega]$인 변압기가 있다. 1차로 환산된 등가 임피던스[Ω]는?

① $22.7+j25.5$ ② $24.7+j25.5$
③ $25.5+j22.7$ ④ $25.5+j24.7$

해설

2차에서 1차로 환산된 등가 임피던스
$$Z_{21} = (R_1+R_{21})+j(X_1+X_{21})$$
$$= (R_1+R_2 \times a^2)+j(X_1+X_2 \times a^2)$$
$$= (12+0.015 \times 30^2)+j(13+0.013 \times 30^2)$$
$$= 25.5+j24.7$$

12 동기발전기의 단자 부근에서 단락이 발생되었을 때 단락전류에 대한 설명으로 옳은 것은?

① 서서히 증가한다.
② 발전기는 즉시 정지한다.
③ 일정한 큰 전류가 흐른다.
④ 처음은 큰 전류가 흐르나 점차 감소한다.

해설

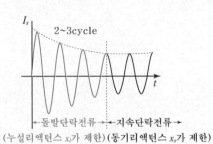

처음에는 큰 전류가 흐르나 점차 감소한다.

13 어떤 공장에 뒤진 역률 0.8인 부하가 있다. 이 선로에 동기조상기를 병렬로 결선해서 선로의 역률을 0.95로 개선하였다. 개선 후 전력의 변화에 대한 설명으로 틀린 것은?

① 피상전력과 유효전력은 감소한다.
② 피상전력과 무효전력은 감소한다.
③ 피상전력은 감소하고 유효전력은 변화가 없다.
④ 무효전력은 감소하고 유효전력은 변화가 없다.

해설

역률 개선시 무효전력 감소하며 유효전력은 변화가 없다. 피상전력은 감소하게 된다.

14 기동 시 정류자의 불꽃으로 라디오의 장해를 주며 단락장치의 고장이 일어나기 쉬운 전동기는?

① 직류 직권전동기
② 단상 직권전동기
③ 반발기동형 단상유도전동기
④ 셰이딩코일형 단상유도전동기

해설

단락장치가 들어있는 전동기는 반발 기동형 단상 유도전동기이다.

15 8극, 유도기전력 100[V], 전기자전류 200[A]인 직류 발전기의 전기자권선을 중권에서 파권으로 변경했을 경우의 유도기전력과 전기자전류는?

① 100[V], 200[A]   ② 200[V], 100[A]
③ 400[V], 50[A]   ④ 800[V], 25[A]

해설

중권 $a=p=8$, $E=100[V]$, $I_a=200[A]$

중권에서 파권으로 가면 a는 $\frac{1}{4}$배 감소

$$E=\frac{z}{a}p\phi\frac{N}{60} \propto \frac{1}{a}$$
$$E' = 100 \times 4 = 400[V]$$
$$I_a \propto a$$
$$I_a' = 200 \times \frac{1}{4} = 50[A]$$

16 8극, 50[kW], 3300[V], 60[Hz]인 3상 권선형 유도전동기의 전부하 슬립이 4[%]라고 한다. 이 전동기의 슬립링 사이에 0.06[Ω]의 저항 3개를 Y로 삽입하면 전부하 토크를 발생할 때의 회전수 [rpm]는? (단, 2차 각상의 저항은 0.04[Ω]이고, Y접속이다.)

① 660　　　　　② 720
③ 750　　　　　④ 880

해설

$N = N_s(1-s)$

$s \propto r_2$

$r_2 = 0.04\Omega \rightarrow r_2 + R = 0.04 + 0.16 = 0.2\Omega$

$\dfrac{0.2}{0.04} = 5$배

$N' = \dfrac{120}{p}f(1-5s) = \dfrac{120 \times 60}{8}(1-5\times 0.04) = 720[\text{rpm}]$

17 임피던스 강하가 5[%]인 변압기가 운전 중 단락되었을 때 그 단락전류는 정격전류의 몇 배인가?

① 20　　　　　② 25
③ 30　　　　　④ 35

해설

단락전류 $I_s = \dfrac{100}{\%Z} \times I_n = \dfrac{100}{5} \times I_n = 20 \times I_n$

18 변압기의 임피던스와트와 임피던스전압을 구하는 시험은?

① 부하시험　　　② 단락시험
③ 무부하시험　　④ 충격전압시험

해설

단락시험 : 동손, 임피던스와트(전압), 단락전류

19 변압기에서 1차 측의 여자어드미턴스를 Y_0라고 한다. 2차 측으로 환산한 여자 어드미턴스 Y_o'을 옳게 표현한 식은?

① $Y_o' = a^2 Y_0$　　　② $Y_o' = a Y_0$
③ $Y_o' = \dfrac{Y_0}{a^2}$　　　④ $Y_o' = \dfrac{Y_0}{a}$

해설

$a = \sqrt{\dfrac{Z_1}{Z_2}} = \sqrt{\dfrac{\frac{1}{Y_0}}{\frac{1}{Y_0'}}} = \sqrt{\dfrac{Y_0'}{Y_0}}$

$a^2 = \dfrac{Y_0'}{Y_0} \rightarrow Y_0' = a^2 Y_0$

20 3상 동기기의 제동권선을 사용하는 주 목적은?

① 출력이 증가한다.
② 효율이 증가한다.
③ 역률을 개선한다.
④ 난조를 방지한다.

해설

제동권선을 사용하는 주 이유는 난조를 방지하는데 있다.

20 과년도기출문제(2020. 8. 22 시행)

01 돌극형 동기발전기에서 직축 리액턴스 X_d와 횡축 리액턴스 X_q는 그 크기 사이에 어떤 관계가 있는가?

① $X_d = X_q$ ② $X_d > X_q$

③ $X_d < X_q$ ④ $2X_d = X_q$

해설

돌극형 동기 발전기에서 직축 리액턴스와 횡축 리액턴스의 크기는 $X_d > X_q$ 이다.

02 어떤 정류기의 출력전압 평균값이 2000[V]이고 맥동률이 3%이면 교류분은 몇 [V] 포함되어 있는가?

① 20 ② 30

③ 60 ④ 70

해설

맥동률$=\dfrac{교류전압}{직류전압}=\dfrac{교류전압}{2000}\times 100 = 3[\%]$

교류전압$= 60[\text{V}]$

03 직류기에서 전류용량이 크고 저전압 대전류에 가장 적합한 브러시 재료는?

① 탄소질 ② 금속 탄소질

③ 금속 흑연질 ④ 전기 흑연질

해설

저전압 대전류에 가장 적합한 브러시 재료는 금속 흑연질 브러시이다.

04 동기 발전기 종류 중 회전계자형의 특징으로 옳은 것은?

① 고주파 발전기에 사용

② 극소용량, 특수용으로 사용

③ 소요전력이 크고 기구적으로 복잡

④ 기계적으로 튼튼하여 가장 많이 사용

해설

회전계자형은 계자를 회전하고 전기자를 고정시키며, 주로 동기발전기에서 사용한다. 기계적으로 튼튼하여 가장 많이 사용하게 된다.

05 전압비 a인 단상변압기 3대를 1차 $\triangle$결선, 2차 Y결선으로 하고 1차에 선간전압 $V[\text{V}]$를 가했을 때 무부하 2차 선간전압[V]은?

① $\dfrac{V}{a}$ ② $\dfrac{a}{V}$

③ $\sqrt{3}\cdot\dfrac{V}{a}$ ④ $\sqrt{3}\cdot\dfrac{a}{V}$

해설

1차 선간전압을 V라고 할 때 전압비는 상전압을 기준으로 비를 나타낸 것이기 때문에 상전압으로 변경해야 된다. 1차는 $\triangle$결선이므로 선간전압 = 상전압 = V이다.

변압비를 이용해 2차 전압을 구하면 2차 전압$=\dfrac{V}{a}$이다.

문제에서 2차 선간전압을 구하라고 했으므로, 2차는 Y결선이므로 2차 상전압$\times\sqrt{3}$ = 2차 선간전압이다.

2차 선간전압$=\dfrac{V}{a}\times\sqrt{3}$

정답   01 ②   02 ③   03 ③   04 ④   05 ③

06 단상 및 3상 유도전압조정기에 대한 설명으로 옳은 것은?

① 3상 유도전압조정기에는 단락권선이 필요 없다.
② 3상 유도전압조정기의 1차와 2차 전압은 동상이다.
③ 단락권선은 단상 및 3상 유도전압조정기 모두 필요하다.
④ 단상 유도 전압조정기의 기전력은 회전자계에 의해서 유도된다.

해설
3상 유도전압조정기에는 단락권선이 필요 없고, 단상 유도전압조정기에서는 단락권선이 필요하다.

07 12극과 8극인 2개의 유도전동기를 종속법에 의한 직렬접속법으로 속도제어할 때 전원주파수가 60[Hz]인 경우 무부하 속도 N_0는 몇 [rps]인가?

① 5
② 6
③ 200
④ 360

해설
종속법에 의한 직렬 접속법을 사용할 경우 극수
$P = P_1 + P_2 = 12 + 8 = 20$
속도 $N_S = \dfrac{120}{P} \times f = \dfrac{120}{20} \times 60 = 360[\mathrm{rpm}] = 6[\mathrm{rps}]$

08 인버터에 대한 설명으로 옳은 것은?

① 직류를 교류로 변환
② 교류를 교류로 변환
③ 직류를 직류로 변환
④ 교류를 직류로 변환

해설
직류 → 교류 : 인버터
교류 → 직류 : 컨버터

09 직류전동기의 역기전력에 대한 설명으로 틀린 것은?

① 역기전력은 속도에 비례한다.
② 역기전력은 회전방향에 따라 크기가 다르다.
③ 역기전력이 증가할수록 전기자 전류는 감소한다.
④ 부하가 걸려 있을 때에는 역기전력은 공급전압보다 크기가 작다.

해설
역기전력은 회전방향과는 관계없다.

10 유도전동기의 실부하법에서 부하로 쓰이지 않는 것은?

① 전동발전기
② 전기동력계
③ 프로니 브레이크
④ 손실을 알고 있는 직류 발전기

해설
실부하법에 사용하는 부하
• 전기동력계
• 프로니 브레이크
• 손실을 알고 있는 직류 발전기

11 직류기의 구조가 아닌 것은?

① 계자 권선
② 전기자 권선
③ 전기자 철심
④ 내철형 철심

해설
직류기 구조
• 계자(권선, 철심)
• 전기자(권선, 철심)
• 정류자

정답 06 ① 07 ② 08 ① 09 ② 10 ① 11 ④

12 30[kW]의 3상 유도전동기에 전력을 공급할 때 2대의 단상변압기를 사용하는 경우 변압기의 용량은 약 몇 [kVA]인가? (단, 전동기의 역률과 효율은 각각 84%, 86%이고 전동기 손실은 무시한다.)

① 17
② 24
③ 51
④ 72

해설

$$V결선(출력) = 유도전동기(입력) = \frac{유도전동기\ 출력}{효율}$$

$$\sqrt{3} \times P_1 = \frac{P}{\eta},$$

$$P_1 = \frac{P}{\sqrt{3} \times \eta \times \cos\theta} = \frac{30}{\sqrt{3} \times 0.86 \times 0.84} = 24[kVA]$$

13 3상, 6극 슬롯수 54의 동기발전기가 있다. 어떤 전기자 코일의 두 변이 제1슬롯과 제8슬롯에 들어있다면 단절권 계수는 약 얼마인가?

① 0.9397
② 0.9567
③ 0.9837
④ 0.9117

해설

$$단절권\ 계수 = \sin\frac{\beta}{2}\pi$$

$$\beta = \frac{권선피치}{자극피치} = \frac{7}{9}$$

$$단절권\ 계수 = \sin\frac{\beta}{2}\pi = \sin\frac{\frac{7}{9}}{2}\pi = 0.9397$$

14 부흐홀츠 계전기로 보호되는 기기는?

① 변압기
② 발전기
③ 유도전동기
④ 회전변류기

해설

부흐홀츠 계전기 보호되는 기기는 변압기이다.

15 변압기의 효율이 가장 좋을 때의 조건은?

① 철손 = 동손

② 철손 = $\frac{1}{2}$동손

③ $\frac{1}{2}$철손 = 동손

④ 철손 = $\frac{2}{3}$동손

해설

변압기 효율이 가장 좋을 때의 조건은 철손 = 동손 일 때이다.

16 직류전동기 중 부하가 변하면 속도가 심하게 변하는 전동기는?

① 분권 전동기
② 직권 전동기
③ 차동 복권 전동기
④ 가동 복권 전동기

해설

속도가 심하게 변하는 전동기 순서는
직권 전동기 - 가동 복권 전동기- 분권 전동기 - 차동 복권 전동기 - 타여자 전동기 순이다.

17 1차 전압 6900[V], 1차 권선 3000회, 권수비 20의 변압기가 60[Hz]에 사용할 때 철심의 최대 자속[Wb]은?

① 0.76×10^{-4}
② 8.63×10^{-3}
③ 80×10^{-3}
④ 90×10^{-3}

해설

변압기 유기기전력 $E = 4.44 \times f \times \Phi \times N$

자속으로 식을 정리하게 되면 $\Phi = \dfrac{E}{4.44 \times N \times f}$ 이다.

1차 전압 $E = 6900V$
1차 권선 $N = 3000$회
주파수 $f = 60Hz$
각 값을 대입하면 8.63×10^{-3}이다.

정답   12 ②   13 ①   14 ①   15 ①   16 ②   17 ②

18 표면을 절연 피막처리 한 규소강판을 성층하는 이유로 옳은 것은?

① 절연성을 높이기 위해

② 히스테리시스손을 작게 하기 위해

③ 자속을 보다 잘 통하게 하기 위해

④ 와전류에 의한 손실을 작게 하기 위해

해설

규소강판을 성층하는 이유는 와전류에 의한 손실을 작게 하기 위해서이다.

19 단상 유도전동기 중 기동토크가 가장 작은 것은?

① 반발 기동형

② 분상 기동형

③ 쉐이딩 코일형

④ 커패시터 기동형

해설

단상 유도 전동기의 기동 토크 순서는
반발 기동형 – 반발 유도형 – 콘덴서 기동형 – 분상 기동형 – 세이딩 코일형 순이다.

20 동기기의 전기자 권선법으로 적합하지 않은 것은?

① 중권   ② 2층권

③ 분포권   ④ 환상권

해설

동기기의 전기자 권선법으로 사용하는 것은
고상권 – 폐로권 – 2층권 – 중권(분포권, 단절권)이다.

20 과년도기출문제(2020. 9. 26 시행)

※ 본 기출문제는 수험자의 기억을 바탕으로 하여 복원한 문제이므로 실제 문제와 다를 수 있음을 미리 알려드립니다.

01 다음 중에서 직류전동기의 속도제어법이 아닌 것은?

① 계자제어법
② 전압제어법
③ 저항제어법
④ 2차여자법

해설

직류 전동기의 속도 제어법 $N = k\dfrac{V - I_a R_a}{\phi}$ 이다.

• 전압 제어법
• 저항 제어법
• 계자 제어법

02 발전기의 단자 부근에서 단락이 일어났다고 하면 단락전류는?

① 계속 증가한다.
② 처음은 큰 전류이나 점차로 감소한다.
③ 일정한 큰 전류가 흐른다.
④ 발전기가 즉시 정지한다.

해설

초기 돌발 단락전류$\left(I_s = \dfrac{E}{x_\ell}[\mathrm{A}]\right)$가 흐를 때 누설리액턴스만 작용하여 큰 단락전류가 발생하나, 지속 단락전류$\left(I_s = \dfrac{E}{x_a + x_\ell}\right)$로 변화하면 반작용 리액턴스도 작용하게 되어 점차 단락 전류의 크기가 감소하게 된다.

03 동기발전기의 병렬운전 중 계자를 변환시키면 어떻게 되는가?

① 무효순환전류가 흐른다.
② 주파수 위상이 변한다.
③ 유효순환전류가 흐른다.
④ 속도 조정률이 변한다.

해설

동기발전기는 리액턴스 성분이 크기 때문에 무효(지상)순환전류가 흐른다.

04 유입자냉식으로 옳은 기호는?

① ONAN
② ONAF
③ AF
④ AN

해설

ONAN : 유입자냉식
ONAF : 유입풍냉식
AF : 건식풍냉식
AN : 건식자냉식

05 3300[V], 60[Hz]용 변압기의 와류손이 360[W]이다. 이 변압기를 2750[V], 50[Hz]의 주파수에 사용할 때 와류손[W]는?

① 250
② 350
③ 425
④ 500

해설

$V = fB$이므로 와류손은 $P_e = k_e (fBt)^2 = k_e (Vt)^2$,
즉 $P_e = V^2$이다.
따라서, $P_e : V^2 = P_e^{'} : V^{'2}$으로 계산되므로
$720 : 3300^2 = P_e^{'} : 2750^2$
$P_e^{'} = \left(\dfrac{2750}{3300}\right)^2 \times 360 = 250[\mathrm{W}]$ 이다.

06 발전기 또는 주변압기의 내부고장 보호용으로 가장 널리 쓰이는 계전기는?

① 거리계전기
② 비율차동계전기
③ 과전류 계전기
④ 방향단락계전기

해설

변압기의 내부고장에 대한 보호계전기
비율차동계전기(차동계전기) : 변압기 상간 단락에 의해 1, 2차간 전류차가 발생하면 동작하는 계전기

정답   01 ④   02 ②   03 ①   04 ①   05 ①   06 ②

07 유도전동기의 토크(회전력)는?

① 단자전압과 무관
② 단자전압에 비례
③ 단자전압의 제곱에 비례
④ 단자전압의 3승에 비례

해설

유도전동기의 토크는 단자전압의 제곱에 비례한다.
($T \propto V^2$)

08 권선형 유도 전동기에서 2차 저항을 변화시켜 속도를 제어하는 경우 최대 토크는?

① 최대 토크가 생기는 점의 슬립에 비례한다.
② 최대 토크가 생기는 점의 슬립에 반비례한다.
③ 2차 저항에만 비례한다.
④ 항상 일정하다.

해설

권선형 유도 전동기에서 최대토크는 항상 일정하다.

09 유도 전동기의 슬립을 측정하려고 한다. 다음 중 슬립의 측정법이 아닌 것은?

① 직류 밀리볼트계 법
② 수화기 법
③ 스트로보스코프 법
④ 프로니 브레이크 법

해설

프로니 브레이크 법은 중·소형 직류전동기의 토크측정 방법이다.

10 교류를 교류로 변환하는 기기로서 주파수를 변화하는 기기는?

① 인버터
② 전동 직류발전기
③ 회전변류기
④ 사이클로 컨버터

해설

• 인버터 : 직류를 교류로 변환하는 기기
• 회전변류기 : 동기전동기와 직류발전기의 축을 연결하여 교류를 직류로 변환하는 기기
• 사이클로 컨버터 : 교류의 주파수를 변환하는 기기

11 다음은 단상 직권 정류자 전동기에서 보상 권선과 저항 도선의 작용을 설명한 것이다. 옳지 않은 것은?

① 저항 도선은 변압기 기전력에 의한 단락전류를 작게 한다.
② 변압기 기전력을 크게 한다.
③ 역률을 좋게 한다.
④ 전기자 반작용을 제거해 준다.

해설

보상 권선은 전기자 반작용을 상쇄하여 역률을 좋게 할 수 있고 변압기 기전력을 작게 해서 정류 작용을 개선한다. 저항 도선은 변압기 기전력에 의한 단락 전류를 작게 하여 정류를 좋게 한다.

12 220[V], 3상 유도전동기의 전부하 슬립이 4[%]이다. 공급전압이 10[%] 감소된 경우의 전부하 슬립[%]은?

① 3
② 4
③ 5
④ 6

해설

$$\frac{s'}{s} = \left(\frac{V_1}{V_2'}\right)^2$$

$$s' = s\left(\frac{V_1}{V_1'}\right)^2 = 0.04 \times \left(\frac{V_1}{V_1 \times 0.9}\right)^2$$

$$= 0.04 \times \left(\frac{220}{220 \times 0.9}\right)^2 = 0.05$$

13 변압기 출력이 4[kW]일 때 전부하 동손은 270[kW], 철손은 150[kW]이다. 이때 최대효율일 때의 부하는?

① 66.7 ② 70.7
③ 86.6 ④ 92.2

해설
변압기의 최대 효율 조건은 $\dfrac{P_i}{P_c} = \dfrac{150}{270} = 66.7[\%]$

16 동기전동기의 자기기동에서 계자권선을 단락하는 이유는?

① 고전압이 유도된다.
② 전기자 반작용을 방지한다.
③ 기동권선으로 이용한다.
④ 기동이 쉽다.

해설
동기전동기를 자극 표면에 제동권선을 설치하여 기동시 계자권선에 고압이 유기되어 소손될 수 있어 단락시킨다.

14 가동복권 발전기의 내부 결선을 바꾸어 직권 발전기로 하려면?

① 직권 계자를 단락시킨다.
② 분권 계자를 단락시킨다.
③ 외분권 복권형으로 한다.
④ 분권 발전기로 할 수 없다.

해설
복권발전기의 계자 권선을
• 분권계자권선 개방시 직권발전기로 사용
• 직권계자권선 단락시 분권발전기로 사용

17 정격전압 100[V] 전기자 전류 100[A]일 때 1500[rpm]으로 회전하는 직류 분권전동기가 있다. 이 전동기의 무부하 속도는 약 몇 [rpm]인가? (단 , 전기자 저항은 0.3[Ω], 전기자 반작용은 무시한다.)

① 1646 ② 1600
③ 1582 ④ 1546

해설
직류 분권전동기 속도는
$N = k\dfrac{V - I_a R_a}{\phi}$ 에서 $N \propto (V - I_a R_a)$ 이다.
$V - I_a R_a = 100 - 100 \times 0.3 = 97[V]$ 이다.
무부하시 $I_a = 0[A]$이므로 $V = E$이므로 비례식을 만들면
$1500 : 97 = N_0 : 100$
$N_0 = \dfrac{1500 \times 100}{97} = 1546[\mathrm{rpm}]$ 이다.

15 변압기 열화방지 대책으로 옳지 않은 것은?

① 수소봉입 ② 콘서베이터 설치
③ 브리더 방식 ④ 질소봉입

해설
변압기유 열화 방지책
• 질소봉입(밀봉)
• 콘서베이터 설치
• 브리더(흡착제) 방식

18 부하전류가 50[A]인 직류 직권 발전기의 단자 전압이 100[V]이다. 이때 부하전류가 70[A]일 때 단자 전압은?(계자저항과 전기자 저항은 0.1[Ω]이며, 전기자 반작용과 브러시 전압강하는 무시한다.)

① 116
② 140
③ 156
④ 170

해설

50[A]일 때의 유기기전력은
$E = V + I_a(R_a + R_s) = 100 + 50(0.1 + 0.1) = 110[V]$이다.
직권 발전기의 특징은 $I = I_a = I_s$ ≒ ϕ이고, 유기기전력은
$E = k\phi N$이므로 전류와 비례하여 자속도 증가하였으므로
유기기전력도 1.4배 증가하게 된다.
부하전류 70[A]일 때 유기기전력은
$110 \times 1.4 = 154[V]$ 이고 단자전압은
$V = E - I_a(R_a + R_s) = 154 - 70(0.1 + 0.1) = 140[V]$

20 게이트와 소스 사이에 걸리는 전압으로 제어하는 반도체소자로 트랜지스터에 비해 스위칭 속도가 매우 빠른 이점이 있으나 용량이 적어 비교적 작은 전력범위 내에서 사용하는 것은?

① IGBT
② MOSFET
③ SCR
④ TRIAC

해설

MOSFET은 게이트와 소스사이에 걸리는 전압으로 제어하며, 스위칭속도가 매우 빠른 이점이 있으나 용량이 적어 비교적 작은 전력 범위내에서 적용되는 한계가 있는 반도체 소자이다.

19 터빈발전기와 수차발전기의 특징으로 옳지 않은 것은?

① 터빈발전기의 돌극형이다.
② 수차발전기는 저속기이다.
③ 수차발전기의 안정도는 터빈 발전기보다 좋다.
④ 터빈발전기는 극수가 2~4개이다.

해설

종류	돌극기(철기계)	비돌극기(동기계)
용도	수차발전기	터빈발전기
속도	저속기	고속기
축	짧고 굵다	길고 얇다
극수	많다 / 6극 이상	적다 / 2~4
속도	공기	수소
단락비	크다 / 0.9~1.2	작다 / 0.6~0.9
안정도	크다	작다
공극	불균일	균일

정답 18 ② 19 ① 20 ②

21

과년도기출문제(2021. 3. 7 시행)

※ 본 기출문제는 수험자의 기억을 바탕으로 하여 복원한 문제이므로 실제 문제와 다를 수 있음을 미리 알려드립니다.

01 직류발전기 극수가 10, 매극의 자속수가 0.01 [Wb], 600[rpm] 총도체수가 240일 때 유기기전력의 크기 [V]는? (병렬회로수는 2이다.)

① 60 ② 120
③ 180 ④ 240

해설

$$E=\frac{pZ\phi N}{60a}=\frac{10\times240\times0.01\times600}{60\times2}=120[\mathrm{A}]$$

02 직류발전기의 외부특성 곡선과 관계되는 것은 어느 것인가?

① 단자전압과 계자전류
② 단자전압과 부하전류
③ 전기자 전류와 부하전류
④ 부하전류와 회전속도

해설

직류발전기 외부 특성곡선의 단자전압과 부하전류이다.

03 직류 분권전동기에서 자속이 2배되면 회전수는?

① 1배 ② 2배
③ 1/2배 ④ 1/4배

해설

전동기의 속도는 $N\propto\dfrac{1}{\phi}$으로 반비례 관계 이므로 자속이 22배가 되면 회전수는 1/2배가 된다.

04 직류 분권전동기에서 단자전압이 225[V]이고 전기자 전류가 30[A], 전기자 저항이 0.2[Ω]이라고 한다. 이때 기동저항기를 투입해서 기동전류를 정격전류의 1.5배로 하려고 할 때 저항의 크기는?

① 4.8 ② 3.7
③ 5.4 ④ 6.2

해설

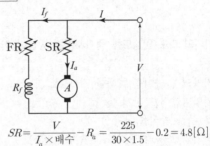

$$SR=\frac{V}{I_a\times 배수}-R_a=\frac{225}{30\times1.5}-0.2=4.8[\Omega]$$

05 회전계자형으로 동기전동기를 사용하는 이유로 옳지 않은 것은?

① 전기자가 계자보다 결선이 복잡하다.
② 절연이 용이하다.
③ 기전력의 파형 개선
④ 기계적으로 튼튼하다.

해설

계자를 회전자로 사용하는 이유는
• 기계적인 이유
  계자가 전기자보다 기계적으로 튼튼하다.
  전기자는 계자의 결선보다 복잡하고 무겁다.

• 전기적인 이유
  계자는 직류 저전압 소전류로 절연이 용이하다.
  전기자는 3상 교류 고전압 대전류로 회전자 사용시 절연이 어렵다.

정답 01 ② 02 ② 03 ③ 04 ① 05 ③

06 동기발전기 특성시험을 통해서 알 수 있는 것이 아닌 것은?

① 누설 리액턴스
② 전기자 반작용
③ 포화율
④ 단락비

해설

동기발전기 특성시험을 통해 단락비와 포화율, 누설 리액턴스, 철손과 동손 등을 알수 있으나 전기자 반작용을 구할 수 없다

07 동기기의 과도 안정도를 증가시키는 방법이 아닌 것은?

① 회전자의 플라이휠 효과를 작게 할 것
② 동기임피던스를 작게 할 것
③ 속응 여자 방식을 채용할 것
④ 발전기의 조속기 동작을 신속하게 할 것

해설

동기기의 안정도 증진 방법
• 회전자의 플라이휠 크게한다.
• 동기(정상)임피던스를 작게 한다.
• 속응여자방식을 채용한다.
• 조속기의 동작을 신속하게 한다.

08 정격전압이 $6000[V]$, 용량이 $5000[kVA]$ 동기임피던스가 $10[\Omega]$, %동기임피던스가 1.38인 동기 발전기가 있다. 단락비를 구하면?

① 0.72   ② 0.64
③ 0.87   ④ 1.21

해설

단락비 $K_s = \dfrac{1}{\%Z_s[\text{P.U}]} = \dfrac{1}{1.38} = 0.72$이다.

09 단상변압기가 있다. 전부하에서 2차 전압은 $115[V]$이고, 전압변동률은 $2[\%]$이다. 1차 단자 전압을 구하여라. (단, 1차, 2차 권수비는 $20:1$ 이다.)

① $2356[V]$ ② $2346[V]$
③ $2336[V]$ ④ $2326[V]$

해설

$$V_1 = a(1+\varepsilon)V_{2n} = 20(1+0.02)115 = 2346[V]$$

10 다음 중 3상 변압기군의 병렬 운전이 불가능한 결선은?

① $\triangle - \triangle$ 와 $\triangle - \triangle$
② $\triangle - \triangle$ 와 $\triangle - Y$
③ $Y - Y$ 와 $Y - Y$
④ $\triangle - Y$ 와 $Y - \triangle$

해설

$\triangle - \triangle$와 $\triangle - Y$ 또는 $\triangle - Y$와 $\triangle - \triangle$은 3상 변압기 병렬 운전이 불가능 하다

11 $3300[V]$, $60[Hz]$용 변압기의 와류손이 $720[W]$ 이다. 이 변압기를 $2750[V]$, $50[Hz]$의 주파수에 사용할 때 와류손 $[W]$는?

① 250   ② 350
③ 425   ④ 500

해설

와류손은 전압의 제곱에 비례하므로
$3300^2 : 720 = 2750^2 : P_e$ 이므로 와류손은
$P_e = \dfrac{2750^2}{3300^2} \times 720 = 500[W]$ 이다.

정답 06 ② 07 ① 08 ① 09 ② 10 ② 11 ④

12 3상 변압기의 장점에 해당되지 않는 것은?

① 사용 철심량이 15[%] 경감된다.
② 바닥면 면적이 작다.
③ 경제적으로 보아 가격이 싸다.
④ 고장 시 수리하기가 쉽다.

해설
3상 변압기의 특징
• 철심이 작아지므로 철손이 작고 사용 면적이 감소한다.
• 자재가 적게 사용되므로 경제적으로 저렴하다
• 고장 발생시 수리가 어렵고 예비기의 용량이 증가한다.

13 단상 유도 전동기의 기동 방법 중 가장 기동 토크가 큰 것은 어느 것인가?

① 반발 기동형   ② 반발 유도형
③ 콘덴서 분상형   ④ 분상 기동형

해설
단상 유도전동기의 기동토크의 크기는 반발기동형, 반발유도형, 콘덴서기동형, 콘덴서 전동기형, 분상 기동형, 세이딩 코일형 순서이다.

14 3상 권선형 유도 전동기를 직렬 종속하여 속도를 조정한다고 한다. 이때 극수는 어떻게 표현 되는가?

① 각 극수를 더해준다.
② 각 극수를 빼준다.
③ 각 극수의 평균을 낸다.
④ 각 극수의 차를 2로 나눈다.

해설
직렬종속법은 각전동기의 극수를 더해준다

15 60[Hz], 슬립 3[%], 회전수 1164[rpm]인 유도 전동기의 극수는?

① 4   ② 6
③ 8   ④ 10

해설
유도전동기 속도는 $N=(1-s)\frac{120f}{p}$ 이므로
$p=(1-s)\frac{120f}{N}=(1-0.03)\frac{120\times60}{1164}=6[극]$이다.

16 3상 유도전동기의 2차 동손을 P_c 2차 입력을 P라고 할 때 옳은 것은?

① $s=\frac{P_2}{P_c}$ ② $s=\frac{P_c}{P_2}$
③ $1-s=\frac{P_2}{P_c}$ ④ $\frac{1}{s-1}=\frac{P_2}{P_c}$

해설
$P_c=sP_2$이므로 $s=\frac{P_c}{P_2}$ 이다.

17 사이리스터를 이용한 정류 회로에서 직류 전압의 맥동률이 가장 작은 정류 회로는?

① 단상 반파 정류 회로
② 단상 전파 정류 회로
③ 3상 반파 정류 회로
④ 3상 전파 정류 회로

해설
단상 반파 정류회로의 맥동률이 가장 크고 3상 전파 정류회로의 맥동률이 가장 작다.

18 브러시레스 DC 서보 모터의 특징으로 틀린 것은?

① 단위 전류당 발생 토크가 크고 효율이 좋다.
② 토크 맥동이 작고, 안정된 제어가 용이하다.
③ 기계적 시간 상수가 크고 응답이 느리다.
④ 기계적 접점이 없고 신뢰성이 높다.

해설
브러시레스 DC 서보모터의 특징
• 단위 전류당 발생 토크가 크고 효율이 좋다.
• 토크 맥동이 작고, 안정된 제어가 용이하다.
• 기계적 시간 상수가 크고 응답이 빠르다
• 기계적 접점이 없고 신뢰성이 높다.

정답   12 ④   13 ①   14 ①   15 ②   16 ②   17 ①   18 ③

19 단상 직권 정류자 전동기를 보상직권형으로 결선할 때 옳은 것은? (F : 계자권선, A : 전기자, C : 보상권선)

① F, A를 직렬로 연결한다.
② F, A, C를 직결로 연결한다.
③ F, A를 병렬로 연결한다.
④ F, A, C를 병렬로 연결한다.

해설

보상 직권형 전동기의 계자권선F, 전기자A, 보상권선C을 직렬로 연결한다.

20 위상 제어를 하지 않은 단상 반파정류회로에서 소자의 전압 강하를 무시할 때 직류 평균값 E_d 는? (단, E : 직류 권선의 상전압(실효값)이다.)

① $0.45E$
② $0.90E$
③ $1.17E$
④ $1.46E$

해설

단상 반파 정류회로의 직류 평균값은 $0.45E$이다.

21 CBT시험 복원문제

전기산업기사과년도

과년도기출문제(2021. 5. 15 시행)

※ 본 기출문제는 수험자의 기억을 바탕으로 하여 복원한 문제이므로 실제 문제와 다를 수 있음을 미리 알려드립니다.

01 권선형 유도전동기의 속도제어 방법 중 2차 저항제어법의 특징으로 옳은 것은?

① 부하에 대한 속도 변동률이 작다.
② 구조가 간단하고 제어조작이 편리하다
③ 전부하로 장시간 운전하여도 온도에 영향이 적다.
④ 효율이 높고 역률이 좋다.

해설

권선형 유도전동기의 2차 저항 제어법 특징
• 구조가 간단하고 제어조작이 편리하다.
• 부하에 대한 속도변동이 크다.
• 전부하로 장시간 운전시 온도 상승이 크다.
• 손실이 크고 효율이 나쁘다.

02 IGBT의 특징으로 틀린 것은?

① GTO 사이리스터처럼 역방향 전압저지 특성을 갖는다.
② MOSFET처럼 전압제어소자이다.
③ BJT처럼 온드롭(on-drop)이 전류에 관계없이 낮고 거의 일정하여 MOSFET보다 훨씬 큰 전류를 흘릴 수 있다.
④ 게이트와 에미터간 입력 임피던스가 매우 작아 BJT보다 구동하기 쉽다.

해설

IGBT의 특징
• 트랜지스터와 MOSFET의 조합이다.
• MOSFET와 동등의 전압제어특성을 지니고 있다.
• GTO와 같이 역방향 전압저지 특성을 갖는다.
• BJT처럼 on-drop 이 전류에 관계없이 낮고 거의 일정하며, MOSFET보다 훨씬 큰 전류를 흘릴 수 있다.
• MOSFET과 같이 입력임피던스가 크다.

03 스태핑모터의 스탭각이 3°이면 분해능 (resolution)[스탭/회전]은?

① 180
② 120
③ 150
④ 240

해설

스탭각이 3°씩 회전하므로 스테핑 모터의 분해능[스탭/회전]은 1회전시 120 스탭이 발생된다.

04 6000[V], 1500[kVA], 동기임피던스 5[Ω]인 동일 정격의 두 동기발전기를 병렬운전 중 한 쪽 발전기의 계자전류가 증가하여 두 발전기의 유도기전력 사이에 300[V]의 전압차가 발생한다. 이 때 두 발전기 사이에 흐르는 무효횡류 [A]는?

① 24
② 32
③ 28
④ 30

해설

무효순환전류는 $I_c = \dfrac{E_A - E_B}{2Z_s} = \dfrac{300}{2 \times 5} = 30[A]$

05 그림은 변압기의 무부하 상태의 벡터이다. 철손전류를 나타내는 것은? (단, a는 철손각이고 ϕ는 자속을 의미한다.)

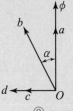

① o → c
② o → d
③ o → a
④ o → b

해설

철손전류는 1차 전압과 같은 방향이므로 o → c의 전류이다.

06 직류기에서 정류가 불량하게 되는 원인은 무엇인가?

① 탄소브러시 사용으로 인한 접촉저항 증가
② 코일의 인덕턴스에 의한 리액턴스 전압
③ 유도기전력을 균등하게 하기 위한 균압접속
④ 전기자 반작용 보상을 위한 보극의 설치

해설
직류기의 정류는 불량하게 되는 원인 코일에서 발생하는 리액턴스 전압에 의해서 발생한다.

07 단상 반파정류회로로 직류 평균전압 99[V]를 얻으려고 한다. 최대 역전압(Peak Inverse Voltage)이 약 몇 [V] 이상의 다이오드를 사용하여야 하는가? (단, 저항 부하이며, 정류회로 및 변압기의 전압강하는 무시한다.)

① 311   ② 471
③ 150   ④ 166

해설
최대역전압 $PIV = \sqrt{2}\,E = \pi E_d = \pi \times 99 = 311[V]$

08 6극 직류발전기의 정류자 편수가 132, 무부하 단자 전압이 220[V], 직렬 도체 수가 132개이고 중권이다. 정류자 편간 전압은 몇 [V]인가?

① 20   ② 10
③ 30   ④ 40

해설
정류자 편간 전압 $e_a = \dfrac{E \times a}{K} = \dfrac{220 \times 6}{132} = 10[V]$

09 외분권 차동 복권 전동기의 내부 결선을 바꾸어 분권전동기로 운전하고자 할 경우의 조치로 옳은 것은?

① 분권 계자 권선을 단락한다.
② 직권 계자 권선을 개방한다.
③ 직권 계자 권선을 단락한다.
④ 분권 계자 권선을 개방한다.

해설
복권전동기를 분권 전동기로 운전하기 위해서는 직권 계자 권선을 단락 시켜야 한다.

10 2차 저항과 2차 리액턴스가 0.04[Ω], 3상 유도전동기의 슬립의 4[%]일 때 1차 부하전류가 10[A]이었다면 기계적 출력은 약 몇 [kW]인가? (단, 권선비 $\alpha = 2$, 상수비 $\beta = 1$이다.)

① 0.57   ② 1.15
③ 0.65   ④ 1.35

해설
$\alpha\beta = \dfrac{I_2}{I_1}$ 이므로 $I_2 = \alpha I_1 = 2 \times 10 = 20[A]$이다.
$P_o = (1-s)P_2 = (1-s) \times 3 \times I_2^2 \cdot r_2/s \times 10^{-3}$
$P_o = (1-s) \times 3 \times 20^2 \times 0.04/0.04 \times 10^{-3} = 1.152[kW]$

11 동기조상기를 부족여자로 사용하면? (단, 부족여자는 역률이 1일 때의 계자전류보다 작은 전류를 의미한다.)

① 일반 부하의 뒤진 전류를 보상
② 리액터로 작용
③ 저항손의 보상
④ 커패시터로 작용

해설
동기조상기는 부족여자시 지상전류가 발생하여 리액터로 작용한다.

12 권선형 유도전동기에서 1차와 2차간의 상수비 β 권선비가 α이고 2차 전류가 I_2일 때 1차 1상으로 환산한 전류 $I_1[A]$는 얼마인가?

(단, $\alpha = \dfrac{k_{w_1} N_1}{k_{w_2} N_2}$, $\beta = \dfrac{m_1}{m_2}$d이며, 1차 및 2차 권선계수 k_{w_1}, k_{w_2} 1차 및 2차 한 상의 권수 N_1, N_2 1차 및 2차 상수 m_1, m_2이다.)

① $\dfrac{\alpha}{\beta} I_2$ ② $\dfrac{1}{\alpha \beta} I_2$

③ $\alpha \beta I_2$ ④ $\dfrac{\beta}{\alpha} I_2$

해설

권선비와 상수비가 $\alpha\beta = \dfrac{I_2}{I_1}$이므로 $I_1 = \dfrac{1}{\alpha\beta} I_2$이다.

13 4극 정격전압이 220[V], 60[Hz]인 단상 직권 정류자 전동기가 있다. 이 전동기는 전기자 총도체수가 72, 전기자 병렬회로수 4, 극당 주자속의 최대값이 1×10^{-3}[Wb]이고, 6000[rpm]으로 회전하고 있다. 이 때 전기자권선에 유기되는 속도기전력의 실효값은 약 몇 [V]인가?

① 7.2   ② 3.6
③ 5.1   ④ 2.6

해설

속도기전력의 실효값은
$$E = \frac{1}{\sqrt{2}} \times \frac{pZ\phi N}{60a} = \frac{1}{\sqrt{2}} \times \frac{4 \times 72 \times 1 \times 10^{-3} \times 6000}{60 \times 4}$$
$$= 5.09[V] \text{이다.}$$

14 단상유도전동기 2전동기설에서 정상분 전자계를 만드는 전동기와 역상분 회전자계를 만드는 전동기의 회전자속을 각각 Φ_a, Φ_b라고 할 때, 단상유도전동기 슬립이 s인 정상분 유도전동기와 슬립이 인 역상분 s'유도전동기의 관계로 옳은 것은?

① $s' = s$ ② $s' = 2 - s$
③ $s' = 2 + s$ ④ $s' = -s$

해설

역상분의 슬립은 $s' = 2 - s$이다.

15 어느 변압기의 %저항강하가 p[%], %리액턴스 강하가 %저항강하의 1/2이고, 역률 80%(지상 역률)인 경우의 전압 변동률 [%]은?

① 1.1p   ② 1.2p
③ 1.0p   ④ 1.3p

해설

$\%X = \dfrac{1}{2}\% \ R = \dfrac{1}{2}p$이므로,

전압변동률은
$$\varepsilon = \%R\cos\theta + \%X\sin\theta = p \times 0.8 + \frac{1}{2}p \times 0.6 = 1.1p \text{ 이다.}$$

16 동일 용량의 변압기 2대를 사용하여 3300[V]의 3상 간선에서 220[V]의 2상 전력을 얻으려면 T좌 변압기의 권수비는 약 얼마인가?

① 15.34   ② 12.99
③ 17.31   ④ 16.52

해설

T좌 변압기의 권수비
$$a_T = \frac{\sqrt{3}}{2} \times a = \frac{\sqrt{3}}{2} \times \frac{3300}{220} = 12.99$$

17 2대의 3상동기발전기를 병렬운전 하여 뒤지 역률 0.85, 1200[A]의 부하전류를 공급하고 있다. 각 발전기의 유효전력은 같고 A기의 전류가 678[A]일 때 B기의 전류는 약 몇 [A]인가?

① 562   ② 552
③ 572   ④ 542

해설

부하전류의 유효분 $I = I\cos\theta = 1200 \times 0.85 = 1020[A]$

I_A, I_B의 유효분 $I_A' = I_B' = \dfrac{I}{2} = \dfrac{1020}{2} = 510[A]$

A기의 역률 $\cos\theta_1 = \dfrac{I_A'}{I_A} = \dfrac{510}{678} = 0.752$

I_B의 무효분
$$I_B \sin\theta_2 = I\sin\theta - I_A \sin\theta_1$$
$$= 1200\sqrt{1 - 0.85^2} - 678\sqrt{1 - 0.752}$$
$$= 632.14 - 448.45 = 183.69[A]$$
$$I_B = \sqrt{(I_B\sin\theta_2)^2 + (I_B')^2} = \sqrt{183.69^2 + 510^2} = 542[A]$$

정답   12 ②   13 ③   14 ②   15 ①   16 ②   17 ④

18 직류 분권전동기의 정격전압 220[V], 정격전류 105[A], 전기자저항 및 계자회로의 저항이 각각 0.1[Ω] 및 40[Ω]이다. 기동전류를 정격전류의 150[%]로 할 때의 기동저항은 약 몇 [Ω]인가?

① 1.21   ② 0.92

③ 0.46   ④ 1.35

해설

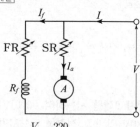

$$I_f = \frac{V}{R_f} = \frac{220}{40} = 5.5[\text{A}]$$

기동시 전기자 전류
$$I_a = 1.5I - I_f = 1.5 \times 105 - 5.5 = 152[\text{A}]$$
$$SR = \frac{V}{I_a} - R_a = \frac{220}{152} - 0.1 = 1.347[\Omega] \text{이다.}$$

19 비돌극형 동기발전기의 단자전압(1상)을 V, 유도기전력(1상)을 E, 동기리액턴스(1상)를 X_s, 부하각을 δ라 하면 1상의 출력 [W]을 나타내는 관계식은?

① $\dfrac{EV}{X_s}\sin\delta$ ② $\dfrac{E^2 V}{X_s}\sin\delta$

③ $\dfrac{EV}{X_s}\cos\delta$ ④ $\dfrac{EV^2}{X_s}\cos\delta$

해설

비돌극형 동기발전기 출력 $P_{1\phi} = \dfrac{EV}{X_s}\sin\delta$이다.

20 변압기 온도시험시 가장 많이 사용되는 방법은?

① 단락 시험법

② 반환 부하법

③ 내전압 시험법

④ 실 부하법

해설

변압기의 온도 상승시험시 가장 많이 사용되는 방법은 반환 부하법이다.

정답   18 ④   19 ①   20 ②

※ 본 기출문제는 수험자의 기억을 바탕으로 하여 복원한 문제이므로 실제 문제와 다를 수 있음을 미리 알려드립니다.

01 IGBT(Insulated Gate Bipolar Transistor)에 대한 설명으로 틀린 것은?

① MOSFET와 같이 전압제어 소자이다.
② GTO 사이리스터와 같이 역방향 전압저지 특성을 갖는다.
③ 게이트와 에미터 사이의 입력 임피던스가 매우 낮아 BJT 보다 구동하기 쉽다.
④ BJT처럼 on-drop이 전류에 관계없이 낮고 거의 일정하며, MOSFET보다 훨씬 큰 전류를 흘릴 수 있다.

해설
전력용 반도체 소자
게이트와 에미터 사이의 입력 임피던스가 크다.

02 정류자형 주파수 변환기의 특성이 아닌 것은?

① 유도 전동기의 2차 여자용 교류 여자기로 사용된다.
② 회전자는 정류자와 3개의 슬립링으로 구성되어 있다.
③ 정류자 위에는 한 개의 자극마다 전기각 π/3 간격으로 3조의 브러시로 구성되어 있다.
④ 회전자는 3상 회전 변류기의 전기자와 거의 같은 구조이다.

해설
정류자 위에는 한 개의 자극마다 $\frac{2\pi}{3}$ 간격으로 3조의 브러시가 있다.

03 타여자 직류전동기의 속도제어에 사용되는 워드레오나드(Ward Leonard) 방식은 다음 중 어느 제어법을 이용한 것인가?

① 저항제어법
② 전압제어법
③ 주파수제어법
④ 직병렬제어법

해설
직류전동기의 속도특성
워드레오나드 방식은 직류전동기의 전압 제어를 이용한 속도제어법이다.

04 출력이 20[kW]인 직류발전기의 효율이 80[%]이면 전 손실은 약 몇 [kW]인가?

① 0.8
② 1.25
③ 5
④ 45

해설
발전기 효율
규약효율 $\eta = \dfrac{출력}{출력+손실}$ 이므로

손실 $= \dfrac{출력}{\eta} - 출력 = \dfrac{20}{0.8} - 20 = 5[kW]$ 이다.

05 무부하의 장거리 송전선로에 동기 발전기를 접속하는 경우, 송전선로의 자기여자 현상을 방지하기 위해서 동기 조상기를 사용하였다. 이때 동기 조상기의 계자전류를 어떻게 하여야 하는가?

① 계자 전류를 0으로 한다.
② 부족 여자로 한다.
③ 과여자로 한다.
④ 역률이 1인 상태에서 일정하게 한다.

해설
동기조상기
동기발전기 자기여자현상 발생시 선로에 진상전류가 발생하였으므로 동기조상기를 부족여자로 운전한다.

정답   01 ③   02 ③   03 ②   04 ③   05 ②

06 정격이 같은 2대의 단상 변압기 1000[kVA]의 임피던스 전압은 각각 8[%]와 7[%]이다. 이것을 병렬로 하면 몇 [kVA]의 부하를 걸 수가 있는가?

① 1865
② 1870
③ 1875
④ 1880

해설

변압기 병렬 운전

$P = \dfrac{7}{8} \times 1000 + 1000 = 1875 [kVA]$ 이다.

07 3상 전원을 이용하여 2상전압을 얻고자 할 때 사용하는 결선 방법은?

① Scott 결선
② Fork 결선
③ 환상 결선
④ 2중 3각 결선

해설

상수의 변환
• 3상 → 2상 : 우드브릿지 결선, 스코트 결선(T결선), 메이어 결선
• 3상 → 6상 : 포크 결선, 환상 결선, 2중 Y결선, 2중 △ 결선, 대각결선

08 서보모터의 특징에 대한 설명으로 틀린 것은?

① 발생토크는 입력신호에 비례하고, 그 비가 클 것
② 직류 서보모터에 비하여 교류 서보모터의 시동 토크가 매우 클 것
③ 시동 토크는 크나 회전부의 관성모멘트가 작고, 전기적 시정수가 짧을 것
④ 빈번한 시동, 정지, 역전 등의 가혹한 상태에 견디도록 견고하고, 큰 돌입전류에 견딜 것

해설

서보모터
서보모터의 특징
직류 서보모터가 교류 서보모터의 기동 토크보다 크다.

09 200[kW], 200[V]의 직류 분권발전기가 있다. 전기자 권선의 저항이 0.025[Ω]일 때 전압변동률은 몇 % 인가?

① 6.0
② 12.5
③ 20.5
④ 25.0

해설

전압변동률

전기자 전류 $I_a = I = \dfrac{P}{V} = \dfrac{200 \times 10^3}{200} = 1000 [A]$

유기기전력
$E = V + I_a R_a = 200 + 1000 \times 0.025 = 225 [V]$

전압 변동률
$\varepsilon = \dfrac{V_0 - V_n}{V_n} \times 100 = \dfrac{225 - 200}{200} \times 100 = 12.5 [\%]$

10 직류발전기의 유기기전력이 230[V], 극수가 4, 정류자 편수가 162인 정류자 편간 평균전압은 약 몇 [V]인가? (단, 권선법은 중권이다)

① 5.68
② 6.28
③ 9.42
④ 10.2

해설

정류작용
$e_a = \dfrac{230 \times 4}{162} = 5.68 [V]$ 이다.

11 동기 발전기의 3상 단락곡선에서 나타내는 관계로 옳은 것은?

① 계자전류와 단자전압
② 계자전류와 부하전류
③ 부하전류와 단자전압
④ 계자전류와 단락전류

해설

발전기의 특성곡선
동기 발전기의 3상 단락곡선은 계자전류와 단락전류의 관계이다.

12 비례추이를 하는 전동기는?

① 단상 유도전동기   ② 권선형 유도전동기
③ 동기 전동기   ④ 정류자 전동기

해설

비례추이
비례추이가 가능한 전동기는 3상 권선형 유도전동기이다.

13 변압기의 부하와 전압이 일정하고 주파수가 높아지면?

① 철손증가   ② 동손증가
③ 동손감소   ④ 철손감소

해설

변압기 특성
변압기의 주파수가 높아지면 반비례관계인 히스테리시스손이 감소하여 철손이 감소하게 된다.

14 4극, 7.5[kW], 200[V], 60[Hz]인 3상 유도 전동기가 있다. 전부하에서 2차 입력이 7950[W]이다. 이 경우에 2차 효율 [%]은 얼마인가? (단, 기계손은 130[W]이다.)

① 93   ② 94
③ 95   ④ 96

해설

유도전동기 특성
2차 효율

$$\eta_2 = \frac{2\text{차 출력}}{2\text{차 입력}} \times 100 = \frac{P_o}{P_2} \times 100 = \frac{P + P_m}{P_2} \times 100$$

$$= \frac{7500 + 130}{7950} \times 100 \fallingdotseq 96[\%] \text{ 이다.}$$

15 Y결선 3상 동기발전기에서 극수 20, 단자전압은 6600[V], 회전수 360[rpm], 슬롯수 180, 2층권, 1개 코일의 권수 2, 권선계수 0.9일 때 1극의 자속수는 얼마인가?

① 1.32   ② 0.663
③ 0.0663   ④ 0.13

해설

동기발전기 유기기전력

$N_s = \dfrac{120f}{p}$ 이므로, $f = \dfrac{N_s \times p}{120} = \dfrac{360 \times 20}{120} = 60[\text{Hz}]$ 이다.

한상의 권수 $w = \dfrac{180 \times 2 \times 2}{3} = 240$ 이다.

Y결선의 유기기전력은 $E = \sqrt{3} \times 4.44 f \phi w K_w [\text{V}]$ 이므로,
1극당 자속수

$$\phi = \frac{E}{\sqrt{3} \times 4.44 f w K_w} = \frac{6600}{\sqrt{3} \times 4.44 \times 60 \times 240 \times 0.9}$$

$$= 0.0663[\text{Wb}] \text{ 이다.}$$

16 3상 직권 정류자 전동기의 중간변압기의 사용 목적은?

① 역회전의 방지
② 역회전을 위하여
③ 전동기의 특성을 조정
④ 직권 특성을 얻기 위하여

해설

3상 직권 정류자 전동기의 중간(직렬)변압기는 전동기의 특성을 조정하기 위해 사용된다.

17 변압기 결선 방식에서 △-△결선 방식의 특성이 아닌 것은?

① 중성점 접지를 할 수 없다.
② 110kV 이상 되는 계통에서 많이 사용되고 있다.
③ 외부에 고조파 전압이 나오지 않으므로 통신 장해의 염려가 없다.
④ 단상 변압기 3대 중 1대의 고장이 생겼을 때 2대로 V결선하여 송전할 수 있다.

정답   12 ②   13 ④   14 ④   15 ③   16 ③   17 ②

해설

변압기 결선
△−△결선 방식은 60kV이하의 배전계통에서 주로 사용된다.

---

18 직류기의 전기자 권선에 있어서 m중 중권일 때 내부 병렬회로수는 어떻게 되는가?

① $a = \dfrac{p}{m}$

② $a = mp$

③ $a = p - m$

④ $a = \dfrac{m}{p}$

해설

직류발전기 전기자 권선법
병렬회로수는 $a = m$(다중도)p(극수)이다.

---

19 단상 유도전동기에서 2전동기설(two motor theory)에 관한 설명 중 틀린 것은?

① 시계방향 회전자계와 반시계방향 회전자계가 두개 있다.

② 1차 권선에는 교번자계가 발생한다.

③ 2차 권선 중에는 sf_1과 $(2-s)f_1$ 주파수가 존재한다.

④ 기동 시 토크는 정격토크의 1/2이 된다.

해설

단상 유도전동기
단상유도전동기는 기동 시에 기동토크가 0이 된다.

---

20 5[kVA]의 단상 변압기 3대를 △결선하여 급전하고 있는 경우 1대가 소손되어 나머지 2대로 급전하게 되었다. 2대의 변압기로 과부하를 10[%]까지 견딜 수 있다고 하면 2대가 분담할 수 있는 최대 부하는 약 몇 [kVA]인가?

① 5

② 8.6

③ 9.5

④ 15

해설

변압기 결선
과부하를 10%까지 견딜수 있고 V결선이므로
$P_V = 1.1 \times \sqrt{3}\,P = 1.1 \times \sqrt{3} \times 5 ≒ 9.5[kVA]$이다.

정답   18 ②   19 ④   20 ③

22 과년도기출문제(2022. 3. 2 시행)

※ 본 기출문제는 수험자의 기억을 바탕으로 하여 복원한 문제이므로 실제 문제와 다를 수 있음을 미리 알려드립니다.

01 임피던스 강하가 5[%]인 변압기가 운전 중 단락되었을 때 그 단락전류는 정격전류의 몇 배 인가?

① 10
② 20
③ 25
④ 30

해설

변압기 단락전류

$I_s = \dfrac{100}{\%Z} \times I_n = \dfrac{100}{5} \times I_n = 20I_n$ 으로

단락전류는 정격전류의 20배가 된다.

02 직류분권전동기의 공급전압의 극성을 반대로 하면 회전 방향은 어떻게 되는가?

① 발전기로 된다.
② 회전하지 않는다.
③ 변하지 않는다.
④ 반대로 된다.

해설

직류 전동기의 회전방향

자여자 전동기는 극성을 반대로 하더라도 회전방향이 바뀌지 않는다.

03 슬롯수 36의 고정자 철심이 있다. 여기에 3상 4극의 2층권으로 권선할 때 매극 매상의 슬롯수와 코일 수는?

① 매극 매상의 슬로 수 : 3
   총 코일 수 : 18
② 매극 매상의 슬로 수 : 3
   총 코일 수 : 36
③ 매극 매상의 슬로 수 : 9
   총 코일 수 : 18
④ 매극 매상의 슬로 수 : 9
   총 코일 수 : 36

해설

동기발전기 매극매상의 슬롯수

q(매극매상의 슬롯수) $= \dfrac{\text{총슬롯수}}{\text{극수}\times\text{상수}} = \dfrac{36}{4\times3} = 3$

코일수 $= \dfrac{\text{총슬롯수}\times\text{층수}}{2} = \dfrac{36\times2}{2} = 36$

04 단상 정류자전동기의 일종인 단상 반발전동기에 해당 되지 않는 것은?

① 톰슨형 전동기
② 시라게형 전동기
③ 데리형 전동기
④ 아트킨손형 전동기

해설

단상반발 전동기의 종류 : 아트킨손형, 톰슨형, 데리형 전동기

05 동기발전기의 병렬운전에서 기전력의 위상이 다른 경우, 동기화력 (P_s)를 나타낸 식은?
(단, P : 수수전력, δ : 상차각이다.)

① $P = \dfrac{P}{\cos\delta}$
② $P_s = P \times \sin\delta$
③ $P_s = \dfrac{dP}{d\delta}$
④ $P_s = \displaystyle\int P d\delta$

해설

동기발전기의 기전력의 위상이 다른 경우

수수전력 $P = \dfrac{E_A^2}{2Z_s}\sin\delta$

동기화력 $P_s = \dfrac{dP}{d\delta} = \dfrac{E_A^2}{2Z_s}\cos\delta$

정답 01 ② 02 ③ 03 ② 04 ② 05 ③

06 자여자 발전기의 전압확립 필요조건이 아닌 것은?

① 무부하 특성곡선은 자기포화를 가질 것
② 계자저항이 임계저항 이상일 것
③ 잔류기전력에 의해 흐르는 계자전류의 기자력이 잔류자기와 같은 방향일 것
④ 잔류자기가 존재할 것

해설
전압 확립 필요 조건
• 잔류자기가 존재할 것
• 무부하 특성곡선은 자기포화를 가질 것
• 계자저항이 임계저항 이하일 것
• 회전방향이 바르며, 그 값이 어느값 이상일 것

07 출력측 직류 평균전압이 $200[V]$일 때 맥동률이 $5[\%]$이면 교류분의 전압은?

① 15   ② 5
③ 20   ④ 10

해설
$$맥동률 r = \frac{출력전압에 포함된 교류성분의 실효값}{출력전압의 직류평균값} \times 100$$
$$교류분전압 = \frac{맥동률 \times 직류분\ 전압}{100}$$
$$교류분전압 = \frac{5 \times 200}{100} = 10[V]$$

08 단상 3권선 변압기의 1차 전압이 $100[kV]$, 2차 전압이 $20[kV]$, 3차 전압은 $10[kV]$이다. 2차에 $10000[kVA]$, 역률 $80[\%]$의 유도성 부하, 3차에는 $6000[kVA]$의 진상 무효전력이 걸렸을 때 1차 전류[A]는? (단, 변압기의 손실과 여자전류는 무시한다.)

① 100   ② 60
③ 120   ④ 80

해설
$$P_1 = P_2 + P_3 = P_2(\cos\theta - j\sin\theta) + jP_3$$
$$= 10000(0.8 - j0.6) + j6000$$
$$= 8000 - j6000 + j6000 = 8000[kVA]$$
$$P_1 = V_1 I_1 \rightarrow I_1 = \frac{P_1}{V_1} = \frac{8000}{100} = 80[A]$$

09 단상 유도전압조정기에서 단락권선의 역할은?

① 철손 경감   ② 절연 보호
③ 전압강하 경감   ④ 전압조정 용이

해설
단락권선의 역할
• 1차(분로) 권선과 수직 설치
• 2차(직렬) 권선의 누설리액턴스 전압강하 경감

10 변압기 절연물의 열화 정도를 파악하는 방법이 아닌 것은?

① 절연내력시험   ② 절연저항측정시험
③ 유전정접시험   ④ 권선저항측정시험

해설
변압기 냉각방식
변압기 열화 정도 측정시험은 절연내력시험, 절연저항측정시험, 유전정접시험이다.

11 3상 동기발전기에서 그림과 같이 1상의 권선을 서로 똑같은 2조로 나누어 그 1조의 권선전압을 E 각 권선의 전류를 I라 하고 이중 델타결선으로 하는 경우 선간전압[V], 선전류[A] 및 피상전력[VA]은?

① $\sqrt{3}E,\ \sqrt{3}I,\ 5.19EI$
② $3E,\ I,\ 5.19EI$
③ $E,\ 2\sqrt{3}I,\ 6EI$
④ $\sqrt{3}E,\ 2I,\ 6EI$

해설
3상 동기발전기 권선의 종류

접속	선간전압	선전류	피상전력
Y결선	$2\sqrt{3}E$	I	$6EI$
2중 Y결선	$\sqrt{3}E$	$2I$	$6EI$
지그재그 Y결선	$3E$	I	$5.19EI$
△결선	$2E$	$\sqrt{3}I$	$6EI$
2중 △결선	E	$2\sqrt{3}I$	$6EI$
지그재그 △결선	$\sqrt{3}E$	$\sqrt{3}I$	$5.19EI$

정답   06 ②   07 ④   08 ④   09 ③   10 ④   11 ③

12 단상 유도전동기의 토크에 대한 2차 저항을 어느 정도 이상으로 증가시킬 때 나타나는 현상으로 옳은 것은?

① 역회전 가능
② 최대토크 일정
③ 기동토크 증가
④ 토크는 항상 (+)

해설

단상 유도전동기의 2차 저항이 일정 이상 커지면 역회전하며 최대토크는 감소하며 비례추이 할수 없다

13 전기자 철심을 규소강판으로 성층하는 주된 이유로 적합한 것은?

① 가공을 쉽게 하기 위하여
② 철손을 줄이기 위하여
③ 히스테리시스손을 증가시키기 위하여
④ 기계적강도를 보강하기 위하여

해설

철심을 규소강판 성층하면 철손(히스테리시스손실+와류손) 감소시킬 수 있다.

14 용량 1[kVA], $\frac{3000}{200}$[V]의 단상 변압기를 단권 변압기로 결선해서 $\frac{3000}{3200}$[V]의 승압기로 사용할 때 그 부하용량은?

① 16
② 15
③ 1
④ $\frac{1}{16}$

해설

단권변압기

$\frac{자기용량}{부하용량} = \frac{V_H - V_L}{V_H}$

부하용량 $= \frac{V_H}{V_H - V_L} \times 자기용량$

$= \frac{3200}{3200-3000} \times 1 = 16[kVA]$

15 3300[V], 60[Hz] 변압기의 와류손이 720[W]이다. 이 변압기를 2750[V], 50[Hz]의 주파수에서 사용할 때 와류손[W]은?

① 350
② 425
③ 250
④ 500

해설

와류손은 단자전압의 제곱에 비례하므로
$(\frac{2750}{3300})^2 \times 720 = 500[W]$ 이다.
와류손은 주파수에 무관하고 전압의 제곱에 비례한다.

16 트라이액(triac)에 대한 설명으로 틀린 것은?

① 턴오프 시간이 SCR보다 짧으며 급격한 전압 변동에 강하다.
② SCR 2개를 서로 반대방향으로 병렬연결하여 양방향 전류제어가 가능하다.
③ 게이트에 전류를 흘리면 어느 방향이든 전압이 높은 쪽에서 낮은 쪽으로 도통한다.
④ 쌍방향성 3단자 사이리스터이다.

해설

트라이액의 특징
• SCR 2개를 반대 방향으로 병렬 연결된 구조이다.
• Turn Off 시간은 SCR 보다 길다.
• 급격한 전압 변동에 취약하여 유도성 부하에 약하다.
• 양방향 전류 제어가 가능하면 전압이 높은 쪽에서 낮은 쪽으로 도통한다.

17 대형직류발전기에서 전기자 반작용을 보상하는데 이상적인 것은?

① 보극
② 탄소브러시
③ 보상권선
④ 균압환

해설

직류 발전기의 전기자반작용 방지책(보상권선과 보극, 브러시 이동 등) 중 가장 효과적인 방법은 보상권선이다.

정답 12 ① 13 ② 14 ① 15 ④ 16 ① 17 ③

18 전동기의 제동시 전원을 끊고 전동기를 발전기로 동작시켜 이때 발생하는 전력을 저항에 의해 열로 소모시키는 제동법은?

① 회생제동   ② 와전류제동
③ 역상제동   ④ 발전제동

해설

유도전동기 제동법
발전제동 : 운동에너지를 전기에너지로 전환하여 이때 발생된 전기를 저항기의 열에너지로 소모하는 방법

19 권선형 유도 전동기의 설명으로 틀린 것은?

① 전동기의 속도가 상승함에 따라 외부저항을 감소시키고 최후에는 슬립링을 개방한다.
② 기동할 때에 회전자는 슬립링을 통하여 외부에 가감저항기를 접속한다.
③ 회전자의 3개의 단자는 슬립링과 연결되어 있다.
④ 가동할 때에 회전자에 적당한 저항을 갖게 하여 필요한 기동토크를 갖게 한다.

해설

권선형 유도전동기의 슬립링을 개방할 경우에 회전자에 전류가 흐를 수 없게 되어 회전을 유지 할수 없다.

20 동기 전동기에 관한 설명으로 잘못된 것은?

① 제동권선이 필요하다.
② 난조가 발생하기 쉽다.
③ 여자기가 필요하다.
④ 역률을 조정할 수 없다.

해설

동기전동기 특징

장점	단점
• 속도가 일정하다. • 역률을 조정할 수 있다. • 유도전동기에 비해 효율이 좋다. • 기계적으로 튼튼하다	• 속도조정이 곤란하다. • 기동장치가 필요하다. • 직류 여자장치가 필요하다. • 난조발생이 빈번하다.

정답   18 ④   19 ①   20 ④

22

CBT시험 복원문제 　　　　　　　　　　전기산업기사과년도

과년도기출문제(2022. 4. 17 시행)

※ 본 기출문제는 수험자의 기억을 바탕으로 하여 복원한 문제이므로 실제 문제와 다를 수 있음을 미리 알려드립니다.

01 계전기 중 변압기의 보호에 사용하지 않는 계전기는?

① 임피던스 계전기
② 충격압력 계전기
③ 부흐홀쯔 계전기
④ 비율차동 계전기

해설

변압기 보호장치 종류
• 과전류 계전기
• 비율차동 계전기
• 부흐홀쯔 계전기
• 가스검출 계전기
• 압력계전기
• 온도 계전기

02 전력용 MOSFET와 전력용 BJT에 대한 설명으로 틀린 것은?

① 전력용 MOSFET는 온오프 제어가 가능한 소자이다.
② 전력용 MOSFET는 비교적 스위칭 시간이 짧아 높은 스위칭 주파수로 사용한다.
③ 전력용 BJT는 일반적으로 베이스(Base), 에미터(Emitter), 컬렉터(Collector)로 구성된다.
④ 전력용 BJT는 전압제어소자로 온 상태를 유지하는데 거의 무시할 만큼 전류가 필요로 한다.

해설

전력용 반도체 소자 : BJT는 MOSFET, IGBT 등의 전압 제어 스위치보다 훨씬 큰 구동전력이 필요하다.

03 10[kW], 3상, 200[V] 유도전동기의 전부하 전류는 약 몇[A]인가? (단, 효율 및 역률 85[%]이다.)

① 60　　　　　　② 80
③ 40　　　　　　④ 20

해설

$P_{출력} = P_{입력} \times \eta = \sqrt{3}\, VI\cos\theta\,\eta[\text{W}]$ 이다.

$I = \dfrac{P}{\sqrt{3}\, V\cos\theta\,\eta} = \dfrac{10\times10^3}{\sqrt{3}\times200\times0.85\times0.85} = 40[\text{A}]$

04 동기발전기에서 제 5고조파를 제거하기 위해서는 (β=코일피치/극피치)가 얼마되는 단절권으로 해야 하는가?

① 0.9　　　　　　② 0.8
③ 0.7　　　　　　④ 0.6

해설

• 동기발전기를 단절권으로 감았을 때 제5고조파가 제거되었다면, 단절권 계수 $K_p = \sin\dfrac{5\beta\pi}{2} = 0$이어야 한다.
• $\beta = 0, 0.4, 0.8, 1.2$일 때 위 값을 만족하며 1보다 작고 가장 가까운 $\beta = 0.8$이 적당하다.

05 다음 중 변압기유가 갖추어야 할 조건으로 옳은 것은?

① 절연내력이 낮을 것
② 인화점이 높을 것
③ 유동성이 풍부하고 비열이 적어 냉각효과가 작을 것
④ 응고점이 높을 것

해설

변압기유의 구비조건
• 절연내력이 클 것
• 비열이 커서 냉각효과가 크고, 점도가 작을 것
• 인화점은 높고, 응고점은 낮을 것
• 고온에서 산화하지 않고, 석출물이 생기지 않을 것

06 동기기기에서 전기자 권선법 중 집중권에 비해 분포권의 장점에 해당 되지 않는 것은?

① 파형이 좋아진다.
② 권선의 발생 열을 고루 발산시킨다.
③ 권선의 리액턴스가 감소한다.
④ 기전력을 높인다.

해설

동기발전기 전기자 권선법
• 분포권의 특징
• 고조파를 제거하고 파형을 개선한다.
• 누설리액턴스가 감소된다.
• 기전력이 낮아진다.

07 직류기에서 양호한 정류를 얻는 조건으로 옳은 것은?

① 전기자 코일의 인덕턴스를 작게 한다.
② 평균 리액턴스 전압을 브러시 접촉저항에 의한 전압강하 보다 크게 한다.
③ 브러시 접촉 저항을 작게 한다.
④ 정류주기를 짧게 한다.

해설

양호한 정류 대책
• 보극을 설치한다.
• 단절권을 사용한다.
• 정류주기를 길게 한다.
• 탄소브러시를 사용한다.
• 리액턴스전압을 작게 한다.
• 브러시 접촉면 전압강하 〉 평균 리액턴스 전압강하

08 부스트(Boost)컨버터의 입력전압이 $45[V]$로 일정하고, 스위칭 주기가 $20[kHz]$, 듀티비(Duty ratio)가 0.6, 부하저항이 $10[\Omega]$일 때 출력전압은 몇 $[V]$인가? (단, 인덕터에는 일정한 전류가 흐르고 커패시터 출력전압의 리플성분은 무시한다.)

① 27
② 67.5
③ 75
④ 112.5

해설

부스트 컨버터는 $DC-DC$ 승압 장치이고 출력전압의 크기는 $V_0 = \dfrac{V_i}{1-D} = \dfrac{45}{1-0.6} = 112.5[V]$ 이다.

09 직류 분권전동기의 계자저항을 운전 중에 증가시키면 어떻게 되는가?

① 전기자전류 감소
② 속도증가
③ 부하증가
④ 자속증가

해설

• 직류 분권전동기의 회전수
$$n = K\frac{V - I_a R_a}{\phi}[\text{rps}]$$
• 계자권선의 저항이 증가하면 계자자속(ϕ)이 감소하고 회전수(N)는 반비례 관계이므로 증가하게 된다.

10 전기자 권선의 저항 $R_a = 0.09[\Omega]$, 직권계자 권선 및 분권 계자회로의 저항이 각각 $R_s = 0.03[\Omega]$와 $R_f = 200[\Omega]$인 외분권 가동 복권발전기의 부하 전류가 $I = 50[A]$ 일 때 그 단자전압이 $V = 400[V]$라면 유기기전력 $E[V]$와 전부하 전류 $I[A]$ 각각 얼마인가? (단, 전기자 반작용과 브러시 접촉저항은 무시한다).

① 680V, 82A
② 406V, 52A
③ 536V, 64A
④ 641V, 73A

해설

계자 전류 $I_f = \dfrac{V}{R_f} = \dfrac{400}{200} = 2[A]$
전기자 전류 $I_a = I + I_f = 50 + 2 = 52[A]$
유기전력 $E = V + I_a(R_a + R_s)$
$\qquad = 400 + 52(0.09 + 0.03) = 406.24[V]$

11 단상 직권정류자 전동기의 기본형이 아닌 것은?

① 톰슨형
② 직권형
③ 유도보상 직권형
④ 보상 직권형

해설

단상 직권 정류자 전동기의 종류 : 직권형, 보상직권형, 유도보상직권형

정답   06 ④   07 ③   08 ④   09 ②   10 ②   11 ①

12 어떤 공장에 뒤진 역률 0.8인 부하가 있다. 이 선로에 동기조상기를 병렬로 결선해서 선로의 역률을 0.95로 개선하였다. 개선 후 전력의 변화에 대한 설명으로 틀린 것은?

① 피상전력은 감소하고 유효전력은 변화가 없다.
② 무효전력은 감소하고 유효전력은 변화가 없다.
③ 피상전력과 유효전력은 감소한다.
④ 피상전력과 무효전력은 감소한다.

해설

$\cos\theta = \dfrac{P}{P_a} = \dfrac{P}{\sqrt{P^2 + P_r^2}}$ 이므로 동기 조상기를 통해 역률이 개선 되었으므로 유효 전력은 일정하게 유지 되었으므로 피상 전력이 무효전력이 감소하게 된다.

13 변압기 결선방법에서 1차에 3상 전원, 2차에 2상 전원을 얻기 위한 결선방법은?

① Y결선
② △결선
③ V결선
④ T(스코트)결선

해설

상수의 변환
3상 → 2상 : 우드브릿지 결선, 스코트 결선(T결선), 메이어 결선

14 동기발전기의 단락곡선과 관계가 있는 요소로 옳은 것은?

① 무부하 유기기전력과 전부하 단락전압
② 무부하 유기기전력과 단락전류
③ 계자전류와 단락전류
④ 계자전류와 전부하 단락전압

해설

동기 발전기의 3상 단락곡선은 계자전류와 단락전류의 관계이다.

15 변압기의 병렬운전에서 1차 환산 누설 임피던스만이 $2+j3[\Omega]$과 $3+j2[\Omega]$이다. 변압기에 흐르는 부하전류가 50[A]이면 순환전류[A]는 얼마인가? (단, 다른 정격은 모두 같다.)

① 3
② 5
③ 10
④ 25

해설

변압기의 병렬 운전 조건
$I = \dfrac{V}{Z}$ 이므로 두 변압기의 임피던스의 값이 같으므로 각각 25[A]가 된다.
$$I_c = \frac{V_1 - V_2}{Z_1 + Z_2} = \frac{I_1 Z_1 - I_2 Z_2}{Z_1 + Z_2}$$
$$= \frac{25(2+j3-3-j2)}{2+j3+3+j2}$$
$$= 5j[A]$$

16 유도발전기의 특징이 아닌 것은?

① 동기 발전기와 같이 동기화 할 필요가 있으며 난조 등 이상 현상이 생긴다.
② 출력은 회전자 속도와 회전자속의 상대속도에는 비례 하기 때문에 출력을 증가하려면 속도를 증가 시킨다.
③ 유도발전기는 단독으로 발전을 할 수가 없으므로 반드시 동기발전기가 있는 전원에 연속해서 운전하여야 한다.
④ 발전기의 주파수는 전원의 주파수로 정하고 회전속도에 관계가 없다.

해설

유도발전기 장점
• 기동과 취급이 간단하며 고장이 적다.
• 동기화할 필요가 없으며 난조가 발생하지 않는다.
• 선로에 단락이 생겨도 여자가 상실되므로 단락전류는 동기에 비해 적고 지속시간이 짧다.

유도발전기 단점
• 여자전류를 공급받기 위해 병렬로 동기기와 접속되어야 한다.
• 공극의 치수가 작기 때문에 운전시 주의해야 한다.
• 효율과 역률이 낮다.

정답   12 ③   13 ④   14 ③   15 ②   16 ①

17 직류 분권 전동기가 단자전압 215[V], 전기자 전류 150[A], 1500[rpm]으로 운전되고 있을 때 발생토크는 약 몇 [N·m]인가? (단, 전기자저항은 0.1[Ω]이다.)

① 191　　　　　② 22.4

③ 19.5　　　　　④ 220

해설

직류 전동기 종류 및 특성

$$T = \frac{60I_a(V - I_aR_a)}{2\pi N} = \frac{60 \times 150 \times (215 - 150 \times 0.1)}{2\pi \times 1500}$$
$$= 191[V]$$

18 변압기의 자속에 대한 설명을 옳은 것은?

① 주파수와 권수에 비례한다.

② 전압에 비례, 주파수와 권수 반비례한다.

③ 주파수와 전압에 비례한다.

④ 권수와 전압에 비례 주파수에 반비례한다.

해설

변압기 유기기전력 $E = 4.44f\phi_m N$이므로

$\phi \propto \dfrac{E}{fN}$의 관계를 가지게 된다.

따라서 전압의 비례하고 주파수와 권수에 반비례한다.

19 유도전동기 회전자에 2차 주파수와 같은 주파수 전압을 공급하여 속도를 제어하는 방법은?

① 2차 저항제어

② 2차 여자제어

③ 전전압 제어

④ 주파수제어

해설

3상 권선형 유도전동기의 슬립 주파수(2차) 전압을 제어하여 속도를 제어하는 방법은 2차 여자법이다.

20 6극 60[Hz], 200[V], 7.5[kW]의 3상 유도전동기가 840[rpm]으로 회전하고 있을 때 회전자 전류의 주파수[Hz]는?

① 18　　　　　② 10

③ 12　　　　　④ 14

해설

유도전동기의 회전시 특성을 구하기 위해

$$N_s = \frac{120f}{p} = \frac{120 \times 60}{6} = 1200[\text{rpm}]$$
$$s = \frac{N_s - N}{N_s} = \frac{1200 - 840}{1200} = 0.3$$
$$f_2' = sf_1 = 0.3 \times 60 = 18[\text{Hz}] \text{이다.}$$

22

CBT시험 복원문제

전기산업기사과년도

과년도기출문제(2022. 7. 2 시행)

※ 본 기출문제는 수험자의 기억을 바탕으로 하여 복원한 문제이므로 실제 문제와 다를 수 있음을 미리 알려드립니다.

01 변압기 결선방법 중 3상 전원을 이용하여 2상 전압을 얻고자 할 때 사용할 결선 방법은?

① Fork 결선
② Scott 결선
③ 환상 결선
④ 2중 3각 결선

해설

상수의 변환
3상 → 2상 : 우드브릿지 결선, 스코트 결선(T결선), 메이어 결선

02 3상 유도전동기에서 동기와트로 표시되는 것은?

① 각속도
② 토크
③ 2차 출력
④ 1차 입력

해설

유도전동기의 동기와트는 회전자(2차)로 들어오는 전기에너지를 말하며 토크와 같다

03 3상 유도전동기의 특성에서 비례추이 하지 않는 것은?

① 2차 전류
② 1차 전류
③ 역률
④ 출력

해설

유도전동기의 비례추이

비례추이 가능	비례추이 불가능
토크, 1차 2차 전류, 역률, 1차 입력	동기속도, 2차 동손, 출력, 2차 효율

04 단상변압기 3대를 이용하여 △−△ 결선하는 경우에 대한 설명으로 틀린 것은?

① 중성점을 접지할 수 없다.
② Y−Y결선에 비해 상전압이 선간전압의 $\frac{1}{\sqrt{3}}$ 배이므로 절연이 용이하다.
③ 3대 중 1대에서 고장이 발생하여도 나머지 2대로 V결선하여 운전을 계속할 수 있다.
④ 결선 내에 순환전류가 흐르나 외부에는 나타나지 않으므로 통신장애에 대한 염려가 없다.

해설

△−△ 결선은 상전압과 선간전압이 같다.

05 서보모터의 특징에 대한 설명으로 틀린 것은?

① 발생 토크는 입력신호에 비례하고, 그 비가 클 것
② 직류 서보 모터에 비하여 교류 서보모터의 시동 토크가 매우 클 것
③ 시동 토크는 크나 회전부의 관성모멘트가 작고, 전기력 시정수가 짧을 것
④ 빈번한 시동, 정지, 역전 등의 가혹한 상태에 견디도록 견고하고, 큰 돌입전류에 견딜 것

해설

서보모터의 특징
• 발생 토크는 입력신호에 비례하고, 그 비가 클 것.
• 직류 서보모터가 교류 서보모터의 기동 토크보다 크다.
• 기동 토크는 회전부의 관성 모멘트가 작고, 전기적 시정수가 짧다.
• 빈번한, 기동, 정지, 역전 등의 가혹한 상태에 견디도록 견고하고, 큰 돌입전류에 견딜 수 있어야 한다.

정답 01 ② 02 ② 03 ④ 04 ② 05 ②

06 다음에서 게이트에 의한 턴온(turn-on)을 이용하지 않는 소자는?

① DIAC   ② SCR

③ GTO   ④ TRIAC

해설

DIAC은 2방향 2단자 소자로 게이트 단자가 없기 때문에 게이트로 제어할 수가 없다.

07 6600/210[V], 10[kVA] 단상 변압기의 퍼센트 저항강하는 1.2[%], 리액턴스 강하는 0.9[%]이다. 임피던스 전압은?

① 99   ② 81

③ 65   ④ 37

해설

$$\%Z = \sqrt{\%R^2 + \%X^2} = \sqrt{1.2^2 + 0.9^2} = 1.5[\%]$$

$$\%Z = \frac{V_s}{V_1} \times 100 \ \text{이므로}$$

$$V_s = \frac{\%Z}{100} \times V_1 = \frac{1.5}{100} \times 6600 = 99[V] \ \text{이다.}$$

08 6극 직류발전기의 정류자 편수가 132, 단자전압이 220[V], 직렬 도체수가 132개이고 중권이다. 정류자 편간 전압은 몇 [V]인가?

① 10   ② 20

③ 30   ④ 40

해설

정류자 편간 전압 $e_a = \dfrac{E \times a}{K} = \dfrac{220 \times 6}{132} = 10[V]$

09 IGBT(Insulated Gate Bipolar Transistor)에 대한 설명으로 틀린 것은?

① MOSFET와 같이 전압제어 소자이다.

② GTO 사이리스터와 같이 역방향 전압저지 특성을 갖는다.

③ 게이트와 에미터 사이의 입력 임피던스가 매우 낮아 BJT 보다 구동하기 쉽다.

④ BJT처럼 on-drop이 전류에 관계없이 낮고 거의 일정하며, MOSFET보다 훨씬 큰 전류를 흘릴 수 있다.

해설

전력용 트랜지스터

• MOSFET과 같이 전압 제어 소자이다.
• GTO사이리스터와 같이 역방향 전압저지 특성을 갖는다.
• 게이트와 에미터 사이의 입력 임피던스가 크다.
• BJT처럼 on-drop이 전류에 관계없이 낮고 거의 일정하며, MOSFET보다 훨씬 큰 전류를 흘릴 수 있다.

10 발전기의 자기여자현상을 방지하기 위한 대책으로 적합하지 않은 것은?

① 단락비를 크게 한다.

② 포화율을 작게 한다.

③ 선로의 충전전압을 높게 한다.

④ 발전기 정격전압을 높게 한다.

해설

발전기의 자기여자현상 방지

$$K_s > \frac{Q_c}{W_n}\left(\frac{V_n}{V}\right)^2 \cdot (1+\sigma)$$

K_s : 단락비,
V_n : 발전기 정격전압
Q_c : 선로 충전용량
V : 선로 충전시 발전기 전압
W_n : 발전기 정격용량
σ : 포화도

11 직류기에서 전기자 반작용을 방지하기 위한 보상 권선의 전류 방향은?

① 계자 전류의 방향과 같다.
② 계자 전류 방향과 반대이다.
③ 전기자 전류 방향과 같다.
④ 전기자 전류 방향과 반대이다.

해설
직류기의 보상권선은 전기자 전류와 직렬로 반대방향의 전류 인가해서 전기자전류에 의한 기자력을 상쇄시킨다.

12 직류발전기를 병렬운전할 때 균압선이 필요한 직류발전기는?

① 분권발전기, 직권발전기
② 분권발전기, 복권발전기
③ 직권발전기, 복권발전기
④ 분권발전기, 단극발전기

해설
직류기의 병렬운전시 균압모선이 필요한 발전기는 직권발전기, (과)복권발전기이다.

13 변압기 운전에 있어 효율이 최대가 되는 부하는 전부하의 75[%]였다고 하면, 전부하에서의 철손과 동손의 비는?

① 4 : 3
② 9 : 16
③ 10 : 15
④ 18 : 30

해설
변압기의 최대효율 조건은 $\dfrac{1}{m} = 0.75$이므로

$\dfrac{P_i}{P_c} = 0.75^2 = \dfrac{9}{16}$이 된다.

따라서 $P_i : P_c = 9 : 16$이 된다.

14 단상 유도 전동기의 기동 방법 중 기동 토크가 가장 큰 것은?

① 반발기동형
② 분상기동형
③ 세이딩코일형
④ 콘덴서 분상기동형

해설
단상 유도전동기에서 기동 토크가 가장 큰 기동방법은 반발기동형이다.

15 3상 권선형 유도 전동기의 회전자에 슬립 주파수의 전압을 공급하여 속도를 변화시키는 방법은?

① 교류 여자 제어법
② 1차 저항법
③ 주파수 변환법
④ 2차 여자 제어법

해설
3상 권선형 유도전동기의 슬립 주파수(2차) 전압을 제어하여 속도를 제어하는 방법은 2차 여자법이다.

16 어떤 변압기의 백분율 저항강하가 2[%], 백분율 리액턴스강하가 3[%]라 한다. 이 변압기로 역률이 80[%]인 부하에 전력을 공급하고 있다. 이 변압기의 전압변동률은 몇 [%] 인가?

① 2.4
② 3.4
③ 3.8
④ 4.0

해설
변압기의 전압변동률
전압변동률$(\varepsilon) = p\cos\theta + q\sin\theta$
$= 2 \times 0.8 + 3 \times 0.6 = 3.4[\%]$

17 2대의 동기 발전기가 병렬 운전하고 있을 때 동기화 전류가 흐르는 경우는?

① 기전력의 크기에 차가 있을 때
② 기전력의 위상에 차가 있을 때
③ 기전력의 파형에 차가 있을 때
④ 부하 분담에 차가 있을 때

해설

동기발전기의 병렬운전조건 중 원동기의 출력 변화로 발전기의 위상차가 발생하게 되면 동기화전류(유효순환전류) 흐르게 된다.

18 다음 중 3상 동기기의 제동권선의 주된 설치 목적은?

① 출력을 증가시키기 위하여
② 효율을 증가시키기 위하여
③ 역률을 개선하기 위하여
④ 난조를 방지하기 위하여

해설

제동권선의 효과
• 난조 방지
• 기동토크 발생
• 불평형시 파형개선
• 불평형 단락시 이상전압 방지

19 다음 중 직류 전동기의 속도 제어 방법에서 광범위한 속도 제어가 가능하며, 운전 효율이 가장 좋은 방법은?

① 계자 제어
② 직렬 저항 제어
③ 병렬 저항 제어
④ 전압 제어

해설

직류전동기에서 속도제어법 중 광범위한 속도제어가 가능하며 효율이 좋은 방법은 전압제어법이다.

20 정격 1차 전압이 6600[V], 2차 전압이 220[V], 주파수가 60[Hz]인 단상 변압기가 있다. 이 변압기를 이용하여 정격 220[V], 10[A]인 부하에 전력을 공급할 때 변압기의 1차측 입력은 몇 [kW]인가? (단, 부하의 역률은 1로 한다.)

① 2.2
② 3.3
③ 4.3
④ 6.6

해설

변압기 1차측 입력 $P_1 = V_1 I_1 \times 10^{-3}$[kW]

2차측 전류 $I_2 = 10$[A]에서, $a = \dfrac{V_1}{V_2} = \dfrac{6600}{220} = 30$이므로

$I_1 = \dfrac{I_2}{a} = \dfrac{10}{30} = \dfrac{1}{3}$[A] 이다.

따라서, $P_1 = 6600 \times \dfrac{1}{3} \times 10^{-3} = 2.2$[kW] 이다.

정답   17 ②   18 ④   19 ④   20 ①

※ 본 기출문제는 수험자의 기억을 바탕으로 하여 복원한 문제이므로 실제 문제와 다를 수 있음을 미리 알려드립니다.

01 전기자저항과 계자저항이 각각 0.8[Ω]인 직류 직권전동기가 회전수 200[rpm], 전기자전류 30[A]일 때 역기전력은 300[V]이다. 이 전동기의 단자전압을 500[V]로 사용한다면 전기자전류가 위와 같은 30[A]로 될 때의 속도[rpm]는? (단, 전기자 반작용, 마찰손, 풍손 및 철손은 무시한다.)

① 200
② 301
③ 452
④ 500

해설

$E = k\phi N \propto N$

역기전력 $E = 300[V]$ 이다.

단자전압 $V = 500[V]$로

역기전력 $E' = V - I_a R_a = 500 - 30 \times (0.8 + 0.8) = 452[V]$

$N' = N \times \dfrac{452}{300} = 200 \times \dfrac{452}{300} ≒ 301[rpm]$

02 직류 분권전동기의 정격전압 220[V], 정격전류 105[A], 전기자저항 및 계자회로의 저항이 각각 0.1[Ω] 및 40[Ω]이다. 기동전류를 정격전류의 150[%]로 할 때의 기동저항은 약 몇 [Ω]인가?

① 0.46
② 0.92
③ 1.21
④ 1.35

해설

$I_f = \dfrac{V}{R_f} = \dfrac{220}{40} = 5.5[A]$

기동할때 전기자 전류

$I_a = 1.5I - I_f = 1.5 \times 105 - 5.5 = 152[A]$

$SR = \dfrac{V}{I_a} - R_a = \dfrac{220}{152} - 0.1 = 1.35[Ω]$ 이다.

03 직류발전기에서 브러시간에 유기되는 기전력의 파형의 맥동을 방지하는 대책이 될 수 없는 것은?

① 사구를 채용할 것
② 갭의 길이를 균일하게 할 것
③ 슬롯폭에 대하여 갭을 크게 할 것
④ 정류자 편수를 적게 할 것

해설

직류 발전기에서 브러시 간에 기전력의 파형의 맥동을 방지하는 대책
• 사구를 채용할 것
• 공극(갭)의 길이를 균일하게 할 것
• 슬롯폭에 대하여 갭을 크게 할 것
• 정류자편수를 많게 할 것

04 전기자 지름 0.2[m]의 직류발전기가 1.5[kW]의 출력에서 1800[rpm]으로 회전하고 있을 때 전기자 주변속도[m/s]는?

① 18.84
② 21.96
③ 32.74
④ 42.85

해설

주변속도 $V = \pi D \dfrac{N}{60} = \pi \times 0.2 \times \dfrac{1800}{60} = 18.84[m/s]$

05 다음 중 3상 동기기의 제동권선의 주된 설치 목적은?

① 출력을 증가시키기 위하여
② 효율을 증가시키기 위하여
③ 역률을 개선하기 위하여
④ 난조를 방지하기 위하여

해설

제동권선을 사용하는 주 이유는 난조 방지이다.

06 3상 교류발전기의 기전력에 대하여 $\frac{\pi}{2}$[rad] 뒤진 전기자 전류가 흐르면 전기자 반작용은?

① 증자작용을 한다.
② 감자작용을 한다.
③ 횡축 반작용을 한다.
④ 교차 자화작용을 한다.

해설

지상전류가 흐를 때 전기자 반작용은 감자작용이 발생

07 3상 동기발전기의 단락비를 산출하는데 필요한 시험은?

① 외부특성시험과 3상 단락시험
② 돌발단락시험과 부하시험
③ 무부하 포화시험과 3상 단락시험
④ 대칭분의 리액턴스 측정시험

해설

• 동기발전기의 단락비를 산출하는데 필요한 시험
• 무부하 포화시험과 3상 단락시험

08 동기 전동기에서 동기 와트로 표시되는 것은?

① 토크　　② 동기속도
③ 출력　　④ 1차입력

해설

동기와트란 동기속도 하에서의 동기전동기의 출력을 말하며, 이때의 출력은 곧 토크와 같은 개념이다

09 정격 150[kVA], 철손 1[kW], 전부하 동손이 4[kW]인 단상 변압기의 최대 효율[%]과 최대 효율시의 부하[kVA]는? (단, 부하 역률은 1이다.)

① 96.8[%], 125[kVA]
② 97.4[%], 75[kVA]
③ 97[%], 50[kVA]
④ 97.2[%], 100[kVA]

해설

변압기 최대효율 부하지점 $\frac{1}{m}=\sqrt{\frac{P_i}{P_c}}=\sqrt{\frac{1}{4}}=\frac{1}{2}$ 이다.

$$\eta=\frac{\frac{1}{m}\times P_a}{\frac{1}{m}\times P_a+P_i+\left(\frac{1}{m}\right)^2 P_c}\times100$$

$$=\frac{\frac{1}{2}\times150}{\frac{1}{2}\times150+1+\left(\frac{1}{2}\right)^2\times4}\times100=97.4[\%]$$

이고 최대효율 시의 부하는 75[kVA]이다.

10 단상 단권변압기 2대를 V결선으로 해서 3상전압 3000[V]를 3300[V]로 승압하고, 150[kVA]를 송전하려고 한다. 이 경우 단상 변압기 1대분의 자기용량[kVA]은 약 얼마인가?

① 15.74　　② 13.62
③ 7.87　　④ 4.54

해설

$$자기용량=\frac{2}{\sqrt{3}}\times\frac{V_h-V_l}{V_h}\times부하용량$$

$$=\frac{2}{\sqrt{3}}\times\frac{3300-3000}{3300}\times150=15.74[kVA]$$

해당 용량의 크기는 변압기 2대분의 용량이므로 1대분의 변압기의 용량은 7.87[kVA]이다.

11 변압기의 온도시험을 하는데 가장 좋은 방법은?

① 실부하법　　② 반환부하법
③ 단락시험법　　④ 내전압법

정답　06 ②　07 ③　08 ①　09 ②　10 ③　11 ②

[해설]

변압기의 온도상승시험은 실부하법과 반환부하법 등이 있으며 가장 좋은 방법으로는 반환부하법을 사용한다.

---

14 3상 유도전동기의 전원주파수와 전압의 비가 일정하고 정격속도 이하로 속도를 제어하는 경우 전동기의 출력 P와 주파수 f와의 관계는?

① $P \propto f$　　　　② $P \propto \dfrac{1}{f}$

③ $P \propto f2$　　　　④ P는 f에 무관

[해설]

출력 $P = w \cdot T = 2\pi n T = \dfrac{4\pi f}{p}(1-s)T$ 이므로 $P \propto f$ 이다.

---

12 변압비 10 : 1의 단상 변압기 3대를 Y-Δ를 접속하여 2차측에 200[V], 75[kVA]의 3상 평형 부하를 걸었을 때 1차측에 흐르는 전류는 몇 [A]인가?

① 10.5　　　　② 11.0

③ 12.5　　　　④ 13.5

[해설]

변압기의 권수비 $a = 10$ 이다.

$I_{2l} = \dfrac{P}{\sqrt{3}\,V_2} = \dfrac{75 \times 10^3}{\sqrt{3} \times 200} = 216.5[\text{A}]$ 이고 2차측은 Δ결선

이므로 $I_{2p} = \dfrac{I_{2l}}{\sqrt{3}} = \dfrac{216.5}{\sqrt{3}} = 125[\text{A}]$ 이 된다.

$a = \dfrac{I_{2(p)}}{I_{1(p)}}$ 이므로 $I_{2p} = \dfrac{I_{1p}}{a} = \dfrac{125}{10} = 12.5[\text{A}]$ 이다.

---

15 4극 7.5[kW], 200[V], 50[Hz]의 3상 유도전동기가 있다. 전부하에서 2차 입력이 7950[W]이다. 이 경우의 2차 효율은 약 몇[%]인가? (단, 여기서 기계손은 130[W]이다.)

① 94　　　　② 95

③ 96　　　　④ 97

[해설]

$$\eta_2 = \dfrac{P_0}{P_2} \times 100 = \dfrac{P + P_0}{P_2} \times 100 = \dfrac{7500 + 130}{7950} \times 100$$
$$= 96[\%]$$

---

13 권선형 3상 유도전동기가 있다. 2차 회로는 Y로 접속되고 2차 각 상의 저항은 0.3[Ω]이며, 1차, 2차 리액턴스의 합은 2차측에서 보아 1.5[Ω]이라 한다. 기동시에 최대 토크를 발생하기 위해서 삽입하여 할 저항[Ω]은 얼마인가? (단, 1차 각상의 저항은 무시함)

① 1.2　　　　② 1.5

③ 2　　　　④ 2.2

[해설]

$R = \sqrt{r_1^2 + (x_1 + x_2)^2} - r_2$ 이므로 1차 각상의 저항을 무시하므로 $r_1 = 0$ 이 되어

$R = \sqrt{1.5^2} - 0.3 = 1.2[\Omega]$

---

16 유도 전동기의 속도 제어법이 아닌 것은?

① 2차 저항법　　　　② 2차 여자법

③ 1차 저항법　　　　④ 주파수 제어법

[해설]

• 농형 유도전동기의 속도제어법은 주파수 제어법, 극수 제어법, 전압 제어법
• 권선형 유도전동기의 속도제어법은 2차 저항법, 2차 여자법, 게르게스법

정답　　12 ③　　13 ①　　14 ①　　15 ③　　16 ③

17 단상 반파정류로 직류전압 150[V]를 얻으려고 한다. 최대 역전압(Peak Inverse Voltage)이 약 몇 [V] 이상의 다이오드를 사용하여야 하는가? (단, 정류회로 및 변압기의 전압강하는 무시한다.)

① 150   ② 166
③ 333   ④ 471

해설

$PIV = \pi E_d = 3.14 \times 150 = 471[V]$ 이다.

18 정류방식 중에서 맥동율이 가장 작은 회로는?

① 단상 반파 정류회로
② 단상 전파 정류회로
③ 삼상 반파 정류회로
④ 삼상 전파 정류회로

해설

맥동률
• 단상반파 정류회로 121[%]
• 단상전파 정류회로 48[%]
• 삼상반파 정류회로 17[%]
• 삼상전파 정류회로 4[%]

19 브러시의 위치를 바꾸어서 회전방향을 바꿀 수 있는 전기기계가 아닌 것은?

① 톰슨 반발 전동기
② 3상 직권 정류자 전동기
③ 시라게 전동기
④ 정류지형 주파수 변환기

해설

단상 반발 전동기, 3상 직권 정류자 전동기, 시라게 전동기 등은 브러시 위치를 바꾸어서 회전방향을 바꿀 수 있는 전동기이다.

20 3상 직권 정류자 전동기의 중간 변압기의 사용 목적이 아닌 것은?

① 실효 권수비의 조정
② 정류 전압의 조정
③ 경부하 때 속도의 이상 상승 방지
④ 직권 특성을 얻기 위하여

해설

3상 직권 정류자 전동기의 중간(직렬)변압기는 전동기의 특성을 조정하기 위해 사용된다.

23

CBT시험 복원문제

전기산업기사과년도

과년도기출문제(2023. 5. 13 시행)

※ 본 기출문제는 수험자의 기억을 바탕으로 하여 복원한 문제이므로 실제 문제와 다를 수 있음을 미리 알려드립니다.

01 변압기의 부하가 증가할 때의 현상으로 틀린 것은?
① 온도가 상승한다.
② 동손이 증가한다.
③ 철손이 증가한다.
④ 여자전류는 변함없다.

해설
부하 증가시 부하전류가 증가하여 동손이 증가하고 손실이 증가하면 온도가 증가한다. 따라서 무부하손인 철손과 무부하전류인 여자전류는 일정하다.

02 유도기의 슬립이 $s > 1$인 것은?
① 발전기 ② 전동기
③ 제동기 ④ 변압기

해설
유도기의 슬립 범위
$1 < s < 2$ 제동기
$0 < s < 1$ 전동기
$s < 0$ 발전기

03 동기전동기의 난조의 원인이 아닌 것은?
① 부하가 급변할 때
② 전기자 저항이 작을 때
③ 관성모우멘트가 클때
④ 원동기 토크에 고조파가 포함된 경우

해설
동기기 난조의 발생 원인
• 부하가 급변할 때
• 전기자 저항이 클 때
• 관성 모멘트가 작을 때
• 원동기 토크에 고조파가 포함된 경우

04 직류 분권발전기의 브러시를 중성축 회전방향으로 이동하면 유기기전력은?
① 급격히 상승한다. ② 상승한다.
③ 변화하지 않는다. ④ 감소한다.

해설
직류 분권 발전기의 중성축 이동으로 감자작용이 발생하여 발전기의 유기기전력이 감소하게 된다.

05 유도전동기에 전력용 캐패시턴스를 사용하는 이유는?
① 전동기의 진동을 방지한다.
② 회전속도의 변동을 방지한다.
③ 전원주파수의 변동을 방지한다.
④ 역률 개선

해설
유도전동기의 지상부하이므로 전력용 캐패시턴스를 사용하면 역률이 개선된다.

06 동기발전기 병렬운전시 유효전력 분담을 증가시키기 위한 방법은?
① 동기발전기의 계자전류를 증가시킨다.
② 동기발전기의 계자전류를 감소시킨다.
③ 동기발전기의 원동기 속도를 증가시킨다.
④ 동기발전기의 원동기 속도를 감소시킨다.

해설
• 계자전류가 변화시 무효순환전류 발생
• 원동기의 속도 증가시 유효전력 분담 증가

정답 01 ③ 02 ③ 03 ③ 04 ④ 05 ④ 06 ③

2023년 5월 13일 시행 **115**

07 포화하고 있지 않은 직류발전기의 회전수를 $\frac{1}{2}$로 감소되었을 때 기전력을 전과 같은 값으로 하자면 여자를 속도변화 전에 비해 얼마로 해야 하는가?

① $\frac{1}{2}$배
② 2배
③ 1배
④ 4배

[해설]

동기속도는 $N_s = \frac{120f}{p}$[rpm]은 $N_s \propto f$이고 발전기의 유기기전력 $E = 4.44f\phi wK_w$[V]이므로 전압을 일정하게 유지할 때 $\phi \propto \frac{1}{f} \propto \frac{1}{N_s}$인 반비례 관계를 가진다. 따라서, 여자전류는 2배로 한다.

08 단락사고시 전동기의 과전류 보호기기가 아닌 것은?

① MCCB
② OCR
③ MC
④ PF

[해설]

전자 접촉기(MC)는 전기를 흐르게 하여 전자석을 이용하여 개폐하는 장치로 주로 모터를 ON, OFF하는 개폐기를 말한다.

09 부하의 변화에 대하여 속도 변동이 가장 큰 직류전동기는?

① 분권전동기
② 차동복권전동기
③ 가동복권전동기
④ 직권전동기

[해설]

직류전동기의 기동토크(속도 변동)가 큰 순서
직권전동기, 가동복권전동기, 분권전동기, 차동복권전동기

10 3상 직권 정류자 전동기에서 고정자 권선과 회전자 권선 사이에 중간 변압기를 사용하는 주된 이유가 아닌 것은?

① 경부하시 속도의 이상 상승 방지
② 철심을 포화시켜 회전자 상수를 감소
③ 중간 변압기의 권수비를 바꾸어서 전동기 특성을 조정
④ 전원전압의 크기에 관계없이 정류에 알맞은 회전자 전압 선택

[해설]

중간변압기의 사용목적
• 변압기의 권수비를 바꾸어서 전동기 특성을 조정
• 정류에 알맞은 전압 선정
• 철심을 포화시켜 경부하시 속도의 이상 상승 방지

11 단상변압기 2대를 사용하여 3150[V]의 평형 3상에서 210[V]의 평형 2상으로 변환하는 경우에 각 변압기의 1차 전압과 2차 전압은 얼마인가?

① 주좌 변압기 : 1차 3150[V], 2차 210[V]
　 T좌 변압기 : 1차 3150[V], 2차 210[V]
② 주좌 변압기 : 1차 3150[V], 2차 210[V]
　 T좌 변압기 : 1차 $3150 \times \frac{\sqrt{3}}{2}$[V],
　　　　　　　 2차 210[V]
③ 주좌 변압기 : 1차 $3150 \times \frac{\sqrt{3}}{2}$[V],
　　　　　　　 2차 210[V]
　 T좌 변압기 : 1차 $3150 \times \frac{\sqrt{3}}{2}$[V],
　　　　　　　 2차 210[V]
④ 주좌 변압기 : 1차 $3150 \times \frac{\sqrt{3}}{2}$[V],
　　　　　　　 2차 210[V]
　 T좌 변압기 : 1차 3150[V], 2차 210[V]

[해설]

T좌 변압기의 권수비 $a_T = a \times \frac{\sqrt{3}}{2}$이므로

T좌 변압기의 1차 전압은 $3150 \times \frac{\sqrt{3}}{2}$[V]이 된다.

정답 07 ② 08 ③ 09 ④ 10 ② 11 ②

12 어떤 IGBT의 열용량은 0.02[J/℃], 열저항은 0.625[℃/W]이다. 이 소자에 직류 25[A]가 흐를 때 전압강하는 3[V]이다. 몇 [℃]의 온도상승이 발생하는가?

① 1.5
② 1.7
③ 47
④ 52

해설

$$0.625[℃/W] \times (3[V] \times 25[A]) = 47[℃]$$

13 정격 20[kVA], 역률이 1일 때 전부하시 효율이 97[%]이다, 최대효율 발생시 부하가 $\frac{3}{4}$이면 철손 P_i[W], 동손 P_c[W]은 얼마인가?

① $P_i = 396$[W], $P_c = 222$[W]
② $P_i = 222$[W], $P_c = 396$[W]
③ $P_i = 618$[W], $P_c = 222$[W]
④ $P_i = 396$[W], $P_c = 618$[W]

해설

$$\eta = \frac{P_a \cos\theta}{P_a \cos\theta + P_l} \Rightarrow$$

$$P_l = \frac{P_a}{\eta} - P_a = \frac{20000}{0.97} - 20000 = 618[W]$$

$$\frac{1}{m} = \sqrt{\frac{P_i}{P_c}} = \frac{3}{4} \Rightarrow \frac{P_i}{P_c} = \left(\frac{3}{4}\right)^2 = \frac{9}{16} \Rightarrow P_i = \frac{9}{16}P_c$$

$$P_l = P_i + P_c \Rightarrow P_l = \frac{25}{16}P_c \Rightarrow P_c = \frac{16}{25} \times 618 = 396[W]$$

$$P_i = P_l - P_c = 618 - 396 = 222[W]$$

14 3상 동기발전기에서 그림과 같이 1상의 권선을 서로 똑같은 2조로 나누어 그 1조의 권선전압을 E[V], 각권선의 전류를 I[A]라 하고 이중 성형결선으로 하는 경우 선간 전압[V], 선전류[A] 및 피상전력[VA]은?

① $\sqrt{3}\,E$, $\sqrt{3}\,I$, $5.19EI$
② $3E$, I, $5.19EI$
③ E, $2\sqrt{3}\,I$, $6EI$
④ $\sqrt{3}\,E$, $2I$, $6EI$

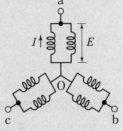

해설

• Y결선이므로 선간전압 = $\sqrt{3}\,E$
• 병렬이므로 선전류 = $2I$
• 3상이므로 피상전력= $\sqrt{3} \times \sqrt{3}\,E \times 2I = 6EI$

15 농형 전동기에서 고정자와 회전자의 슬롯수가 적당하지 않을 경우에 발생하는 현상으로서 유도전동기의 공극이 일정하지 않거나 계자에 고조파가 유기될 때 전동기가 정격속도에 이르지 못하고 정격속도 이전의 낮은 속도에서 안정되어 버리는 현상으로 옳은 것은?

① 게르게스 현상
② 크로우링 현상
③ 자기여자현상
④ 난조현상

해설

크로우링 현상 농형 유도전동기가 정격속도에 이르지 못하고 정격속도 보다 낮은 속도에서 안정되어 버리는 현상

16 동기발전기의 권선을 분포권으로 하면?

① 난조를 방지한다.
② 권선의 리액턴스가 커진다.
③ 집중권에 비하여 합성 유도기전력이 높아진다.
④ 파형이 좋아진다.

동기발전기의 분포권 특징
• 고조파를 제거하여 파형을 개선한다.
• 기전력의 크기가 감소한다.
• 누설리액턴스를 감소시킨다.

17 변압기의 임피던스 전압이란?

① 정격전류가 흐를 때의 변압기 내의 전압강하
② 여자전류가 흐를 때의 2차측 단자전압
③ 정격전류가 흐를 때의 2차측 단자전압
④ 2차 단락전류가 흐를 때의 변압기 내의 전압강하

임피던스 전압
변압기내의 2차측을 단락시키고 1차측에 정격전류가 흐를 때 임피던스에서 발생하는 전압강하이다.

18 유도 전동기 원선도에서 원의 지름은? (단, E를 1차 전압, r는 1차로 환산한 저항, x를 1차로 환산한 누설 리액턴스라 한다.)

① rE에 비례
② rxE에 비례
③ $\dfrac{E}{r}$에 비례
④ $\dfrac{E}{x}$에 비례

유도전동기의 원선도에서 원의 지름은 $\dfrac{E}{x}$에 비례한다.

19 사이리스터를 이용한 정류 회로에서 직류 전압의 맥동률이 가장 작은 정류 회로는?

① 단상 반파 정류 회로
② 단상 전파 정류 회로
③ 3상 반파 정류 회로
④ 3상 전파 정류 회로

맥동률 $\dfrac{\text{교류분의 크기}}{\text{직류분의 크기}}$

• 단상반파 121[%]
• 단상전파 48[%]
• 3상반파 17[%]
• 3상전파 4[%]

20 변압기 유(油)의 열화에 따른 영향으로 옳지 않은 것은?

① 침식 작용
② 절연 내력의 저하
③ 냉각 효과의 감소
④ 공기 중 수분의 흡수

변압기유 열화의 원인
• 공기 중 수분의 흡수 및 불순물 침투
• 변압기유 열화의 영향
• 절연내력의 저하
• 냉각효과 감소
• 침식작용

정답   17 ①   18 ④   19 ④   20 ④

23

CBT시험 복원문제

전기산업기사과년도

과년도기출문제(2023. 7. 8 시행)

※ 본 기출문제는 수험자의 기억을 바탕으로 하여 복원한 문제이므로 실제 문제와 다를 수 있음을 미리 알려드립니다.

01 동기전동기에 관한 설명으로 옳은 것은?

① 기동 토크가 크다.
② 기동조작이 간단하다.
③ 역율을 조정할 수 없다.
④ 속도가 일정하다.

해설
동기전동기 특징

장점	단점
속도가 일정하다. 역률을 조정할 수 있다.	속도제어가 어렵다. 기동장치가 필요하다. 직류 여자장치가 필요하다. 난조가 쉽게 발생한다.

02 60[Hz] 4극 3상 유도 전동기가 1620[rpm]으로 운전하고 있다. 이 전동기의 슬립은?

① 0.025
② 0.05
③ 0.075
④ 0.1

해설
동기속도 $N_s = \dfrac{120f}{p} = \dfrac{120 \times 60}{4} = 1800[\text{rpm}]$

유도전동기 슬립 $s = \dfrac{N_s - N}{N_s} = \dfrac{1800 - 1620}{1800} = 0.1$

03 단락비가 큰 동기기의 특징 중 옳은 것은?

① 전압 변동률이 크다.
② 과부하 내량이 크다.
③ 전기자 반작용이 크다.
④ 송전선로의 충전 용량이 작다.

해설
단락비가 큰 동기기의 특징
• 동기임피던스가 작다.
• 전압강하가 작다.
• 전압변동률이 작다.
• 전기자반작용이 작다.

04 단락비가 1.2인 발전기의 퍼센트 동기 임피던스[%]는 약 얼마인가?

① 100
② 83
③ 60
④ 45

해설
퍼센트 동기 임피던스
$\%Z_s = \dfrac{1}{K_s} \times 100 = \dfrac{1}{1.2} \times 100 = 83[\%]$

05 단상 및 3상 유도전압조정기에 대한 설명으로 옳은 것은?

① 3상 유도전압조정기에는 단락권선이 필요 없다.
② 3상 유도전압조정기의 1차와 2차 전압은 동상이다.
③ 단락권선은 단상 및 3상 유도전압조정기 모두 필요하다.
④ 단상 유도전압조정기의 기전력은 회전자계에 의해서 유도된다.

해설
• 단상 유도전압조정기는 교번자계의 원리를 이용하고 단락권선이 필요하며 위상차가 없다.
• 3상 유도전압조정기는 회전자계의 원리를 이용하고 단락권선이 필요 없고 위상차가 있다.

정답   01 ④   02 ④   03 ②   04 ②   05 ①

06 정격 전압 525[V], 전기자 전류 50[A]에서 1500[rpm]으로 회전하는 직류 직권 전동기의 공급 전압을 400[V]로 감소하고, 전기자 전류는 동일하게 유지하면 회전수는 몇 [rpm]이 되는가? (단, 전기자 권선 및 계자 권선의 저항은 0.5[Ω]이라 한다)

① 1125
② 1175
③ 1200
④ 1250

해설

$V_1 = 525[\text{V}], \quad V_2 = 400[\text{A}], \quad E = k\phi N \propto N$
$E_1 = V_1 - I_a R_a = 525 - 50 \times 0.5 = 500[\text{V}]$
$E_2 = V_2 - I_a R_a = 400 - 50 \times 0.5 = 375[\text{V}]$
$N_1 : N_2 = E_1 : E_2 \Rightarrow 1500 : N_2 = 500 : 375$이므로
$N_2 = 1500 \times \dfrac{375}{500} = 1125[\text{rpm}]$

07 극수 6, 분당 회전수가 1200인 교류발전기와 병렬 운전하는 극수가 8인 교류발전기의 회전수 [rpm]는? (단, 주파수는 60[Hz]이다.)

① 1200
② 900
③ 750
④ 520

해설

$N_s = \dfrac{120f}{p} = \dfrac{120 \times 60}{8} = 900[\text{rpm}]$

08 10[kVA], 2000/100[V] 변압기에서 1차로 환산한 등가 임피던스는 6.2+j7[Ω]이다. 변압기의 % 리액턴스 강하는?

① 0.75
② 1.75
③ 3
④ 6

해설

$\%X = \dfrac{I_{1n} X_{21}}{V_{1n}} = \dfrac{PX}{10 V^2} = \dfrac{10 \times 7}{10 \times 2^2} = 1.75[\%]$

09 다음 정류방식중 맥동률이 가장 작은 방식은?

① 단상 반파 정류
② 단상 전파 정류
③ 3상 반파 정류
④ 3상 전파 정류

해설

맥동률

	단상반파	단상전파	3상반파	3상전파
맥동률	121[%]	48[%]	17[%]	4[%]

10 단상 유도전동기의 기동방법 중 가장 기동토크가 작은 것은?

① 반발 기동형
② 세이딩 코일형
③ 콘덴서 분상형
④ 분상 기동형

해설

단상 유도전동기 기동 토크의 순서는 반발 기동형, 반발 유도형, 콘덴서 기동형, 콘덴서 전동기형, 분상기동형, 세이딩 코일형의 순서로 기동토크가 크다.

11 단상 직권정류자 전동기는 그 전기자 권선의 권선수를 계자권수에 비하여 특히 많게 하고 있다. 그 이유를 설명한 것이다. 틀린 것은?

① 주자속을 작게 하기 위하여
② 속도기전력을 크게 하기 위하여
③ 변압기 기전력을 크게 하기 위하여
④ 역률저하를 방지하기 위하여

해설

• 단상 직권 정류자 전동기는 약계자 강전기자로 계자의 권수를 적게 한다.
• 철손을 작게 하기 위해 주자속을 작게 한다.
• 역률을 높이기 속도기전력을 크게 한다.

정답   06 ①   07 ②   08 ②   09 ④   10 ②   11 ③

12 단상변압기를 병렬운전하는 경우 부하전류의 분담은 무엇에 관계되는가?

① 누설리액턴스에 비례한다.
② 누설리액턴스 2승에 반비례한다.
③ 누설임피던스 2승에 비례한다.
④ 누설임피던스에 반비례한다.

해설
변압기 병렬 운전시 부하전류의 분담은 용량에는 비례하고, 누설임피던스에 반비례한다.

13 PN 접합 구조로 되어 있고 제어는 불가능하나 교류를 직류로 변환하는 반도체 정류 소자는?

① IGBT   ② 다이오드
③ MOSFET   ④ 사이리스터

해설
다이오드는 PN접합 구조의 반도체 정류 소자로 게이트 단자가 없어 제어는 불가능하나 교류를 직류로 변환이 가능한 소자이다.

14 무부하 포화곡선을 얻을 수 없는 발전기는?

① 가동복권발전기   ② 차동복권발전기
③ 직권발전기   ④ 분권발전기

해설
직권발전기는 무부하시 전압을 확립할 수 없기 때문에 무부하 포화곡선을 얻을 수 없다.

15 변류기를 개방할 때 2차측을 단락하는 이유는?

① 1차측 과전류 보호
② 1차측 과전압 방지
③ 2차측 과전류 보호
④ 2차측 절연보호

해설
변류기 2차측 개방시에 2차 권선에 고전압을 유기하게 되어 절연이 파괴될 수 있기 때문에 2차측을 단락시킨다.

16 온도 측정장치 중 변압기의 권선온도 측정에 가장 적당한 것은?

① 탐지코일   ② dial온도계
③ 권선온도계   ④ 봉상온도계

해설
권선온도계는 권선 온도 측정에 사용된다.

17 직류발전기의 정류시간에 비례하는 요소를 바르게 나타낸 것은? (단, b : 브러시의 두께[mm], δ : 정류자편사이의 두께[mm], v_c : 정류자의 주변속도이다.)

① $v_c - \delta$ ② $b - \delta$
③ $\delta - b$ ④ $b + \delta$

해설
정류시간 $T_c = \dfrac{b - \delta}{v_c}$ 이기 때문에 $T_c \propto (b - \delta)$에 비례하다.

18 10[HP], 4극 60[Hz] 농형 3상 유도 전동기의 전 전압 기동 토크가 전부하 토크의 1/3일 때 탭 전압이 $1/\sqrt{3}$인 기동 보상기로 기동하면 그 기동 토크는 전부하 토크의 몇 배가 되겠는가?

① $\sqrt{3}$ 배   ② 1/3배
③ 1/9배   ④ $1/\sqrt{3}$ 배

해설
전전압 기동 토크 $T_s = T \times \dfrac{1}{3}$

$\dfrac{1}{\sqrt{3}}$ 전압 토크 $T \propto V^2 = (\dfrac{1}{\sqrt{3}})^2 = \dfrac{1}{3}$

$\dfrac{1}{\sqrt{3}}$ 전압 기동 토크 $T_s = T \times \dfrac{1}{3} \times \dfrac{1}{3} = \dfrac{1}{9} T$

정답   12 ④   13 ②   14 ②   15 ④   16 ③   17 ②   18 ③

19 직류 분권 발전기의 전기자 저항이 0.05[Ω]이다. 단자전압이 200[V], 회전수 1500[rpm]일 때 전기자 전류가 100[A]이다. 이것을 전동기로 사용하여 전기자 전류와 단자전압이 같을 때 회전속도 [rpm]는? (단, 전기자 반작용은 무시한다.)

① 1427
② 1577
③ 1620
④ 1800

해설

기전력 $E \propto N$, $V = 200$

$E_G = V + I_a R_a = 200 + 100 \times 0.05 = 205[\text{V}]$ →

$N_G = 1500[\text{rpm}]$

$E_M = V - I_a R_a = 200 - 100 \times 0.05 = 195[\text{V}]$

$N_G : N_M = E_G : E_M$

$N_M = \dfrac{E_M}{E_G} N_G = \dfrac{195}{205} \times 1500[\text{rpm}] = 1427[\text{rpm}]$

20 직류 분권전동기의 운전 중 계자저항기의 저항을 증가하면 속도는 어떻게 되는가?

① 변하지 않는다.
② 증가한다.
③ 감소한다.
④ 정지한다.

해설

직류 분권 전동기의 운전 중 계자저항기의 저항을 증가하면 계자 전류가 감소하게 되어 계자의 자속이 감소하게 된다. 따라서 계자의 자속과 속도가 반비례하기 때문에 속도는 증가하게 된다.

전기(산업)기사 · 전기공사(산업)기사
전기기기 ❸

―――――――――――――――――――――― 定價 19,000원

저 자 대산전기기술학원
발행인 이 종 권

2016年 1月 28日 초 판 발 행
2017年 1月 21日 2차개정발행
2018年 1月 29日 3차개정발행
2018年 11月 15日 4차개정발행
2019年 12月 23日 5차개정발행
2020年 12月 21日 6차개정발행
2021年 1月 12日 7차개정발행
2022年 1月 10日 8차개정발행
2023年 1月 12日 9차개정발행
2024年 1月 30日 10차개정발행

發行處 **(주) 한솔아카데미**

(우)06775 서울시 서초구 마방로10길 25 트윈타워 A동 2002호
TEL : (02)575-6144/5   FAX : (02)529-1130
〈1998. 2. 19 登錄 第16-1608號〉

※ 본 교재의 내용 중에서 오타, 오류 등은 발견되는 대로 한솔아
카데미 인터넷 홈페이지를 통해 공지하여 드리며 보다 완벽한
교재를 위해 끊임없이 최선의 노력을 다하겠습니다.

※ 파본은 구입하신 서점에서 교환해 드립니다.
www.inup.co.kr / www.dsan.co.kr

ISBN 979-11-6654-468-2 13560